Maths 2nde

Objectif BAC

Philippe ROUSSEAU
Professeur agrégé de mathématiques

hachette
ÉDUCATION

MODE D'EMPLOI

Chacun des 12 chapitres de cet ouvrage comporte 5 grandes parties :

LE COURS

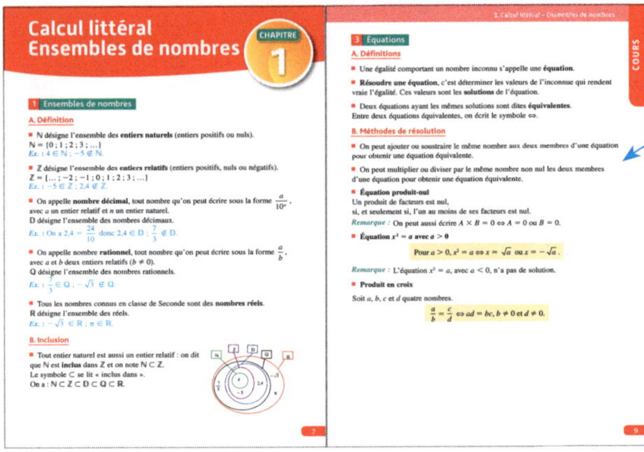
Calcul littéral
Ensembles de nombres
CHAPITRE 1

1 Ensembles de nombres

A. Définition

■ $\mathbb{N}$ désigne l'ensemble des **entiers naturels** (entiers positifs ou nuls).
$\mathbb{N} = \{0 ; 1 ; 2 ; 3 ; ...\}$
Ex. : $4 \in \mathbb{N}$; $-5 \notin \mathbb{N}$.

■ $\mathbb{Z}$ désigne l'ensemble des **entiers relatifs** (entiers positifs, nuls ou négatifs).
$\mathbb{Z} = \{... ; -2 ; -1 ; 0 ; 1 ; 2 ; 3 ; ...\}$
Ex. : $-5 \in \mathbb{Z}$; $2{,}4 \notin \mathbb{Z}$.

■ On appelle **nombre décimal**, tout nombre qu'on peut écrire sous la forme $\frac{a}{10^n}$, avec a un entier relatif et n un entier naturel.
$\mathbb{D}$ désigne l'ensemble des nombres décimaux.
Ex. : On a $2{,}4 = \frac{24}{10}$ donc $2{,}4 \in \mathbb{D}$; $\frac{7}{3} \notin \mathbb{D}$.

■ On appelle nombre **rationnel**, tout nombre qu'on peut écrire sous la forme $\frac{a}{b}$, avec a et b deux entiers relatifs ($b \neq 0$).
$\mathbb{Q}$ désigne l'ensemble des nombres rationnels.
Ex. : $\frac{7}{3} \in \mathbb{Q}$; $-\sqrt{3} \notin \mathbb{Q}$.

■ Tous les nombres connus en classe de Seconde sont des **nombres réels**.
$\mathbb{R}$ désigne l'ensemble des réels.
Ex. : $-\sqrt{3} \in \mathbb{R}$; $\pi \in \mathbb{R}$.

B. Inclusion

■ Tout entier naturel est aussi un entier relatif : on dit que $\mathbb{N}$ est **inclus** dans $\mathbb{Z}$ et on note $\mathbb{N} \subset \mathbb{Z}$.
Le symbole $\subset$ se lit « inclus dans ».
On a : $\mathbb{N} \subset \mathbb{Z} \subset \mathbb{D} \subset \mathbb{Q} \subset \mathbb{R}$.

7

1. Calcul littéral – Ensembles de nombres

COURS

3 Équations

A. Définitions

■ Une égalité comportant un nombre inconnu s'appelle une **équation**.

■ **Résoudre une équation**, c'est déterminer les valeurs de l'inconnue qui rendent vraie l'égalité. Ces valeurs sont les **solutions** de l'équation.

■ Deux équations ayant les mêmes solutions sont dites **équivalentes**.
Entre deux équations équivalentes, on écrit le symbole $\Leftrightarrow$.

B. Méthodes de résolution

■ On peut ajouter ou soustraire le même nombre aux deux membres d'une équation pour obtenir une équation équivalente.

■ On peut multiplier ou diviser par le même nombre non nul les deux membres d'une équation pour obtenir une équation équivalente.

■ **Équation produit-nul**
Un produit de facteurs est nul,
si, et seulement si, l'un au moins de ses facteurs est nul.
Remarque : On peut aussi écrire $A \times B = 0 \Leftrightarrow A = 0$ ou $B = 0$.

■ **Équation $x^2 = a$ avec $a > 0$**

Pour $a > 0$, $x^2 = a \Leftrightarrow x = \sqrt{a}$ ou $x = -\sqrt{a}$.

Remarque : L'équation $x^2 = a$, avec $a < 0$, n'a pas de solution.

■ **Produit en croix**

Soit a, b, c et d quatre nombres.

$\frac{a}{b} = \frac{c}{d} \Leftrightarrow ad = bc$, $b \neq 0$ et $d \neq 0$.

9

Un cours clair et structuré, avec tout ce qu'il faut savoir

COMMENT FAIRE

Intitulé de la méthode à acquérir

Énoncé de l'exercice illustrant la méthode

Corrigé détaillé et commenté

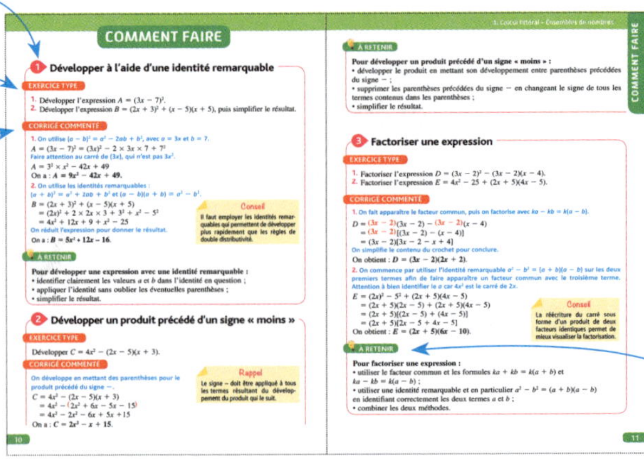
COMMENT FAIRE

1 Développer à l'aide d'une identité remarquable

EXERCICE TYPE

1. Développer l'expression $A = (3x - 7)^2$.
2. Développer l'expression $B = (2x + 3)^2 + (x - 5)(x + 5)$, puis simplifier le résultat.

CORRIGÉ COMMENTÉ

1. On utilise $(a - b)^2 = a^2 - 2ab + b^2$, avec $a = 3x$ et $b = 7$.
$A = (3x - 7)^2 = (3x)^2 - 2 \times 3x \times 7 + 7^2$
Faire attention au carré de $(3x)$, qui n'est pas $3x^2$.
$A = 3^2 \times x^2 - 42x + 49$
On a : $A = 9x^2 - 42x + 49$.
2. On utilise les identités remarquables :
$(a + b)^2 = a^2 + 2ab + b^2$ et $(a - b)(a + b) = a^2 - b^2$.
$B = (2x + 3)^2 + (x - 5)(x + 5)$
$= (2x)^2 + 2 \times 2x \times 3 + 3^2 + x^2 - 5^2$
$= 4x^2 + 12x + 9 + x^2 - 25$
On réduit l'expression pour donner le résultat.
On a : $B = 5x^2 + 12x - 16$.

Conseil
Il faut employer les identités remarquables qui permettent de développer plus rapidement que les règles de double distributivité.

À RETENIR
Pour développer une expression avec une identité remarquable :
• identifier clairement les valeurs a et b dans l'identité en question ;
• appliquer l'identité sans oublier les éventuelles parenthèses ;
• simplifier le résultat.

2 Développer un produit précédé d'un signe « moins »

EXERCICE TYPE

Développer $C = 4x^2 - (2x - 5)(x + 3)$.

CORRIGÉ COMMENTÉ

On développe en mettant des parenthèses pour le produit précédé du signe −.
$C = 4x^2 - (2x - 5)(x + 3)$
$= 4x^2 - (2x^2 + 6x - 5x - 15)$
$= 4x^2 - 2x^2 - 6x + 5x + 15$
On a : $C = 2x^2 - x + 15$.

Rappel
Le signe − doit être appliqué à tous les termes résultant du développement du produit qui le suit.

10

1. Calcul littéral – Ensembles de nombres

COMMENT FAIRE

À RETENIR
Pour développer un produit précédé d'un signe « moins » :
• développer le produit en mettant son développement entre parenthèses précédées du signe − ;
• supprimer les parenthèses précédées du signe − en changeant le signe de tous les termes contenus dans les parenthèses ;
• simplifier le résultat.

3 Factoriser une expression

EXERCICE TYPE

1. Factoriser l'expression $D = (3x - 2)^2 - (3x - 2)(x - 4)$.
2. Factoriser l'expression $E = 4x^2 - 25 + (2x + 5)(4x - 5)$.

CORRIGÉ COMMENTÉ

1. On fait apparaître le facteur commun, puis on factorise avec $ka - kb = k(a - b)$.
$D = (3x - 2)(3x - 2) - (3x - 2)(x - 4)$
$= (3x - 2)[(3x - 2) - (x - 4)]$
$= (3x - 2)[3x - 2 - x + 4]$
On simplifie le contenu du crochet pour conclure.
On obtient : $D = (3x - 2)(2x + 2)$.
2. On commence par utiliser l'identité remarquable $a^2 - b^2 = (a + b)(a - b)$ sur les deux premiers termes afin de faire apparaître un facteur commun avec le troisième terme. Attention à bien identifier le a car $4x^2$ est le carré de $2x$.
$E = (2x)^2 - 5^2 + (2x + 5)(4x - 5)$
$= (2x + 5)(2x - 5) + (2x + 5)(4x - 5)$
$= (2x + 5)[(2x - 5) + (4x - 5)]$
$= (2x + 5)[2x - 5 + 4x - 5]$
On obtient : $E = (2x + 5)(6x - 10)$.

Conseil
La réécriture du carré sous forme d'un produit de deux facteurs identiques permet de mieux visualiser la factorisation.

À RETENIR
Pour factoriser une expression :
• utiliser le facteur commun et les formules $ka + kb = k(a + b)$ et $ka - kb = k(a - b)$;
• utiliser une identité remarquable et en particulier $a^2 - b^2 = (a + b)(a - b)$ en identifiant correctement les deux termes a et b ;
• combiner les deux méthodes.

11

À retenir : le résumé de la méthode à mettre en œuvre pour résoudre l'exercice

Conception graphique

Couverture : Stéphanie Benoit
Intérieur : Alicia Dassonville

Composition, schémas et mise en pages : Grafatom
Édition : Adeline Pécout

I.S.B.N. 978-2-01-708211-8

LES EXERCICES

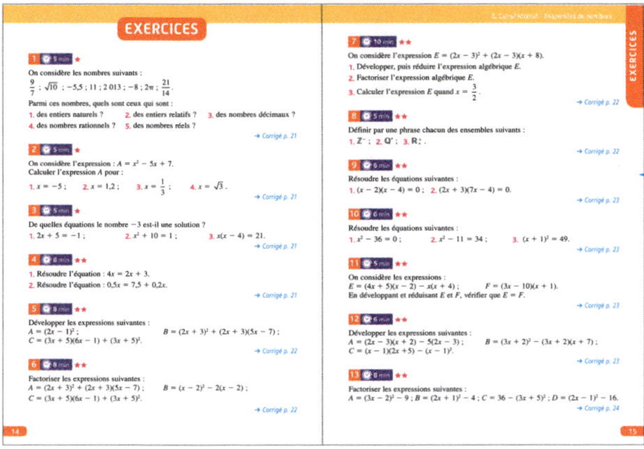

Des exercices progressifs (3 niveaux de difficulté) et minutés pour bien s'entraîner

L'INTERROGATION ÉCRITE

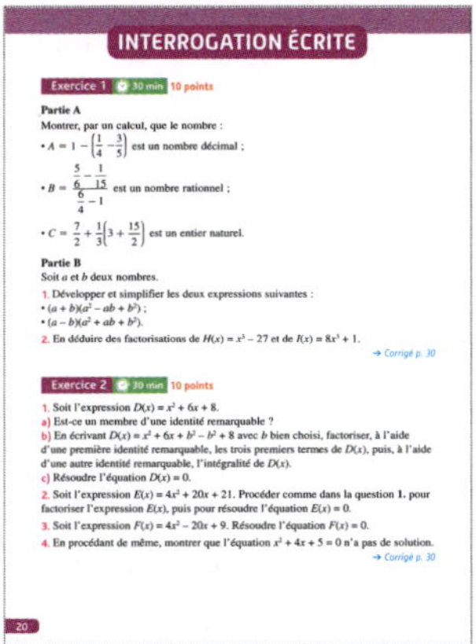

Ces exercices permettent de s'auto-évaluer et de s'entraîner au futur « contrôle continu »

TOUS LES CORRIGÉS

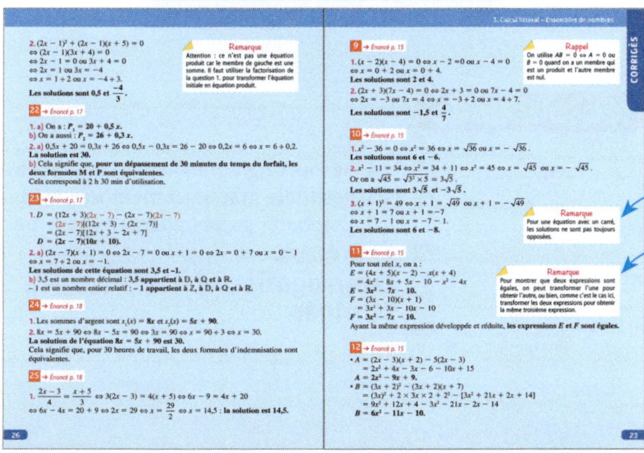

De nombreuses aides (rappels de cours, conseils, pièges à éviter…) complètent utilement les corrigés détaillés

SOMMAIRE

1. Calcul littéral – Ensembles de nombres

2. Géométrie repérée

3. Ordre dans $\mathbb{R}$

4. Généralités sur les fonctions

5. Statistiques

6. Compléments numériques

7. Fonctions affines - Équations de droite

8. Vecteurs

9. Fonctions de référence

Calcul littéral
Ensembles de nombres

CHAPITRE 1

1 Ensembles de nombres

A. Définition

■ $\mathbb{N}$ désigne l'ensemble des **entiers naturels** (entiers positifs ou nuls).
$\mathbb{N} = \{0 ; 1 ; 2 ; 3 ; \ldots\}$
***Ex.* :** $4 \in \mathbb{N}$; $-5 \notin \mathbb{N}$.

■ $\mathbb{Z}$ désigne l'ensemble des **entiers relatifs** (entiers positifs, nuls ou négatifs).
$\mathbb{Z} = \{\ldots ; -2 ; -1 ; 0 ; 1 ; 2 ; 3 ; \ldots\}$
***Ex.* :** $-5 \in \mathbb{Z}$; $2{,}4 \notin \mathbb{Z}$.

■ On appelle **nombre décimal**, tout nombre que l'on peut écrire sous la forme $\frac{a}{10^n}$, avec a un entier relatif et n un entier naturel.
$\mathbb{D}$ désigne l'ensemble des nombres décimaux.
***Ex.* :** On a $2{,}4 = \frac{24}{10}$ donc $2{,}4 \in \mathbb{D}$; $\frac{7}{3} \notin \mathbb{D}$.

■ On appelle nombre **rationnel**, tout nombre que l'on peut écrire sous la forme $\frac{a}{b}$, avec a et b deux entiers relatifs ($b \neq 0$).
$\mathbb{Q}$ désigne l'ensemble des nombres rationnels.
***Ex.* :** $\frac{7}{3} \in \mathbb{Q}$; $-\sqrt{3} \notin \mathbb{Q}$.

■ Tous les nombres connus en classe de Seconde sont des **nombres réels**.
$\mathbb{R}$ désigne l'ensemble des réels.
***Ex.* :** $-\sqrt{3} \in \mathbb{R}$; $\pi \in \mathbb{R}$.

B. Inclusion

■ Tout entier naturel est aussi un entier relatif : on dit que $\mathbb{N}$ est **inclus** dans $\mathbb{Z}$ et on note $\mathbb{N} \subset \mathbb{Z}$.
Le symbole $\subset$ se lit « inclus dans ».
On a : $\mathbb{N} \subset \mathbb{Z} \subset \mathbb{D} \subset \mathbb{Q} \subset \mathbb{R}$.

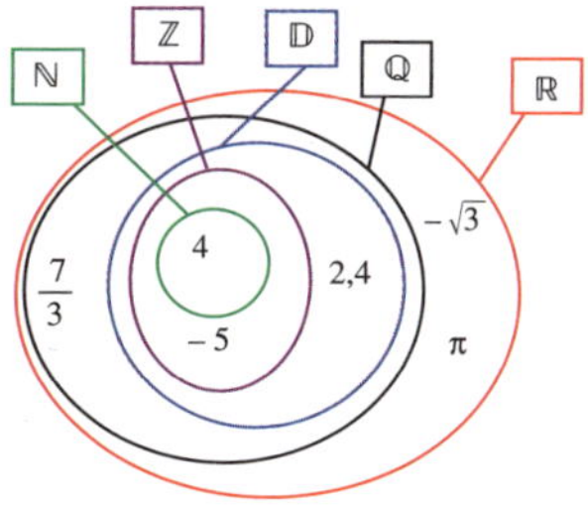

C. Notations

■ On peut faire suivre le nom d'un ensemble de nombres du symbole * pour désigner l'ensemble de ses nombres autres que le nombre 0.
Ainsi $\mathbb{N}^*$ désigne l'ensemble des entiers naturels non nuls.

■ On peut faire suivre le nom d'un ensemble de nombres du symbole + (respectivement −) pour désigner l'ensemble de ses nombres positifs (respectivement négatifs).
Ainsi $\mathbb{R}^-$ désigne l'ensemble des réels négatifs ou nuls.

2 Calcul littéral

A. Développement

■ **Développer**, c'est transformer un produit en une somme algébrique.

■ **Règles de distributivité**

$$a(b + c) = ab + ac$$
$$a(b - c) = ab - ac$$
$$(a + b)(c + d) = ac + ad + bc + bd$$

■ **Identités remarquables**

$$(a + b)^2 = a^2 + 2ab + b^2$$
$$(a - b)^2 = a^2 - 2ab + b^2$$
$$(a + b)(a - b) = a^2 - b^2$$

B. Factorisation

■ **Factoriser**, c'est transformer une somme algébrique en un produit.

■ **Règles de distributivité**

$$ab + ac = a(b + c)$$
$$ab - ac = a(b - c)$$

■ **Identités remarquables**

$$a^2 + 2ab + b^2 = (a + b)^2$$
$$a^2 - 2ab + b^2 = (a - b)^2$$
$$a^2 - b^2 = (a - b)(a + b)$$

3 Équations

A. Définitions

- Une égalité comportant un nombre inconnu s'appelle une **équation**.
- **Résoudre une équation**, c'est déterminer les valeurs de l'inconnue qui rendent vraie l'égalité. Ces valeurs sont les **solutions** de l'équation.
- Deux équations ayant les mêmes solutions sont dites **équivalentes**.

Entre deux équations équivalentes, on écrit le symbole $\Leftrightarrow$.

B. Méthodes de résolution

- On peut ajouter ou soustraire le même nombre aux deux membres d'une équation pour obtenir une équation équivalente.
- On peut multiplier ou diviser par le même nombre non nul les deux membres d'une équation pour obtenir une équation équivalente.
- **Équation produit-nul**

Un produit de facteurs est nul,
si, et seulement si, l'un au moins de ses facteurs est nul.

Remarque : On peut aussi écrire $A \times B = 0 \Leftrightarrow A = 0$ ou $B = 0$.

- **Équation $x^2 = a$ avec $a > 0$**

Pour $a > 0$, $x^2 = a \Leftrightarrow x = \sqrt{a}$ ou $x = -\sqrt{a}$.

Remarque : L'équation $x^2 = a$, avec $a < 0$, n'a pas de solution.

- **Produit en croix**

Soit a, b, c et d quatre nombres.

$$\frac{a}{b} = \frac{c}{d} \Leftrightarrow ad = bc,\ b \neq 0 \text{ et } d \neq 0.$$

COMMENT FAIRE

1 Développer à l'aide d'une identité remarquable

EXERCICE TYPE

1. Développer l'expression $A = (3x - 7)^2$.
2. Développer l'expression $B = (2x + 3)^2 + (x - 5)(x + 5)$, puis simplifier le résultat.

CORRIGÉ COMMENTÉ

1. On utilise $(a - b)^2 = a^2 - 2ab + b^2$, avec $a = 3x$ et $b = 7$.

$A = (3x - 7)^2 = (3x)^2 - 2 \times 3x \times 7 + 7^2$

Faire attention au carré de $(3x)$, qui n'est pas $3x^2$.

$A = 3^2 \times x^2 - 42x + 49$

On a : $\mathbf{A = 9x^2 - 42x + 49}$.

2. On utilise les identités remarquables :
$(a + b)^2 = a^2 + 2ab + b^2$ et $(a - b)(a + b) = a^2 - b^2$.

$B = (2x + 3)^2 + (x - 5)(x + 5)$
$= (2x)^2 + 2 \times 2x \times 3 + 3^2 + x^2 - 5^2$
$= 4x^2 + 12x + 9 + x^2 - 25$

On réduit l'expression pour donner le résultat.

On a : $\mathbf{B = 5x^2 + 12x - 16}$.

Conseil
Il faut employer les identités remarquables qui permettent de développer plus rapidement que les règles de double distributivité.

À RETENIR

Pour développer une expression avec une identité remarquable :
- identifier clairement les valeurs a et b dans l'identité en question ;
- appliquer l'identité sans oublier les éventuelles parenthèses ;
- simplifier le résultat.

2 Développer un produit précédé d'un signe « moins »

EXERCICE TYPE

Développer $C = 4x^2 - (2x - 5)(x + 3)$.

CORRIGÉ COMMENTÉ

On développe en mettant des parenthèses pour le produit précédé du signe −.

$C = 4x^2 - (2x - 5)(x + 3)$
$= 4x^2 - (2x^2 + 6x - 5x - 15)$
$= 4x^2 - 2x^2 - 6x + 5x + 15$

On a : $\mathbf{C = 2x^2 - x + 15}$.

Rappel
Le signe − doit être appliqué à tous les termes résultant du développement du produit qui le suit.

À RETENIR

Pour développer un produit précédé d'un signe « moins » :
- développer le produit en mettant son développement entre parenthèses précédées du signe $-$;
- supprimer les parenthèses précédées du signe $-$ en changeant le signe de tous les termes contenus dans les parenthèses ;
- simplifier le résultat.

3 Factoriser une expression

EXERCICE TYPE

1. Factoriser l'expression $D = (3x - 2)^2 - (3x - 2)(x - 4)$.
2. Factoriser l'expression $E = 4x^2 - 25 + (2x + 5)(4x - 5)$.

CORRIGÉ COMMENTÉ

1. On fait apparaître le facteur commun, puis on factorise avec $ka - kb = k(a - b)$.

$D = (3x - 2)(3x - 2) - (3x - 2)(x - 4)$
$\quad = (3x - 2)[(3x - 2) - (x - 4)]$
$\quad = (3x - 2)[3x - 2 - x + 4]$

On simplifie le contenu du crochet pour conclure.

On obtient : $\boldsymbol{D = (3x - 2)(2x + 2)}$.

2. On commence par utiliser l'identité remarquable $a^2 - b^2 = (a + b)(a - b)$ sur les deux premiers termes afin de faire apparaître un facteur commun avec le troisième terme. Attention à bien identifier le a car $4x^2$ est le carré de $2x$.

$E = (2x)^2 - 5^2 + (2x + 5)(4x - 5)$
$\quad = (2x + 5)(2x - 5) + (2x + 5)(4x - 5)$
$\quad = (2x + 5)[(2x - 5) + (4x - 5)]$
$\quad = (2x + 5)[2x - 5 + 4x - 5]$

On obtient : $\boldsymbol{E = (2x + 5)(6x - 10)}$.

Conseil
La réécriture du carré sous forme d'un produit de deux facteurs identiques permet de mieux visualiser la factorisation.

À RETENIR

Pour factoriser une expression :
- utiliser le facteur commun et les formules $ka + kb = k(a + b)$ et $ka - kb = k(a - b)$;
- utiliser une identité remarquable et en particulier $a^2 - b^2 = (a + b)(a - b)$ en identifiant correctement les deux termes a et b ;
- combiner les deux méthodes.

4 Vérifier si un nombre est solution d'une équation

EXERCICE TYPE

1. Montrer que le nombre 2 est solution de l'équation $x^2 - 5x = -6$.
2. Soit l'équation $(x + 2)(2x - 5) = 2x$.
Le nombre 1 est-il solution de cette équation ?

CORRIGÉ COMMENTÉ

1. On calcule le membre de gauche pour la valeur 2.
Pour $x = 2$, l'expression $x^2 - 5x$ vaut :
$2^2 - 5 \times 2 = 4 - 10 = -6$.
La valeur obtenue étant celle du membre de droite, 2 est solution de l'équation.
Le nombre 2 est solution de l'équation $x^2 - 5x = -6$.

2. On calcule le membre de gauche pour la valeur 1.
Pour $x = 1$, l'expression $(x + 2)(2x - 5)$ vaut :
$(1 + 2)(2 \times 1 - 5) = 3 \times (-3) = -9$.
On calcule le membre de droite pour la valeur 1.
Pour $x = 1$, l'expression $2x$ vaut : $2 \times 1 = 2$.
On constate que les deux valeurs obtenues sont différentes et donc que l'égalité n'est pas vraie.
On a $-9 \neq 2$, donc **le nombre 1 n'est pas solution** de l'équation $(x + 2)(2x - 5) = 2x$.

> **Attention !**
> On ne demande pas de résoudre les équations, mais uniquement de vérifier si les nombres proposés sont solutions.
> Pour chaque équation, il suffit de savoir si l'égalité est vraie ou fausse pour la valeur proposée.

À RETENIR

Pour vérifier si un nombre est solution (ou non-solution) d'une équation :
- on calcule la valeur des deux membres pour ce nombre ;
- si les deux valeurs obtenues sont égales, alors ce nombre est solution de l'équation, sinon il n'est pas solution de l'équation.

5 Résoudre une équation du type $ax + b = cx + d$

EXERCICE TYPE

Résoudre l'équation : $3x - 5 = 7x + 15$.

CORRIGÉ COMMENTÉ

On soustrait $7x$ et on ajoute 5 à chaque membre afin d'avoir dans un membre les termes en x et dans l'autre membre les termes sans x.

$3x - 5 = 7x + 15$
$\Leftrightarrow 3x - 5 - 7x + 5 = 7x + 15 - 7x + 5$
$\Leftrightarrow 3x - 7x = 15 + 5$
$\Leftrightarrow -4x = 20$

On isole l'inconnue *x*.

$-4x = 20 \Leftrightarrow x = \dfrac{20}{-4}$.

On termine par une conclusion.

La solution est −5.

> **Astuce**
> Il faut toujours raisonner en termes d'opération et non en termes de signe.
> On a x qui est multiplié par -4 : l'opération contraire de « multiplier par −24 » est « diviser par −24 ».

À RETENIR

Pour résoudre une équation du type $ax + b = cx + d$:
- on travaille par équations équivalentes en appliquant les mêmes opérations aux deux membres de l'égalité ou en effectuant les calculs écrits ;
- on commence par regrouper dans un membre les termes en x et dans l'autre membre les termes constants (sans l'inconnue x), puis on isole x ;
- on conclut en donnant la solution.

6 Résoudre une équation produit

EXERCICE TYPE

Résoudre l'équation : $(2x - 3)(x + 4) = 0$.

CORRIGÉ COMMENTÉ

Après avoir reconnu une équation produit, on transforme cette équation en deux équations plus simples, dont les solutions réunies donnent les solutions de l'équation initiale.

$(2x - 3)(x + 4) = 0$
$\Leftrightarrow 2x - 3 = 0$ ou $x + 4 = 0$
$\Leftrightarrow 2x = 3$ ou $x = 0 - 4$
$\Leftrightarrow x = 3 \div 2$ ou $x = -4$.

Les solutions de l'équation sont **1,5 et −4**.

> **Astuce**
> On peut conclure en donnant l'ensemble des solutions sous la forme :
> **S = {1,5 ; – 4}.**

À RETENIR

Pour vouloir résoudre une équation avec le théorème des produits nuls :
- vérifier qu'un membre est un produit et que l'autre membre est nul ;
- écrire que chacun des facteurs du produit peut être nul ;
- résoudre les différentes équations ainsi obtenues ;
- conclure avec l'ensemble des solutions.

EXERCICES

1 5 min ★

On considère les nombres suivants :

$\frac{9}{7}$; $\sqrt{10}$; $-5,5$; 11 ; 2 013 ; -8 ; 2π ; $\frac{21}{14}$.

Parmi ces nombres, quels sont ceux qui sont :

1. des entiers naturels ? **2.** des entiers relatifs ? **3.** des nombres décimaux ?

4. des nombres rationnels ? **5.** des nombres réels ?

→ *Corrigé p. 21*

2 5 min ★

On considère l'expression : $A = x^2 - 5x + 7$.
Calculer l'expression A pour :

1. $x = -5$; **2.** $x = 1,2$; **3.** $x = \frac{1}{3}$; **4.** $x = \sqrt{3}$.

→ *Corrigé p. 21*

3 5 min ★

De quelles équations le nombre -3 est-il une solution ?

1. $2x + 5 = -1$; **2.** $x^2 + 10 = 1$; **3.** $x(x - 4) = 21$.

→ *Corrigé p. 21*

4 8 min ★★

1. Résoudre l'équation : $4x = 2x + 3$.

2. Résoudre l'équation : $0,5x = 7,5 + 0,2x$.

→ *Corrigé p. 21*

5 8 min ★★

Développer les expressions suivantes :
$A = (2x - 1)^2$; $B = (2x + 3)^2 + (2x + 3)(5x - 7)$;
$C = (3x + 5)(6x - 1) + (3x + 5)^2$.

→ *Corrigé p. 22*

6 8 min ★★

Factoriser les expressions suivantes :
$A = (2x + 3)^2 + (2x + 3)(5x - 7)$; $B = (x - 2)^2 - 2(x - 2)$;
$C = (3x + 5)(6x - 1) + (3x + 5)^2$.

→ *Corrigé p. 22*

7 10 min ★★

On considère l'expression $E = (2x - 3)^2 + (2x - 3)(x + 8)$.

1. Développer, puis réduire l'expression algébrique E.
2. Factoriser l'expression algébrique E.
3. Calculer l'expression E quand $x = \dfrac{3}{2}$.

→ Corrigé p. 22

8 5 min ★★

Définir par une phrase chacun des ensembles suivants :

1. $\mathbb{Z}^-$; 2. $\mathbb{Q}^*$; 3. $\mathbb{R}_*^+$.

→ Corrigé p. 22

9 6 min ★★

Résoudre les équations suivantes :

1. $(x - 2)(x - 4) = 0$; 2. $(2x + 3)(7x - 4) = 0$.

→ Corrigé p. 23

10 6 min ★★

Résoudre les équations suivantes :

1. $x^2 - 36 = 0$; 2. $x^2 - 11 = 34$; 3. $(x + 1)^2 = 49$.

→ Corrigé p. 23

11 5 min ★★

On considère les expressions :

$E = (4x + 5)(x - 2) - x(x + 4)$; $F = (3x - 10)(x + 1)$.

En développant et réduisant E et F, vérifier que $E = F$.

→ Corrigé p. 23

12 6 min ★★

Développer les expressions suivantes :

$A = (2x - 3)(x + 2) - 5(2x - 3)$; $B = (3x + 2)^2 - (3x + 2)(x + 7)$;

$C = (x - 1)(2x + 5) - (x - 1)^2$.

→ Corrigé p. 23

13 8 min ★★

Factoriser les expressions suivantes :

$A = (3x - 2)^2 - 9$; $B = (2x + 1)^2 - 4$; $C = 36 - (3x + 5)^2$; $D = (2x - 1)^2 - 16$.

→ Corrigé p. 24

14 6 min ★★

On considère l'expression $E = 4x^2 - 9 + (2x + 3)(x - 2)$.

1. Factoriser $4x^2 - 9$.
2. En déduire une factorisation de l'expression E.

→ Corrigé p. 24

15 6 min ★★

QCM. Pour chaque ligne du tableau, choisir l'affirmation juste.

	a)	b)	c)
1. $(3x - 2)^2 =$	$3x^2 - 12x + 4$	$9x^2 - 12x + 4$	$9x^2 - 4$
2. $(2x - 1)(5x - 4) =$	$10x^2 - 8x$	$10x^2 - 13x + 4$	$-3x - 4$
3. Pour $x = -2$, l'expression $3x^2 + 5x - 1$ vaut :	1	-23	14

→ Corrigé p. 24

16 5 min ★★

Cet exercice est un questionnaire à choix multiples (QCM).
Pour chacune des questions, trois réponses sont proposées, une seule est exacte. Indiquer la réponse exacte.

1.	Quelle est la forme développée de l'expression $(2x + 1)^2 - 1$?	$2x^2 + 2x$	$4x^2 + 4x$	$4x^2$
2.	Quelle est la forme factorisée de l'expression $(2x + 1)^2 - 1$?	$(2x + 1)(2x - 1)$	$2x(2x - 2)$	$2x(2x + 2)$

→ Corrigé p. 24

17 6 min ★★

On pose : $D = (12x + 3)(2x - 7) - (2x - 7)^2$.

1. Développer et réduire D.
2. Factoriser D.
3. Calculer D pour $x = 2$, puis pour $x = -1$.

→ Corrigé p. 24

18 5 min ★★

On considère l'expression : $E = 9x^2 - 25 + (3x - 5)(2x + 15)$.

1. Factoriser $9x^2 - 25$.
2. En déduire une factorisation de l'expression E.

→ Corrigé p. 25

19 5 min ★★

L'équation $x^2 = 81$ admet :
a) aucune solution ;
b) une seule solution ;
c) deux solutions ;
d) on ne peut pas savoir.
Choisir la bonne réponse parmi les quatre proposées.

→ Corrigé p. 25

20 3 min ★

-2 est-il solution de l'équation $2a^2 - 3a - 5 = 9$? Justifier.

→ Corrigé p. 25

21 8 min ★★

On considère l'expression : $C = (2x - 1)^2 + (2x - 1)(x + 5)$.

1. Factoriser l'expression C.
2. Résoudre l'équation : $(2x - 1)^2 + (2x - 1)(x + 5) = 0$.

→ Corrigé p. 25

22 10 min ★★

Deux sociétés proposent les formules d'abonnement suivantes :
M (Société Mobile France) : 20 € pour un forfait de 2 h et 0,50 € par minute de dépassement du forfait ;
P (Société Portable Europe) : 26 € pour un forfait de 2 h et 0,30 € par minute de dépassement du forfait.

1. Soit x la durée (en minutes) de dépassement au-delà du forfait de 2 h.
Exprimer en fonction de x :
a) le prix P_1 à payer avec la formule M proposée par la société Mobile France ;
b) le prix P_2 à payer avec la formule P proposée par la société Portable Europe.
2. a) Résoudre l'équation : $0{,}5x + 20 = 0{,}3x + 26$.
b) Que signifie ce résultat dans le problème posé ci-dessus ?

→ Corrigé p. 26

23 7 min ★★

On pose : $D = (12x + 3)(2x - 7) - (2x - 7)^2$.

1. Factoriser D.
2. a) Résoudre l'équation $(2x - 7)(x + 1) = 0$.
b) Préciser pour chaque solution à quels ensembles parmi $\mathbb{N}$, $\mathbb{Z}$, $\mathbb{D}$, $\mathbb{Q}$ et $\mathbb{R}$ elle appartient.

→ Corrigé p. 26

24 8 min ★★

Armelle souhaite travailler quelques heures par mois dans un musée afin de gagner un peu d'argent. À la suite d'un entretien, deux possibilités d'indemnisation lui sont proposées :
– Somme d'argent s_1 : 8 euros par heure.
– Somme d'argent s_2 : versement de 90 euros en début de mois, puis 5 euros par heure.

1. Soit x le nombre d'heures effectuées par Armelle pendant un mois dans ce musée. Exprimer en fonction de x les sommes d'argent $s_1(x)$ et $s_2(x)$, versées à Armelle selon les deux formes d'indemnisation proposées.

2. Résoudre l'équation $8x = 5x + 90$.
À quoi correspond la solution de cette équation ?

➔ *Corrigé p. 26*

25 10 min ★★

Résoudre les équations suivantes :

1. $\dfrac{2x-3}{4} = \dfrac{x+5}{3}$; **2.** $\dfrac{4}{2x-5} = 3$; **3.** $\dfrac{x+3}{x-1} = 4$; **4.** $\dfrac{x^2-16}{x+5} = 0$.

➔ *Corrigé p. 26*

26 10 min ★★

On donne les deux équations $(x-6)(x+1) = 0$ et $x^2 - 3x = 18$.
Déterminer le nombre de solutions communes aux deux équations.

➔ *Corrigé p. 27*

27 25 min ★★★

Soit l'expression $A(x) = (2x-5)^2 - 16$.

1. Déterminer la forme développée de $A(x)$.

2. Déterminer la forme factorisée de $A(x)$.

3. Pour chacune des équations suivantes, indiquer quelle est la forme la plus adaptée pour résoudre l'équation (forme initiale, forme développée, forme factorisée), puis résoudre l'équation et préciser pour chaque solution à quels ensembles parmi $\mathbb{N}$, $\mathbb{Z}$, $\mathbb{D}$, $\mathbb{Q}$ et $\mathbb{R}$ elle appartient.

a) $A(x) = 9$; **b)** $A(x) = 0$; **c)** $A(x) = 33$; **d)** $A(x) + 20x = 0$.

4. Résoudre l'équation suivante : $\dfrac{4x^2-1}{2x-1} = 10$.

➔ *Corrigé p. 27*

28 20 min ★★★

On souhaite montrer que $\sqrt{2}$ est irrationnel.
Soit p un nombre entier.

1. a) Montrer que si p est pair, alors p^2 est pair.
b) Montrer que si p est impair, alors p^2 est impair.
c) Énoncer les deux réciproques de ces propositions.

Prouver par l'absurde que les deux réciproques de ces propositions sont vraies.

2. Pour montrer que $\sqrt{2}$ est irrationnel, on raisonne par l'absurde. On suppose que $\sqrt{2}$ est rationnel et peut s'écrire sous forme d'une fraction irréductible $\frac{p}{q}$.

a) Montrer que p^2 est pair. Que peut-on en déduire pour p ?
b) En posant $p = 2p'$, prouver que q est pair.
c) Conclure.

Corrigé p. 28

Le coin algorithmique

29 5 min ★★

On donne l'algorithme ci-contre.

① Saisir A
② Saisir B
③ $C \leftarrow A$
④ $A \leftarrow B$
⑤ $B \leftarrow C$
⑥ Afficher A
⑦ Afficher B

1. On saisit 3 comme valeur de A en ① et 9 comme valeur de B en ②.
Donner les valeurs des variables A, B et C à chacune des étapes ③, ④ et ⑤.

2. À quoi sert cet algorithme ?

→ Corrigé p. 29

30 20 min ★★

On donne le tableau ci-dessous :

	A	B	C	D	E	F	G
1	$X =$	3	−9	−4	11	0,5	0,1
2	$Y =$	−5	7	−6	20	2,3	0,1
3	$X + Y =$						
4	$X - Y =$						
5	$XY =$						

1. Compléter manuellement le tableau.
On souhaite utiliser un tableur pour compléter le tableau.

2. a) Quelles formules faut-il entrer et recopier vers la droite dans les cellules B3, B4 et B5 ?

b) En utilisant un tableur, vérifier les résultats de la question **1.**.

3. Écrire sur votre calculatrice un programme qui demande les valeurs de X et de Y et qui fournit les résultats demandés dans le tableau.

→ Corrigé p. 29

INTERROGATION ÉCRITE

Exercice 1 — 30 min — 10 points

Partie A

Montrer, par un calcul, que le nombre :

- $A = 1 - \left(\frac{1}{4} - \frac{3}{5}\right)$ est un nombre décimal ;
- $B = \dfrac{\frac{5}{6} - \frac{1}{15}}{\frac{6}{4} - 1}$ est un nombre rationnel ;
- $C = \frac{7}{2} + \frac{1}{3}\left(3 + \frac{15}{2}\right)$ est un entier naturel.

Partie B

Soit a et b deux nombres.

1. Développer et simplifier les deux expressions suivantes :

- $(a + b)(a^2 - ab + b^2)$;
- $(a - b)(a^2 + ab + b^2)$.

2. En déduire des factorisations de $H(x) = x^3 - 27$ et de $I(x) = 8x^3 + 1$.

→ *Corrigé p. 30*

Exercice 2 — 30 min — 10 points

1. Soit l'expression $D(x) = x^2 + 6x + 8$.

a) Est-ce un membre d'une identité remarquable ?

b) En écrivant $D(x) = x^2 + 6x + b^2 - b^2 + 8$ avec b bien choisi, factoriser, à l'aide d'une première identité remarquable, les trois premiers termes de $D(x)$, puis, à l'aide d'une autre identité remarquable, l'intégralité de $D(x)$.

c) Résoudre l'équation $D(x) = 0$.

2. Soit l'expression $E(x) = 4x^2 + 20x + 21$. Procéder comme dans la question **1.** pour factoriser l'expression $E(x)$, puis pour résoudre l'équation $E(x) = 0$.

3. Soit l'expression $F(x) = 4x^2 - 20x + 9$. Résoudre l'équation $F(x) = 0$.

4. En procédant de même, montrer que l'équation $x^2 + 4x + 5 = 0$ n'a pas de solution.

→ *Corrigé p. 30*

CORRIGÉS

1 → *Énoncé p. 14*

1. **11 et 2 013** sont des entiers naturels.

2. **11, 2 013 et −8** sont des entiers relatifs.

3. On a : $\frac{21}{14} = \frac{7 \times 3}{7 \times 2} = \frac{3}{2}$, donc **−5,5, 11, 2 013, −8 et $\mathbf{\frac{21}{14}}$** sont des nombres décimaux.

> **Remarque**
> On reconnaît qu'une fraction est un nombre décimal, si, après simplification, son dénominateur peut s'écrire comme produit de facteurs 2 et 5 uniquement.

4. **Tous ces nombres sauf $\sqrt{10}$ et 2π** sont des nombres rationnels.

5. **Tous les nombres** sont des nombres réels.

2 → *Énoncé p. 14*

1. Pour $x = -5$, on a $A = (-5)^2 - 5 \times (-5) + 7 = 25 + 25 + 7 = \mathbf{57}$.

2. Pour $x = 1{,}2$, on a $A = (1{,}2)^2 - 5 \times (1{,}2) + 7 = 1{,}44 - 6 + 7 = \mathbf{2{,}44}$.

3. Pour $x = \left(\frac{1}{3}\right)$, on a $A = \left(\frac{1}{3}\right)^2 - 5 \times \frac{1}{3} + 7 = \frac{1}{9} - \frac{5}{3} + 7 = \frac{1}{9} - \frac{15}{9} + \frac{63}{9}$,

soit $A = \mathbf{\frac{49}{9}}$.

4. Pour $x = \sqrt{3}$, on a $A = \sqrt{3}^2 - 5\sqrt{3} + 7 = 3 - 5\sqrt{3} + 7 = \mathbf{10 - 5\sqrt{3}}$.

3 → *Énoncé p. 14*

1. Pour $x = -3$, l'expression $2x + 5$ vaut : $2 \times (-3) + 5 = -6 + 5 = -1$.
−3 est solution de l'équation $2x + 5 = -1$.

2. Pour $x = -3$, l'expression $x^2 + 10$ vaut : $(-3)^2 + 10 = 9 + 10 = 19$.
−3 n'est pas solution de l'équation $x^2 + 10 = 1$.

3. Pour $x = -3$, l'expression $x(x - 4)$ vaut : $-3 \times (-3 - 4) = -3 \times (-7) = 21$.
−3 est solution de l'équation $x(x - 4) = 21$.

4 → *Énoncé p. 14*

1. $4x = 2x + 3 \Leftrightarrow 4x - 2x = 3 \Leftrightarrow 2x = 3 \Leftrightarrow x = 3 \div 2$.
La solution est 1,5.

2. $0{,}5x = 7{,}5 + 0{,}2x \Leftrightarrow 0{,}5x - 0{,}2x = 7{,}5 \Leftrightarrow 0{,}3x = 7{,}5 \Leftrightarrow x = 7{,}5 \div 0{,}3 \Leftrightarrow x = 25$.
La solution de l'équation $0{,}5x = 7{,}5 + 0{,}2x$ est 25.

5 → *Énoncé p. 14*

- $A = (2x - 1)^2 = (2x)^2 - 2 \times 2x \times 1 + 1^2$
  $\mathbf{A = 4x^2 - 4x + 1.}$
- $B = (2x + 3)^2 + (2x + 3)(5x - 7)$
  $= (2x)^2 + 2 \times 2x \times 3 + 3^2 + 10x^2 - 14x + 15x - 21$
  $= 4x^2 + 12x + 9 + 10x^2 - 14x + 15x - 21$
  $\mathbf{B = 14x^2 + 13x - 12.}$
- $C = (3x + 5)(6x - 1) + (3x + 5)^2$
  $= 18x^2 - 3x + 30x - 5 + (3x)^2 + 2 \times 3x \times 5 + 5^2$
  $= 18x^2 - 3x + 30x - 5 + 9x^2 + 30x + 25$
  $\mathbf{C = 27x^2 + 57x + 20.}$

6 → *Énoncé p. 14*

- $A = (2x + 3)(2x + 3) + (2x + 3)(5x - 7) = (2x + 3)[(2x + 3) + (5x - 7)]$
  $\mathbf{A = (2x + 3)(7x - 4).}$
- $B = (x - 2)(x - 2) - 2(x - 2) = (x - 2)[(x - 2) - 2]$
  $\mathbf{B = (x - 2)(x - 4).}$
- $C = (3x + 5)(6x - 1) + (3x + 5)(3x + 5) = (3x + 5)[(6x - 1) + (3x + 5)]$
  $\mathbf{C = (3x + 5)(9x + 4).}$

7 → *Énoncé p. 15*

1. $E = (2x - 3)^2 + (2x - 3)(x + 8)$
   $= (2x)^2 - 2 \times 2x \times 3 + 3^2 + 2x^2 + 16x - 3x - 24$
   $= 4x^2 - 12x + 9 + 2x^2 + 16x - 3x - 24$
   $\mathbf{E = 6x^2 + 1x - 15.}$
2. $E = (2x - 3)(2x - 3) + (2x - 3)(x + 8)$
   $= (2x - 3)[(2x - 3) + (x + 8)]$
   $\mathbf{E = (2x - 3)(3x + 5).}$
3. Quand $x = \frac{3}{2}$, on a $E = (2 \times \frac{3}{2} - 3)(3 \times \frac{3}{2} + 5) = 0 \times \frac{19}{2}$.

Quand $x = \frac{3}{2}$, on a $\mathbf{E = 0}$.

8 → *Énoncé p. 15*

1. $\mathbb{Z}^-$ est l'ensemble des nombres entiers négatifs ou nuls.
2. $\mathbb{Q}^*$ est l'ensemble des nombres rationnels non nuls.
3. $\mathbb{R}_*^+$ est l'ensemble des nombres réels strictement positifs.

9 → *Énoncé p. 15*

Rappel

On utilise $AB = 0 \Leftrightarrow A = 0$ ou $B = 0$ quand on a un membre qui est un produit et que l'autre membre est nul.

1. $(x-2)(x-4) = 0 \Leftrightarrow x - 2 = 0$ ou $x - 4 = 0$
$\Leftrightarrow x = 0 + 2$ ou $x = 0 + 4$.
Les solutions sont 2 et 4.

2. $(2x+3)(7x-4) = 0 \Leftrightarrow 2x + 3 = 0$ ou $7x - 4 = 0$
$\Leftrightarrow 2x = -3$ ou $7x = 4 \Leftrightarrow x = -3 \div 2$ ou $x = 4 \div 7$.

Les solutions sont $-1{,}5$ et $\dfrac{4}{7}$.

10 → *Énoncé p. 15*

1. $x^2 - 36 = 0 \Leftrightarrow x^2 = 36 \Leftrightarrow x = \sqrt{36}$ ou $x = -\sqrt{36}$.
Les solutions sont 6 et -6.

2. $x^2 - 11 = 34 \Leftrightarrow x^2 = 34 + 11 \Leftrightarrow x^2 = 45 \Leftrightarrow x = \sqrt{45}$ ou $x = -\sqrt{45}$.
Or on a $\sqrt{45} = \sqrt{3^2 \times 5} = 3\sqrt{5}$.
Les solutions sont $3\sqrt{5}$ et $-3\sqrt{5}$.

3. $(x+1)^2 = 49 \Leftrightarrow x + 1 = \sqrt{49}$ ou $x + 1 = -\sqrt{49}$
$\Leftrightarrow x + 1 = 7$ ou $x + 1 = -7$
$\Leftrightarrow x = 7 - 1$ ou $x = -7 - 1$.
Les solutions sont 6 et -8.

Remarque

Pour une équation avec un carré, les solutions ne sont pas toujours opposées.

11 → *Énoncé p. 15*

Pour tout réel x, on a :
$E = (4x+5)(x-2) - x(x+4)$
$ = 4x^2 - 8x + 5x - 10 - x^2 - 4x$
$\boldsymbol{E = 3x^2 - 7x - 10.}$
$F = (3x-10)(x+1)$
$ = 3x^2 + 3x - 10x - 10$
$\boldsymbol{F = 3x^2 - 7x - 10.}$
Ayant la même expression développée et réduite, **les expressions E et F sont égales**.

Remarque

Pour montrer que deux expressions sont égales, on peut transformer l'une pour obtenir l'autre, ou bien, comme c'est le cas ici, transformer les deux expressions pour obtenir la même troisième expression.

12 → *Énoncé p. 15*

- $A = (2x-3)(x+2) - 5(2x-3)$
  $ = 2x^2 + 4x - 3x - 6 - 10x + 15$
  $\boldsymbol{A = 2x^2 - 9x + 9.}$
- $B = (3x+2)^2 - (3x+2)(x+7)$
  $ = (3x)^2 + 2 \times 3x \times 2 + 2^2 - [3x^2 + 21x + 2x + 14]$
  $ = 9x^2 + 12x + 4 - 3x^2 - 21x - 2x - 14$
  $\boldsymbol{B = 6x^2 - 11x - 10.}$

• $C = (x - 1)(2x + 5) - (x - 1)^2$
$= 2x^2 + 5x - 2x - 5 - (x^2 - 2x + 1)$
$= 2x^2 + 5x - 2x - 5 - x^2 + 2x - 1$
$\boldsymbol{C = x^2 + 5x - 6.}$

13 → *Énoncé p. 15*

• $A = (3x - 2)^2 - 9 = (3x - 2)^2 - 3^2 = (3x - 2 + 3)(3x - 2 - 3)$
$\boldsymbol{A = (3x + 1)(3x - 5).}$
• $B = (2x + 1)^2 - 4 = (2x + 1)^2 - 2^2 = (2x + 1 + 2)(2x + 1 - 2)$
$\boldsymbol{B = (2x + 3)(2x - 1).}$
• $C = 36 - (3x + 5)^2 = 6^2 - (3x + 5)^2 = (6 - (3x + 5))(6 + (3x + 5))$
$\boldsymbol{C = (-3x + 1)(3x + 11).}$
• $D = (2x - 1)^2 - 16 = (2x - 1)^2 - 4^2 = (2x - 1 - 4)(2x - 1 + 4)$
$\boldsymbol{D = (2x - 5)(2x + 3).}$

14 → *Énoncé p. 16*

1. $4x^2 - 9 = (2x)^2 - 3^2 = \boldsymbol{(2x + 3)(2x - 3).}$
2. On a donc $E = (2x + 3)(2x - 3) + (2x + 3)(x - 2)$
$= (2x + 3)[(2x - 3) + (x - 2)].$

$\boldsymbol{E = (2x + 3)(3x - 5).}$

15 → *Énoncé p. 16*

1. $(3x - 2)^2 = (3x)^2 - 2 \times 3x \times 2 + 2^2 = 9x^2 - 12x + 4$: **réponse** b).
2. $(2x - 1)(5x - 4) = 10x^2 - 8x - 5x + 4 = 10x^2 - 13x + 4$: **réponse** b).
3. Pour $x = -2$, on a :
$3x^2 + 5x - 1 = 3 \times (-2)^2 + 5 \times (-2) - 1 = 12 - 10 - 1 = 1$: **réponse** a).

16 → *Énoncé p. 16*

1. $(2x + 1)^2 - 1 = (2x)^2 + 2 \times 2x \times 1 + 1^2 - 1 = 4x^2 + 4x + 1 - 1$
La forme développée de $(2x + 1)^2 - 1$ est $\boldsymbol{4x^2 + 4x}$.
2. $(2x + 1)^2 - 1 = [(2x + 1) - 1][(2x + 1) + 1]$
La forme factorisée de $(2x + 1)^2 - 1$ est $\boldsymbol{2x(2x + 2)}$.

17 → *Énoncé p. 16*

1. $D = (12x + 3)(2x - 7) - (2x - 7)^2$
$= 24x^2 - 84x + 6x - 21 - [(2x)^2 - 2 \times 2x \times 7 + 7^2]$
$= 24x^2 - 84x + 6x - 21 - 4x^2 + 28x - 49$
$\boldsymbol{D = 20x^2 - 50x - 70.}$

2. $D = (12x + 3)(2x - 7) - (2x - 7)(2x - 7)$
$= (2x - 7)[(12x + 3) - (2x - 7)]$
$= (2x - 7)[12x + 3 - 2x + 7]$
$\mathbf{D = (2x - 7)(10x + 10).}$

3. • Pour $x = 2$, on a :
$D = (12 \times 2 + 3)(2 \times 2 - 7) - (2 \times 2 - 7)^2$
$= 27 \times (-3) - (-3)^2$
$= -81 - 9 = -90.$
Pour $x = 2$, l'expression D vaut -90.
• Pour $x = -1$, on a :
$D = (12 \times (-1) + 3)(2 \times (-1) - 7) - (2 \times (-1) - 7)^2$
$= -9 \times (-9) - (-9)^2$
$= 81 - 81 = 0.$
Pour $x = -1$, l'expression D vaut 0.

> **Remarque**
> On obtient les mêmes résultats en utilisant la forme développée ou la forme factorisée.

18 → Énoncé p. 16

1. $9x^2 - 25 = (3x)^2 - 5^2 = (3x - 5)(3x + 5).$

2. $E = 9x^2 - 25 + (3x - 5)(2x + 15)$
$= (3x - 5)(3x + 5) + (3x - 5)(2x + 15)$
$= (3x - 5)[(3x + 5) + (2x + 15)]$
On a donc $\mathbf{E = (3x - 5)(5x + 20).}$

19 → Énoncé p. 17

On a l'équation $x^2 = 81$.
Or, on a $x^2 = a$ avec $a > 0 \Leftrightarrow x = \sqrt{a}$ ou $x = -\sqrt{a}$.
On a donc $x = \sqrt{81}$ ou $x = -\sqrt{81}$.
Il y a 2 solutions qui sont 9 et -9 : réponse c).

> **Rappel**
> Se souvenir qu'un nombre strictement positif est le carré de deux nombres opposés.

20 → Énoncé p. 17

Pour $a = -2$, le membre de gauche vaut :
$2 \times (-2)^2 - 3 \times (-2) - 5$, soit $2 \times 4 + 6 - 5$, donc 9.
-2 est solution de l'équation $2a^2 - 3a - 5 = 9$.

21 → Énoncé p. 17

1. $C = (2x - 1)(2x - 1) + (2x - 1)(x + 5)$
$= (2x - 1)[(2x - 1) + (x + 5)]$
$= \mathbf{(2x - 1)(3x + 4).}$

2. $(2x-1)^2+(2x-1)(x+5)=0$
$\Leftrightarrow (2x-1)(3x+4)=0$
$\Leftrightarrow 2x-1=0$ ou $3x+4=0$
$\Leftrightarrow 2x=1$ ou $3x=-4$
$\Leftrightarrow x=1\div 2$ ou $x=-4\div 3$.

Les solutions sont 0,5 et $\frac{-4}{3}$.

> **Remarque**
> Attention : ce n'est pas une équation produit car le membre de gauche est une somme. Il faut utiliser la factorisation de la question 1. pour transformer l'équation initiale en équation produit.

22 → Énoncé p. 17

1. a) On a : $\boldsymbol{P_1 = 20 + 0{,}5\,x}$.
b) On a aussi : $\boldsymbol{P_2 = 26 + 0{,}3\,x}$.

2. a) $0{,}5x+20=0{,}3x+26 \Leftrightarrow 0{,}5x-0{,}3x=26-20 \Leftrightarrow 0{,}2x=6 \Leftrightarrow x=6\div 0{,}2$.
La solution est 30.
b) Cela signifie que, **pour un dépassement de 30 minutes du temps du forfait, les deux formules M et P sont équivalentes.**
Cela correspond à 2 h 30 min d'utilisation.

23 → Énoncé p. 17

1. $D = (12x+3)(2x-7)-(2x-7)(2x-7)$
$= (2x-7)[(12x+3)-(2x-7)]$
$= (2x-7)[12x+3-2x+7]$
$\boldsymbol{D = (2x-7)(10x+10)}$.

2. a) $(2x-7)(x+1)=0 \Leftrightarrow 2x-7=0$ ou $x+1=0 \Leftrightarrow 2x=0+7$ ou $x=0-1$
$\Leftrightarrow x=7\div 2$ ou $x=-1$.
Les solutions de cette équation sont 3,5 et –1.
b) 3,5 est un nombre décimal : **3,5 appartient à $\mathbb{D}$, à $\mathbb{Q}$ et à $\mathbb{R}$.**
– 1 est un nombre entier relatif : **– 1 appartient à $\mathbb{Z}$, à $\mathbb{D}$, à $\mathbb{Q}$ et à $\mathbb{R}$.**

24 → Énoncé p. 18

1. Les sommes d'argent sont $s_1(x) = \boldsymbol{8x}$ et $s_2(x) = \boldsymbol{5x+90}$.

2. $8x=5x+90 \Leftrightarrow 8x-5x=90 \Leftrightarrow 3x=90 \Leftrightarrow x=90\div 3 \Leftrightarrow x=30$.
La solution de l'équation $8x = 5x + 90$ est 30.
Cela signifie que, pour 30 heures de travail, les deux formules d'indemnisation sont équivalentes.

25 → Énoncé p. 18

1. $\frac{2x-3}{4}=\frac{x+5}{3} \Leftrightarrow 3(2x-3)=4(x+5) \Leftrightarrow 6x-9=4x+20$
$\Leftrightarrow 6x-4x=20+9 \Leftrightarrow 2x=29 \Leftrightarrow x=\frac{29}{2} \Leftrightarrow x=14{,}5$: **la solution est 14,5.**

2. $\dfrac{4}{2x-5} = 3 \Leftrightarrow 4 = 3(2x-5)$ et $2x - 5 \neq 0$
$\Leftrightarrow 4 = 6x - 15$ et $2x \neq 5 \Leftrightarrow 19 = 6x$ et $x \neq 2{,}5$.
La solution est $\dfrac{19}{6}$.

> **Astuce**
> Une écriture fractionnaire n'existe que si son dénominateur est non nul. Il faut vérifier que la valeur qui annule le dénominateur ne fasse pas partie des solutions.

3. $\dfrac{x+3}{x-1} = 4 \Leftrightarrow x + 3 = 4(x-1)$ et $x - 1 \neq 0$
$\Leftrightarrow x + 3 = 4x - 4$ et $x \neq 1 \Leftrightarrow 3 + 4 = 4x - x$ et $x \neq 1$
$\Leftrightarrow 7 = 3x$ et $x \neq 1$.
La solution est $\dfrac{7}{3}$ qui n'est pas la valeur annulant le dénominateur.

4. $\dfrac{x^2-16}{x+5} = 0 \Leftrightarrow x^2 - 16 = 0(x+5)$ et $x + 5 \neq 0 \Leftrightarrow x^2 - 16 = 0$ et $x \neq -5$
$\Leftrightarrow x^2 = 16$ et $x \neq -5 \Leftrightarrow x = \sqrt{16}$ ou $x = -\sqrt{16}$ et $x \neq -5$.
Les solutions sont 4 et −4.

26 → *Énoncé p. 18*

$(x-6)(x+1) = 0 \Leftrightarrow x - 6 = 0$
ou $x + 1 = 0 \Leftrightarrow x = 0 + 6$ ou $x = 0 - 1$
Les solutions de l'équation $(x-6)(x+1) = 0$ sont 6 et -1.
De plus, on a $6^2 - 3 \times 6 = 18$.
Le nombre 6 est donc solution de l'équation $x^2 - 3x = 18$. On a $(-1)^2 - 3 \times (-1) = 4$;
le nombre -1 n'est pas solution de l'équation $x^2 - 3x = 18$.
Les deux équations $(x-6)(x+1) = 0$ et $x^2 - 3x = 18$ **ont une seule solution commune** qui vaut 6.

> **Remarque**
> En classe de Seconde, on ne sait pas résoudre l'équation $x^2 - 3x = 18$, mais, en testant les solutions de l'équation $(x-6)(x+1) = 0$, on peut trouver les solutions communes aux deux équations.

27 → *Énoncé p. 18*

1. $A(x) = (2x-5)^2 - 16 = (2x)^2 - 2 \times 2x \times 5 + 5^2 - 16 = 4x^2 - 20x + 9$.
La forme développée de $A(x)$ est $\mathbf{4x^2 - 20x + 9}$.

2. $A(x) = (2x-5)^2 - 16 = (2x-5)^2 - 4^2 = (2x - 5 - 4)(2x - 5 + 4)$.
La forme factorisée de $A(x)$ est $\mathbf{(2x-9)(2x-1)}$.

3. a) Pour résoudre $A(x) = 9$, la forme adaptée est la forme développée.
$A(x) = 9 \Leftrightarrow 4x^2 - 20x + 9 = 9 \Leftrightarrow 4x^2 - 20x = 0$
$\Leftrightarrow 4x(x-5) = 0 \Leftrightarrow 4x = 0$ ou $x - 5 = 0 \Leftrightarrow x = 0 \div 4$ ou $x = 5$.
Les solutions sont 0 et 5 qui appartiennent à $\mathbb{N}$, à $\mathbb{Z}$, à $\mathbb{D}$, à $\mathbb{Q}$ et à $\mathbb{R}$.

b) Pour résoudre $A(x) = 0$, la forme adaptée est la forme factorisée.
$A(x) = 0 \Leftrightarrow (2x-9)(2x-1) = 0 \Leftrightarrow 2x - 9 = 0$ ou $2x - 1 = 0$
$\Leftrightarrow 2x = 9$ ou $2x = 1 \Leftrightarrow x = 9 \div 2$ ou $x = 1 \div 2$.
Les solutions sont 4,5 et 0,5 qui appartiennent à $\mathbb{D}$, à $\mathbb{Q}$ et à $\mathbb{R}$.

c) Pour résoudre $A(x) = 33$, la forme adaptée est la forme initiale.

$A(x) = 33 \Leftrightarrow (2x-5)^2 - 16 = 33 \Leftrightarrow (2x-5)^2 = 33 + 16 \Leftrightarrow (2x-5)^2 = 49$

$2x - 5 = \sqrt{49}$ ou $2x - 5 = -\sqrt{49} \Leftrightarrow 2x = 7 + 5$ ou $2x = -7 + 5$

$\Leftrightarrow 2x = 12$ ou $2x = -2 \Leftrightarrow x = 12 \div 2$ ou $x = -2 \div 2$.

Les solutions sont 6 et −1.

6 appartient à $\mathbb{N}$, à $\mathbb{Z}$, à $\mathbb{D}$, à $\mathbb{Q}$ et à $\mathbb{R}$.

−1 appartient à $\mathbb{Z}$, à $\mathbb{D}$, à $\mathbb{Q}$ et à $\mathbb{R}$.

d) Pour résoudre $A(x) + 20x = 0$, la forme adaptée est la forme développée.

$A(x) + 20x = 0 \Leftrightarrow 4x^2 - 20x + 9 + 20x = 0$

$\Leftrightarrow 4x^2 + 9 = 0 \Leftrightarrow 4x^2 = -9 \Leftrightarrow x^2 = -2{,}25$; ce qui est impossible.

L'équation $A(x) + 20x = 0$ n'a pas de solution.

> **Rappel**
> Un carré est un nombre toujours positif, donc l'équation $x^2 = a$, avec $a < 0$, n'admet aucune solution.

4. Pour $x \neq 0{,}5$, le dénominateur est non nul et on a :

$$\frac{4x^2-1}{2x-1} = 10 \Leftrightarrow 4x^2 - 1 = 10(2x-1)$$
$$\Leftrightarrow 4x^2 - 1 = 20x - 10$$
$$\Leftrightarrow 4x^2 - 20x + 9 = 0$$
$$\Leftrightarrow A(x) = 0.$$

D'après la question **3. b)**, les solutions possibles seraient 4,5 et 0,5.

Mais, pour $x = 0{,}5$, l'expression $\dfrac{4x^2-1}{2x-1}$ n'existe pas.

La seule solution de $\dfrac{4x^2-1}{2x-1} = 10$ est 4,5.

> **Remarque**
> Ne pas oublier d'enlever des solutions potentielles d'une équation, les valeurs interdites.

28 → *Énoncé p. 18*

1. a) Si p est pair, alors il existe un réel k tel que $p = 2k$.

On a alors $p^2 = (2k)^2 = 4k^2 = 2 \times 2k^2$, donc p^2 est pair.

b) Si p est impair, alors il existe un réel k tel que $p = 2k + 1$.

On a alors $p^2 = (2k+1)^2 = 4k^2 + 4k + 1 = 2(2k^2 + k) + 1$, donc p^2 est impair.

c) • La réciproque de la première propriété est :

Si p^2 est pair, alors p est pair.

Démontrons cette réciproque par l'absurde.

Soit p un entier tel que p^2 soit pair.

Supposons que p soit impair, alors d'après la propriété du **1. b)**, p^2 serait impair, ce qui est contradictoire avec l'hypothèse que p^2 est pair.

Cette réciproque est vraie.

> **Rappel**
> La réciproque d'une affirmation « Si A alors B » est « Si B alors A ».

• La réciproque de la seconde propriété est :

Si p^2 est impair, alors p est impair.

Démontrons cette réciproque par l'absurde.

Soit p un entier tel que p^2 soit impair.

Supposons que p soit pair, alors d'après la propriété du **1. a)**, p^2 serait pair, ce qui est contradictoire avec l'hypothèse que p^2 est impair.

Cette réciproque est vraie.

> **Astuce**
> Montrer par l'absurde qu'une affirmation « Si A alors B » est vraie consiste à montrer que l'affirmation contraposée « Si non B alors non A » est vraie.

2. On suppose que $\sqrt{2}$ est rationnel et peut s'écrire sous forme d'une fraction irréductible $\frac{p}{q}$.

a) On aurait alors $\sqrt{2} = \frac{p}{q} \Rightarrow 2 = \frac{p^2}{q^2} \Rightarrow 2q^2 = p^2$ (1).

p^2 serait pair, donc ***p* serait pair**, d'après la première réciproque.

b) En posant $p = 2p'$, (1) $\Rightarrow 2q^2 = (2p')^2 \Rightarrow 2q^2 = 4p'^2 \Rightarrow q^2 = 2p'^2$.

q^2 serait pair, donc q **serait pair** d'après la première réciproque.

c) La fraction $\frac{p}{q}$ pourrait être simplifiée par 2 car p et q seraient pairs, ce qui est contradictoire avec l'hypothèse que la fraction $\frac{p}{q}$ est irréductible.

$\sqrt{2}$ n'est donc pas rationnel, c'est-à-dire que $\sqrt{2}$ **est bien irrationnel.**

29 → Énoncé p. 19

1. On a

Étapes	Variable A	Variable B	Variable C
① et ②	3	9	indéfini
③	3	9	3
④	9	9	3
⑤	9	3	3

2. Cet algorithme sert à échanger le contenu des variables A et B.

30 → Énoncé p. 19

1.

	A	B	C	D	E	F	G
1	X=	3	−9	−4	11	0,5	0,1
2	Y=	−5	7	−6	20	2,3	0,1
3	X + Y =	**−2**	**−2**	**−10**	**31**	**2,8**	**0,2**
4	X − Y =	**8**	**−16**	**2**	**−9**	**−1,8**	**0**
5	XY =	**−15**	**−63**	**24**	**220**	**1,15**	**0,01**

2. a) Dans B3, on écrit =**B1+B2** ; dans B4, on écrit =**B1−B2** et dans B5 =**B1*B2**.

b) Vérification par le tableau de la question 1.

• Sur TI	• Sur Casio	• Sur Python
: Prompt X	?→X	X=float(input("Valeur X="))
: Prompt Y	?→Y	Y=float(input("Valeur Y="))
: Disp "X+Y=",X+Y	X+Y◢	print(X+Y)
: Disp "X−Y=",X−Y	X−Y◢	print(X-Y)
: Disp "XY=",XY	XY◢	print(X*Y)

INTERROGATION ÉCRITE

Exercice 1 → Énoncé p. 20

Partie A

• $A = 1 - \left(\frac{1}{4} - \frac{3}{5}\right) = \frac{20}{20} - \left(\frac{5}{20} - \frac{12}{20}\right)$

$= \frac{20}{20} - \frac{-7}{20} = \frac{20}{20} + \frac{7}{20} = \frac{27}{2^2 \times 5}$.

***A* est un nombre décimal.**

• $B = \dfrac{\frac{5}{6} - \frac{1}{15}}{\frac{6}{4} - 1} = \dfrac{\frac{25}{30} - \frac{2}{30}}{\frac{6}{4} - \frac{4}{4}} = \dfrac{\frac{23}{30}}{\frac{2}{4}} = \frac{23}{30} \times \frac{4}{2} = \frac{23 \times 2 \times 2}{15 \times 2 \times 2} = \frac{23}{15}$.

***B* est un nombre rationnel.**

• $C = \frac{7}{2} + \frac{1}{3}\left(3 + \frac{15}{2}\right) = \frac{7}{2} + \frac{1}{3}\left(\frac{6}{2} + \frac{15}{2}\right) = \frac{7}{2} + \frac{1}{3} \times \frac{21}{2} = \frac{7}{2} + \frac{7}{2} = 7$.

***C* est un entier naturel.**

Conseil

Pour additionner ou soustraire des fractions, il faut d'abord les réduire au même dénominateur.
Diviser par un nombre revient à multiplier par son inverse.

Partie B

1. • $(a + b)(a^2 - ab + b^2) = a^3 - a^2b + ab^2 + a^2b - ab^2 + b^3 = \boldsymbol{a^3 + b^3}$;

• $(a - b)(a^2 + ab + b^2) = a^3 + a^2b + ab^2 - a^2b - ab^2 - b^3 = \boldsymbol{a^3 - b^3}$.

2. Des identités précédentes, on déduit que :

$H(x) = x^3 - 27 = x^3 - 3^3 = \boldsymbol{(x - 3)(x^2 + 3x + 9)}$;

$I(x) = 8x^3 + 1 = (2x)^3 + 1^3 = \boldsymbol{(2x + 1)(4x^2 - 2x + 1)}$.

Exercice 2 → Énoncé p. 20

1. a) On a : $D(x) = x^2 + 6x + 8 = x^2 + 2 \times x \times 3 + 8$.

Ce n'est pas un membre d'une identité remarquable car 8 n'est pas le carré de 3.

b) On a :
$D(x) = x^2 + 6x + 3^2 - 3^2 + 8$
$= (x + 3)^2 - 1^2$
$= (x + 3 + 1)(x + 3 - 1)$
$= \mathbf{(x + 4)(x + 2)}$.

c) $D(x) = 0 \Leftrightarrow (x + 4)(x + 2) = 0$
$\Leftrightarrow x + 4 = 0$ ou $x + 2 = 0$
S = {–4 ; –2}.

2. $E(x) = 4x^2 + 20x + 21$
$= (2x)^2 + 2 \times 2x \times 5 + 5^2 - 5^2 + 21$
$= (2x + 5)^2 - 2^2$
$= (2x + 5 + 2)(2x + 5 - 2)$
$= (2x + 7)(2x + 3)$.
$E(x) = 0 \Leftrightarrow (2x + 7)(2x + 3) = 0$
$\Leftrightarrow 2x + 7 = 0$ ou $2x + 3 = 0$
S = {–3,5 ; –1,5}.

3. On a $F(x) = 4x^2 - 20x + 9$
$= (2x)^2 - 2 \times 2x \times 5 + 5^2 - 5^2 + 9$
$= (2x - 5)^2 - 16$
$= (2x - 5 - 4)(2x - 5 + 4) = (2x - 9)(2x - 1)$.
$F(x) = 0 \Leftrightarrow (2x - 9)(2x - 1) = 0$
$\Leftrightarrow 2x - 9 = 0$ ou $2x - 1 = 0$
S = {4,5 ; 0,5}.

4. $x^2 + 4x + 5 = 0 \Leftrightarrow x^2 + 2 \times x \times 2 + 2^2 - 2^2 + 5 = 0$
$\Leftrightarrow (x + 2)^2 + 1 = 0$
$\Leftrightarrow (x + 2)^2 = -1$.
Un carré étant positif, l'équation $\mathbf{x^2 + 4x + 5 = 0}$ **n'a pas de solution**.

Conseil
Comme on a $6x = 2 \times x \times 3$, on ajoute 3^2 et on l'enlève de manière à avoir $x^2 + 6x + 9$ qui correspond à un membre d'une identité remarquable.

Conseil
$4x^2 + 20x$ est le début de :
$(2x)^2 + 2 \times 2x \times 5$.
On ajoute 5^2 et on soustrait 5^2 pour avoir un membre d'une identité remarquable.

CHAPITRE 2 Géométrie repérée

1 Repérage dans le plan

A. Définitions

■ Soit O, I et J trois points non alignés d'un plan.
Le triplet (O, I, J) constitue un repère du plan.

■ Soit (O, I, J) un repère du plan.
Le point O est **l'origine du repère**.
La droite (OI) est **l'axe des abscisses**.
La droite (OJ) est **l'axe des ordonnées**.

■ Soit (O, I, J) un repère du plan.
Si le triangle OIJ est rectangle en O, alors le repère est dit **orthogonal**.

■ Soit (O, I, J) un repère du plan.
Si le triangle OIJ est rectangle et isocèle en O, alors le repère est dit **orthonormé**.

■ Soit (O, I, J) un repère du plan.
À chaque point M du plan est associé dans ce repère un couple $(x\,;\,y)$ de réels.
x et y sont les **coordonnées** de M ; x est son **abscisse** et y est son **ordonnée**.

Ex. :

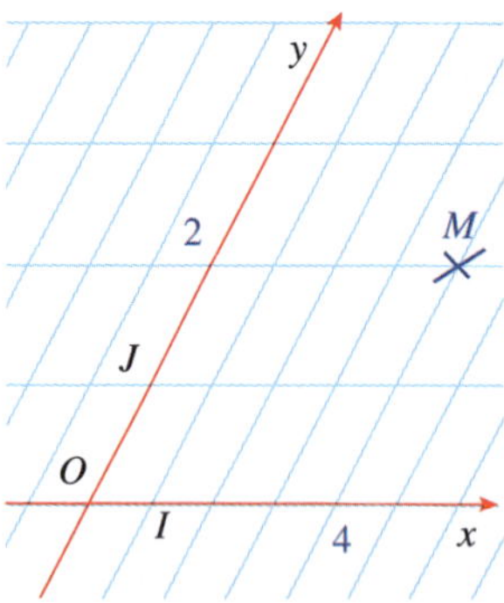

Le repère est quelconque. Les coordonnées du point M sont $(4\,;\,2)$.

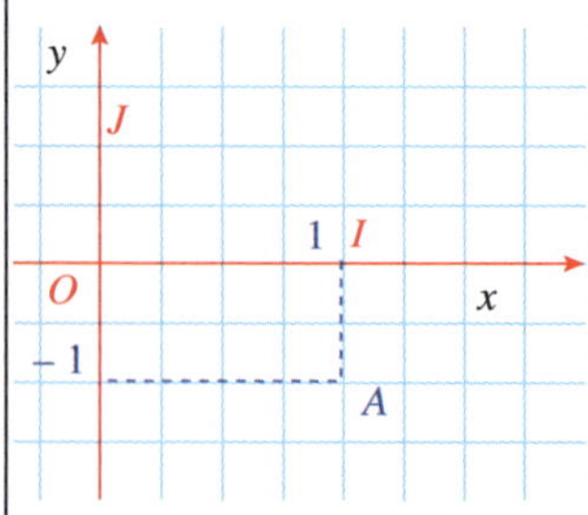

Le repère est orthogonal. L'abscisse du point A est 1. Son ordonnée est -1.

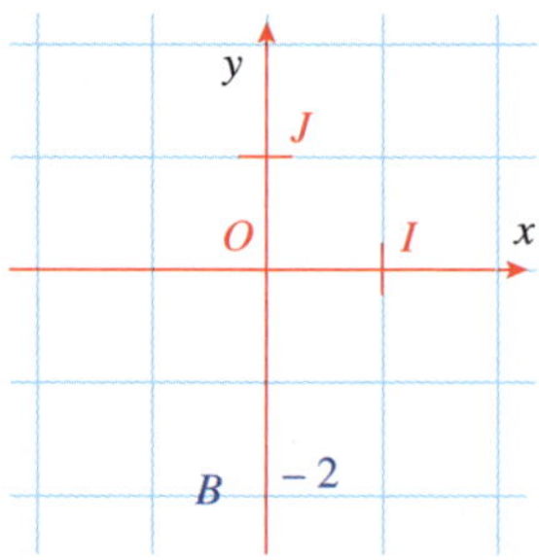

Le repère est orthonormé. B étant sur l'axe des ordonnées, son abscisse est nulle. On a $B(0\,;\,-2)$.

2 Milieu et coordonnées

■ Soit $A(x_A\ ;\ y_A)$ et $B(x_B\ ;\ y_B)$ deux points d'un plan muni d'un repère.

Le milieu M du segment $[AB]$ a pour coordonnées $\left(\dfrac{x_A + x_B}{2} ; \dfrac{y_A + y_B}{2}\right)$.

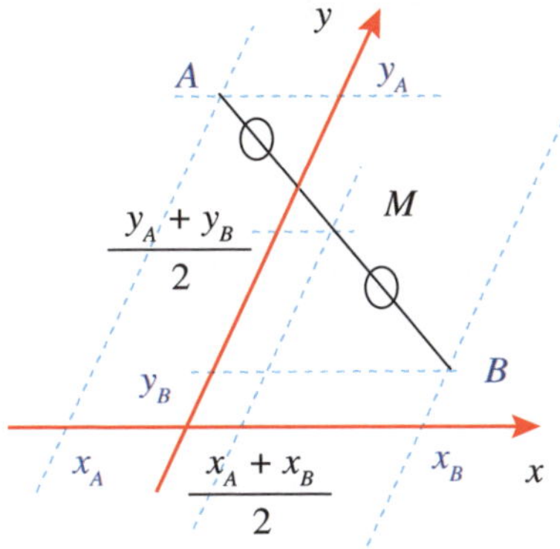

Remarque :
Les coordonnées du milieu d'un segment correspondent à la moyenne arithmétique des coordonnées des extrémités de ce segment.

3 Distance entre deux points

■ Soit $A(x_A\ ;\ y_A)$ et $B(x_B\ ;\ y_B)$ deux points d'un plan muni d'un repère orthonormé.
La distance AB entre les points A et B est donnée par :

$$AB = \sqrt{(x_B - x_A)^2 + (y_B - y_A)^2}\ .$$

Remarques :
• La formule n'est valable que dans un repère orthonormé.
• Dans la formule ci-dessus, $(x_B - x_A)^2$ peut être remplacé par $(x_A - x_B)^2$ car les nombres $x_B - x_A$ et $x_A - x_B$ sont opposés et ont par conséquent le même carré. Il en est de même pour les termes en y.

COMMENT FAIRE

1 Vérifier si un point est le milieu d'un segment

EXERCICE TYPE

Soit $A(3\ ;\ 5)$ et $B(-1\ ;\ 16)$ deux points d'un plan muni d'un repère.
Le point $M(1\ ;\ 10)$ est-il le milieu de $[AB]$?

Astuce
Ne sachant pas si M est le milieu de $[AB]$, on donne un nom au milieu de $[AB]$ différent de M.

CORRIGÉ COMMENTÉ

On nomme le milieu de [*AB*].
Soit W le milieu de $[AB]$.
On calcule les coordonnées de ce milieu à l'aide de la formule du cours.

On a : $x_W = \dfrac{x_A + x_B}{2} = \dfrac{3 + (-1)}{2} = \dfrac{2}{2} = 1$

et $y_W = \dfrac{y_A + y_B}{2} = \dfrac{5 + 16}{2} = \dfrac{21}{2} = 10{,}5.$

On a donc $W(1\ ;\ 10{,}5)$.
Pour conclure, on compare les coordonnées du milieu avec celles de *M*.
W et M n'ont pas la même ordonnée, donc M n'est pas le milieu de $[AB]$.

À RETENIR

Pour vérifier si un point *M* est le milieu d'un segment :
- nommer le milieu de ce segment et calculer ses coordonnées ;
- comparer les coordonnées de ce milieu avec celles de M ;
- si on a les mêmes coordonnées, alors M est le milieu du segment, sinon M n'est pas le milieu du segment.

2 Calculer les coordonnées d'un symétrique

EXERCICE TYPE

Dans un plan muni d'un repère, on considère les points $P(-4\ ;\ 6)$ et $R(1\ ;\ 3)$.
Déterminer les coordonnées de S le symétrique de P par rapport à R.

Rappel
Deux points sont symétriques par rapport à un troisième si, et seulement si, ce dernier est le milieu des deux premiers.

CORRIGÉ COMMENTÉ

On exprime qu'on a un problème de milieu.
S est le symétrique de P par rapport à R, donc R est le milieu du segment $[PS]$.

On écrit un système avec les coordonnées des trois points et on résout le système.

$$\begin{cases} x_R = \dfrac{x_P + x_S}{2} \\ y_R = \dfrac{y_P + y_S}{2} \end{cases} \Leftrightarrow \begin{cases} 1 = \dfrac{-4 + x_S}{2} \\ 3 = \dfrac{6 + y_S}{2} \end{cases} \Leftrightarrow \begin{cases} 2 = -4 + x_S \\ 6 = 6 + y_S \end{cases} \Leftrightarrow \begin{cases} 2 + 4 = x_S \\ 6 - 6 = y_S. \end{cases}$$

Les coordonnées de S sont (6 ; 0).

À RETENIR

Pour calculer les coordonnées de l'image d'un point par une symétrie centrale :
- traduire l'énoncé en termes de milieu ;
- à l'aide du cours, écrire un système avec les coordonnées de trois points ;
- résoudre le système.

3 Utiliser des calculs de distance

EXERCICE TYPE

Dans le plan rapporté à un repère orthonormé, on donne la figure ci-contre :

1. Donner les coordonnées des points A, B et C.
2. Montrer que le triangle ABC est rectangle en B.

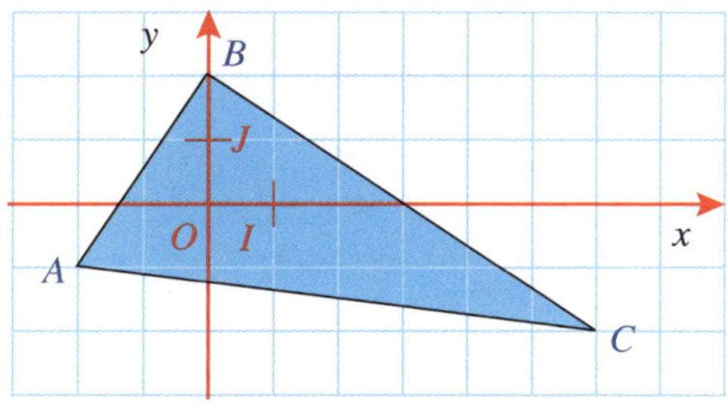

CORRIGÉ COMMENTÉ

1. On a $A(-2\ ;\ -1)$, $B(0\ ;\ 2)$ et $C(6\ ;\ -2)$.

2. **On calcule les longueurs des trois côtés après avoir rappelé la nature du repère.**

Le repère est orthonormé. On a :

> **Astuce**
> Pour montrer que le triangle est rectangle, on envisage d'appliquer la réciproque du théorème de Pythagore qui nécessite de connaître les longueurs des trois côtés.

$$AB = \sqrt{(x_B - x_A)^2 + (y_B - y_A)^2} = \sqrt{(0-(-2))^2 + (2-(-1))^2} = \sqrt{4+9} = \sqrt{13},$$
$$BC = \sqrt{(x_C - x_B)^2 + (y_C - y_B)^2} = \sqrt{(6-0)^2 + (-2-2)^2} = \sqrt{36+16} = \sqrt{52},$$
$$AC = \sqrt{(x_C - x_A)^2 + (y_C - y_A)^2} = \sqrt{(6-(-2))^2 + (-2-(-1))^2} = \sqrt{64+1} = \sqrt{65}.$$

On calcule séparément la somme des carrés des deux plus petits côtés et le carré du plus grand côté et on compare les résultats pour conclure.

On a $AB^2 + BC^2 = \sqrt{13}^2 + \sqrt{52}^2 = 13 + 52 = 65$ et $AC^2 = \sqrt{65}^2 = 65$.
On constate que $AB^2 + BC^2 = AC^2$.
D'après la réciproque du théorème de Pythagore, **le triangle ABC est rectangle en B.**

À RETENIR

Pour résoudre un problème faisant intervenir des longueurs :

- utiliser dans un repère orthonormé la formule $\sqrt{(x_B - x_A)^2 + (y_B - y_A)^2}$ pour calculer les longueurs nécessaires ;
- puis appliquer les théorèmes de géométrie pour conclure.

4 Utiliser les coordonnées pour étudier une configuration (1)

EXERCICE TYPE

ABCD est un parallélogramme et *M* est le milieu de [*CD*].
Soit *E* le symétrique du point *A* par rapport au point *M*.

1. Faire une figure.
2. Montrer que le point *C* est le milieu de [*BE*].

CORRIGÉ COMMENTÉ

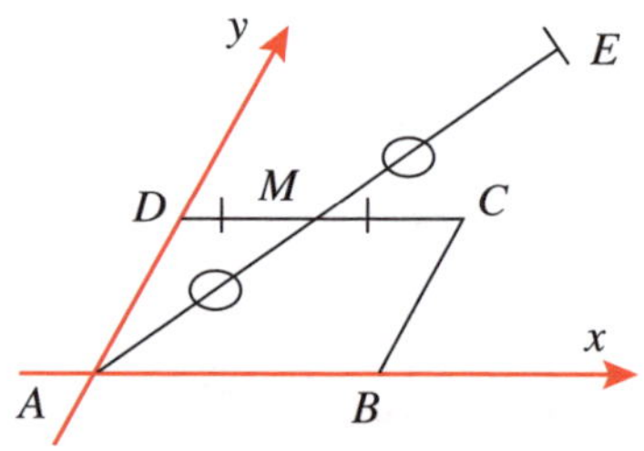

1. Pour faire la figure, on met l'un des côtés du parallélogramme en position horizontale : ce côté servira de support à l'axe des abscisses.

2. On prend un repère dont l'origine et les points unités sont trois sommets du parallélogramme et on cherche les coordonnées des différents points de la figure.

On utilise le repère (*A*, *B*, *D*).
Dans ce repère, on a $A(0\ ;\ 0)$, $B(1\ ;\ 0)$, $D(0\ ;\ 1)$ et $C(1\ ;\ 1)$.
Comme *M* est le milieu de [*DC*], on a :

$$x_M = \frac{x_D + x_C}{2} = 0{,}5 \text{ et } y_M = \frac{y_D + y_C}{2} = 1 : M(0{,}5\ ;\ 1).$$

On a *E* le symétrique de *A* par rapport à *M*, donc *M* est le milieu de [*AE*]. On a :

$$\begin{cases} x_M = \dfrac{x_A + x_E}{2} \\ y_M = \dfrac{y_A + y_E}{2} \end{cases} \Leftrightarrow \begin{cases} 0{,}5 = \dfrac{0 + x_E}{2} \\ 1 = \dfrac{0 + y_E}{2} \end{cases} \Leftrightarrow \begin{cases} 0{,}5 \times 2 = x_E \\ 1 \times 2 = y_E. \end{cases}$$

Les coordonnées de *E* sont (1 ; 2).

On vérifie à l'aide des coordonnées que *C* est le milieu de [*BE*].

> **Astuce**
> Pour traiter ce problème, on introduit un repère afin d'utiliser la formule avec les coordonnées d'un milieu.

Soit W le milieu de $[BE]$.

On a : $x_W = \dfrac{x_B + x_E}{2} = \dfrac{1+1}{2} = \dfrac{2}{2} = 1$ et $y_W = \dfrac{y_B + y_E}{2} = \dfrac{0+2}{2} = \dfrac{2}{2} = 1$.

On a donc $W(1 ; 1)$.

Ayant les mêmes coordonnées, les points C et W sont confondus, donc C est le milieu de $[BE]$.

À RETENIR

Pour étudier une configuration avec des coordonnées :
- choisir un repère pour que les coordonnées du plus grand nombre possible de points de la figure soient connues ;
- déterminer si nécessaire les coordonnées des autres points ;
- résoudre le problème en utilisant les propriétés du cours.

5 Utiliser les coordonnées pour étudier une configuration (2)

EXERCICE TYPE

Soit $ABCD$ un rectangle, avec $AB = 12$ cm et $AD = 5$ cm.
Soit E le point de $[AB]$ tel que $AE = 2$ cm.
Soit F le point de $[AD]$ tel que $AF = 3$ cm.
Soit G le point de $[DC]$ tel que $DG = 11$ cm.
Les droites (EF) et (EG) sont-elles perpendiculaires ?

CORRIGÉ COMMENTÉ

On réalise une figure.

On utilise un repère orthonormé d'origine *A*.

Soit un repère orthonormé d'origine A et d'unité le centimètre, avec $B(12 ; 0)$ et $D(0 ; 5)$.

Dans ce repère, on a $E(2 ; 0)$, $F(0 ; 3)$ et $G(11 ; 5)$.

Étudier si les droites sont perpendiculaires revient à savoir si le triangle EFG est rectangle. Pour cela, il faut connaître les longueurs dans un repère orthonormé.

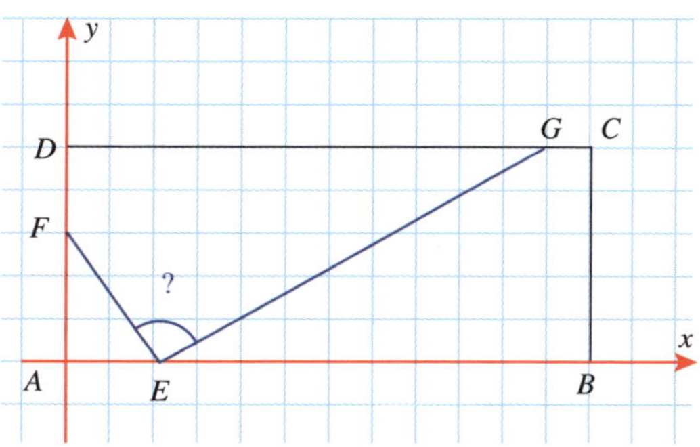

On calcule les longueurs des côtés du triangle *EFG*.

$$EF = \sqrt{(x_F - x_E)^2 + (y_F - y_E)^2}$$
$$= \sqrt{(0-2)^2 + (3-0)^2} = \sqrt{4+9} = \sqrt{13},$$
$$EG = \sqrt{(x_G - x_E)^2 + (y_G - y_E)^2}$$
$$= \sqrt{(11-2)^2 + (5-0)^2} = \sqrt{81+25} = \sqrt{106},$$
$$FG = \sqrt{(x_G - x_F)^2 + (y_G - y_F)^2} = \sqrt{(11-0)^2 + (5-3)^2} = \sqrt{121+4} = \sqrt{125}.$$

On calcule séparément la somme des carrés des deux plus petits côtés et le carré du plus grand côté et on compare les résultats pour conclure.

On a $EF^2 + EG^2 = \sqrt{13}^2 + \sqrt{106}^2 = 13 + 106 = 119$

et $FG^2 = \sqrt{125}^2 = 125.$

On constate que $EF^2 + EG^2 \neq FG^2$.

On raisonne par l'absurde en supposant que le triangle EFG soit rectangle en E.

D'après le théorème de Pythagore,

on aurait $EF^2 + EG^2 = FG^2$, ce qui est faux.

> **Astuce**
> Ayant un résultat négatif, on utilise un raisonnement par l'absurde pour conclure.

Le triangle EFG n'est pas rectangle en E, **donc les droites (EF) et (EG) ne sont pas perpendiculaires.**

À RETENIR

Pour étudier une configuration avec des coordonnées :

- choisir un repère obligatoirement orthonormé si le problème fait appel à des longueurs ;
- déterminer les coordonnées des points et les longueurs nécessaires à la résolution du problème ;
- résoudre le problème en utilisant les propriétés de géométrie.

EXERCICES

1 — 5 min ★

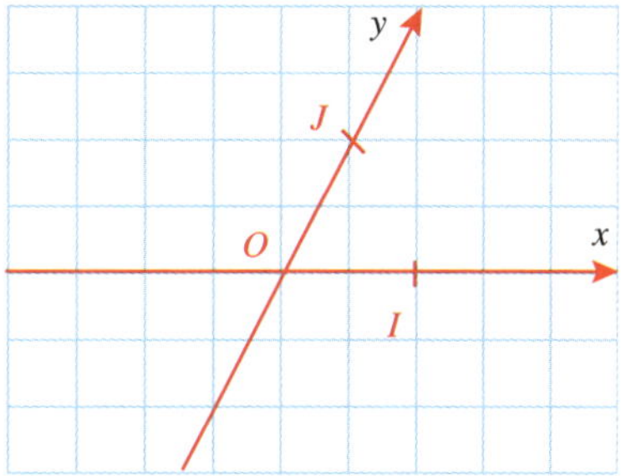

1. Sur une feuille quadrillée, placer les points O, I et J. Ajouter les axes (OI) et (OJ) comme sur la figure ci-contre.

2. Dans ce repère (O, I, J), placer les points suivants : $A(2 ; 0)$; $B(1 ; 1{,}5)$; $C(-1 ; -1)$; $D(-1{,}5 ; 1)$.

→ Corrigé p. 44

2 — 10 min ★

1. a) Tracer un repère orthogonal du plan (O, I, J) avec : $OI = 3$ cm et $OJ = 0{,}5$ cm.

b) Placer dans ce repère les points $A(2 ; 6)$, $B(-2 ; 0)$, $C(-1 ; 4)$ et $D(0 ; -1)$.

2. a) Placer les points $P\left(\frac{1}{3} ; 0\right)$ et $Q(0 ; 2)$.

b) Quelle est la nature du repère (O, P, Q) ?

c) Donner les coordonnées des neuf points de la figure dans ce repère.

→ Corrigé p. 44

3 — 8 min ★★

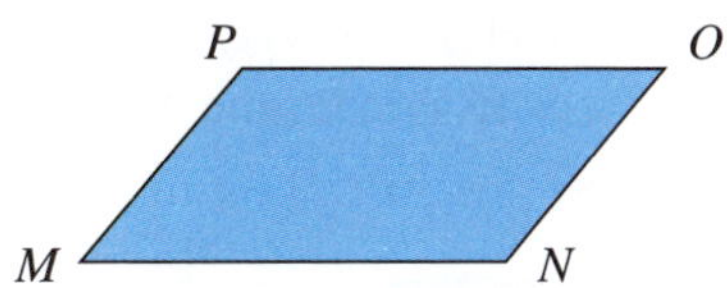

$MNOP$ est un parallélogramme.

On considère le repère (M, N, P).

1. Donner les coordonnées des quatre sommets du parallélogramme.

2. a) Calculer les coordonnées de W le milieu de $[MO]$.

b) Calculer les coordonnées du milieu de $[NP]$. Que constate-t-on ?

→ Corrigé p. 44

4 — 15 min ★★

Le plan est muni d'un repère (O, I, J). On a les points suivants : $A(-1 ; -1)$, $B(-3 ; 3)$, $C(3 ; 2)$, $D(-2 ; 1)$ et E le milieu de $[AC]$.

1. a) Faire une figure.

b) Calculer les coordonnées de E.

2. a) Que peut-on conjecturer sur les droites (DE) et (BC) ?

b) Démontrer la conjecture.

→ Corrigé p. 45

5 10 min ★★

Dans le plan muni d'un repère (O, I, J), on a $A(4\ ;\ 3)$, $B(-2\ ;\ -3)$ et $C(2\ ;\ -1)$.

1. Montrer que le point I est le milieu de $[AB]$.

2. a) Déterminer les coordonnées de D le symétrique de C par rapport à I.

b) Quelle est la nature du quadrilatère $ACBD$? → Corrigé p. 44

6 12 min ★★

Dans le plan muni d'un repère orthonormé (O, I, J), on a les points suivants : $A(4\ ;\ -1)$, $B(-1\ ;\ 3)$, $C(1\ ;\ 4)$ et $D(4\ ;\ 3)$.

1. Prouver que le triangle ABD est rectangle. Dire en quel sommet.

2. Le triangle ABC est-il rectangle ? → Corrigé p. 46

7 10 min ★★

1. Dans le plan muni d'un repère orthonormé (O, I, J), placer les points $P(-2\ ;\ 6)$, $R(1\ ;\ 5)$ et $S(-5\ ;\ -3)$.

2. Montrer que les droites (PR) et (PS) sont perpendiculaires. → Corrigé p. 47

8 10 min ★★

1. a) Dans le plan muni d'un repère orthonormé (O, I, J), placer les points $A(2\ ;\ 3)$, $B(6\ ;\ 4)$ et $C(5\ ;\ 0)$. Compléter la figure au fur et à mesure.

b) Montrer que le triangle ABC est isocèle en B.

2. Soit D le symétrique de B par rapport au milieu W de $[AC]$.

Montrer que $ABCD$ est un losange. → Corrigé p. 47

9 15 min ★★

1. a) Dans le plan muni d'un repère orthonormé (O, I, J), placer les points $A(3\ ;\ 3)$ et $B(4\ ;\ 2)$. Compléter la figure au fur et à mesure.

b) Étudier la nature du triangle IAB.

2. Soit C et D les symétriques respectifs de A et de B par rapport à I.

a) Calculer les coordonnées des points C et D.

b) Prouver que $ABCD$ est un rectangle. → Corrigé p. 48

10 15 min ★★

On considère un repère orthonormé (O, I, J) d'unité le centimètre.

1. Placer les points $A(2\ ;\ 2)$, $B(-\ 4\ ;\ 5)$ et $C(-\ 4\ ;\ -2)$.

2. a) Montrer que AC est égale à $\sqrt{52}$ cm.

b) Le triangle ABC est-il isocèle en C ? Justifier la réponse.

3. Soit K le milieu du segment $[AB]$. (CK) est-elle la médiatrice de $[AB]$?

→ Corrigé p. 49

11 20 min ★★

1. Dans le plan muni d'un repère orthonormé (O, I, J), placer les points : $A(-4 ; -1)$, $B(-2 ; 3)$, $C(2 ; 1)$ et $D(0 ; -3)$.

2. Soit M le milieu de $[AC]$.

a) Calculer les coordonnées de M.

b) Montrer que M est le milieu de $[BD]$.

c) Que peut-on en déduire pour le quadrilatère $ABCD$?

3. Étudier la nature du triangle ABM. En déduire celle de $ABCD$.

→ Corrigé p. 50

12 25 min ★★

Dans un repère orthonormé (O, I, J), on considère les points $A(-4 ; 3)$, $B(3 ; 2)$ et $C(1 ; -2)$. L'unité graphique est le centimètre.

1. Placer les points A, B et C dans le repère (O, I, J).

2. a) Calculer AB.

b) On admet que le calcul donne $AC = \sqrt{50}$ et $BC = 2\sqrt{5}$.

Que peut-on en déduire pour le triangle ABC ?

3. Soit H le milieu du segment $[BC]$. Déterminer les coordonnées de H.

4. Pourquoi le segment $[AH]$ est-il une hauteur du triangle ABC ?

5. a) Prouver que $AH = 3\sqrt{5}$.

b) Calculer l'aire du triangle ABC.

→ Corrigé p. 51

13 20 min ★★

Le plan est muni d'un repère orthonormé (O, I, J) d'unité de longueur le centimètre. On considère les points $A(5 ; 3)$ et $B(-1 ; \sqrt{21})$.

1. a) Calculer la distance IA.

b) Prouver que les points A et B sont sur le cercle de centre I et de rayon 5.

c) Tracer ce cercle et placer précisément les points A et B.

2. a) Placer le point C symétrique de A par rapport à I.

b) Prouver que le triangle ABC est rectangle en B.

→ Corrigé p. 51

14 30 min ★★

1. Dans un repère orthonormé (O, I, J), placer les points $A(7 ; -7)$ et $B(17 ; 17)$.

2. Calculer les coordonnées du point K, milieu du segment $[AB]$.

3. a) Calculer les longueurs KA, KB et KO. En déduire que les points A, B et O sont sur un cercle dont on donnera le centre et le rayon.

b) Tracer le cercle de diamètre $[AB]$.

4. Démontrer que le triangle BOA est rectangle.

5. a) Calculer les coordonnées du point C, image du point O par la symétrie de centre K.

b) Démontrer que le quadrilatère $BOAC$ est un rectangle.

→ Corrigé p. 52

15 15 min ★★★

Soit $ABCD$ un quadrilatère quelconque.

On note I, J, K et L les milieux respectifs des côtés $[AB]$, $[BC]$, $[CD]$ et $[DA]$.

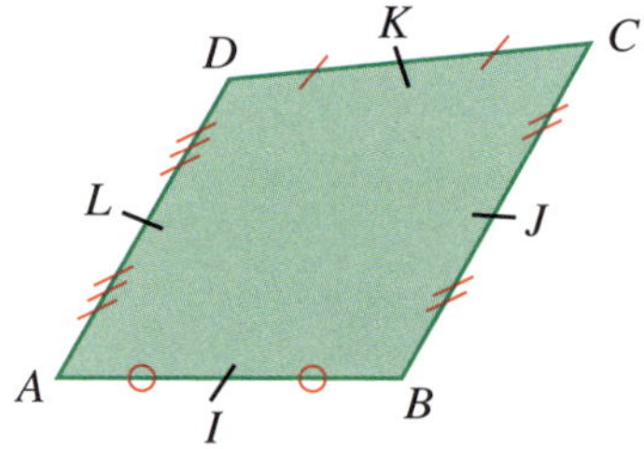

1. En prenant astucieusement un repère d'origine A et en notant $(a ; b)$ les coordonnées du point C, exprimer les coordonnées des points I, J, K et L.

2. Montrer que $IJKL$ est un parallélogramme.

→ Corrigé p. 53

16 15 min ★★★

Le plan est muni d'un repère orthonormé (O, I, J).

On considère les points $A(3 ; 5)$ et $B(-4 ; -2)$ et (d) la médiatrice du segment $[AB]$.

1. a) Prouver que le point $E(-3 ; 4)$ appartient à (d).

b) Le point $F(-20 ; 20)$ appartient-il à d ? Justifier la réponse.

c) Déterminer pour quelle valeur de x le point $G(x ; 15)$ appartient à (d).

→ Corrigé p. 54

Le coin algorithmique

17 15 min ★★★

On donne les deux algorithmes ci-dessous.

1.

① Saisir x_A
② Saisir y_A
③ Saisir x_B
④ Saisir y_B
⑤ Afficher $(x_B - x_A)^2 + (y_B - y_A)^2$

2.

① Saisir x_A
② Saisir y_A
③ Si $(x_A - 5)^2 + (y_A + 3)^2 = 16$
alors afficher «Oui»
sinon afficher «Non»

À quoi sert chacun de ces algorithmes ?

→ Corrigé p. 54

INTERROGATION ÉCRITE

Exercice 1 10 min 5 points

Dans un repère orthonormé, on a les points $A(15\ ;\ 9)$, $B(8\ ;\ -8)$, $C(-2\ ;\ -8)$, $W(3\ ;\ 4)$.

1. Comparer les distances AW, BW et CW.

2. Que peut-on en déduire pour le point W ?

→ *Corrigé p. 55*

Exercice 2 15 min 5 points

Dans le plan muni d'un repère (O, I, J), on a $P(4\ ;\ -1)$, $R(1\ ;\ 5)$ et $S(-2\ ;\ 0)$.
On souhaite déterminer le point T tel que $PRST$ soit un parallélogramme.

1. Que peut-on dire des diagonales de $PRST$?

2. Déterminer les coordonnées du point T.

→ *Corrigé p. 55*

Exercice 3 20 min 5 points

Dans un repère orthonormé (O, I, J) d'unité le centimètre, placer les points : $A(0\ ;\ 2)$, $B(-1\ ;\ -1)$ et $C(2\ ;\ -2)$.

1. Calculer les distances AB et BC.

2. Soit K le milieu de [AC]. Calculer les coordonnées de K.

3. Soit le point D, symétrique de B par rapport à K milieu de $[AC]$.
Calculer les coordonnées de D.

4. Démontrer que le quadrilatère $ABCD$ est un losange.

→ *Corrigé p. 56*

Exercice 4 15 min 5 points

Dans le plan muni d'un repère orthonormé (O, I, J), on a les points suivants : $U(-2\ ;\ 3)$, $V(1\ ;\ 1)$ et $W(7\ ;\ -3)$.

1. Calculer les distances UV, UW et VW. Simplifier les racines carrées.

2. Que peut-on en déduire pour les points U, V et W ? Justifier la réponse.

→ *Corrigé p. 56*

CORRIGÉS

1 → *Énoncé p. 39*

1. et **2.**

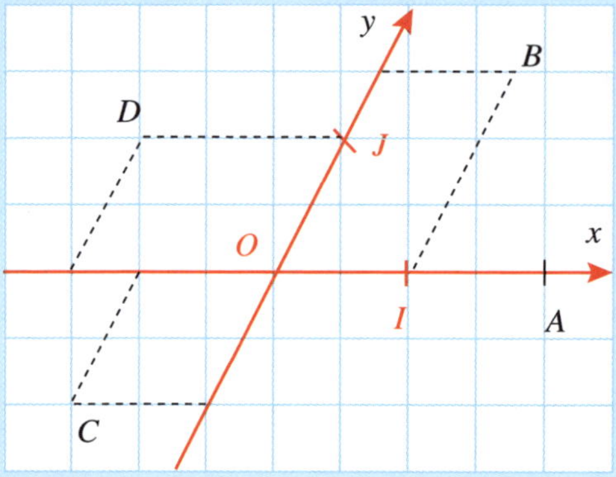

Rappel

Dans tous les types de repères, les lectures de coordonnées se font à l'aide de droites parallèles aux axes, même si l'un des axes est oblique.

2 → *Énoncé p. 39*

1. a) et **b) 2. a)**

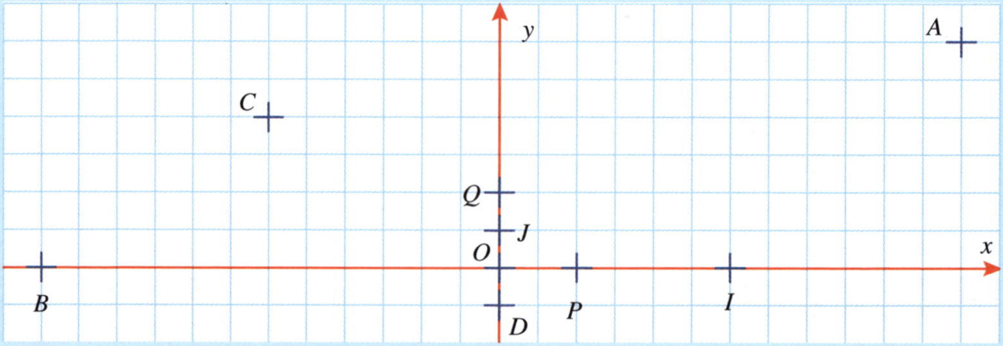

b) Le triangle *OPQ* est rectangle isocèle en *O*.
Le repère (*O, P, Q*) est orthonormé.
c) Dans le repère (*O*, *P*, *Q*), on a : *O*(0 ; 0), *P*(1 ; 0), *Q*(0 ; 1), *I*(3 ; 0), *J*(0 ; 0,5), *A*(6 ; 3), *B*(−6 ; 0), *C*(−3 ; 2) et *D*(0 ; −0,5).

3 → *Énoncé p. 39*

1. Dans le repère (*M*, *N*, *P*), on a : *M*(0 ; 0), *N*(1 ; 0), *O*(1 ; 1) et *P*(0 ;1).

2. a) W est le milieu de $[MO]$, donc on a :

$$x_W = \frac{x_M + x_O}{2} = \frac{0+1}{2} = \frac{1}{2} \text{ et } y_W = \frac{y_M + y_O}{2} = \frac{0+1}{2} = \frac{1}{2}.$$

On a ainsi $\mathbf{W\left(\frac{1}{2} ; \frac{1}{2}\right)}$.

b) Soit Z le milieu de $[NP]$. On a :

$$x_Z = \frac{x_N + x_P}{2} = \frac{1+0}{2} = \frac{1}{2} \text{ et } y_Z = \frac{y_N + y_P}{2} = \frac{0+1}{2} = \frac{1}{2}.$$

On a ainsi $\mathbf{Z\left(\frac{1}{2} ; \frac{1}{2}\right)}$.

On constate que ***W* et *Z* sont confondus**, ce qui est normal car, dans un parallélogramme, les diagonales ont le même milieu.

4 → Énoncé p. 39

1. a) Voir figure.

b) E est le milieu de $[AC]$, donc on a :

$$x_E = \frac{x_A + x_C}{2} = \frac{-1+3}{2} = \frac{2}{2} = 1 \text{ et}$$

$$y_E = \frac{y_A + y_C}{2} = \frac{-1+2}{2} = \frac{1}{2}.$$

On a ainsi $\mathbf{E\left(1 ; \frac{1}{2}\right)}$.

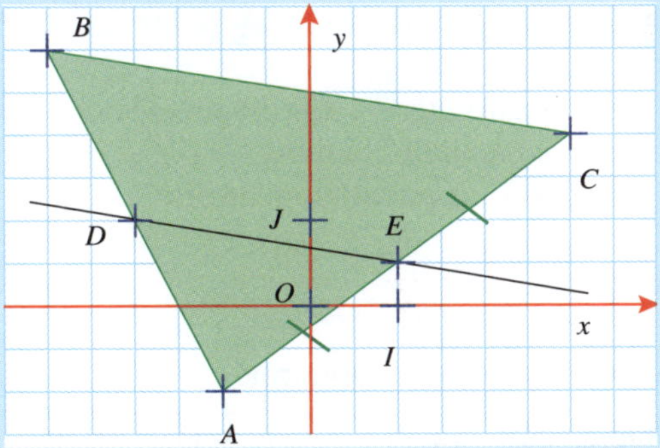

2. a) On conjecture que les droites **(*DE*) et (*BC*) sont parallèles**.

b) Montrons que D est le milieu de $[AB]$.
Soit W le milieu de $[AB]$. On a donc :

$$x_W = \frac{x_A + x_B}{2} = \frac{-1+(-3)}{2} = \frac{-4}{2} = -2 \text{ et}$$

$$y_W = \frac{y_A + y_B}{2} = \frac{-1+3}{2} = \frac{2}{2} = 1.$$

On a $W(-2 ; 1)$, donc W et D sont confondus.
D est le milieu de $[AB]$.
De plus, dans le triangle ABC, E est le milieu de $[AC]$.
Si, dans un triangle, une droite passe par les milieux de deux côtés, alors cette droite est parallèle au troisième côté.
On a bien **(*DE*) et (*BC*) parallèles**.

> **Rappel**
> Sur la figure, on reconnaît la droite des milieux dans un triangle : il faut donc vérifier que l'on a les conditions, en particulier que D est le milieu de $[AB]$.

5 → *Énoncé p. 40*

1. Soit W le milieu de $[AB]$.
On a donc :
$$x_W = \frac{x_A + x_B}{2} = \frac{4 + (-2)}{2} = \frac{2}{2} = 1 \text{ et}$$
$$y_W = \frac{y_A + y_B}{2} = \frac{3 + (-3)}{2} = \frac{0}{2} = 0.$$
On a ainsi $W(1 ; 0)$.
W a les mêmes coordonnées que I : les points W et I sont confondus.
Le point I est le milieu de $[AB]$.

Rappel
Dans un repère (O, I, J), le point I est le point unité des abscisses et ses coordonnées sont $(1 ; 0)$. Le point J est le point unité des ordonnées et ses coordonnées sont $(0 ; 1)$.

2. a) D est le symétrique de C par rapport à I ; donc I est le milieu de $[CD]$.
On a donc :
$$\begin{cases} x_I = \dfrac{x_C + x_D}{2} \\ y_I = \dfrac{y_C + y_D}{2} \end{cases} \Leftrightarrow \begin{cases} 1 = \dfrac{2 + x_D}{2} \\ 0 = \dfrac{-1 + y_D}{2} \end{cases} \Leftrightarrow \begin{cases} 2 = 2 + x_D \\ 0 = -1 + y_D \end{cases} \Leftrightarrow \begin{cases} 2 - 2 = x_D \\ 0 + 1 = y_D. \end{cases}$$
On a **$D(0 ; 1)$.**

b) Les diagonales $[AB]$ et $[CD]$ de $ACBD$ ont le même milieu.
Si un quadrilatère a ses diagonales de même milieu, alors c'est un parallélogramme.
***ACBD* est un parallélogramme.**

Remarque
D est donc confondu avec le point J.

6 → *Énoncé p. 40*

1. Le repère est orthonormé.
On a : $AB = \sqrt{(x_B - x_A)^2 + (y_B - y_A)^2}$
$= \sqrt{(-1 - 4)^2 + (3 - (-1))^2} = \sqrt{25 + 16} = \sqrt{41}$,
$AD = \sqrt{(x_D - x_A)^2 + (y_D - y_A)^2} = \sqrt{(4 - 4)^2 + (3 - (-1))^2} = \sqrt{0 + 16} = 4$,
$BD = \sqrt{(x_D - x_B)^2 + (y_D - y_B)^2} = \sqrt{(4 - (-1))^2 + (3 - 3)^2} = \sqrt{25 + 0} = 5$.
On a $AD^2 + BD^2 = 4^2 + 5^2 = 41$ et $AB^2 = \sqrt{41}^2 = 41$.
On constate que $AD^2 + BD^2 = AB^2$.
D'après la réciproque du théorème de Pythagore, **le triangle ABD est rectangle en D.**

2. On a aussi :
$AC = \sqrt{(x_C - x_A)^2 + (y_C - y_A)^2} = \sqrt{(1 - 4)^2 + (4 - (-1))^2} = \sqrt{9 + 25} = \sqrt{34}$,
$BC = \sqrt{(x_C - x_B)^2 + (y_C - y_B)^2} = \sqrt{(1 - (-1))^2 + (4 - 3)^2} = \sqrt{4 + 1} = \sqrt{5}$.

On a $AC^2 + BC^2 = \sqrt{34}^2 + \sqrt{5}^2 = 34 + 5 = 39$ et $AB^2 = \sqrt{41}^2 = 41$.
On constate que $AC^2 + BC^2 \neq AB^2$.
On raisonne par l'absurde en supposant que le triangle ABC soit rectangle.
Le plus grand côté $[AB]$ serait l'hypoténuse.
D'après le théorème de Pythagore, on aurait $AC^2 + BC^2 = AB^2$, ce qui est faux.
Le triangle ABC n'est pas rectangle.

7 → Énoncé p. 40

1.

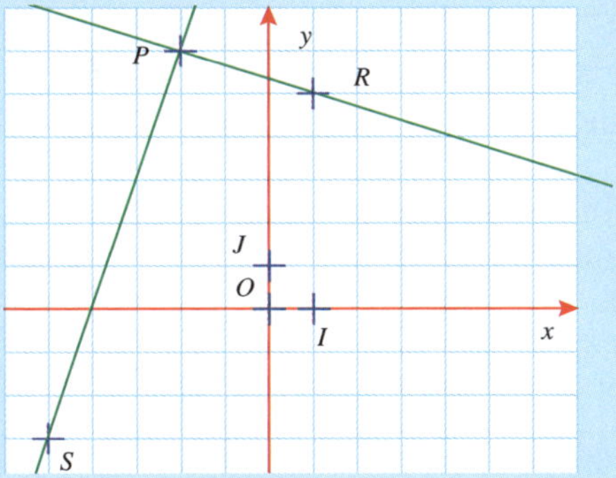

2. Dans le repère orthonormé (O, I, J), on a :

$$PR = \sqrt{(x_R - x_p)^2 + (y_R - y_P)^2} = \sqrt{(1-(-2))^2 + (5-6)^2} = \sqrt{9+1} = \sqrt{10},$$
$$PS = \sqrt{(x_S - x_P)^2 + (y_S - y_P)^2} = \sqrt{(-5-(-2))^2 + (-3-6)^2} = \sqrt{9+81} = \sqrt{90},$$
$$RS = \sqrt{(x_S - x_R)^2 + (y_S - y_R)^2} = \sqrt{(-5-1)^2 + (-3-5)^2} = \sqrt{36+64} = 10.$$

On a $PR^2 + PS^2 = \sqrt{10}^2 + \sqrt{90}^2 = 10 + 90 = 100$ et $RS^2 = 10^2 = 100$.
On constate que $PR^2 + PS^2 = RS^2$.
D'après la réciproque du théorème de Pythagore, le triangle PRS est rectangle en P.
Les droites (PR) et (PS) sont perpendiculaires.

8 → Énoncé p. 40

1. a) Voir figure ci-contre.

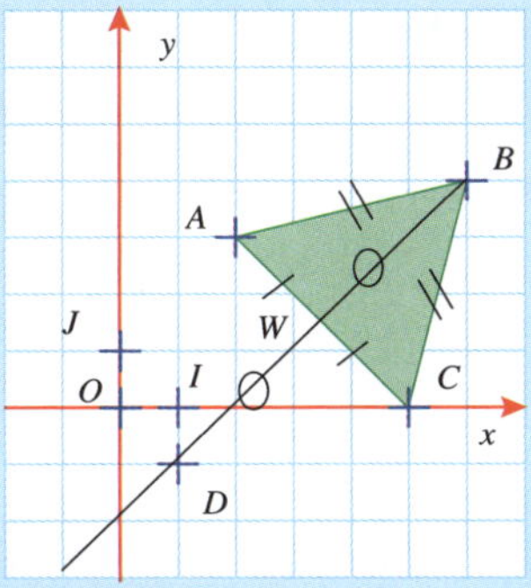

b) Dans le repère orthonormé, on a :

$$AB = \sqrt{(x_B - x_A)^2 + (y_B - y_A)^2}$$
$$= \sqrt{(6-2)^2 + (4-3)^2}$$
$$= \sqrt{16+1} = \sqrt{17}$$

et $BC = \sqrt{(x_C - x_B)^2 + (y_C - y_B)^2} = \sqrt{(5-6)^2 + (0-4)^2}$

$$= \sqrt{1+16} = \sqrt{17}\,.$$

Comme on a $AB = BC$, **le triangle *ABC* est isocèle en *B*.**

2. *D* est le symétrique de *B* par rapport au milieu *W* de [*AC*], donc *W* est aussi le milieu de [*BD*].

Avec ses diagonales [*AC*] et [*BD*] de même milieu *W*, *ABCD* est un parallélogramme.

De plus, il possède deux côtés consécutifs [*AB*] et [*BC*] de la même longueur.

***ABCD* est un losange.**

Rappel

Un parallélogramme possédant deux côtés consécutifs de même longueur ou des diagonales perpendiculaires est un losange.

9 → *Énoncé p. 40*

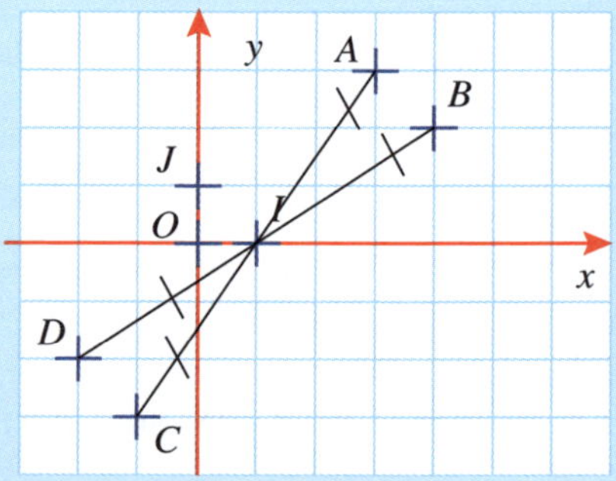

1. a) Voir figure.

b) Dans le repère orthonormé, on a :

$$AI = \sqrt{(x_I - x_A)^2 + (y_I - y_A)^2}$$
$$= \sqrt{(1-3)^2 + (0-3)^2} = \sqrt{4+9} = \sqrt{13},$$
$$BI = \sqrt{(x_I - x_B)^2 + (y_I - y_B)^2}$$
$$= \sqrt{(1-4)^2 + (0-2)^2} = \sqrt{9+4} = \sqrt{13}$$

et $AB = \sqrt{(x_B - x_A)^2 + (y_B - y_A)^2} = \sqrt{(4-3)^2 + (2-3)^2} = \sqrt{1+1} = \sqrt{2}.$

On a ainsi $AI = BI$, donc **le triangle *ABI* est isocèle en *I*.**

2. a) *C* et *D* sont les symétriques respectifs de *A* et de *B* par rapport à *I*, donc *I* est le milieu de [*AC*] et [*BD*].

$$\begin{cases} x_I = \dfrac{x_A + x_C}{2} \\ y_I = \dfrac{y_A + y_C}{2} \end{cases} \Leftrightarrow \begin{cases} 1 = \dfrac{3 + x_C}{2} \\ 0 = \dfrac{3 + y_C}{2} \end{cases} \Leftrightarrow \begin{cases} 2 = 3 + x_C \\ 0 = 3 + y_C \end{cases} \Leftrightarrow \begin{cases} 2 - 3 = x_C \\ 0 - 3 = y_C. \end{cases}$$

Les coordonnées de *C* sont (−1 ; −3).

$$\begin{cases} x_I = \dfrac{x_B + x_D}{2} \\ y_I = \dfrac{y_B + y_D}{2} \end{cases} \Leftrightarrow \begin{cases} 1 = \dfrac{4 + x_D}{2} \\ 0 = \dfrac{2 + y_D}{2} \end{cases}$$

$$\Leftrightarrow \begin{cases} 2 = 4 + x_D \\ 0 = 2 + y_D \end{cases} \Leftrightarrow \begin{cases} 2 - 4 = x_D \\ 0 - 2 = y_D. \end{cases}$$

Les coordonnées de *D* sont $(-2\ ;\ -2)$.

b) Les diagonales de *ABCD* ont le même milieu *I*, donc *ABCD* est un parallélogramme. De plus, les demi-diagonales [*AI*] et [*BI*] ont la même longueur, donc les diagonales [*AC*] et [*BD*] ont la même longueur. ***ABCD* est un rectangle.**

Rappel

Un parallélogramme possédant deux côtés consécutifs perpendiculaires ou des diagonales de même longueur est un rectangle.

10 → Énoncé p. 40

1. Voir figure (l'échelle de l'énoncé n'est pas respectée).

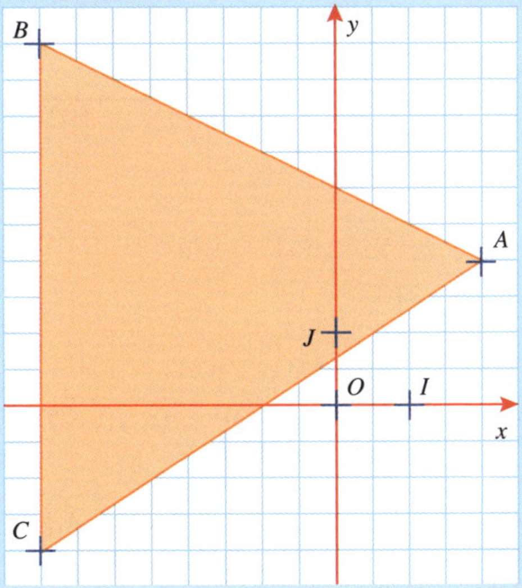

2. a) Dans le repère orthonormé, on a :

$$AC = \sqrt{(x_C - x_A)^2 + (y_C - y_A)^2}$$
$$= \sqrt{(-4-2)^2 + (-2-2)^2}$$
$$= \sqrt{36 + 16} = \sqrt{52}.$$

b) On a :

$$BC = \sqrt{(x_C - x_B)^2 + (y_C - y_B)^2}$$
$$= \sqrt{(-4-(-4))^2 + (-2-5)^2}$$
$$= \sqrt{0 + 49} = \sqrt{49} = 7.$$

On constate que $AC \neq BC$.

Raisonnons par l'absurde en supposant que *ABC* soit isocèle en *C*.

Par définition, on aurait $AC = BC$, ce qui est absurde.

La supposition est fausse.

Le triangle *ABC* n'est pas isocèle en *C*.

Méthode

Pour montrer qu'un résultat est négatif, c'est-à-dire exprimé à l'aide d'une négation, on utilise un raisonnement par l'absurde.

3. On raisonne par l'absurde.

Supposons que (*CK*) soit la médiatrice de [*AB*].

Si un point est sur la médiatrice d'un segment, alors il est équidistant de ses extrémités.

On aurait $AC = BC$, ce qui est absurde.

(*CK*) n'est pas la médiatrice de [*AB*].

11 → *Énoncé p. 41*

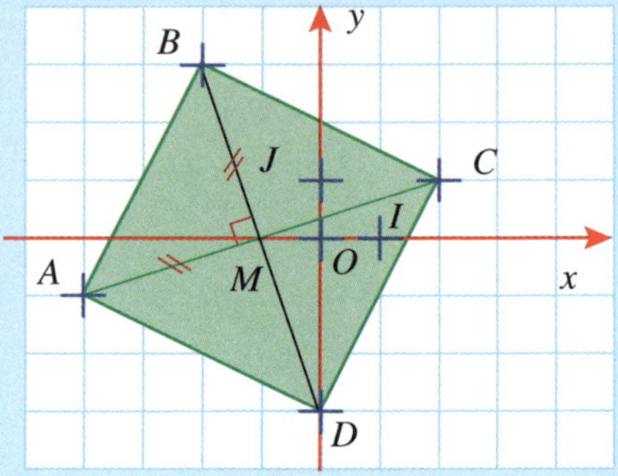

1. Voir figure.

2. a) M est le milieu de $[AC]$. On a :

$$x_M = \frac{x_A + x_C}{2} = \frac{-4+2}{2} = \frac{-2}{2} = -1 \text{ et}$$

$$y_M = \frac{y_A + y_C}{2} = \frac{-1+1}{2} = \frac{0}{2} = 0.$$

On a donc $\boldsymbol{M(-1\ ;\ 0)}$.

b) Soit Z le milieu de $[BD]$. On a :

$$x_Z = \frac{x_B + x_D}{2} = \frac{-2+0}{2} = \frac{-2}{2} = -1 \text{ et}$$

$$y_Z = \frac{y_B + y_D}{2} = \frac{3+(-3)}{2} = \frac{0}{2} = 0.$$

Ayant les mêmes coordonnées, M et Z sont confondus, et $\boldsymbol{M}$ **est le milieu de** $\boldsymbol{[BD]}$.

c) Ayant ses diagonales de même milieu, ***ABCD*** **est un parallélogramme.**

3. Dans le repère orthonormé, on a :

$$\begin{aligned} AM &= \sqrt{(x_M - x_A)^2 + (y_M - y_A)^2} \\ &= \sqrt{(-1-(-4))^2 + (0-(-1))^2} = \sqrt{9+1} \\ &= \sqrt{10}\ ; \end{aligned}$$

$$\begin{aligned} BM &= \sqrt{(x_M - x_B)^2 + (y_M - y_B)^2} = \sqrt{(-1-(-2))^2 + (0-3)^2} = \sqrt{1+9} \\ &= \sqrt{10}\ ; \end{aligned}$$

$$\begin{aligned} \text{et } AB &= \sqrt{(x_B - x_A)^2 + (y_B - y_A)^2} \\ &= \sqrt{(-2-(-4))^2 + (3-(-1))^2} = \sqrt{4+16} = \sqrt{20} \\ &= \sqrt{20}. \end{aligned}$$

On constate que $AM = BM$, donc ABM est isocèle en M.
De plus, on a $AM^2 + BM^2 = 10 + 10 = 20$ et $AB^2 = 20$, donc $AM^2 + BM^2 = AB^2$.
D'après la réciproque du théorème de Pythagore, ABM est rectangle en M.
ABM est un triangle rectangle isocèle en M.
Dans le parallélogramme $ABCD$, les diagonales sont perpendiculaires en M, donc $ABCD$ est un losange.
Dans le parallélogramme $ABCD$, les diagonales sont de même longueur, car $AM = BM$, donc $ABCD$ est un rectangle.
ABCD **est un carré.**

Remarque

Pour montrer qu'une figure est un carré, on peut montrer qu'elle est à la fois un rectangle et un losange.

12 → Énoncé p. 41

1. Voir figure (l'échelle de l'énoncé n'est pas respectée).

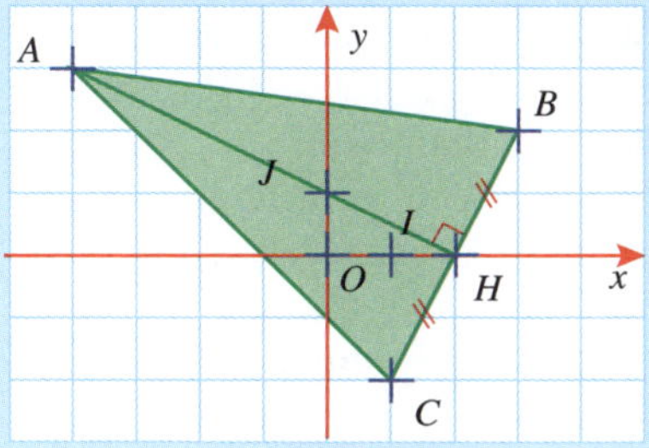

2. a) On a $AB = \sqrt{(x_B - x_A)^2 + (y_B - y_A)^2}$

$= \sqrt{(3-(-4))^2 + (2-3)^2} = \sqrt{49+1} = \sqrt{50}$.

On a $\boldsymbol{AB = \sqrt{50}}$ ou $5\sqrt{2}$.

b) On constate que $AC = AB$. Par définition, **le triangle *ABC* est isocèle en *A*.**

3. H est le milieu de $[BC]$.

On a $x_H = \dfrac{x_B + x_C}{2} = \dfrac{3+1}{2} = 2$ et $y_H = \dfrac{y_B + y_C}{2} = \dfrac{2+(-2)}{2} = 0$.

On a $\boldsymbol{H(2\,;\,0)}$.

4. Le triangle ABC est isocèle en A et H est le milieu de la base $[BC]$.
$[AH]$ est la médiane principale de ABC.
Si un triangle est isocèle, alors sa médiane principale est aussi une hauteur.
[*AH*] est la hauteur principale de *ABC*.

5. a) On a $AH = \sqrt{(x_H - x_A)^2 + (y_H - y_A)^2}$

$= \sqrt{(2-(-4))^2 + (0-3)^2} = \sqrt{36+9} = \sqrt{45} = \sqrt{3^2 \times 5}$.

On a bien $\boldsymbol{AH = 3\sqrt{5}}$.

b) L'aire a de ABC est donnée par :

$$a = \frac{\text{base } BC \times \text{hauteur } AH}{2} = \frac{2\sqrt{5} \times 3\sqrt{5}}{2} = 5 \times 3.$$

L'aire de *ABC* est 15 cm².

13 → Énoncé p. 41

1. a) Le repère est orthonormé. On a :

$IA = \sqrt{(x_I - x_A)^2 + (y_I - y_A)^2} = \sqrt{(1-5)^2 + (0-3)^2} = \sqrt{16+9} = \sqrt{25}$.

$\boldsymbol{IA = 5}$ **cm.**

b) On sait déjà que $IA = 5$ cm. On a :

$BI = \sqrt{(x_I - x_B)^2 + (y_I - y_B)^2}$

$= \sqrt{(1-(-1))^2 + (0-\sqrt{21})^2} = \sqrt{4+21} = \sqrt{25}$.

On a donc $AI = BI = 5$.

***A* et *B* sont sur le cercle de centre *I* et de rayon 5.**

> **Rappel**
> Le cercle de centre *I* et de rayon 5 est l'ensemble des points situés à 5 cm de *I*.

c) Pour placer précisément B, on prend le point sur le cercle qui a une abscisse égale à -1 et une ordonnée positive (voir figure page suivante).

2. a) (Échelle 1/2)

b) C et A sont symétriques par rapport à I, centre du cercle circonscrit à ABC ; $[AC]$ en est donc un diamètre.

Si un côté d'un triangle est un diamètre de son cercle circonscrit, alors ce triangle est rectangle au sommet opposé au diamètre.

Le triangle *ABC* est rectangle en *B*.

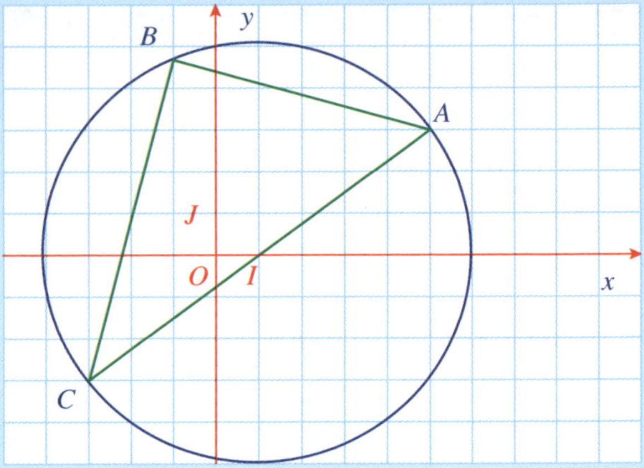

14 → *Énoncé p. 42*

1.

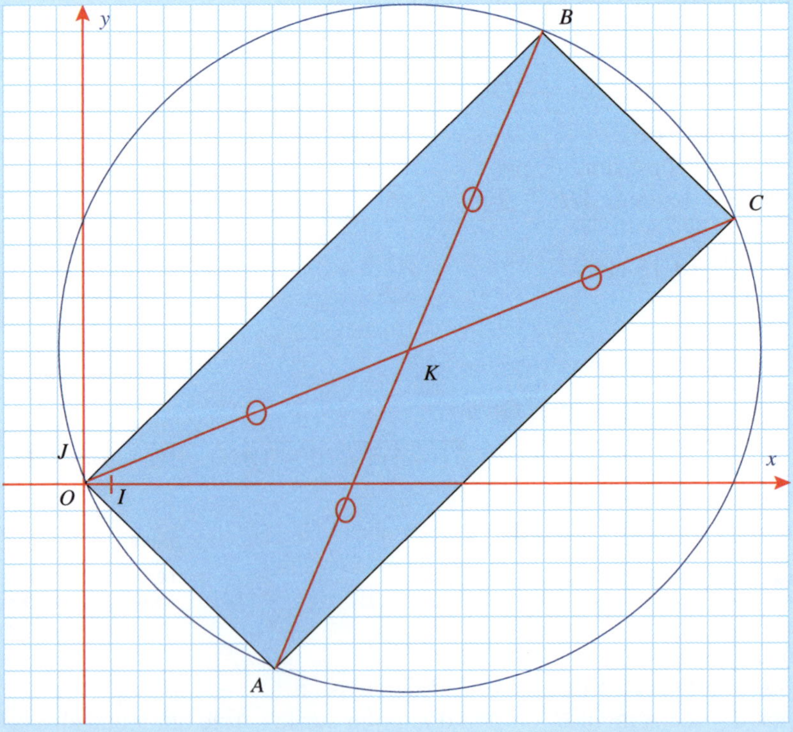

2. K est le milieu de $[AB]$.

Ses coordonnées sont : $\left(\dfrac{x_A + x_B}{2}\ ;\ \dfrac{y_A + y_B}{2}\right) = \left(\dfrac{7+17}{2}\ ;\ \dfrac{-7+17}{2}\right)$.

Les coordonnées de K sont (12 ; 5).

3. a) Dans le repère orthonormé, on a :

$$KA = \sqrt{(x_A - x_K)^2 + (y_A - y_K)^2} = \sqrt{(7-12)^2 + (-7-5)^2}$$
$$= \sqrt{25+144} = \sqrt{169} = 13,$$

$$KB = \sqrt{(17-12)^2 + (17-5)^2} = \sqrt{25+144} = \sqrt{169} = 13$$

et $KO = \sqrt{(0-12)^2 + (0-5)^2} = \sqrt{144+25} = \sqrt{169} = 13$.

Comme $KO = KA = KB = 13$, **les points A, B et O sont sur un même cercle (C) de centre K et de rayon 13.**

b) On trace le cercle de centre K qui passe par l'un des points A, B ou O.

4. K, le centre du cercle, est le milieu de $[AB]$ qui est donc un diamètre de (C) cercle circonscrit à ABO.
Si un côté d'un triangle est un diamètre de son cercle circonscrit, alors ce triangle est rectangle au sommet opposé au diamètre.
***ABO* est un triangle rectangle en *O*.**

5. a) C est le symétrique de O par rapport à K.
K est donc le milieu de $[CO]$.

On a $x_K = \dfrac{x_C + x_O}{2}$, soit $2x_K = x_C + x_O$ ou encore $2 \times 12 = x_C$ et on a $y_K = \dfrac{y_C + y_O}{2}$, soit $2y_K = y_C + y_O$ ou encore $2 \times 5 = y_C$. On a **$C(24 ; 10)$**.

b) Dans $BOAC$, K est le milieu des diagonales $[AB]$ et $[OC]$.
$BOAC$ est un parallélogramme.
Comme ABO est rectangle en O, l'angle $\widehat{BOA}$ est droit.
Par définition, ***BOAC* est un rectangle**.

15 → *Énoncé p. 42*

1. Dans le repère (A, B, D), on a : $A(0 ; 0)$, $B(1 ; 0)$, $D(0 ; 1)$, $C(a ; b)$

et avec la formule du milieu $I\left(\dfrac{1}{2} ; 0\right)$, $J\left(\dfrac{1+a}{2} ; \dfrac{b}{2}\right)$; $K\left(\dfrac{a}{2} ; \dfrac{1+b}{2}\right)$ et $L\left(0 ; \dfrac{1}{2}\right)$.

2. Le milieu de $[IK]$ a pour coordonnées $\left(\dfrac{\frac{1}{2} + \frac{a}{2}}{2} ; \dfrac{\frac{1+b}{2}}{2}\right)$, soit $\left(\dfrac{1+a}{4} ; \dfrac{1+b}{4}\right)$.

On trouve par calcul que le milieu de $[JL]$ a les mêmes coordonnées $\left(\frac{1+a}{4} ; \frac{1+b}{4}\right)$.

Ayant ses diagonales de même milieu, **$IJKL$ est un parallélogramme.**

> **Remarque**
> Ce parallélogramme, qui a pour sommets les milieux des quatre côtés d'un quadrilatère, s'appelle parallélogramme de Varignon.

16 → *Énoncé p. 42*

1. a) On a : $AE^2 = (x_E - x_A)^2 + (y_E - y_A)^2$
$= (-3 - 3)^2 + (4 - 5)^2 = 36 + 1 = 37.$
On a : $BE^2 = (x_E - x_B)^2 + (y_E - y_B)^2$
$= (-3 - (-4))^2 + (4 - (-2))^2 = 1 + 36 = 37.$

On a donc $AE^2 = BE^2$.
E appartient à (d) la médiatrice de $[AB]$.

> **Rappel**
> On utilise les équivalences
> $M \in$ médiatrice de $[AB]$
> $\Leftrightarrow AM = BM \Leftrightarrow AM^2 = BM^2$.

b) On a : $AF^2 = (x_F - x_A)^2 + (y_F - y_A)^2 = (-20 - 3)^2 + (20 - 5)^2 = 754.$
On a : $BF^2 = (x_F - x_B)^2 + (y_F - y_B)^2 = (-20 - (-4))^2 + (20 - (-2))^2 = 740.$
On constate que $AF^2 \neq BF^2$.
Raisonnons par l'absurde en supposant que F soit sur (d).
On aurait alors $AF^2 = BF^2$, ce qui est absurde.
F n'appartient pas à (d) la médiatrice de $[AB]$.

c) $G(x ; 15)$ appartient à $(d) \Leftrightarrow AG^2 = BG^2$

$\Leftrightarrow (x_G - x_A)^2 + (y_G - y_A)^2 = (x_G - x_B)^2 + (y_G - y_B)^2$

$\Leftrightarrow (x - 3)^2 + (15 - 5)^2 = (x + 4)^2 + (15 + 2)^2$

$\Leftrightarrow x^2 - 6x + 9 + 100 = x^2 + 8x + 16 + 289$

$\Leftrightarrow -6x - 8x = 16 + 289 - 9 - 100$

$\Leftrightarrow -14x = 196$

$\Leftrightarrow x = -14.$

Pour $x = -14$, G appartient à (d).

17 → *Énoncé p. 42*

1. Cet algorithme donne le carré de la distance entre le point A et le point B.

2. Cet algorithme teste si le carré de la distance entre le point A et le point O de coordonnées $(5 ; -3)$ vaut 16, donc si la distance AO vaut 4 ou, autrement, si le point A appartient au cercle de centre $O(5 ; -3)$ et de rayon 4.

INTERROGATION ÉCRITE

Exercice 1 → Énoncé p. 43

1. Le repère étant orthonormé, on a :

$$AW = \sqrt{(x_W - x_A)^2 + (y_W - y_A)^2} = \sqrt{(3-15)^2 + (4-9)^2} = \sqrt{144+25}$$
$$= \sqrt{169} = 13$$
$$BW = \sqrt{(x_W - x_B)^2 + (y_W - y_B)^2} = \sqrt{(3-8)^2 + (4+8)^2} = \sqrt{25+144}$$
$$= \sqrt{169} = 13$$
$$CW = \sqrt{(x_W - x_C)^2 + (y_W - y_C)^2} = \sqrt{(3+2)^2 + (4+8)^2} = \sqrt{25+144}$$
$$= \sqrt{169} = 13$$

On constate que $\boldsymbol{AW = BW = CW}$.

2. A, B et C sont à égale distance du point W, donc ils sont sur un cercle de centre W et de rayon 13.

***W* est le centre du cercle circonscrit au triangle *ABC*.**

> **Rappel**
> Le cercle circonscrit à un triangle non aplati est le cercle passant par les trois sommets du triangle.

Exercice 2 → Énoncé p. 43

1. Comme on veut que *PRST* soit un parallélogramme, alors ses diagonales [*PS*] et [*RT*] ont le même milieu.

2. *PRST* est un parallélogramme ⇔ [*PS*] et [*RT*] ont le même milieu :

$$\Leftrightarrow \begin{cases} \dfrac{x_P + x_S}{2} = \dfrac{x_R + x_T}{2} \\ \dfrac{y_P + y_S}{2} = \dfrac{y_R + y_T}{2} \end{cases} \Leftrightarrow \begin{cases} x_P + x_S = x_R + x_T \\ y_P + y_S = y_R + y_T \end{cases}$$

$$\Leftrightarrow \begin{cases} 4 + (-2) = 1 + x_T \\ -1 + 0 = 5 + y_T \end{cases} \Leftrightarrow \begin{cases} 2 - 1 = x_T \\ -1 - 5 = y_T. \end{cases}$$

On a $\boldsymbol{T(1\ ;\ -6)}$.

> **Remarque**
> Dans ce chapitre, avec les coordonnées, on utilisera l'équivalence : « *ABCD* parallélogramme ⇔ les diagonales ont le même milieu ».
> Une autre propriété sera utilisée dans le Chapitre 8 sur les vecteurs.

Exercice 3 → Énoncé p. 43

1. Le repère étant orthonormé, on a :

$$AB = \sqrt{(x_B - x_A)^2 + (y_B - y_A)^2} = \sqrt{(-1-0)^2 + (-1-2)^2} = \sqrt{1+9} = \mathbf{\sqrt{10}}.$$

$$BC = \sqrt{(x_C - x_B)^2 + (y_C - y_B)^2} = \sqrt{(2-(-1))^2 + (-2-(-1))^2} = \sqrt{9+1} = \mathbf{\sqrt{10}}.$$

2. K est le milieu de $[AC]$, donc on a :

$$x_K = \frac{x_A + x_C}{2} = \frac{0+2}{2} = 1 \text{ et } y_K = \frac{y_A + y_C}{2} = \frac{2+(-2)}{2} = 0.$$

On a donc $\boldsymbol{K(1\,;0)}$.

3. D étant le symétrique de B par rapport à K, on a K milieu de $[BD]$, soit :

$$\begin{cases} \dfrac{x_D + x_B}{2} = x_K \\ \dfrac{y_D + y_B}{2} = y_K \end{cases} \Leftrightarrow \begin{cases} \dfrac{x_D - 1}{2} = 1 \\ \dfrac{y_D - 1}{2} = 0 \end{cases} \Leftrightarrow \begin{cases} x_D - 1 = 2 \\ y_D - 1 = 0 \end{cases} \Leftrightarrow \begin{cases} x_D = 2+1 \\ y_D = 0+1 \end{cases}$$

On a donc $\boldsymbol{D(3\,;1)}$.

4. Les diagonales $[AC]$ et $[BD]$ de $ABCD$ ont le même milieu K donc ***ABCD* est un parallélogramme.**
De plus les côtés consécutifs $[AB]$ et $[BC]$ ont la même longueur, donc ***ABCD* est un losange**.

Exercice 4 → Énoncé p. 43

1. Dans le repère orthonormé (O, I, J), on a :

$$UV = \sqrt{(x_V - x_U)^2 + (y_V - y_U)^2} = \sqrt{(1-(-2))^2 + (1-3)^2}$$
$$= \sqrt{9+4} = \mathbf{\sqrt{13}}$$

$$UW = \sqrt{(x_W - x_U)^2 + (y_W - y_U)^2}$$
$$= \sqrt{(7-(-2))^2 + (-3-3)^2}$$
$$= \sqrt{81+36} = \sqrt{117} = \sqrt{3^2 \times 13} = \mathbf{3\sqrt{13}}$$

$$VW = \sqrt{(x_W - x_V)^2 + (y_W - y_V)^2} = \sqrt{(7-1)^2 + (-3-1)^2} = \sqrt{36+16}$$
$$= \sqrt{52} = \sqrt{2^2 \times 13} = \mathbf{2\sqrt{13}}.$$

Rappel
Avec a et b positifs, on a $\sqrt{a^2 b} = a\sqrt{b}$.

2. On constate $UW = UV + VW$, donc **les points *U*, *V* et *W* sont alignés, avec *V* entre *U* et *W*.**

Rappel
Soit A, B et C trois points.
$B \in [AC] \Leftrightarrow AC = AB + BC$.

CHAPITRE 3

Ordre dans $\mathbb{R}$

1 Inégalités

A. Règles de calcul sur les inégalités

a, b, c et d désignent quatre réels.

■ On peut ajouter ou soustraire le même nombre aux deux membres d'une inégalité :

$$a < b \Leftrightarrow a + c < b + c \quad \text{et} \quad a < b \Leftrightarrow a - c < b - c.$$

■ On peut multiplier ou diviser par un même nombre strictement positif les deux membres d'une inégalité :

$$\text{Si } c > 0 \text{ alors } a < b \Leftrightarrow ac < bc \quad \text{et} \quad a < b \Leftrightarrow \frac{a}{c} < \frac{b}{c}.$$

■ On peut multiplier ou diviser par un même nombre strictement négatif les deux membres d'une inégalité en changeant le sens de l'inégalité :

$$\text{Si } c < 0 \text{ alors } a < b \Leftrightarrow ac > bc \quad \text{et} \quad a < b \Leftrightarrow \frac{a}{c} > \frac{b}{c}.$$

■ On peut ajouter membre à membre deux inégalités de même sens :

$$\text{Si } a < b \text{ et } c < d \text{ alors } a + c < b + d.$$

Remarques :
- La réciproque de cette propriété est fausse.
- On ne peut pas soustraire membre à membre deux inégalités de même sens.

B. Encadrements

a, b, et c désignent trois réels.

■ Le système $\begin{cases} a < b \\ b < c \end{cases}$ s'écrit aussi $a < b < c$: on dit que l'on a une **double inégalité** ou encore un **encadrement de** b.

■ Dans un encadrement $a < b < c$, $c - a$ est l'**amplitude** de l'encadrement.

■ On peut appliquer sur les encadrements, les mêmes règles de calcul que sur les inégalités.

2 Intervalles

A. Notion d'intervalle

■ Un **intervalle** est l'ensemble des abscisses d'une partie « en un seul tenant » d'une droite graduée.

Soit a et b deux réels avec $a < b$.

Intervalle noté	Ensemble des x tels que	Représentation graphique
$[a ; b]$	$a \leqslant x \leqslant b$	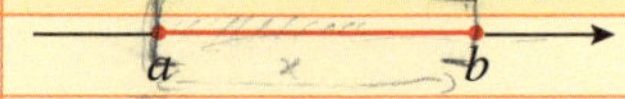
$]a ; b[$	$a < x < b$	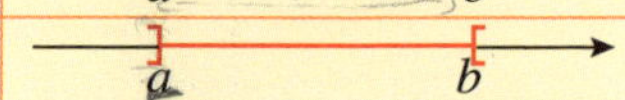
$[a ; b[$	$a \leqslant x < b$	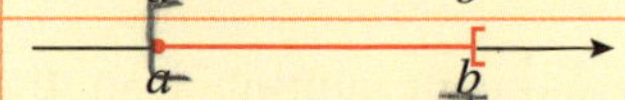
$]a ; b]$	$a < x \leqslant b$	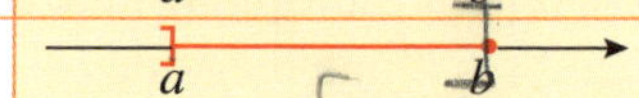
$[a ; +\infty[$	$a \leqslant x$	
$]a ; +\infty[$	$a < x$	
$]-\infty ; b]$	$x \leqslant b$	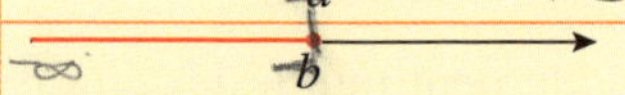
$]-\infty ; b[$	$x < b$	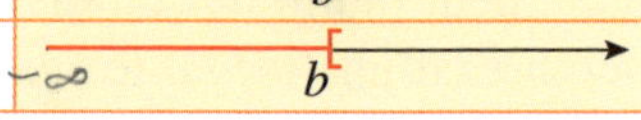

B. Intersection et réunion

Soit I et J deux ensembles.

■ L'**intersection** de I et J, notée $I \cap J$, est l'ensemble des éléments appartenant à la fois à I et à J.

■ La **réunion** de I et J, notée $I \cup J$, est l'ensemble des éléments appartenant à I ou à J.

3 Inéquations du premier degré

■ Une inégalité comportant un nombre inconnu est une **inéquation**.

■ Résoudre une inéquation, c'est trouver l'ensemble des valeurs qui rendent vraie l'inégalité. Ces valeurs s'appellent **solutions** et constituent en général un intervalle.

Remarque : Les inéquations faisant intervenir des produits ou des quotients seront abordées au Chapitre 7.

COMMENT FAIRE

1 Déterminer un encadrement

EXERCICE TYPE

Soit x et y deux réels tels que : $-2 \leqslant x \leqslant 4$ et $5 \leqslant y \leqslant 10$.
Déterminer les meilleurs encadrements possibles de :
1. $x+2$; **2.** $3x$; **3.** $3x+y$; **4.** $-y$; **5.** $x-y$.

CORRIGÉ COMMENTÉ

1. On ajoute 2 à chaque membre de l'encadrement de x.
$-2 \leqslant x \leqslant 4 \Leftrightarrow -2+2 \leqslant x+2 \leqslant 4+2 \Leftrightarrow \mathbf{0 \leqslant x+2 \leqslant 6}$.

2. On multiplie par 3 chaque membre de l'encadrement de x.
$-2 \leqslant x \leqslant 4 \Leftrightarrow -2 \times 3 \leqslant x \times 3 \leqslant 4 \times 3 \Leftrightarrow \mathbf{-6 \leqslant 3x \leqslant 12}$.

3. On ajoute membre à membre les encadrements de $3x$ et de y qui sont de même sens.
$-6 \leqslant 3x \leqslant 12$ et $5 \leqslant y \leqslant 10 \Rightarrow -6+5 \leqslant 3x+y \leqslant 12+10$, soit $\mathbf{-1 \leqslant 3x+y \leqslant 22}$.

4. Pour passer de y à $-y$, il faut multiplier par -1 en changeant le sens de l'inégalité.
$5 \leqslant y \leqslant 10$, donc $\mathbf{-5 \geqslant -y \geqslant -10}$.

5. On utilise le fait que $x-y=x+(-y)$ après avoir écrit deux encadrements de même sens pour x et pour $-y$.
On a $-2 \leqslant x \leqslant 4$ et $-5 \geqslant -y \geqslant -10$,
soit $-10 \leqslant -y \leqslant -5$.
En ajoutant membre à membre, on a :
$-2+(-10) \leqslant x+(-y) \leqslant 4+(-5)$,
soit $\mathbf{-12 \leqslant x-y \leqslant -1}$.

Remarque
On ne peut pas soustraire membre à membre des inégalités ; on remplace la soustraction par l'ajout de l'opposé.

À RETENIR

Pour déterminer un encadrement :
- on peut appliquer à chaque membre d'un encadrement connu les règles de calcul sur les inégalités ;
- on peut ajouter membre à membre deux encadrements de même sens.

2 Déterminer une intersection ou une réunion

EXERCICE TYPE

Déterminer l'intersection et la réunion de I et de J dans chacun des cas suivants.
Donner les résultats le plus simplement possible.

1. $I=[-2\,;5]$ et $J=[3\,;7]$;
2. $I=]-1\,;+\infty[$ et $J=[5\,;+\infty[$;
3. $I=]-\infty\,;-2]$ et $J=[5\,;20]$;
4. $I=\mathbb{R}^-$ et $J=\mathbb{R}^+$.

CORRIGÉ COMMENTÉ

1. **On représente sur la même demi-droite les intervalles *I* et *J*.**

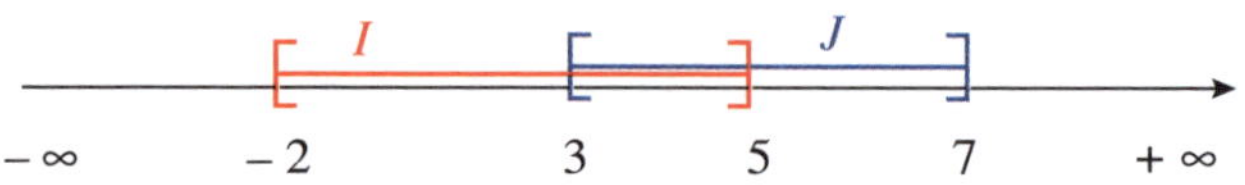

> **Remarque**
> Sur le graphique, les crochets sont dans le même sens que ceux des intervalles.

L'intersection est la partie coloriée deux fois.

$I \cap J = [3\ ;\ 5]$

La réunion est l'ensemble des parties coloriées une ou plusieurs fois.

$I \cup J = [-2\ ;\ 7]$

2. **Les parties coloriées sont infinies et représentées par des demi-droites.**

$I \cap J = [5\ ;\ +\infty[$

$I \cup J =]-1\ ;\ +\infty[$

3.

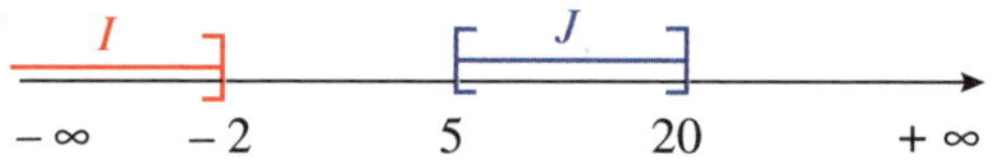

On constate que les deux parties coloriées sont séparées par un trou.

On conclut ainsi :

$I \cap J = \varnothing$

$I \cup J =]-\infty\ ;\ -2] \cup [5\ ;\ 20]$

> **Remarque**
> Les deux intervalles *I* et *J* n'ont pas d'éléments en commun, ce qui se matérialise par un trou dans le coloriage. On dit qu'ils sont **disjoints**. Leur intersection est l'ensemble vide noté $\varnothing$. Leur réunion ne peut pas être notée plus simplement qu'avec le symbole $\cup$.

4. 0 est le seul réel à la fois positif et négatif, donc $\mathbb{R}^- \cap \mathbb{R}^+ = \{0\}$.
Tout réel est soit positif soit négatif, donc $\mathbb{R}^- \cup \mathbb{R}^+ = \mathbb{R}$.

Remarque :

$\mathbb{R}^-$, $\mathbb{R}^+$ et $\mathbb{R}$ sont des intervalles. On a :
$\mathbb{R}^- =]-\infty\ ;\ 0]$, $\mathbb{R}^+ = [0\ ;\ +\infty[$ et $\mathbb{R} =]-\infty\ ;\ +\infty[$.

À RETENIR

- **Pour déterminer une intersection de deux intervalles :**
  - on peut représenter ces intervalles sur une droite ;
  - l'intersection est la partie coloriée deux fois ;
  - une intersection peut être vide : on la note alors $\varnothing$.
- **Pour déterminer une réunion de deux intervalles :**
  - on peut représenter ces intervalles sur une droite ;
  - la réunion est l'ensemble des parties coloriées une ou plusieurs fois ;
  - l'écriture de la réunion nécessite parfois l'usage du symbole $\cup$.

3 Résoudre une inéquation

EXERCICE TYPE

Résoudre les inéquations suivantes :

1. $7x - 3 \leqslant 3x + 5$;

2. $-2x - 7 < 4x + 11$.

CORRIGÉ COMMENTÉ

1. On soustrait 3*x* et on ajoute 3 à chaque membre afin d'avoir dans un membre les termes en *x* et dans l'autre membre les termes sans *x*.

$7x - 3 \leqslant 3x + 5$

$\Leftrightarrow 7x - 3x \leqslant 5 + 3$

$\Leftrightarrow 4x \leqslant 8$

$\Leftrightarrow x \leqslant 8 \div 4$

$\Leftrightarrow x \leqslant 2$

On termine par une conclusion en tenant compte que l'inégalité est large.

L'ensemble des solutions est $]-\infty\ ;\ 2]$.

2. $-2x - 7 < 4x + 11$

$\Leftrightarrow -2x - 7 - 4x + 7 < 4x + 11 - 4x + 7$

$\Leftrightarrow -6x < 18$

On isole l'inconnue *x*.

$-6x < 18$

$\Leftrightarrow x > \dfrac{18}{-6}$

On termine par une conclusion en tenant compte que l'inégalité est stricte.

L'ensemble des solutions est $]-3\ ;\ +\infty[$.

> **Remarque**
>
> Il faut toujours raisonner en termes d'opération et non en termes de signe. On a x qui est multiplié par -6 : l'opération contraire de « multiplier par -6 » est « diviser par -6 », ce qui nécessite de changer le sens de l'inégalité.

À RETENIR

Pour résoudre une inéquation du type $ax + b < cx + d$:

- On travaille par inéquations équivalentes en appliquant les mêmes opérations aux deux membres de l'inégalité ; on fait bien attention au changement de sens éventuel.
- On commence par regrouper dans un membre les termes en x et dans l'autre membre les termes constants (sans l'inconnue x), puis on isole x.
- On conclut en donnant l'ensemble des solutions sous forme d'intervalle :
  - si l'inégalité est large ($\leqslant$ ou $\geqslant$), la borne fait partie des solutions et le crochet est tourné vers la borne ;
  - si l'inégalité est stricte ($<$ ou $>$), la borne ne fait pas partie des solutions et le crochet n'est pas tourné vers la borne.

4 Résoudre un système d'inéquations

EXERCICE TYPE

Résoudre le système suivant : $\begin{cases} 3x + 4 > 2x + 3 \\ x - 5 \geqslant 3x - 13. \end{cases}$

CORRIGÉ COMMENTÉ

On résout les inéquations séparément :

• $3x + 4 > 2x + 3$
$\Leftrightarrow 3x - 2x > 3 - 4$
$\Leftrightarrow x > -1$ (A)

• $x - 5 \geqslant 3x - 13$
$\Leftrightarrow x - 3x \geqslant -13 + 5$
$\Leftrightarrow -2x \geqslant -8$
$\Leftrightarrow x \leqslant -8 \div (-2)$
$\Leftrightarrow x \leqslant 4$ (B)

Remarque
À la différence d'un système d'équations, pour résoudre un système d'inéquations, on ne peut utiliser ni substitution, ni combinaisons linéaires.

On représente les solutions des deux inéquations sur la même droite graduée.
Les solutions de (A) sont coloriées en rouge, celles de (B) en bleu.

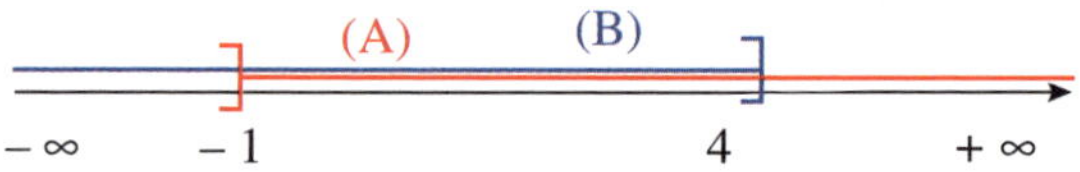

L'ensemble des solutions est l'intersection des ensembles de solutions de chacune des deux inéquations.
Les solutions du système sont les nombres coloriés à la fois en rouge et en bleu.

L'ensemble des solutions est]−1 ; 4].

À RETENIR

Pour résoudre un système d'inéquations :
• on résout séparément les différentes inéquations ;
• on représente sur une même droite graduée les solutions des différentes inéquations ;
• on prend comme ensemble de solutions du système, l'intersection des ensembles de solutions des différentes inéquations.

EXERCICES

1 4 min ★

Recopier et compléter à l'aide des symboles $<$; $\leqslant$; $>$ ou $\geqslant$:

1. si $x \leqslant 3$, alors $-4x$ … -12 ;
2. si $x > 5$, alors $x - 4$ … 1 ;
3. si $x \leqslant 2$, alors $6x$ … 12 ;
4. si $x < -2$, alors $-3x$ … 6.

→ Corrigé p. 68

2 6 min ★

Recopier et compléter à l'aide des symboles $<$; $>$; $\leqslant$ ou $\geqslant$:

1. si $x \geqslant 3$ alors $-2x$ … -6 ;
2. si $x < -2$ alors $-2x$ … 4 ;
3. si $x > 5$ alors $-x$ … -5 ;
4. si $x \leqslant -7$ alors $7x$ … -49 ;
5. si $x < -3$ alors $-2x$ … 6 ;
6. si $x \geqslant -1$ alors $6x$ … -6.

→ Corrigé p. 68

3 10 min ★

Soit x et y deux réels tels que : $-5 \leqslant x \leqslant -2$ et $3 \leqslant y \leqslant 6$.

Déterminer les meilleurs encadrements possibles de :

1. $x - 1$; **2.** $-2x$; **3.** $3y$; **4.** $-2x + 3y$; **5.** $2x - 3y$.

→ Corrigé p. 68

4 10 min ★★

Soit x et y deux réels tels que : $1 \leqslant x \leqslant 4$ et $2 < y < 5$.

1. a) Montrer que l'on a : $x \leqslant x^2$; $x^2 \leqslant 4x$; $4x \leqslant 16$.

b) En déduire un encadrement de x^2.

2. Montrer que $4 < y^2 < 25$.

→ Corrigé p. 68

5 5 min ★★

Recopier chacune des lignes ci-dessous en la complétant.

1. $-2 \leqslant x \leqslant 5$ équivaut à $x \in$ …
2. … x … équivaut à $x \in [1{,}5\,;\,5[$.
3. $x < -4$ équivaut à $x \in$ …
4. $x \geqslant 0$ équivaut à $x \in$ …
5. … x … équivaut à $x \in\ ]-8\,;\,4[$.

→ Corrigé p. 69

6 10 min ★★

1. Représenter graphiquement les intervalles $I = [3\ ;\ 7]$, $J = [-2\ ;\ 5]$ et $K =]6\ ;\ +\infty[$ sur une même droite graduée.

2. Écrire le plus simplement possible les ensembles suivants :

a) $I \cap J$; b) $I \cup J$; c) $I \cap K$; d) $J \cap K$; e) $J \cup K$.

→ Corrigé p. 69

7 7 min ★★

Soit les quatre intervalles $I =]-\infty\ ;\ 1[$, $J = \left[-5\ ;\ \frac{1}{7}\right]$, $K = [-1\ ;\ 4[$ et $L = \left]\frac{1}{7}\ ;\ 8\right]$.

Pour chacun des nombres suivants, dire s'il appartient ou non aux intervalles précédents :

-10 ; -3 ; $-0{,}5$; $0{,}14$; $\frac{1}{7}$; $0{,}143$; 4.

→ Corrigé p. 69

8 5 min ★

Résoudre les inéquations suivantes.

1. $x - 15 \leqslant 40$; 2. $3x < 42$; 3. $-2x < 12$.

→ Corrigé p. 69

9 10 min ★★

Résoudre les inéquations suivantes :

1. $3x + 7 \leqslant 15 - x$; 2. $2x + 3 < 4x - 6$;
3. $-3x + 2 > 4x - 5$; 4. $6 - 3x \leqslant 10 - x$.

→ Corrigé p. 70

10 15 min ★★

Résoudre les inéquations suivantes et représenter graphiquement les solutions :

1. $4x + 8 \leqslant 0$; 2. $7 - 5x > 0$;
3. $-2x + 6 < 0$; 4. $-3x - 5 \geqslant 0$;
5. $6 < 3x - 3$; 6. $9 \geqslant -2x + 5$.

→ Corrigé p. 70

11 10 min ★★

Résoudre les inéquations suivantes :

1. $\sqrt{2}\,x + 1 \leqslant 5$; 2. $\sqrt{3}x - \sqrt{3} \leqslant 3 - x$; 3. $-2x - \frac{1}{3} < -x + \frac{1}{6}$.

→ Corrigé p. 71

12 5 min ★★

DVD-Loc est un magasin qui propose deux formules de location de DVD.
– Formule 1 : chaque DVD est loué 3,50 € ;
– Formule 2 : on paie un abonnement annuel de 12 €, puis 2 € par DVD loué.

1. On note x le nombre de DVD loués.
Exprimer, en fonction de x, le prix en euro à payer pour la location de x DVD par la formule 1, puis le prix en euro à payer pour la location de x DVD par la formule 2.

2. Déterminer le nombre de DVD à partir duquel la formule 2 est la plus avantageuse.

→ *Corrigé p. 71*

13 8 min ★★

x désigne un réel positif.
On considère les figures ci-dessous :

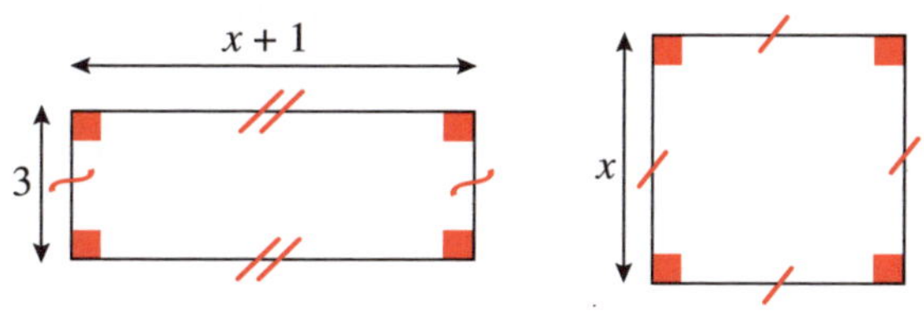

Pour quelles valeurs de x, le périmètre du rectangle est-il inférieur à celui du carré ?

→ *Corrigé p. 71*

14 15 min ★★

Résoudre les systèmes suivants :

a) $\begin{cases} 3x + 2 > 2x - 7 \\ 3 - 5x \geqslant 3x + 11 \end{cases}$;

b) $2 \leqslant 4x - 6 \leqslant 20$.

→ *Corrigé p. 71*

15 15 min ★★

Une entreprise de menuiserie fabrique et vend 150 chaises par jour ; elle produit deux sortes de chaises, les unes vendues 35 € pièce, les autres vendues 60 € pièce.
On désigne par x le nombre de chaises à 35 € fabriquées chaque jour.

1. Exprimer, en fonction de x, le nombre de chaises à 60 € fabriquées chaque jour.

2. L'entreprise souhaite que le montant des ventes quotidiennes soit strictement supérieur à 7 075 €.
Elle souhaite aussi fabriquer plus de chaises à 35 € que de chaises à 60 €.
Combien doit-elle fabriquer de chaises à 35 € chaque jour ?

→ *Corrigé p. 72*

16 20 min ★★★

1. On considère les encadrements suivants : $3 \leqslant x \leqslant 4$ et $10 \leqslant y \leqslant 12$.

On souhaite trouver un encadrement de xy.

a) Justifier chacune des inégalités suivantes :
$30 \leqslant 10x$; $12x \leqslant 48$; $10x \leqslant xy \leqslant 12x$.
b) Conclure.

2. Montrer que, si $0 < a < b < c$ et $0 < d < e < f$, alors $ad < be < cf$.

3. Soit six réels tels que $a < b < c < 0$ et $d < e < f < 0$.
Donner, en le justifiant, un encadrement de be à l'aide des nombres a, c, d et f.

4. Peut-on multiplier membre à membre deux encadrements ?
Argumenter la réponse.

→ *Corrigé p. 72*

Le coin algorithmique

17 15 min ★★

On souhaite utiliser un tableur pour comparer deux expressions littérales.

1. Dans cette partie, on veut comparer les expressions $-2x + 7$ et $4x - 11$, et de manière plus précise, pour des valeurs de x données, connaître la valeur logique (vraie ou fausse) de l'inégalité $-2x + 7 \leqslant 4x - 11$.
On organise une feuille de calcul de la manière suivante :

	A	B	C	D	E	F	G	H	I
1	$x =$	-3	-2	-1	0	1	2	3	4
2	$-2x + 7$								
3	$4x - 11$								
4	$-2x + 7 \leqslant 4x - 11$								

a) Quelles formules doit-on entrer dans les cellules B2 et B3 et recopier vers la droite pour avoir les valeurs de $-2x + 7$ et de $4x - 11$ pour les valeurs de x données en ligne 1 ?
b) Quelle formule doit-on écrire en B4 et recopier vers la droite pour avoir la valeur logique de l'inégalité $-2x + 7 \leqslant 4x - 11$?
c) En utilisant un tableur, donner les différentes valeurs logiques de cette inégalité pour les valeurs de x données ci-dessus.

2. Modifier la feuille de calcul pour obtenir la valeur logique de $x^2 < x + 6$ pour les mêmes valeurs de x que dans la question **1.**

→ *Corrigé p. 73*

INTERROGATION ÉCRITE

Exercice 1 — 10 min — 4 points

Recopier chacune des lignes ci-dessous en la complétant.

a) $-4 \leqslant x \leqslant 7$ équivaut à $x \in \ldots$.

b) $\ldots x \ldots$ équivaut à $x \in [3{,}5\ ;\ 15[$.

c) $x < -6$ équivaut à $x \in \ldots$.

d) $x \geqslant 4$ équivaut à $x \in \ldots$.

e) $\ldots x \ldots$ équivaut à $x \in\ ]-2\ ;\ 5[$.

➔ Corrigé p. 73

Exercice 2 — 15 min — 6 points

Résoudre les inéquations suivantes.

a) $3x + 12 \leqslant 0$; b) $4 - 2x > 0$; c) $-6x + 2 < 0$;

d) $-2x - 5 \geqslant 0$; e) $9 < 3x - 6$; f) $1 \geqslant -2x + 5$.

➔ Corrigé p. 74

Exercice 3 — 10 min — 4 points

Résoudre les systèmes suivants :

a) $\begin{cases} 4x + 1 > 2x - 7 \\ 3 - 2x \geqslant 5x - 46 \end{cases}$;

b) $x \leqslant 6x - 5 \leqslant 16 - x$.

➔ Corrigé p. 74

Exercice 4 — 15 min — 6 points

1. a) 60 est-il solution de l'inéquation $2{,}5x - 75 > 76$?

b) Résoudre l'inéquation et représenter les solutions sur un axe.
Hachurer la partie de l'axe qui ne correspond pas aux solutions.

2. Pendant la période estivale, un marchand de glaces a remarqué qu'il dépensait en moyenne 75 € par jour pour fabriquer ses glaces.
Sachant qu'une glace est vendue 2,50 €, combien doit-il vendre de glaces, au minimum, dans la journée pour avoir un bénéfice supérieur à 76 € ?
On utilisera une démarche rigoureuse, pas des essais sur la calculatrice.

➔ Corrigé p. 74

CORRIGÉS

1 → *Énoncé p. 63*

1. Si $x \leqslant 3$ alors $-4x \geqslant -12$.

2. Si $x > 5$ alors $x - 4 > 1$.

3. Si $x \leqslant 2$ alors $6x \leqslant 12$.

4. Si $x < -2$ alors $-3x > 6$.

Conseil

Il faut identifier l'opération qui permet de transformer l'inégalité de départ en l'inégalité d'arrivée et reconnaître si cette opération conserve l'ordre ou inverse l'ordre (multiplication par un nombre négatif).

2 → *Énoncé p. 63*

1. Si $x \geqslant 3$ alors $-2x \leqslant -6$.

2. Si $x < -2$ alors $-2x > 4$.

3. Si $x > 5$ alors $-x < -5$.

4. Si $x \leqslant -7$ alors $7x \leqslant -49$.

5. Si $x < -3$ alors $-2x > 6$.

6. Si $x \geqslant -1$ alors $6x \geqslant -6$.

3 → *Énoncé p. 63*

1. $-5 \leqslant x \leqslant -2 \Leftrightarrow -5 - 1 \leqslant x - 1 \leqslant -2 - 1 \Leftrightarrow \mathbf{-6 \leqslant x - 1 \leqslant -3}$.

2. $-5 \leqslant x \leqslant -2 \Leftrightarrow -5 \times (-2) \geqslant x \times (-2) \geqslant -2 \times (-2)$

$\Leftrightarrow \mathbf{10 \geqslant -2x \geqslant 4}$.

3. $3 \leqslant y \leqslant 6 \Leftrightarrow 3 \times 3 \leqslant y \times 3 \leqslant 6 \times 3$

$\Leftrightarrow \mathbf{9 \leqslant 3y \leqslant 18}$.

Remarque

On écrit indifféremment :
$10 \geqslant -2x \geqslant 4$ ou $4 \leqslant -2x \leqslant 10$.

4. On a $4 \leqslant -2x \leqslant 10$ et $9 \leqslant 3y \leqslant 18$.
En additionnant membre à membre, on a :
$4 + 9 \leqslant -2x + 3y \leqslant 10 + 18$
$\Leftrightarrow \mathbf{13 \leqslant -2x + 3y \leqslant 28}$.

Remarque

On ne peut additionner membre à membre que des encadrements de même sens.

5. $2x - 3y$ est l'opposé de $(-2x + 3y)$, donc on a :
$13 \leqslant -2x + 3y \leqslant 28$
$\Leftrightarrow 13 \times (-1) \geqslant (-2x + 3y) \times (-1) \geqslant 28 \times (-1)$
$\Leftrightarrow \mathbf{-13 \geqslant 2x - 3y \geqslant -28}$.

4 → *Énoncé p. 63*

1. a) • Si $1 \leqslant x$, alors x est positif et, en multipliant par x dans $1 \leqslant x$, on a $x \leqslant x^2$.
• En multipliant par x dans $x \leqslant 4$, on a $x^2 \leqslant 4x$.
• En multipliant par 4 dans $x \leqslant 4$, on a $4x \leqslant 16$.

b) On a donc $1 \leqslant x$, $x \leqslant x^2$, $x^2 \leqslant 4x$ et $4x \leqslant 16$, soit $\mathbf{1 \leqslant x^2 \leqslant 16}$.

2. On a $2 < y < 5$, donc y est positif.
$2 < y$ donne, en multipliant par 2, $\mathbf{4 < 2y}$ et, en multipliant par y, $\mathbf{2y < y^2}$.
$y < 5$ donne, en multipliant par y, $\mathbf{y^2 < 5y}$ et, en multipliant par 5, $\mathbf{5y < 25}$.
À l'aide des quatre résultats, on a bien $\mathbf{4 < y^2 < 25}$.

5 → Énoncé p. 63

1. $-2 \leqslant x \leqslant 5$ équivaut à $x \in \mathbf{[-2\ ;\ 5]}$.

2. $\mathbf{1{,}5 \leqslant x < 5}$ équivaut à $x \in [1{,}5\ ;\ 5[$.

3. $x < -4$ équivaut à $x \in \mathbf{]-\infty\ ;\ -4[}$.

4. $x \geqslant 0$ équivaut à $x \in \mathbf{[0\ ;\ +\infty[}$ ou à $x \in \mathbb{R}^+$.

5. $\mathbf{-8 < x < 4}$ équivaut à $x \in]-8\ ;\ 4[$.

6 → Énoncé p. 64

1.

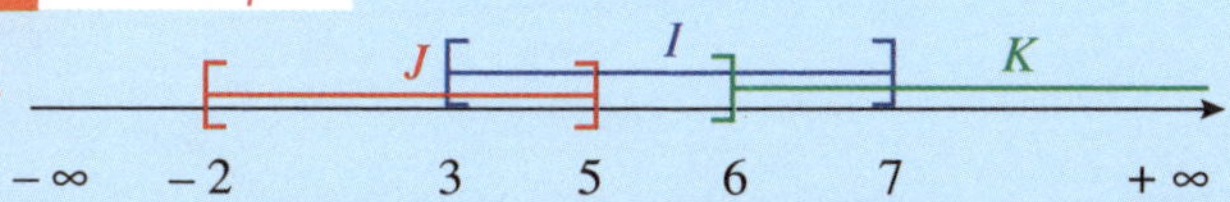

Remarque

Il y a un trou entre la partie rouge et la partie verte : *J* et *K* sont disjoints, donc leur intersection est vide.

2. a) $I \cap J = \mathbf{[3\ ;\ 5]}$. **b)** $I \cup J = \mathbf{[-2\ ;\ 7]}$.

c) $I \cap K = \mathbf{]6\ ;\ 7]}$. **d)** $J \cap K = \varnothing$.

e) $J \cup K = \mathbf{[-2\ ;\ 5] \cup]6\ ;\ +\infty[}$.

7 → Énoncé p. 64

Le nombre … / appartient à …	-10	-3	$-0{,}5$	$0{,}14$	$\frac{1}{7}$	$0{,}143$	4
$I =]-\infty\ ;\ 1[$	oui	oui	oui	oui	oui	oui	non
$J = \left[-5\ ;\ \frac{1}{7}\right]$	non	oui	oui	oui	oui	non	non
$K = [-1\ ;\ 4[$	non	non	oui	oui	oui	oui	non
$L = \left]\frac{1}{7}\ ;\ 8\right]$	non	non	non	non	non	oui	oui

8 → Énoncé p. 64

1. $x - 15 \leqslant 40 \Leftrightarrow x - 15 + 15 \leqslant 40 + 15 \Leftrightarrow x \leqslant 55$:
$\mathbf{S =]-\infty\ ;\ 55]}$.

2. $3x < 42 \Leftrightarrow 3x \div 3 < 42 \div 3 \Leftrightarrow x < 14$:
$\mathbf{S =]-\infty\ ;\ 14[}$.

3. $-2x < 12 \Leftrightarrow -2x \div (-2) > 12 \div (-2) \Leftrightarrow x > -6$:
$\mathbf{S =]-6\ ;\ +\infty[}$.

Remarque

On conclut souvent la résolution d'une inéquation en donnant l'ensemble des solutions *S*.

9 → *Énoncé p. 64*

1. $3x+7\leqslant 15-x \Leftrightarrow 3x+x\leqslant 15-7 \Leftrightarrow 4x\leqslant 8 \Leftrightarrow x\leqslant 8\div 4 \Leftrightarrow x\leqslant 2$:
$\mathbf{S =]-\infty\ ;\ 2]}$.

2. $2x+3<4x-6 \Leftrightarrow 2x-4x<-6-3 \Leftrightarrow -2x<-9 \Leftrightarrow x>-9\div(-2) \Leftrightarrow x>4{,}5$:
$\mathbf{S =]4{,}5\ ;\ +\infty[}$.

3. $-3x+2>4x-5 \Leftrightarrow -3x-4x>-5-2 \Leftrightarrow -7x>-7 \Leftrightarrow x<-7\div(-7) \Leftrightarrow x<1$:
$\mathbf{S =]-\infty\ ;\ 1[}$.

4. $6-3x\leqslant 10-x \Leftrightarrow -3x+x\leqslant 10-6 \Leftrightarrow -2x\leqslant 4 \Leftrightarrow x\geqslant 4\div(-2) \Leftrightarrow x\geqslant -2$:
$\mathbf{S = [-2\ ;\ +\infty[}$.

10 → *Énoncé p. 64*

Pour chaque inéquation, les solutions sont représentées en rouge.

1. $4x+8\leqslant 0 \Leftrightarrow 4x\leqslant -8 \Leftrightarrow x\leqslant -8\div 4 \Leftrightarrow x\leqslant -2$: $\mathbf{S =]-\infty\ ;\ -2]}$.

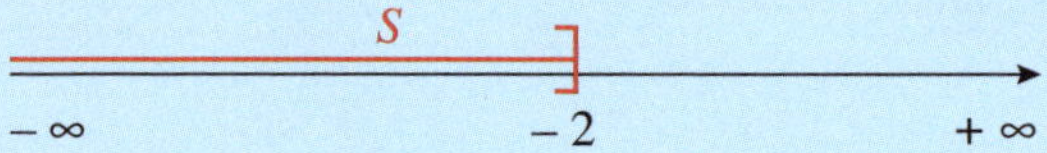

2. $7-5x>0 \Leftrightarrow 7>5x \Leftrightarrow 7\div 5>x \Leftrightarrow 1{,}4>x$:
$\mathbf{S =]-\infty\ ;\ 1{,}4[}$.

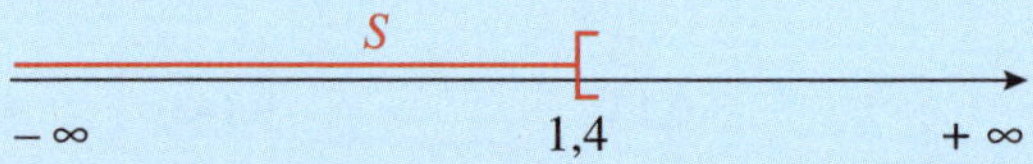

> **Remarque**
> Le sens du crochet est le même dans l'ensemble *S* des solutions et sur la représentation graphique : il est tourné vers les solutions si l'inégalité est large ($\leqslant$ ou $\geqslant$), sinon il est tourné dans l'autre sens si l'inégalité est stricte ($<$ ou $>$).

3. $-2x+6<0 \Leftrightarrow -2x<-6 \Leftrightarrow x>(-6)\div(-2) \Leftrightarrow x>3$: $\mathbf{S =]3\ ;\ +\infty[}$.

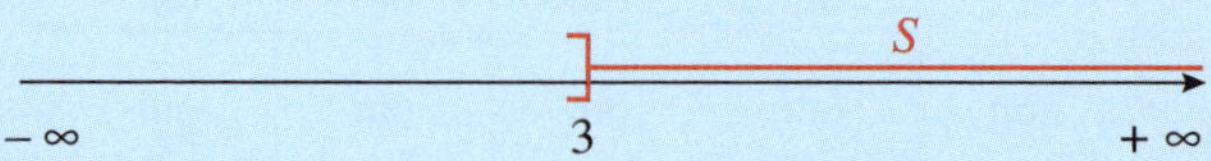

4. $-3x-5\geqslant 0 \Leftrightarrow -3x\geqslant 5 \Leftrightarrow x\leqslant 5\div(-3)$: $\mathbf{S =]-\infty\ ;\ \frac{-5}{3}]}$.

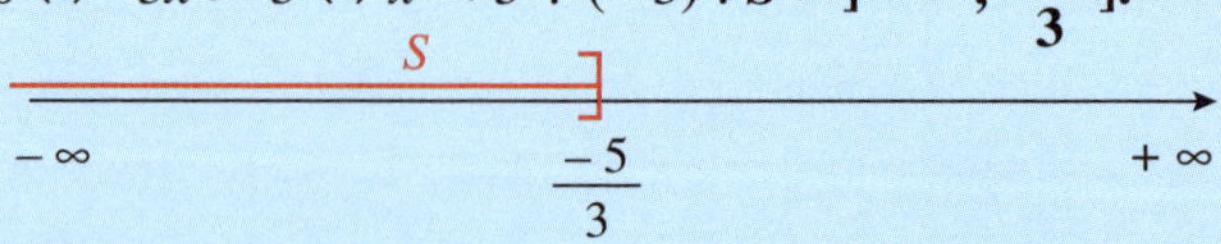

5. $6<3x-3 \Leftrightarrow 6+3<3x \Leftrightarrow 9\div 3<x \Leftrightarrow 3<x$: $\mathbf{S =]3\ ;\ +\infty[}$.

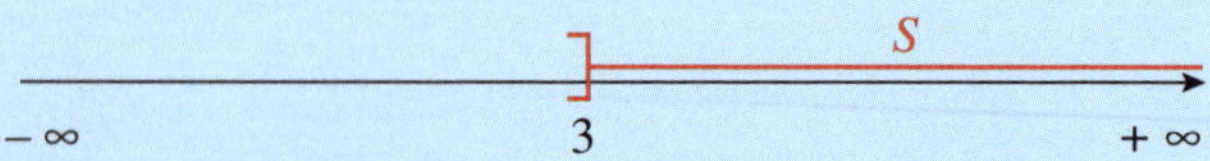

6. $9\geqslant -2x+5 \Leftrightarrow 9-5\geqslant -2x \Leftrightarrow 4\geqslant -2x \Leftrightarrow 4\div(-2)\leqslant x \Leftrightarrow -2\leqslant x$:
$\mathbf{S = [-2\ ;\ +\infty[}$.

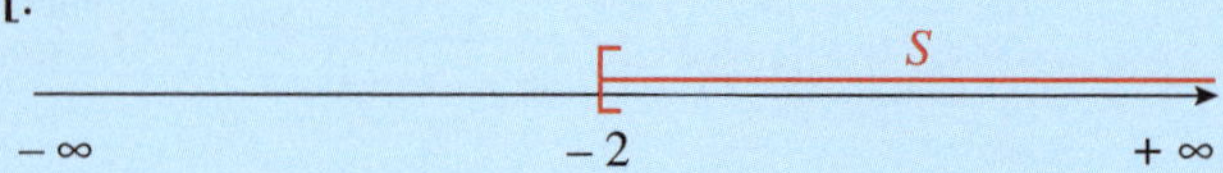

11 → Énoncé p. 64

Astuce

On simplifie la solution avec : $\dfrac{4}{\sqrt{2}} = \dfrac{2\sqrt{2}\sqrt{2}}{\sqrt{2}} = 2\sqrt{2}$.

1. $\sqrt{2}\,x + 1 \leqslant 5 \Leftrightarrow \sqrt{2}\,x \leqslant 5 - 1 \Leftrightarrow \sqrt{2}\,x \leqslant 4$
$\Leftrightarrow x \leqslant 4 \div \sqrt{2} \Leftrightarrow x \leqslant 2\sqrt{2}$: $\boldsymbol{S =]-\infty\ ;\ 2\sqrt{2}\,]}$.

2. $\sqrt{3}x - \sqrt{3} \leqslant 3 - x \Leftrightarrow \sqrt{3}x + x \leqslant 3 + \sqrt{3}$
$\Leftrightarrow (\sqrt{3} + 1)\,x \leqslant \sqrt{3}\,(\sqrt{3} + 1)$
$\Leftrightarrow x \leqslant \sqrt{3}$: $\boldsymbol{S =]-\infty\ ;\ \sqrt{3}\,]}$.

3. $-2x - \dfrac{1}{3} < -x + \dfrac{1}{6} \Leftrightarrow -\dfrac{1}{3} - \dfrac{1}{6} < -x + 2x \Leftrightarrow -0{,}5 < x$: $\boldsymbol{S =]-0{,}5\ ;\ +\infty[}$.

12 → Énoncé p. 65

Conseil

Pour résoudre un problème de comparaison entre deux grandeurs, on peut traduire le problème par une inéquation et la résoudre.

1. Avec 3,50 € par DVD loué pour la formule 1, le prix en euro à payer pour la location de x DVD est $\mathbf{3{,}5}\boldsymbol{x}$.
Avec un abonnement annuel de 12 €, et 2 € par DVD loué pour la formule 2, le prix en euro à payer pour la location de x DVD est $\boldsymbol{2x + 12}$.

2. On veut que la formule 2 $(2x + 12)$ soit plus avantageuse que la formule 1 $(3{,}5x)$.
Or, on a : $2x + 12 \leqslant 3{,}5x \Leftrightarrow 12 \leqslant 3{,}5x - 2x \Leftrightarrow 12 \leqslant 1{,}5x \Leftrightarrow 12 \div 1{,}5 \leqslant x \Leftrightarrow 8 \leqslant x$.
La formule 2 est la plus avantageuse **quand le nombre de DVD loués dépasse 8.**

13 → Énoncé p. 65

Le périmètre du rectangle est $2(3 + (x + 1)) = 2(x + 4) = 2x + 8$.
Le périmètre du carré est $4x$.
On a aussi $2x + 8 < 4x \Leftrightarrow 8 < 2x \Leftrightarrow 4 < x$.
Le périmètre du rectangle est inférieur à celui du carré **si $\boldsymbol{x}$ est supérieur à 4.**

14 → Énoncé p. 65

Conseil

Pour résoudre un système d'inéquations, on résout séparément chaque inéquation et on prend les solutions communes.

1. D'une part, on a :
$3x + 2 > 2x - 7 \Leftrightarrow 3x - 2x > -7 - 2 \Leftrightarrow x > -9$ (A)
D'autre part, on a :
$3 - 5x \geqslant 3x + 11 \Leftrightarrow 3 - 11 \geqslant 3x + 5x \Leftrightarrow -8 \geqslant 8x$
$\Leftrightarrow -8 \div 8 \geqslant x \Leftrightarrow -1 \geqslant x$ (B)

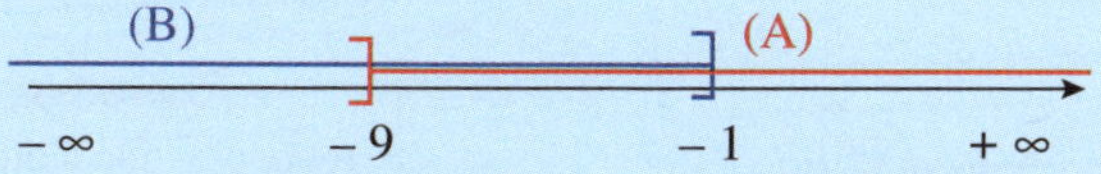

$\begin{cases} 3x + 2 > 2x - 7 \\ 3 - 5x \geqslant 3x + 11 \end{cases}$ a pour ensemble de solutions $\boldsymbol{]-9\ ;\ -1]}$.

2. $2 \leqslant 4x - 6 \leqslant 20 \Leftrightarrow \begin{cases} 2 \leqslant 4x - 6 \\ 4x - 6 \leqslant 20. \end{cases}$

D'une part, on a : $2 \leqslant 4x - 6 \Leftrightarrow 2 + 6 \leqslant 4x \Leftrightarrow 8 \div 4 \leqslant x \Leftrightarrow 2 \leqslant x$. (C)
D'autre part, on a : $4x - 6 \leqslant 20 \Leftrightarrow 4x \leqslant 20 + 6 \Leftrightarrow x \leqslant 26 \div 4 \Leftrightarrow x \leqslant 6{,}5$. (D)

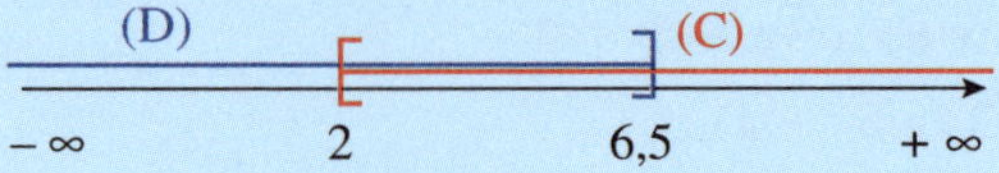

$2 \leqslant 4x - 6 \leqslant 20$ a pour ensemble de solution **[2 ; 6,5]**.

15 → *Énoncé p. 65*

1. Le nombre de chaises à 60 € est égal au nombre total de chaises diminué du nombre de chaises à 35 €. **Le nombre de chaises à 60 € est $150 - x$.**

2. On veut plus de chaises à 35 € que de chaises à 60 €, soit $\boldsymbol{x > 150 - x}$. ①
Le prix de vente quotidien des chaises à 35 € est $x \times 35$ et celui des chaises à 60 € est $(150 - x) \times 60$. On veut un montant total strictement supérieur à 7 075 € :
soit $35x + (150 - x) \times 60 > 7\,075$, c'est-à-dire $\boldsymbol{9\,000 - 25x > 7\,075}$. ②

Il faut donc résoudre le système suivant : $\begin{cases} x > 150 - x \\ 9\,000 - 25x > 7\,075. \end{cases}$

① $\Leftrightarrow 2x > 150 \Leftrightarrow x > 150 \div 2 \Leftrightarrow x > 75$. Les solutions de ① sont en rouge.
② $\Leftrightarrow -25x > 7\,075 - 9\,000 \Leftrightarrow -25x > -1\,925 \Leftrightarrow x < -1\,925 \div (-25) \Leftrightarrow x < 77$.
Les solutions de ② sont en vert.

Le seul entier solution est ici 76.
L'entreprise doit fabriquer chaque jour **76 chaises à 35 €** et donc 74 chaises à 60 €.

> **Remarque**
> Il y a une infinité de nombres coloriés à la fois en rouge et en vert, mais le nombre de chaises devant être entier, un seul convient.

16 → *Énoncé p. 66*

1. a) En multipliant par 10 dans $3 \leqslant x$, on a $\boldsymbol{30 \leqslant 10x}$.
En multipliant par 12 dans $x \leqslant 4$, on a $\boldsymbol{12x \leqslant 48}$.
Comme on a $3 \leqslant x$, x est positif et, en multipliant par x dans $10 \leqslant y \leqslant 12$, on a $\boldsymbol{10x \leqslant xy \leqslant 12x}$.

b) On a donc $30 \leqslant 10x \leqslant xy \leqslant 12x \leqslant 48$, soit $\boldsymbol{30 \leqslant xy \leqslant 48}$.

2. Si $0 < a < b < c$ et $0 < d < e < f$, alors les six nombres sont positifs.
En multipliant par d dans $a < b$, on a $ad < bd$.
En multipliant par b dans $d < e < f$, on a $bd < be < bf$.
En multipliant par f dans $b < c$, on a $bf < cf$.
On a donc $ad < bd < be < bf < cf$, soit $\boldsymbol{ad < be < cf}$.

> **Remarque**
> On retiendra que l'on peut multiplier membre à membre deux encadrements dont tous les membres sont positifs.

3. Si $a < b < c < 0$ et $d < e < f < 0$, alors les six nombres sont négatifs.
En multipliant par d dans $a < b$, on a $ad > bd$.
En multipliant par b dans $d < e < f$, on a $bd > be > bf$.
En multipliant par f dans $b < c$, on a $bf > cf$.
On a donc $ad > bd > be > bf > cf$, soit $\boldsymbol{ad > be > cf}$.

4. Les résultats des questions **2.** et **3.** montrent déjà des différences sur l'encadrement de be selon que les membres des encadrements de départ sont tous positifs ou tous négatifs.
Soit six nombres tels que $0 < a < b < c$ et $d < e < f < 0$.
On a alors $0 < a < b < c$ et $0 < -f < -e < -d$.
En appliquant le résultat de la question **2.**, on a $-af < -be < -cd$, soit $af > be > cd$.
On obtient un troisième résultat différent des deux autres.
Il n'existe pas de règle générale pour multiplier membre à membre deux encadrements.

17 → Énoncé p. 66

Remarque

La structure d'une instruction conditionnelle est : SI(test;valeur1;valeur2).
Si la valeur du test est « vrai », alors l'instruction renvoie la valeur 1, sinon elle renvoie la valeur 2.

1. a) Dans B2, la formule est **=−2*B1+7** et dans B3 la formule est **=4*B1−11**.
b) Dans B4, la formule est :
=SI(B2<=B3; « vrai » ; « faux »).
c)

	A	B	C	D	E	F	G	H	I
1	$x =$	−3	−2	−1	0	1	2	3	4
2	$-2x + 7$	13	11	9	7	5	3	1	−1
3	$4x - 11$	−23	−19	−15	−11	−7	−3	1	5
4	$-2x + 7 \leqslant 4x - 11$	faux	faux	faux	faux	faux	faux	vrai	vrai

2. On modifiant le contenu des cellules A2, A3, A4, B2 et B3, on obtient :

	A	B	C	D	E	F	G	H	I
1	$x =$	−3	−2	−1	0	1	2	3	4
2	x^2	9	4	1	0	1	4	9	16
3	$x + 6$	3	4	5	6	7	8	9	10
4	$x^2 < x + 6$	faux	faux	vrai	vrai	vrai	vrai	faux	faux

INTERROGATION ÉCRITE

Exercice 1 → Énoncé p. 67

a) $-4 \leqslant x \leqslant 7$ équivaut à $x \in$ **[− 4 ; 7]**.
b) **3,5** $\leqslant x <$ **15** équivaut à $x \in [3,5 ; 15[$.
c) $x < -6$ équivaut à $x \in$ **] − ∞ ; − 6[**.
d) $x \geqslant 4$ équivaut à $x \in$ **[4 ; + ∞[**.
e) **− 2** $< x <$ **5** équivaut à $x \in \,]-2 ; 5[$.

Exercice 2 → Énoncé p. 67

a) $3x + 12 \leqslant 0 \Leftrightarrow 3x \leqslant -12 \Leftrightarrow x \leqslant -12 \div 3 \Leftrightarrow x \leqslant -4$. $\boldsymbol{S} = \mathbf{]-\infty\ ;\ -4]}$.

b) $4 - 2x > 0 \Leftrightarrow 4 > 2x \Leftrightarrow 4 \div 2 > x$. $\boldsymbol{S} = \mathbf{]-\infty\ ;\ +2[}$.

c) $-6x + 2 < 0 \Leftrightarrow -6x < -2 \Leftrightarrow x > -2 : (-6)$. $\boldsymbol{S} = \left]\frac{1}{3}\ ;+\infty\right[$.

d) $-2x - 5 \geqslant 0 \Leftrightarrow -2x \geqslant 5 \Leftrightarrow x \leqslant 5 \div (-2)$. $\boldsymbol{S} = \mathbf{]-\infty\ ;\ -2,5]}$.

e) $9 < 3x - 6 \Leftrightarrow 9 + 6 < 3x \Leftrightarrow 15 \div 3 < x \Leftrightarrow 5 < x$. $\boldsymbol{S} = \mathbf{]5\ ;\ +\infty[}$.

f) $1 \geqslant -2x + 5 \Leftrightarrow 1 - 5 \geqslant -2x \Leftrightarrow -4 \geqslant -2x \Leftrightarrow -4 \div (-2) \leqslant x$. $\boldsymbol{S} = \mathbf{[2\ ;\ +\infty[}$.

Exercice 3 → Énoncé p. 67

a) $\begin{cases} 4x + 1 > 2x - 7 \quad (1) \\ 3 - 2x \geqslant 5x - 46 \ (2) \end{cases}$

$(1) \Leftrightarrow 4x - 2x > -7 - 1 \Leftrightarrow 2x > -8 \Leftrightarrow x > -8 \div 2 : \boldsymbol{S_1} = \mathbf{]-4\ ;+\infty[}$

$(2) \Leftrightarrow 3 + 46 \geqslant 5x + 2x \Leftrightarrow 49 \geqslant 7x \Leftrightarrow 49 \div 7 \geqslant x : \boldsymbol{S_2} = \mathbf{]-\infty\ ;\ 7]}$

$\boldsymbol{S = S_1 \cap S_2} = \mathbf{]-4\ ;\ 7]}$.

b) $x \leqslant 6x - 5 \leqslant 16 - x$.

$x \leqslant 6x - 5 \Leftrightarrow 5 \leqslant 6x - x \Leftrightarrow 5 \leqslant 5x \Leftrightarrow 5 \div 5 \leqslant x : \boldsymbol{S_1} = \mathbf{[1\ ;+\infty[}$

$6x - 5 \leqslant 16 - x \Leftrightarrow 6x + x \leqslant 16 + 5 \Leftrightarrow 7x \leqslant 21 \Leftrightarrow x \leqslant 21 \div 7 : \boldsymbol{S_2} = \mathbf{]-\infty\ ;\ 3]}$

$\boldsymbol{S = S_1 \cap S_2} = \mathbf{[1\ ;\ 3]}$.

Exercice 4 → Énoncé p. 67

1.a) On a $2{,}5 \times 60 - 75 = 75$, donc **60 n'est pas solution de l'inéquation $\mathbf{2{,}5x - 75 > 76}$.**

b) $2{,}5x - 75 > 76 \Leftrightarrow 2{,}5x > 151$

$\Leftrightarrow x > 151 \div 2{,}5$

$\Leftrightarrow x > 60{,}4$.

$\boldsymbol{S} = \mathbf{]60{,}4\ ;\ +\infty[}$

> **Remarque**
> On ne demande pas de résoudre l'inéquation : il suffit de vérifier si 60 rend vraie ou fausse l'inégalité.

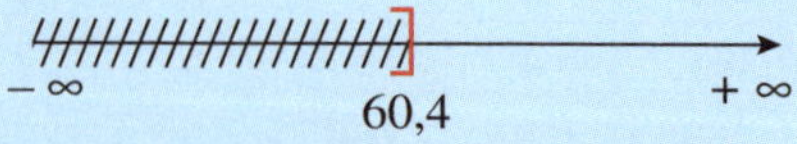

La partie hachurée représente les nombres non solutions.

2. Soit x le nombre de glaces vendues dans une journée.

La recette est $2{,}5x$, les dépenses 75 € et le bénéfice est $2{,}5x - 75$.

On veut $2{,}5x - 75 > 76$, soit $x > 60{,}4$.

Le marchand doit vendre au minimum 61 glaces par jour pour avoir un bénéfice quotidien supérieur à 76 €.

Généralités sur les fonctions

CHAPITRE 4

1 Notions de fonction

A. Définition

■ On définit une **fonction numérique** f sur un ensemble D lorsqu'à chaque réel x de D, on associe au plus un réel y.

On note $f : x \mapsto y$ ou $f(x) = y$.

Ex. **:** Associer à chaque réel x son carré diminué de 3 revient à définir la fonction f que l'on note $f : x \mapsto x^2 - 3$, soit $f(x) = x^2 - 3$.

■ Soit f une fonction.
L'ensemble des réels x auxquels on associe un unique réel y par f est **l'ensemble de définition** de f. On le note D_f ou simplement D.

B. Images – Antécédents

■ Soit f une fonction et x un élément de D_f.

$f(x)$ est l'**image** de x par f.

Ex. **:** Soit f la fonction définie sur $\mathbb{R}$ par $f(x) = x^2 - 3$.
L'image de -2 par f est :

$$f(-2) = (-2)^2 - 3 = 4 - 3 = 1.$$

■ Soit f une fonction et y un réel.
On appelle **antécédent** de y par f tout réel x tel que $f(x) = y$.
Ex. **:** Soit f la fonction définie sur $\mathbb{R}$ par $f(x) = x^2 - 3$.
On a $f(-2) = 1$ et $f(2) = 1$;
donc -2 et 2 sont deux antécédents de 1 par f.

Remarques :
Soit f une fonction définie sur un ensemble D_f.
- Un élément x de D_f ne possède qu'une seule image par f.
- Un élément y peut avoir zéro, un ou plusieurs antécédents par f dans D_f.

2 Représentation graphique d'une fonction

■ Soit f une fonction définie sur un ensemble D_f. La représentation graphique de f est l'ensemble des points $M(x\,;f(x))$ pour l'ensemble des valeurs x de D_f.

Ex. :

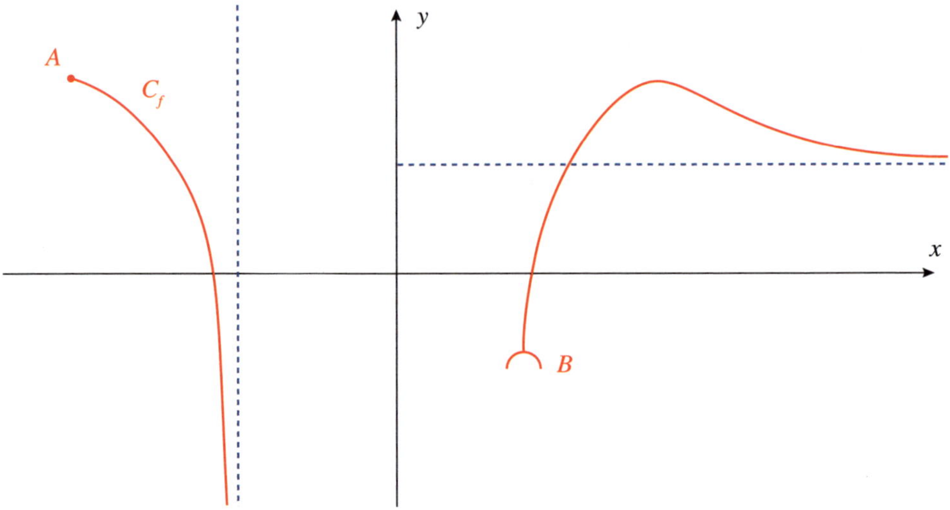

• La courbe C_f est composée de deux parties.
• Le point A marqué avec un point appartient à C_f, alors que le point B marqué par un arc de cercle n'appartient pas à C_f.
• La partie gauche de la courbe descend indéfiniment le long de la droite verticale en pointillé sans avoir de point sur cette droite.
• La partie droite de la courbe garde la même allure vers la droite en se rapprochant de la demi-droite horizontale en pointillé.

3 Variations

A. Définitions

■ Une fonction f est dite **croissante** sur un intervalle I si, et seulement si, elle conserve l'ordre sur I.

Remarque :

f conserve l'ordre sur I signifie que, si a et b sont deux éléments de I tels que $a \leqslant b$, alors $f(a) \leqslant f(b)$.

■ Une fonction f est dite **décroissante** sur un intervalle I si, et seulement si, elle inverse l'ordre sur I.

Remarque :

f inverse l'ordre sur I signifie que, si a et b sont deux éléments de I tels que $a \leqslant b$, alors $f(a) \geqslant f(b)$.

B. Tableau de variations

On peut résumer les variations d'une fonction dans un tableau avec des flèches.

Ex. :

x	-9		-4		2		10
$f(x)$	-2	↗	5	↘	-6	↗	3

f décroît sur $[-4 ; 2]$ en prenant ses valeurs dans $[-6 ; 5]$.
f croît sur $[2 ; 10]$ en prenant ses valeurs dans $[-6 ; 3]$.

C. Extrema

■ Soit une fonction f et une valeur a d'un intervalle I telle que pour tout x de I on ait $f(x) \leqslant f(a)$. $f(a)$ s'appelle **maximum** de f sur I.

■ Soit une fonction f et une valeur a d'un intervalle I telle que pour tout x de I on ait $f(x) \geqslant f(a)$. $f(a)$ s'appelle **minimum** de f sur I.

■ Le maximum et le minimum constituent les **extrema** de la fonction.

Ex. :

On considère la fonction f définie par le tableau de variations ci-dessus.
f admet deux extrema sur $[-9 ; 10]$:

- un maximum qui vaut 5 et qui est atteint en -4 ;
- un minimum qui vaut -6 et qui est atteint en 2.

COMMENT FAIRE

1 Déterminer l'image d'un réel par une fonction

EXERCICE TYPE

Soit f la fonction définie pour tout réel x par : $f(x) = 4x^2 - 3x + 5$.
1. Calculer les images de 0, de -2 et de 3 par f.
2. Reproduire et compléter le tableau de valeurs ci-dessous.

x	-5	-3	-1	1	5	7
$f(x)$						

CORRIGÉ COMMENTÉ

1. On remplace x par 0 dans l'expression de $f(x)$ et on effectue les calculs en respectant les règles de priorité.

On a $f(0) = 4 \times 0^2 - 3 \times 0 + 5 = 5$.
L'image de 0 par f est $\boldsymbol{f(0) = 5}$.

On fait de même en remplaçant x par -2, puis x par 3.

On a $f(-2) = 4 \times (-2)^2 - 3 \times (-2) + 5$
$= 4 \times 4 + 6 + 5 = 16 + 11 = 27$.
L'image de -2 par f est $\boldsymbol{f(-2) = 27}$.
On a $f(3) = 4 \times 3^2 - 3 \times 3 + 5 = 36 - 9 + 5 = 32$.
L'image de 3 par f est $\boldsymbol{f(3) = 32}$.

> **Rappel**
> Attention, un carré est toujours positif. En particulier, $(-2)^2 = 4$.

2. Les images à calculer étant nombreuses, on utilise le tableur de la calculatrice.

> **Conseil**
> On écrit l'expression de $f(x)$ dans la variable Y_1 de la calculatrice, puis dans le tableur ; on tape les différentes valeurs de x dans la colonne X. La colonne Y_1 donne alors les valeurs de $f(x)$.

Remarque :
Sur une TI, il faut régler les paramètres du tableur pour pouvoir saisir les valeurs irrégulières de X dans le tableur.

x	-5	-3	-1	1	5	7
$f(x)$	**120**	**50**	**12**	**6**	**90**	**180**

À RETENIR

Pour déterminer l'image d'un réel donné par une fonction dont on connaît l'expression :
- on remplace x par la valeur donnée dans l'expression de $f(x)$;
- on effectue les calculs en respectant les règles de priorités.

Quand il faut remplir un tableau de valeurs, on peut utiliser le tableur de la calculatrice.

2 Déterminer graphiquement des images et des antécédents

EXERCICE TYPE

On considère la fonction f représentée par la courbe bleue ci-dessous dans le repère (O, I, J).
Par lecture graphique, déterminer :

1. les images respectives par f de 2 et de 0 ;
2. les antécédents de -1 par f.

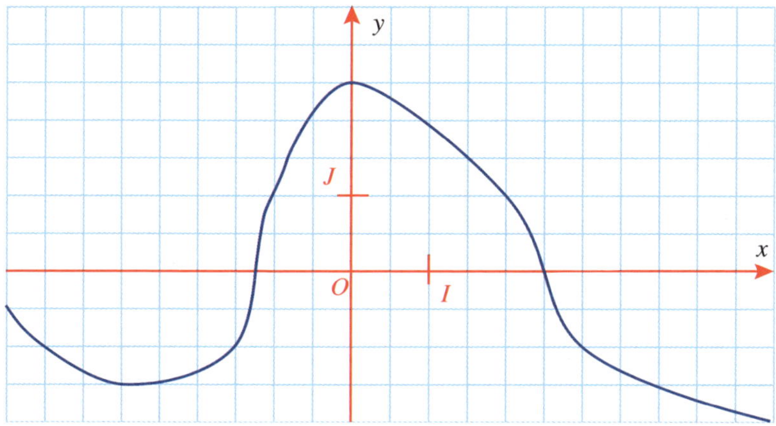

CORRIGÉ COMMENTÉ

1. On place 2 sur l'axe des abscisses ; on joint verticalement la courbe, puis horizontalement l'axe des ordonnées pour y lire $f(2)$.

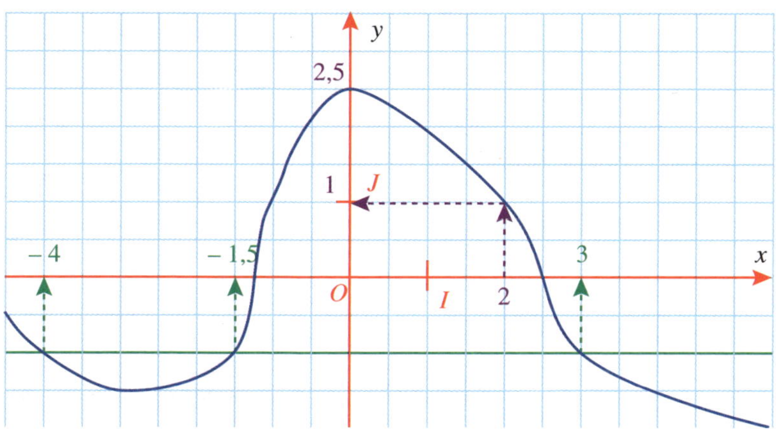

Graphiquement, l'image de 2 par f est $\boldsymbol{f(2) = 1}$.
Graphiquement, l'image de 0 par f est $\boldsymbol{f(0) = 2{,}5}$.

Remarque
L'image de 0 par f est l'ordonnée du point de la courbe situé sur l'axe des ordonnées : on dit que c'est l'ordonnée à l'origine.

2. Pour trouver les antécédents de –1 par *f*, on part de la valeur –1 sur l'axe des ordonnées et on cherche les abscisses des points de la courbe dont l'ordonnée vaut –1.

Graphiquement, les antécédents de -1 par f sont $\boldsymbol{-4\ ;\ -1{,}5}$ **et** $\boldsymbol{3}$.

Rappel
Une valeur peut avoir plusieurs antécédents, parfois aucun.

À RETENIR

Pour déterminer graphiquement une image d'un nombre x :
- on part de la valeur de x sur l'axe des abscisses ;
- on joint verticalement la courbe ;
- on joint horizontalement l'axe des ordonnées pour lire $f(x)$.

Pour déterminer les antécédents d'un réel k :
- on cherche les abscisses de tous les points de la courbe d'ordonnée k, c'est-à-dire les abscisses des points de la courbe située sur la droite d'équation $y = k$.

3 Exploiter un tableau de variations

EXERCICE TYPE

Soit f une fonction définie sur $[-5\ ;\ 2[\ \cup\ ]2\ ;\ +\infty[$ qui admet le tableau de variations suivant :

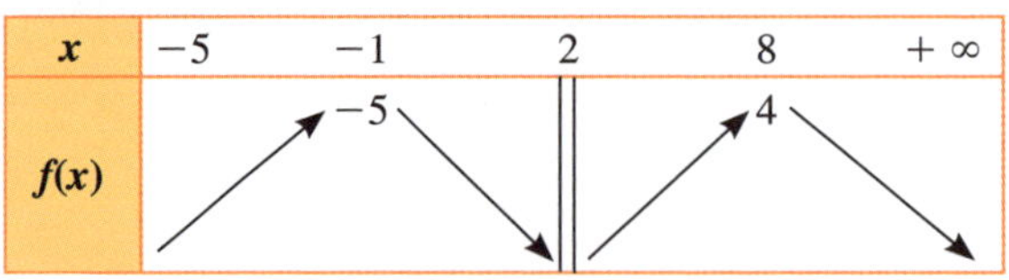

Remarque
La double barre sous la valeur 2 de x signifie que $f(2)$ n'existe pas.

1. Décrire par des phrases les variations de f.
2. Que vaut le maximum de f sur $[-5\ ;\ 2[\ \cup\ ]2\ ;\ +\infty[$?
3. a) Comparer $f(3)$ et $f(5)$.
b) Peut-on comparer $f(5)$ et $f(10)$?

CORRIGÉ COMMENTÉ

1. Pour chaque flèche du tableau, on écrit une phrase.
Sur $[-5\ ;\ -1]$, f croît. Sur $[-1\ ;\ 2[$, f décroît.
Sur $]2\ ;\ 8]$, f croît. Sur $[8\ ;\ +\infty[$, f décroît.

Remarque
Attention au sens des crochets. Les bornes en des valeurs finies sont incluses, sauf en cas de présence d'une double barre.

2. Pour trouver le maximum, on compare les valeurs situées en haut dans la ligne de *f*(*x*) et on cherche la plus grande de ces valeurs.

D'après le tableau des variations, *f* admet un maximum en 8 qui vaut 4.

3. a) On cherche un intervalle qui contient les valeurs 3 et 5 pour *x* et sur lequel *f* est monotone.

Sur l'intervalle]2 ; 8], *f* est croissante, donc elle y conserve l'ordre. 3 et 5 appartiennent à cet intervalle. Comme on a $3 < 5$, on a aussi $f(3) \leqslant f(5)$.

b) On constate que *f* change de variations entre les valeurs 5 et 10 ; donc, en l'absence des images de 5 et de 10 par *f*, on ne peut pas comparer ces images.

Comme *f* croît sur [5 ; 8] et décroît sur [8 ; 10], il est impossible de comparer $f(5)$ et $f(10)$.

Remarque

Une fonction monotone sur un intervalle est une fonction qui a toujours le même sens de variation sur cet intervalle, c'est-à-dire qu'elle est toujours croissante ou toujours décroissante.

À RETENIR

À partir d'un tableau de variations, on peut :

- donner les variations de la fonction à partir de chacune des flèches du tableau de variations, une flèche montante vers la droite traduisant que la fonction croît et une flèche descendante vers la droite que la fonction décroît ;
- déterminer les extrema de la fonction en comparant les valeurs de $f(x)$ données dans le tableau.

4 Résoudre graphiquement une équation

EXERCICE TYPE

On considère la fonction *f* représentée par la courbe ci-après.
Résoudre graphiquement les équations suivantes :

1. $f(x) = 1{,}5$ (arrondir au dixième près si nécessaire) ;
2. $f(x) = 0$;
3. $f(x) = -2$.

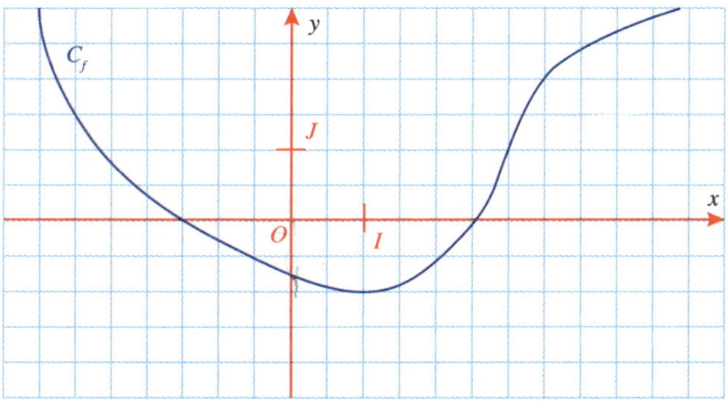

CORRIGÉ COMMENTÉ

1. **On trace la droite d'équation y = 1,5 et les solutions recherchées sont les abscisses des points communs de C_f et de cette droite.**

Graphiquement, les solutions de $f(x) = 1{,}5$ sont les abscisses des points de C_f situés sur la droite d'équation $y = 1{,}5$. **Les solutions sont −3** (valeur exacte) et **3,2** (valeur approchée).

> **Rappel**
> Une droite d'équation $y = k$, avec k une constante, est une droite parallèle à l'axe des abscisses passant par le point de coordonnées (0 ; k).

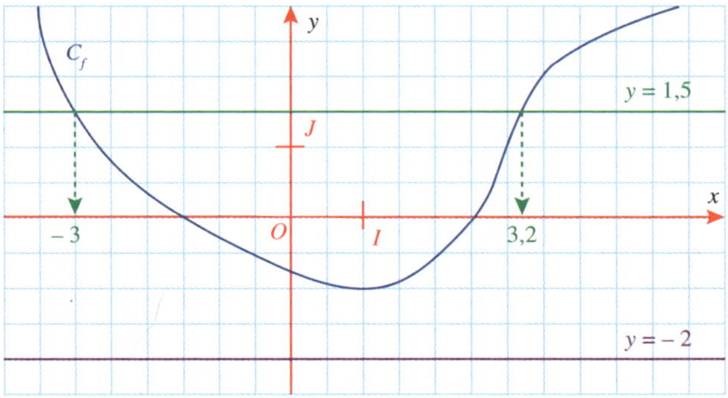

2. **On procède de même avec la droite d'équation y = 0 qui est aussi l'axe des abscisses.**

Les solutions de $f(x) = 0$ sont les abscisses des points de C_f situés sur la droite d'équation $y = 0$, c'est-à-dire sur l'axe des abscisses.

Graphiquement, les solutions de $f(x) = 0$ sont **−1,5 et 2,5**.

3. Les solutions de $f(x) = -2$ sont les abscisses des points de C_f situés sur la droite d'équation $y = -2$; or, cette droite et C_f n'ont pas de point en commun.

Graphiquement, **l'équation $f(x) = -2$ n'a pas de solution**.

À RETENIR

Pour résoudre graphiquement une équation du type $f(x) = k$:

- on trace la droite parallèle à l'axe des abscisses d'équation $y = k$;
- on lit les abscisses des points d'intersection de C_f et de cette droite.

5 Résoudre graphiquement une inéquation

EXERCICE TYPE

On considère la fonction f représentée par la courbe ci-après.

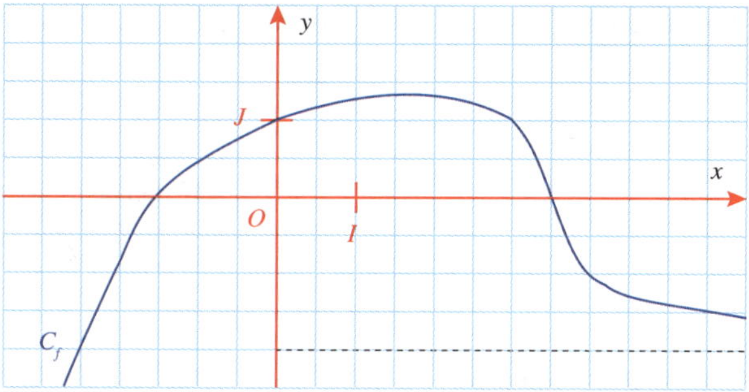

1. Résoudre graphiquement les inéquations suivantes :

a) $f(x) > -2$;

b) $f(x) \leqslant 1$.

2. a) Résoudre graphiquement l'inéquation $f(x) > 0$.

b) En déduire le signe de $f(x)$ selon les valeurs de x. Donner le résultat à l'aide d'un tableau de signes.

CORRIGÉ COMMENTÉ

Rappel

Si un point est au-dessus d'une droite d'équation $y = k$, alors l'ordonnée de ce point est supérieure à k.

a) On trace la droite d'équation $y = -2$ et on cherche les abscisses des points de C_f qui sont situés au-dessus de cette droite.

Graphiquement, les solutions de $f(x) > -2$ sont les abscisses des points de C_f situés au-dessus de la droite d'équation $y = -2$.

L'ensemble des solutions est $]-2,5 ; +\infty[$.

Astuce

Quand plusieurs parties d'une courbe sont situées du même côté d'une droite d'équation $y = k$, on utilise une réunion pour l'ensemble des solutions.

b) On trace la droite d'équation $y = 1$ et on cherche les abscisses des points de C_f qui sont situés au-dessous de cette droite ou sur cette droite.

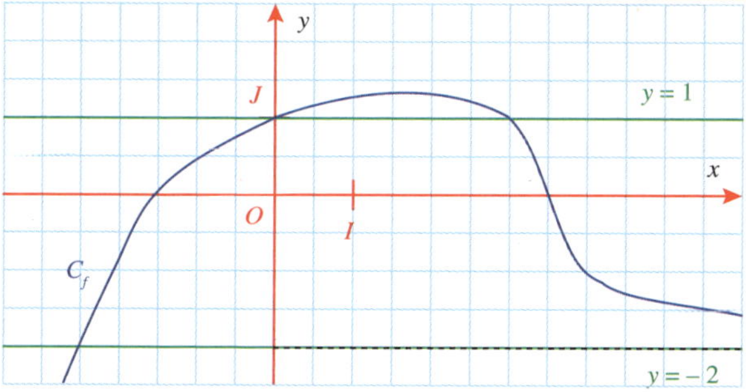

Graphiquement, les solutions de $f(x) \leqslant 1$ sont les abscisses des points de C_f situés au-dessous de la droite d'équation $y = 1$.

L'ensemble des solutions est $]-\infty ; 0] \cup [3 ; +\infty[$.

2. a) Résoudre $f(x) > 0$, c'est déterminer les valeurs de x pour lesquelles C_f est située au-dessus de la droite d'équation $y = 0$, c'est-à-dire au-dessus de l'axe des abscisses.

Graphiquement, les solutions de $f(x) > 0$ sont les abscisses des points de C_f situés au-dessus de l'axe des abscisses.

L'ensemble des solutions est $]-1,5 ; 3,5[$.

b) On en déduit le tableau suivant :

x	$-\infty$		$-1,5$		$3,5$		$+\infty$
$f(x)$		$-$	0	$+$	0	$-$	

Rappel
Dans un tableau de signes, deux signes sont toujours séparés par un 0 ou par une double barre.

À RETENIR

Pour résoudre graphiquement une inéquation du type $f(x) < k$ ou $f(x) > k$:
- on trace la droite parallèle à l'axe des abscisses d'équation $y = k$;
- on lit les abscisses des points de C_f situés au-dessous de cette droite ou au-dessus de cette droite.

Pour dresser le tableau de signes d'une fonction :
- on étudie la position de C_f par rapport à l'axe des abscisses.

6 Comparer graphiquement deux fonctions

EXERCICE TYPE

On considère deux fonctions f et g représentées par les courbes ci-après.

1. Résoudre graphiquement l'équation $f(x) = g(x)$.

2. Résoudre graphiquement l'inéquation $f(x) > g(x)$.

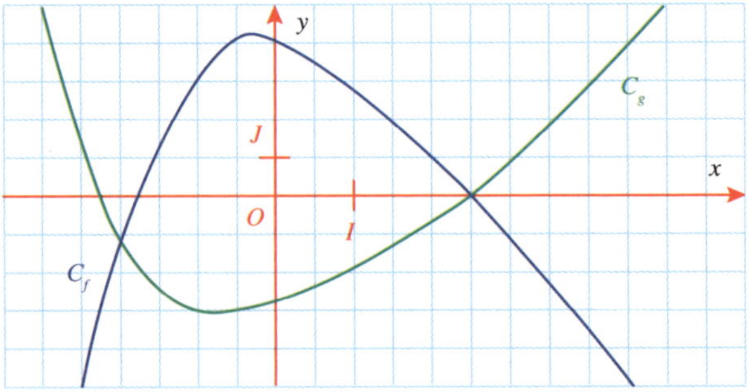

CORRIGÉ COMMENTÉ

1. On lit les abscisses des points situés à la fois sur C_f et sur C_g.

Graphiquement, les solutions de $f(x) = g(x)$ sont les abscisses des points de C_f situés sur C_g.

Les solutions sont -2 et 2,5.

Rappel
Sur des représentations graphiques, $f(a)$ et $g(a)$ sont les ordonnées des points de C_f et de C_g de même abscisse a.

2. On repère les parties de C_f situés au-dessus de C_g et on donne les abscisses des points correspondants sous forme d'intervalle.

Graphiquement, les solutions de $f(x) > g(x)$ sont les abscisses des points de C_f situés strictement au-dessus de C_g.

L'ensemble des solutions est $S =]-2\ ;\ 2{,}5[$.

Astuce

Pour deux points de même abscisse *a*, celui qui est situé au-dessus de l'autre a l'ordonnée la plus grande.

Remarque

Pour résoudre graphiquement l'inéquation $f(x) < g(x)$, on trouverait deux parties de C_f situées au-dessous de C_g et on exprimerait l'ensemble des solutions à l'aide d'une réunion de deux intervalles.

À RETENIR

Pour comparer graphiquement deux fonctions :

- on compare les ordonnées des points des deux courbes représentatives de même abscisse ;
- pour une équation du type $f(x) = g(x)$, on cherche les abscisses de tous les points communs aux deux courbes ;
- pour une inéquation, on cherche les abscisses de tous les points d'une des courbes situés au-dessus ou au-dessous de l'autre courbe.

EXERCICES

1 4 min ★

Soit f la fonction définie sur $\mathbb{R}$ par : $f(x) = x^2 - 6x + 2$.

Déterminer les images de 0, de 3, de -2 et de $\frac{1}{2}$ par f.

→ Corrigé p. 98

2 5 min ★

Soit f la fonction définie par la courbe représentative ci-contre.

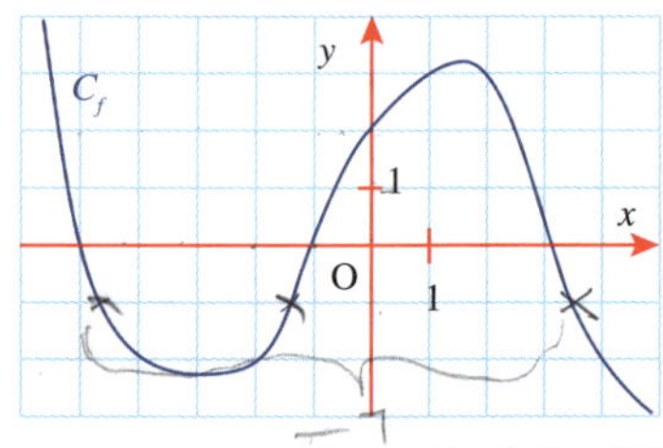

1. Donner les images par f des réels suivants :
- 2 ;
- 0 ;
- -1.

2. Quels sont les réels qui ont -2 comme image par f ?

→ Corrigé p. 98

3 6 min ★

Soit f la fonction définie sur $\mathbb{R}$ par : $f(x) = (x + 2)^2 + 5$.

1. Déterminer l'antécédent de 5 par f.

2. Déterminer les antécédents de 9 par f.

3. 1 a-t-il des antécédents par f ?

→ Corrigé p. 98

4 6 min ★

Pour chaque fonction f, déterminer le (ou les) antécédent(s) de k par f.

1. $f(x) = 2x - 3$ et $k = 17$.

2. $f(x) = x^2 - 4x + 1$ et $k = 1$.

3. $f(x) = \dfrac{2x + 3}{5x - 1}$ et $k = 6$.

→ Corrigé p. 98

5 10 min ★

On considère les fonctions suivantes :

$f : x \mapsto -x^2 + 3x - 5$ et g définie par $g(x) = \dfrac{2x + 3}{x - 5}$.

1. Calculer, si c'est possible, les images de 3, de 0 et de -2 par f, puis par g.

2. a) Compléter le tableau de valeurs suivant en utilisant la calculatrice.

x	-2	-1	0	1	2	3	6,5
$f(x)$							
$g(x)$							

b) Les résultats des questions **1.** et **2. a)** sont-ils cohérents ?

→ Corrigé p. 99

6 ⏱ 8 min ★

Soit f la fonction définie sur $\mathbb{R}$ par : $f(x) = 3 - x^2$.

1. Déterminer les images par f des réels :

0 ; -2 ; 5 ; $\sqrt{2}$ et $\dfrac{-8}{5}$.

2. Déterminer les antécédents éventuels des réels 2 et 12 par f.

→ Corrigé p. 99

7 ⏱ 15 min ★★

Soit les fonctions f et g définies par : $f(x) = -x^2 + 5$ et $g(x) = \dfrac{-x + 4}{4x}$.

1. a) Calculer $f(2)$, $f(-1)$ et $f(-3)$.

b) Calculer $g(4)$, $g(-4)$ et $g(2)$.

c) Peut-on calculer l'image de zéro par f ? par g ? Justifier les réponses.

2. a) Déterminer s'ils existent les antécédents de 1, de 5 et de 9 par f.

b) Résoudre l'équation $g(x) = 2$.

Que représente cette solution pour la fonction g et le nombre 2 ?

c) Montrer que $-0{,}25$ n'a pas d'antécédent par g.

→ Corrigé p. 100

8 ⏱ 5 min ★

Soit f la fonction définie sur $[-3 ; 2]$ et représentée ci-contre.

1. Dresser le tableau de variations de f selon les valeurs de x.

2. Donner les extrema de cette fonction, ainsi que les valeurs pour lesquelles ils sont atteints.

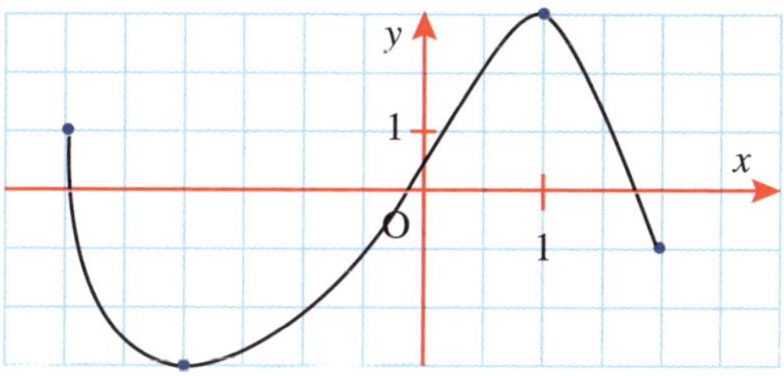

→ Corrigé p. 100

9 ⏱ 8 min ★★

1. Construire le tableau de variations d'une fonction f sachant que :

• f est définie sur $[-4 ; 6]$;

• f est croissante sur $[-4 ; -2]$ et sur $[2 ; 6]$;
• f décroît sur $[-2 ; 2]$;
• les images respectives de -4, de 2 et de 6 par f sont -3, -2 et 2 ;
• f admet un maximum qui vaut 4.

2. Tracer une courbe possible pour cette fonction.

→ *Corrigé p. 101*

10 ⏱ 10 min ★★

x	-3		-1		0		1		4
$f(x)$	2	↘	1	↗	3	↘	2	↗	5

Soit une fonction f définie sur $[-3 ; 4]$ dont on donne le tableau de variations ci-contre.

1. Quel est le maximum de f sur $[-3 ; 4]$? En quelle valeur de x est-il atteint ?

2. Quel est le minimum de f sur $[-3 ; 4]$? En quelle valeur de x est-il atteint ?

3. a) Comparer $f(0,3)$ et $f(0,8)$.

b) Peut-on comparer $f(-0,5)$ et $f(2)$? Justifier la réponse.

4. Ranger dans l'ordre croissant les nombres suivants :
$f(-3)$, $f(-1)$, $f(0)$, $f(1)$, $f(4)$, $f(-2,5)$ et $f(-1,5)$.

→ *Corrigé p. 101*

11 ⏱ 15 min ★

On considère la fonction f définie sur $[-4 ; 2]$ par : $f(x) = 0,5x^2 + x - 3$.

1. Donner un tableau de valeurs de $f(x)$ pour les valeurs de x prises de -4 jusqu'à 2, de 0,5 en 0,5.

2. a) Construire C_f la courbe représentative de f dans un repère orthonormé d'unité le centimètre.

b) Les points suivants sont-ils des points de C_f ? Justifier les réponses.

• $A(-4 ; 1)$; • $B(-2,5 ; -2,4)$; • $C(-1 ; -3,5)$; • $D(0,5 ; -2,375)$.

→ *Corrigé p. 102*

12 ⏱ 8 min ★

On considère la fonction f représentée par la courbe ci-après.

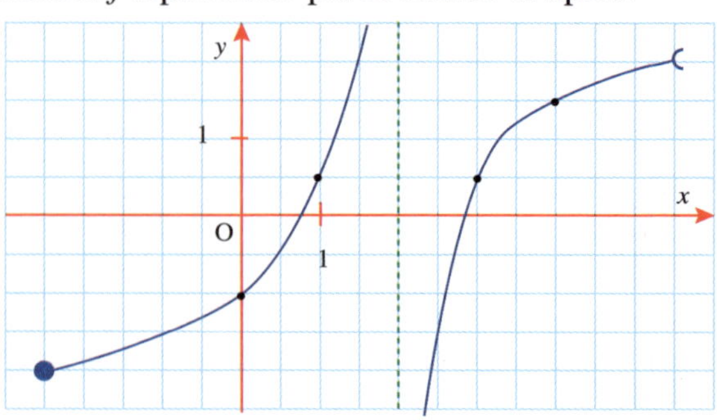

1. Donner le domaine de définition de f.
2. Lire les images de 0 et de 4 par f.
3. a) Lire les valeurs exactes des antécédents de 0,5 par f.
b) Donner des valeurs approchées des antécédents de 0 par f.

→ Corrigé p. 102

13 8 min ★★

On considère la fonction définie sur $\mathbb{R}$ par :

$$f(x) = -x^2 + x + 6.$$

Pour chacune des questions suivantes, une seule réponse est correcte.
Indiquer la réponse correcte en justifiant le choix.

1. L'image de -1 par f est :
a) 4 ; b) 6 ; c) 8.

2. La courbe représentative de f passe par le point :
a) $A(6 ; 12)$; b) $B(4 ; 2)$; c) $C(2 ; 4)$.

3. Un antécédent de 6 par f est :
a) 1 ; b) -24 ; c) 6.

4. 0 admet comme antécédent par f ;
a) uniquement 3 ; b) 3 et 6 ; c) 3 et -2.

→ Corrigé p. 102

14 8 min ★

Soit f la fonction associée au tableau de valeurs suivant :

x	-4	-2	0	1	2	5	9
$f(x)$	3	2	0	3	-4	-2	2

Pour chacune des affirmations suivantes, dire si elle est vraie ou fausse en justifiant la réponse.

1. L'image de -4 par f est 2.
2. Un antécédent de -2 par f est 5.
3. L'antécédent de 2 par f est -2.
4. Le point de coordonnées $(2 ; 9)$ appartient à la représentation graphique de f.

→ Corrigé p. 103

15 10 min ★★

On donne ci-contre la représentation graphique d'une fonction f

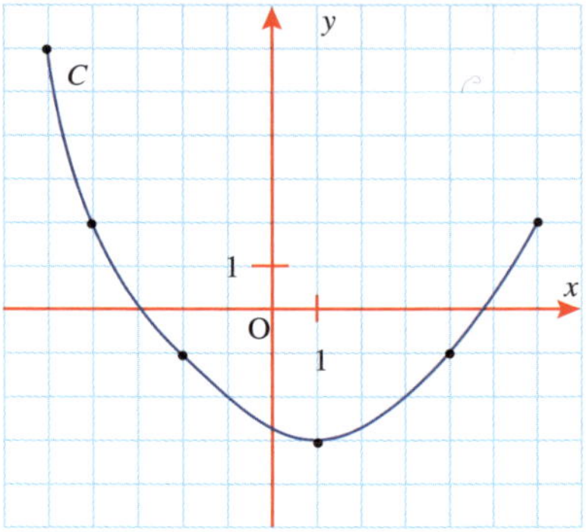

1. Donner le domaine de définition de f.

2. Donner le maximum et le minimum de f en précisant les valeurs pour lesquelles ils sont obtenus.

3. Donner les antécédents de -1 et de 2 par f.

4. Peut-on affirmer que tous les réels compris dans l'intervalle $[-3 ; 2]$ ont exactement deux antécédents par f ? Justifier la réponse.

→ Corrigé p. 103

16 10 min ★★

Soit f la fonction définie par sa courbe représentative ci-dessous.

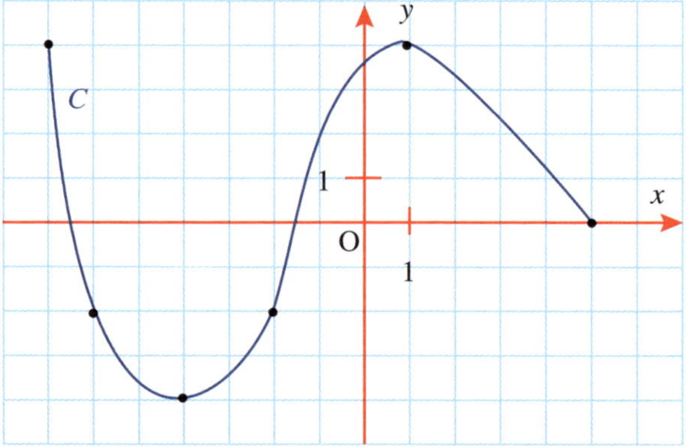

1. Lire les antécédents de -2 par f.

2. Dresser le tableau de variations de f.

3. Quel est le maximum de f ? En quelle(s) valeur(s) est-il atteint ?

4. Peut-on affirmer que, pour tout x de $[-7 ; 5]$, $f(x) \geqslant -4$? Justifier la réponse.

→ Corrigé p. 103

17 10 min ★★

Soit f la fonction définie sur $\mathbb{R}$ par : $f(x) = -0,5x^2 - 3x + 2$.

1. À l'aide de la calculatrice, construire un tableau de valeurs de f pour toutes les valeurs entières de l'intervalle $[-8 ; 2]$.

2. Placer les points correspondants dans un repère orthogonal (1 cm pour une unité en abscisses et 0,5 cm pour 1 unité en ordonnées), puis tracer la courbe représentative de f.

→ Corrigé p. 104

18 10 min ★★

Soit f la fonction définie par sa courbe représentative ci-dessous.

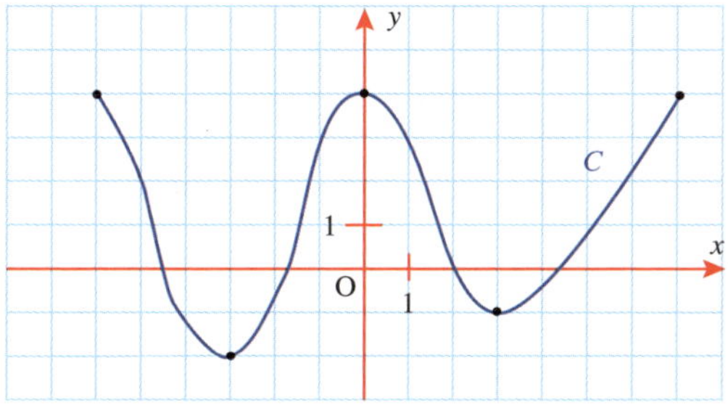

1. Lire les antécédents de -1 par f.
2. Dresser le tableau de variations de f.
3. Quel est le maximum de f ? En quelle(s) valeur(s) est-il atteint ?
4. Peut-on affirmer que, pour tout x de $[-6 ; 7]$, $f(x) \geqslant -1$? Justifier la réponse.

→ Corrigé p. 105

19 8 min ★★

Dresser les tableaux de variations des deux courbes ci-dessous.

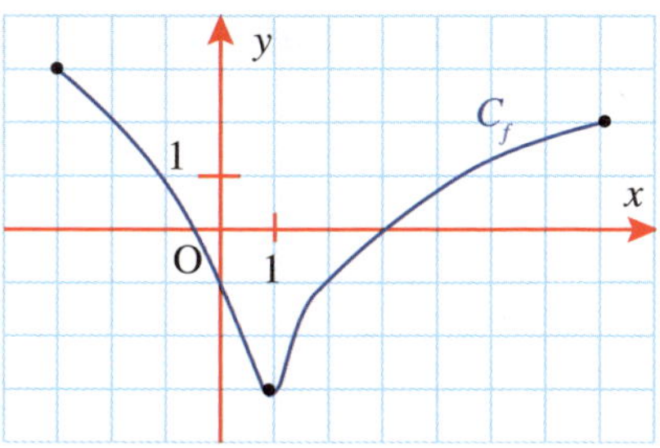

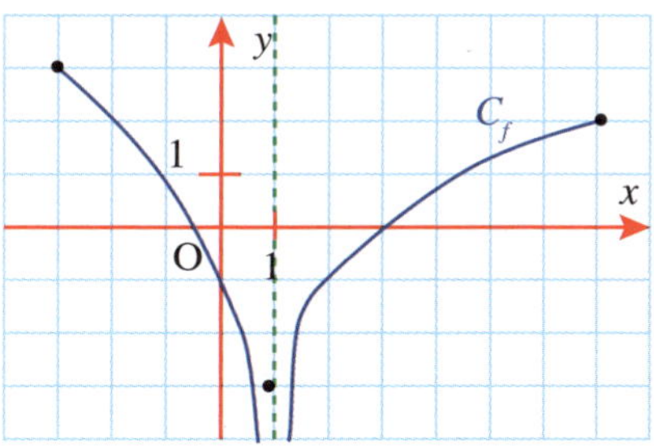

→ Corrigé p. 105

20 10 min ★★

Soit f une fonction définie sur l'intervalle $[-10 ; 10]$ avec :
- f est croissante sur $[-2 ; 1]$ et sur $[5 ; 10]$ et décroissante ailleurs ;
- les antécédents de 0 par f sont -2 ; 2 et 10 ;
- le minimum de f est -2 ; le maximum est 5 ;
- l'image de 1 par f est 4 ;
- la courbe représentative de f coupe l'axe des ordonnées au point d'ordonnée 2.

1. Dresser le tableau des variations de f en y faisant figurer toutes les données.

2. Tracer une courbe représentative de f possible.

3. f est-elle positive pour tout réel de $[-10 ; 2]$? Justifier la réponse.

→ Corrigé p. 105

21 10 min ★★

Soit une fonction f représentée par la courbe ci-dessous.

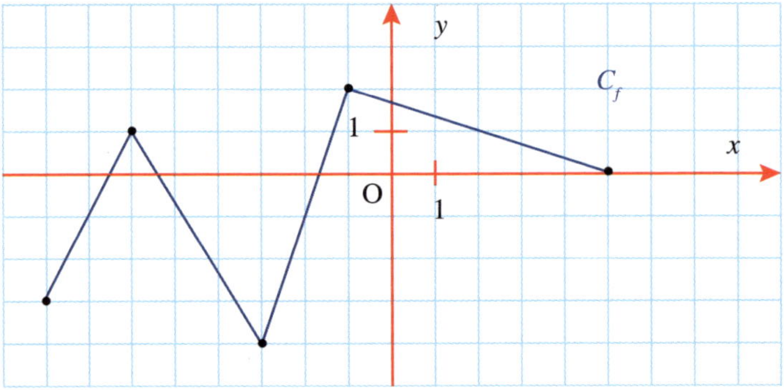

1. À quel intervalle appartient $f(x)$ quand x varie entre -8 et -6 ?
2. Dans quel intervalle varie $f(x)$ quand x varie entre -1 et 5 ?
3. Quel intervalle décrit $f(x)$ quand x parcourt l'ensemble de définition de f ?
4. Combien le réel -1 a-t-il d'antécédents par f ? Donner les valeurs de ces antécédents (valeurs approchées si nécessaire).

→ Corrigé p. 106

22 10 min ★★

Soit f une fonction définie par sa courbe représentative ci-contre.

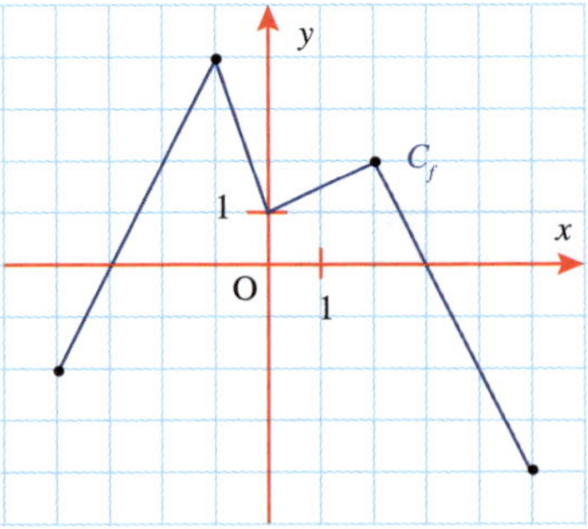

1. Résoudre graphiquement les équations suivantes :

a) $f(x) = -2$;

b) $f(x) = 4$;

c) $f(x) = 0$;

d) $f(x) = -6$.

2. a) Résoudre graphiquement l'inéquation $f(x) > 0$.

b) En déduire le tableau de signes de f selon les valeurs de x.

→ Corrigé p. 106

EXERCICES

23 12 min ★★

Les deux paraboles P et Q représentées ci-contre ont pour équations respectives :

$$y = x^2 + 2x - 2 \text{ et } y = -x^2 + 2 .$$

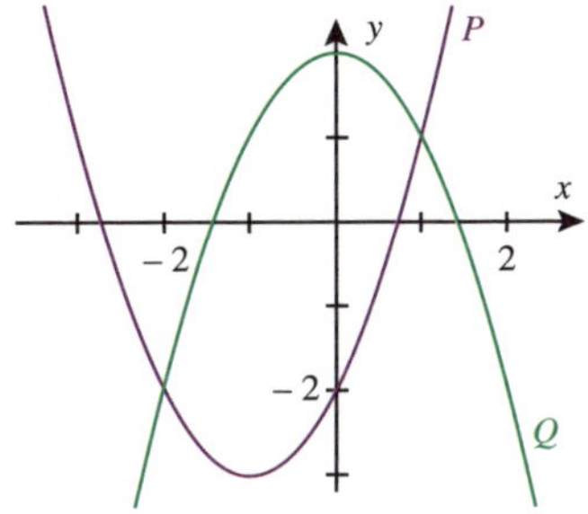

À l'aide du graphique, résoudre les équations suivantes :

1. a) $x^2 + 2x - 2 = -2$;

b) $x^2 + 2x - 2 = 0$ (arrondir au dixième) ;

c) $-x^2 + 2 = 1$.

2. a) Résoudre graphiquement l'équation :
$x^2 + 2x - 2 = -x^2 + 2$.

b) Vérifier les solutions par le calcul.

3. Résoudre graphiquement l'inéquation : $x^2 + 2x - 2 \leqslant -x^2 + 2$.

→ Corrigé p. 106

24 15 min ★★

La courbe ci-dessous est la représentation graphique d'une fonction f définie sur $\mathbb{R}$.

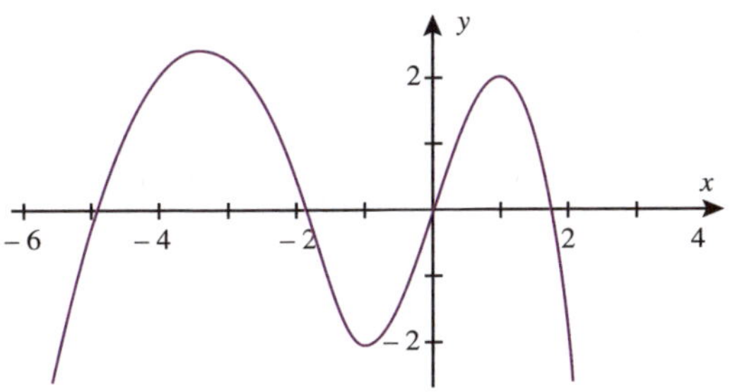

1. Lire graphiquement les images de 0, de -1 et de 2.

2. Donner des valeurs approchées de $f(-3)$ et $f(0{,}5)$.

3. Cette fonction atteint son maximum en $-27 \div 8$.

Dresser le tableau de variations de f.

4. Pour chacune des questions suivantes, on donnera si nécessaire des valeurs arrondies au dixième.

a) Résoudre graphiquement l'équation $f(x) = 2$.

b) Déterminer graphiquement les coordonnées des points d'intersection de la courbe avec l'axe des abscisses.

c) Résoudre graphiquement l'inéquation $f(x) > 0$.

d) En déduire le tableau de signes de f selon les valeurs de x.

→ Corrigé p. 107

25 12 min ★★

Dans chacun des cas, résoudre dans $\mathbb{R}$ l'équation $f(x) = g(x)$ et l'inéquation $f(x) < g(x)$.

1.

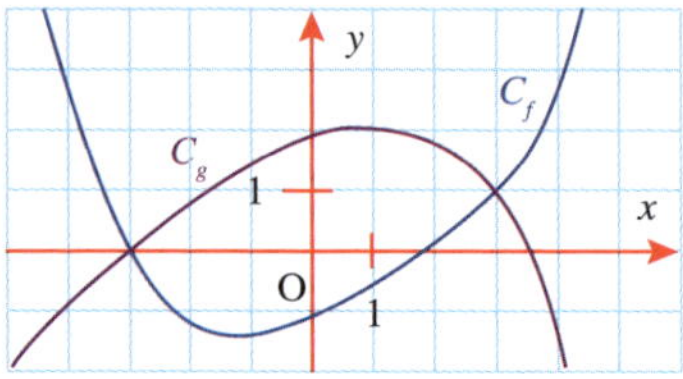

2.

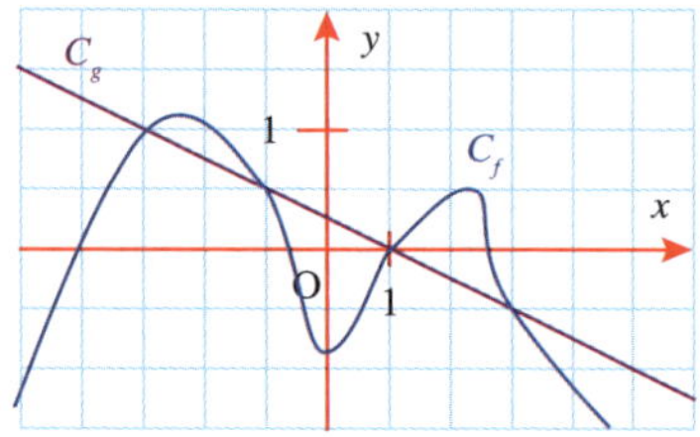

→ Corrigé p. 108

26 15 min ★★★

Soit f une fonction dont on donne le tableau de valeurs suivant :

x	-1	0,5	2	3,5
$f(x)$	$-1{,}75$	2	1,25	-4

1. Lire les images de -1, de 0,5 et de 3,5 par f. Donner $f(2)$.

2. Quel est l'antécédent de 2 par f ?

3. Parmi les expressions suivantes, quelle est celle qui correspond au tableau de valeurs ? Justifier la réponse.

• $f_1(x) = 2{,}5x + 0{,}75$

• $f_2(x) = \dfrac{x^2 - 0{,}5x + 2}{2x}$

• $f_3(x) = -x^2 + 2x + 1{,}25$.

→ Corrigé p. 109

Le coin algorithmique

27 15 min ★★

Le but de l'exercice est de trouver un encadrement de faible amplitude d'une solution à une équation du type $f(x) = 0$ que l'on ne sait pas résoudre.

Principe

Soit f une fonction usuelle définie sur un intervalle $[a ; b]$ telle que $f(a)$ et $f(b)$ soient de signes contraires.

L'équation $f(x) = 0$ admet au moins une solution x_0 dans $[a ; b]$.

Pour diviser par 2 l'amplitude de l'intervalle, on applique l'algorithme suivant :

> • Calculer $f\left(\dfrac{a+b}{2}\right)$.
>
> • Si $f(a)$ et $f\left(\dfrac{a+b}{2}\right)$ ont le même signe,
>
> alors on remplace a par $\dfrac{a+b}{2}$
>
> sinon on remplace b par $\dfrac{a+b}{2}$.

Mise en œuvre de l'algorithme

On considère la fonction f définie par $f(x) = x^3 + 3x - 5$.

1. a) Calculer $f(0)$ et $f(2)$.

En déduire un encadrement d'une solution x_0 de l'équation $x^3 + 3x - 5 = 0$.

2. a) Reproduire le tableau ci-dessous en prévoyant 10 lignes.

Étape	$\dfrac{a+b}{2}$	signe de $f\left(\dfrac{a+b}{2}\right)$	a	signe de $f(a)$	b	signe de $f(b)$	$[a ; b]$ contenant x_0
1			**0**		**2**		**[0 ; 2]**
2							
3							
...							

b) Compléter la ligne 1.

c) Appliquer l'algorithme et compléter la ligne 2.

d) Appliquer plusieurs fois l'algorithme en complétant à chaque fois une ligne du tableau jusqu'à obtenir un intervalle d'amplitude inférieure à 0,01.

On arrondira si nécessaire les valeurs de a à 0,001 près par défaut et celles de b à 0,001 près par excès.

e) En déduire une valeur approchée à 0,01 près de la solution x_0 de l'équation $x^3 + 3x - 5 = 0$.

→ Corrigé p. 110

INTERROGATION ÉCRITE

Exercice 1 — 15 min — 6 points

Soit f une fonction définie sur $[-6 \,;\, 6]$ qui admet le tableau de variations ci-après.

x	-6		-4		0		1		6
$f(x)$	0	↘	-5	↗	1	↘	-1	↗	3

1. a) Dans quel intervalle varie $f(x)$ quand x varie entre 0 et 1 ?
b) Dans quel intervalle varie $f(x)$ quand x varie entre -6 et 6 ?

2. Dessiner une courbe possible représentant f.

3. Combien le réel -1 a-t-il d'antécédents par f ?

4. Comparer les nombres suivants si cela est possible.
- $f(-3{,}5)$ et $f(-3)$
- $f(-5)$ et $f(5)$
- $f(0{,}4)$ et $f(0{,}8)$.

→ Corrigé p. 109

Exercice 2 — 15 min — 6 points

Soit f une fonction définie par sa courbe représentative ci-dessous.

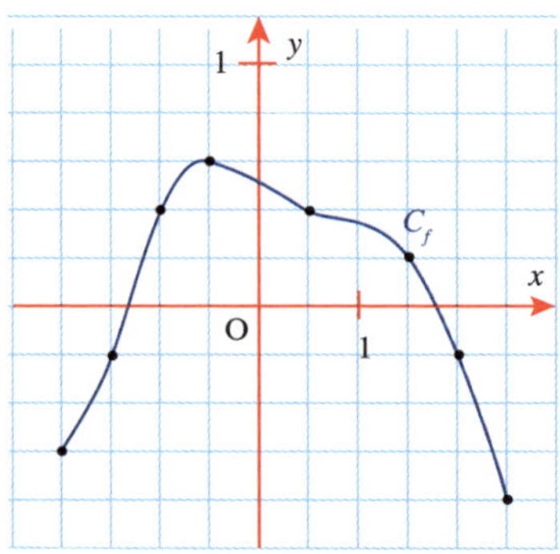

1. Dresser le tableau de variations de f.

2. Résoudre graphiquement les équations suivantes :
a) $f(x) = -0{,}2$;
b) $f(x) = 0{,}4$;
c) $f(x) = -0{,}8$;
d) $f(x) = -1$.

3. Discuter, selon les valeurs de k, le nombre de solutions de l'équation $f(x) = k$.

4. Résoudre graphiquement l'inéquation $f(x) \leqslant 0{,}4$.

→ Corrigé p. 110

Exercice 3 20 min 8 points

Dans le plan muni d'un repère orthonormé (O, I, J) d'unité le centimètre, on considère les points $B(10 ; 0)$ et $C(0 ; 4)$.

1. a) Vérifier que la représentation graphique de la fonction $f : x \mapsto -0{,}4x + 4$ passe par B et par C.

b) Faire une représentation de la fonction f pour les valeurs de x comprises entre 0 et 10.

2. Soit x un réel de $[0 ; 10]$. On considère le rectangle $OMNP$ avec M d'abscisse x sur (OI), N le point de (BC) d'abscisse x et P un point de (OJ).

a) Exprimer en fonction de x les coordonnées des points M, N et P.

b) Exprimer en fonction de x l'aire $A(x)$ du rectangle $OMNP$.

3. a) Représenter graphiquement l'aire $A(x)$ du rectangle en fonction de x dans un repère orthonormé (unité le centimètre en abscisses et le demi-centimètre en ordonnées). On utilisera les images des entiers naturels compris entre 0 et 10 ainsi que $A(4{,}5)$ et $A(5{,}5)$.

b) À l'aide de la représentation graphique, déterminer pour quelle valeur de x l'aire est maximale et préciser les dimensions de $OMNP$ correspondantes.

→ Corrigé p. 111

CORRIGÉS

1 → Énoncé p. 86

L'image de 0 par f est : $f(0) = 0^2 - 6 \times 0 + 2 = \mathbf{2}$.
L'image de 3 par f est : $f(3) = 3^2 - 6 \times 3 + 2 = \mathbf{-7}$.
L'image de (-2) par f est : $f(-2) = (-2)^2 - 6 \times (-2) + 2 = 4 + 12 + 2 = \mathbf{18}$.
L'image de $\frac{1}{2}$ par f est : $f\left(\frac{1}{2}\right) = \left(\frac{1}{2}\right)^2 - 6 \times \frac{1}{2} + 2 = \frac{1}{4} - 3 + 2 = \frac{1}{4} - 1 = \mathbf{\frac{-3}{4}}$.

> **Rappel**
> L'image d'un réel a par une fonction f est le nombre noté $f(a)$.

2 → Énoncé p. 86

1. L'image de 2 par f est l'ordonnée du point de la courbe d'abscisse 2. On a $f(2) = \mathbf{3}$.
L'image de 0 par f est $f(0) = \mathbf{2}$.
L'image de -1 par f est $f(-1) = \mathbf{0}$.

2. Les réels qui ont -2 comme image par f sont les abscisses de tous les points de C_f dont l'ordonnée vaut -2. **-4, -2 et 4 ont -2 comme image par f.**

3 → Énoncé p. 86

1. L'antécédent de 5 par f est solution de l'équation $f(x) = 5$.
$f(x) = 5 \Leftrightarrow (x + 2)^2 + 5 = 5 \Leftrightarrow (x + 2)^2 = 0$
$\Leftrightarrow x + 2 = 0 \Leftrightarrow x = -2$.
L'antécédent de 5 par f est -2.

> **Rappel**
> Les antécédents d'un réel k par une fonction f sont les solutions de l'équation $f(x) = k$.

2. $f(x) = 9 \Leftrightarrow (x + 2)^2 + 5 = 9 \Leftrightarrow (x + 2)^2 = 4 \Leftrightarrow x + 2 = \sqrt{4}$ ou $x + 2 = -\sqrt{4}$
$\Leftrightarrow x = 2 - 2$ ou $x = -2 - 2 \Leftrightarrow x = 0$ ou $x = -4$.
Les antécédents de 9 par f sont 0 et -4.

3. $f(x) = 1 \Leftrightarrow (x + 2)^2 + 5 = 1 \Leftrightarrow (x + 2)^2 = -4$: ce qui est impossible, car le carré d'un réel est toujours positif. **1 n'a pas d'antécédent par f.**

4 → Énoncé p. 86

1. $f(x) = 17 \Leftrightarrow 2x - 3 = 17 \Leftrightarrow 2x = 20 \Leftrightarrow x = 20 \div 2 \Leftrightarrow x = 10$.
L'antécédent de 17 par f est 10.

2. $f(x) = x^2 - 4x + 1 = 1 \Leftrightarrow x^2 - 4x = 0$
$\Leftrightarrow x(x - 4) = 0 \Leftrightarrow x = 0$ ou $x - 4 = 0$
$\Leftrightarrow x = 0$ ou $x = 4$.
Les antécédents de 1 par f sont 0 et 4.

> **Conseil**
> Pour résoudre une équation comportant des x^2 et des x dans un membre et 0 dans l'autre membre, on factorise pour obtenir une équation produit.

3. Pour $x \neq 0{,}2$, $f(x) = 6 \Leftrightarrow \frac{2x + 3}{5x - 1} = 6 \Leftrightarrow 2x + 3 = 6(5x - 1) \Leftrightarrow 2x + 3 = 30x - 6$
$\Leftrightarrow 2x - 30x = -6 - 3 \Leftrightarrow -28x = -9 \Leftrightarrow x = -9 \div (-28)$.

L'antécédent de 6 par f est $\frac{9}{28}$.

5 → Énoncé p. 86

1. L'image de 3 par f est :
$f(3) = -3^2 + 3 \times 3 - 5 = -9 + 9 - 5 = \mathbf{-5}$.
L'image de 0 par f est : $f(0) = -0^2 + 3 \times 0 - 5 = 0 + 0 - 5 = \mathbf{-5}$.
L'image de -2 par f est : $f(-2) = -(-2)^2 + 3 \times (-2) - 5 = -4 - 6 - 5 = \mathbf{-15}$.
L'image de 3 par g est : $g(3) = \dfrac{2 \times 3 + 3}{3 - 5} = \dfrac{9}{-2} = \mathbf{-4{,}5}$.
L'image de 0 par g est : $g(0) = \dfrac{2 \times 0 + 3}{0 - 5} = \dfrac{3}{-5} = \mathbf{-0{,}6}$.
L'image de -2 par g est : $g(-2) = \dfrac{2 \times (-2) + 3}{(-2) - 5} = \dfrac{-1}{-7} = \mathbf{\dfrac{1}{7}}$.

2. a)

x	−2	−1	0	1	2	3	6,5
$f(x)$	−15	−9	−5	−3	−3	−5	−27,75
$g(x)$	0,143	−0,167	−0,6	−1,25	−2,333	−4,5	10,667

b) Les résultats des questions **1.** et **2. a)** concernant les images de 3, de 0 et de −2 sont cohérents ; en particulier, la valeur exacte en fraction $\dfrac{1}{7}$ dans la question **1.** et la valeur approchée donnée par le tableur de la calculatrice.

Remarque
Une différence entre résultats obtenus à la main et ceux donnés par une calculatrice peut avoir deux origines :
- une faute de calcul et, en particulier, pour $f(x)$ le calcul de $-x^2$ qui est négatif ;
- une expression mal tapée sur la calculatrice et, en particulier, pour $g(x)$, où il faut écrire avec les parenthèses (2X+3)/(X−5).

6 → Énoncé p. 87

1. L'image de 0 par f est : $f(0) = 3 - 0^2 = \mathbf{3}$.
L'image de -2 par f est : $f(-2) = 3 - (-2)^2 = 3 - 4 = \mathbf{-1}$.
L'image de 5 par f est : $f(5) = 3 - 5^2 = 3 - 25 = \mathbf{-22}$.
L'image de $\sqrt{2}$ par f est : $f(\sqrt{2}) = 3 - \sqrt{2}^2 = 3 - 2 = \mathbf{1}$.
L'image de $\dfrac{-8}{5}$ par f est : $f\left(\dfrac{-8}{5}\right) = 3 - \left(\dfrac{-8}{5}\right)^2 = \dfrac{75}{25} - \dfrac{64}{25} = \mathbf{\dfrac{11}{25}}$.

2. Les antécédents de 2 par f sont solutions de l'équation $f(x) = 2$.
$f(x) = 2 \Leftrightarrow 3 - x^2 = 2 \Leftrightarrow 3 - 2 = x^2 \Leftrightarrow 1 = x^2 \Leftrightarrow \sqrt{1} = x$ ou $-\sqrt{1} = x$.
Les antécédents de 2 par f sont 1 et −1.
$f(x) = 12 \Leftrightarrow 3 - x^2 = 12 \Leftrightarrow 3 - 12 = x^2$
$\Leftrightarrow -9 = x^2$, ce qui est impossible.
12 n'a pas d'antécédent par f.

Rappel
Un carré d'un réel est toujours positif ; il ne peut pas être égal à −9.

7 → *Énoncé p. 87*

1. a) $f(2) = -2^2 + 5 = -4 + 5 = \mathbf{1}$.
$f(-1) = -(-1)^2 + 5 = -1 + 5 = \mathbf{4}$. $f(-3) = -(-3)^2 + 5 = \mathbf{-4}$.

> **Remarque**
> Attention : l'expression $-x^2$ est toujours négative.

b) $g(4) = \dfrac{-4+4}{4 \times 4} = \dfrac{0}{16} = \mathbf{0}$.

$g(-4) = \dfrac{-(-4)+4}{4 \times (-4)} = \dfrac{8}{-16} = \dfrac{\mathbf{-1}}{\mathbf{2}}$. $g(2) = \dfrac{-2+4}{4 \times 2} = \dfrac{2}{8} = \dfrac{\mathbf{1}}{\mathbf{4}}$.

c) Le carré de 0 existant, **on peut calculer $f(0)$ l'image de 0** par f et on a $f(0) = -0^2 + 5 = \mathbf{5}$.
On ne peut pas diviser par 0, donc **on ne peut pas calculer l'image de 0 par g**, car le dénominateur serait nul.

> **Rappel**
> Le dénominateur d'une écriture fractionnaire ne doit jamais être nul.

2. a) $f(x) = 1 \Leftrightarrow -x^2 + 5 = 1 \Leftrightarrow 5 - 1 = x^2 \Leftrightarrow 4 = x^2 \Leftrightarrow \sqrt{4} = x$ ou $-\sqrt{4} = x$.
Les antécédents de 1 par f sont 2 et -2.
$f(x) = 5 \Leftrightarrow -x^2 + 5 = 5 \Leftrightarrow -x^2 = 0 \Leftrightarrow x^2 = 0 \Leftrightarrow x = 0$.
L'antécédent de 5 par f est 0.
$f(x) = 9 \Leftrightarrow -x^2 + 5 = 9 \Leftrightarrow -x^2 = 9 - 5 \Leftrightarrow -x^2 = 4 \Leftrightarrow x^2 = -4$: ce qui est impossible.
9 n'a pas d'antécédent par f.

b) Pour $x \neq 0$, $g(x) = 2 \Leftrightarrow \dfrac{-x+4}{4x} = 2 \Leftrightarrow -x + 4 = 2 \times 4x \Leftrightarrow 4 = 8x + x$
$\Leftrightarrow 4 = 9x \Leftrightarrow \dfrac{4}{9} = x$.
La solution de l'équation $g(x) = 2$ est $\dfrac{4}{9}$.
La solution de l'équation $g(x) = 2$ est **l'antécédent de 2 par g.**

c) $g(x) = -0{,}25 \Leftrightarrow \dfrac{-x+4}{4x} = -0{,}25 \Leftrightarrow -x + 4 = -0{,}25 \times 4x$
$\Leftrightarrow -x + 4 = -x \Leftrightarrow 4 = 0$: ce qui est impossible.
$-0{,}25$ n'a pas d'antécédent par g.

8 → *Énoncé p. 87*

1. Le tableau de variations est :

x	-3		-2		1		2
$f(x)$	1	↘	-3	↗	3	↘	-1

2. f admet deux extrema :
- un minimum qui vaut -3 et qui est atteint pour la valeur -2 ;
- un maximum qui vaut 3 et qui est atteint pour la valeur 1.

> **Information**
> Extrema est le pluriel latin de extremum ; on peut dire aussi des extremums.
> Les extrema sont l'ensemble des minima (pluriel de minimum) et des maxima (pluriel de maximum).

9 → Énoncé p. 87

1. Le tableau de variations est :

x	-4		-2		2		6
$f(x)$	-3	↗	4	↘	-2	↗	2

2. Voici une courbe possible.

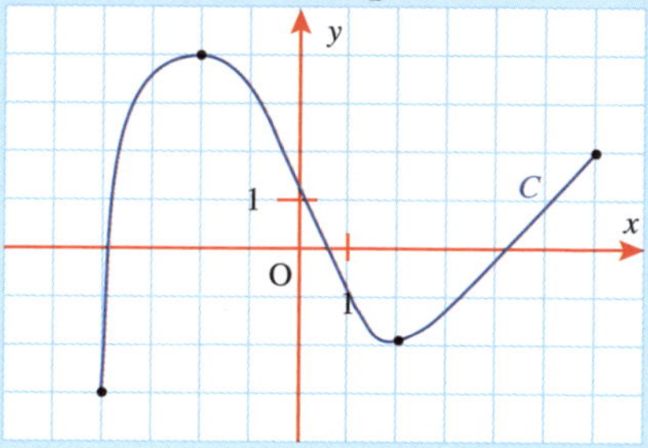

Conseil

On commence par mettre les variations et les images des valeurs connues.
Connaissant les variations et l'image de 6 par f, le maximum 4 ne peut être atteint qu'en -2.

Remarque

On peut avoir différentes courbes associées au même tableau de variations.

Remarque

Toute courbe représentant une fonction croissante sur $[-4 ; -2]$, décroissante sur $[-2 ; 2]$ et croissante sur $[2 ; 6]$ en passant par les points $A(-4 ; -3)$, $B(-2 ; 4)$, $C(2 ; -2)$ et $D(6 ; 2)$ convient.

10 → Énoncé p. 88

1. D'après le tableau de variations, le maximum de f est **5**.
Il est atteint en **4**.

2. D'après le tableau de variations, le minimum de f est **1**.
Il est atteint en **−1**.

3. a) Sur l'intervalle $[0 ; 1]$, f décroît donc elle y inverse l'ordre et les valeurs 0,3 et 0,8 appartiennent à cet intervalle.
On a $0{,}3 < 0{,}8$ donc :
$\boldsymbol{f(0{,}3) > f(0{,}8)}$.

b) Comme $-0{,}5$ appartient à $[-1 ; 0]$ sur lequel f croît, on a $f(-1) < f(-0{,}5) < f(0)$, soit $\boldsymbol{1 < f(-0{,}5) < 3}$.
Comme 2 appartient à $[1 ; 4]$ sur lequel f croît, on a $f(1) < f(2) < f(4)$, soit $\boldsymbol{2 < f(2) < 5}$.
Il est donc impossible de comparer $f(-0{,}5)$ et $f(2)$.

4. f décroît sur $[-3 ; -1]$ et, dans cet intervalle, on a $-3 < -2{,}5 < -1{,}5 < -1$.
On a donc $\boldsymbol{f(-1) < f(-1{,}5) < f(-2{,}5) < f(-3)}$.
On a aussi $f(-3) = 2$, $f(1) = 2$, $f(0) = 3$ et $f(4) = 5$.
Dans l'ordre croissant, on a donc :
$\boldsymbol{f(-1)}$ **;** $\boldsymbol{f(-1{,}5)}$ **;** $\boldsymbol{f(-2{,}5)}$ **;** $\boldsymbol{f(-3)}$ **;** $\boldsymbol{f(1)}$ **;** $\boldsymbol{f(0)}$ **et** $\boldsymbol{f(4)}$**.**

Remarque

On peut inverser $f(-3)$ avec $f(1)$.

11 → *Énoncé p. 88*

1.

x	−4	−3,5	−3	−2,5	−2	−1,5	−1	−0,5	0	0,5	1	1,5	2
$f(x)$	1	−0,375	−1,5	−2,375	−3	−3,375	−3,5	−3,375	−3	−2,375	−1,5	−0,375	1

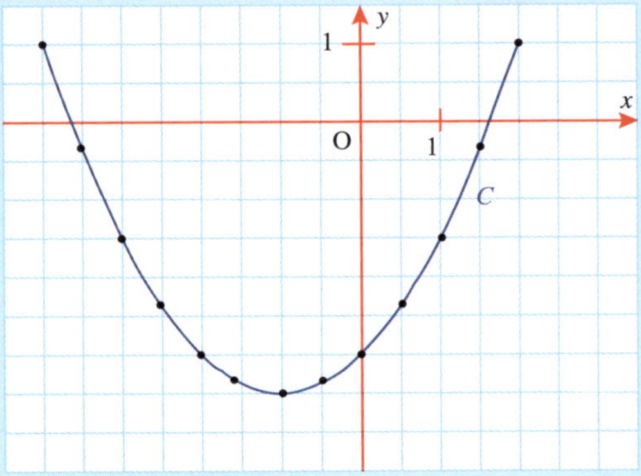

2. a) • Entre deux points, on ne trace pas un segment mais un morceau de courbe.
• La fonction étant définie sur l'intervalle [−4 ; 2], la courbe s'arrête aux points d'abscisses −4 et 2.
b) On a $f(-4) = 1$, donc **$A(-4 ; 1)$ appartient à C_f.**

On a $f(-2,5) = -2,375$, ce qui est différent de −2,4 donc **$B(-2,5 ; -2,4)$ n'appartient pas à C_f.**

On a $f(-1) = -3,5$, donc **$C(-1 ; 3,5)$ appartient à C_f.**

On a $f(0,5) = -2,375$, donc **$D(0,5 ; -2,375)$ appartient à C_f.**

Rappel
Un point de coordonnées $(x ; y)$ appartient à la représentation graphique d'une fonction f si, et seulement si, $y = f(x)$.

12 → *Énoncé p. 88*

1. Le domaine de définition est **[−2,5 ; 2[∪]2 ; 5,5[.**

2. L'image de 0 par f est l'ordonnée du point de la courbe situé sur l'axe des ordonnées : c'est **$f(0) = -1$.**
L'image de 4 par f est l'ordonnée du point de la courbe d'abscisse 4 : **$f(4) = 1,5$.**

3. a) Les antécédents de 0,5 par f sont les abscisses des points de la courbe dont l'ordonnée vaut 0,5 : **les antécédents de 0,5 par f sont 1 et 3.**
b) Les antécédents de 0 par f sont les abscisses des points d'intersection de la courbe avec l'axe des abscisses : **les antécédents de 0 par f sont environ 0,7 et 2,8.**

Remarque
Les lectures graphiques peuvent donner des valeurs exactes quand les points sont parfaitement identifiés à l'aide du quadrillage, par exemple ; sinon, les valeurs lues sont des valeurs approchées.

13 → *Énoncé p. 89*

1. $f(-1) = -(-1)^2 + (-1) + 6 = -1 - 1 + 6 = 4.$
L'image de −1 par f est 4 : **réponse a).**

2. $f(6) = -6^2 + 6 + 6 = -24$: la courbe ne passe pas par $A(6 ; 12)$.

$f(4) = -4^2 + 4 + 6 = -6$: la courbe ne passe par $B(4 ; 2)$.
$f(2) = -2^2 + 2 + 6 = 4$: la courbe passe par $C(2 ; 4)$: **réponse c).**

3. $f(x) = 6 \Leftrightarrow -x^2 + x + 6 = 6 \Leftrightarrow -x^2 + x = 0 \Leftrightarrow x(-x + 1) = 0$
$\Leftrightarrow x = 0$ ou $-x + 1 = 0 \Leftrightarrow x = 0$ ou $1 = x$.
6 possède deux antécédents par f qui sont 0 et 1. La question n'en demande qu'un seul, donc le 1 répond à la question : **réponse a).**

4. On a $f(3) = -3^2 + 3 + 6 = -9 + 3 + 6 = 0$,
$f(6) = -24$
et $f(-2) = -(-2)^2 + (-2) + 6$
$= -4 - 2 + 6 = 0$.
3 et -2 sont donc des antécédents de 0 par f : **réponse c).**

> **Conseil**
> Ne sachant pas résoudre l'équation $f(x) = 0$, on calcule les images des éventuels antécédents ; si l'image est 0, le nombre de départ est un antécédent de 0.

14 → Énoncé p. 89

1. L'affirmation « l'image de -4 par f est 2 » est **fausse**, car l'image de -4 par f est 3. -4 est aussi l'image de 2 par f.

2. L'affirmation « un antécédent de -2 par f est 5 » est **vraie**, car $f(5) = -2$.

3. L'affirmation « l'antécédent de 2 par f est -2 » est **fausse**, car 2 a plusieurs antécédents par f (–2 et 9 d'après le tableau de valeurs) et non un seul.

4. L'affirmation « le point de coordonnées (2 ; 9) appartient à la représentation graphique de f » est **fausse**, car l'image de 2 par f est -4, donc la courbe représentative de f passe par le point de coordonnées $(2 ; -4)$; elle ne passe donc pas par le point de coordonnées (2 ; 9).

> **Remarque**
> Dans le type de courbe étudiée en Seconde, l'image d'un réel étant unique, il ne peut pas y avoir deux points de même abscisse. Il existe d'autres types de courbes pour laquelle on peut avoir plusieurs points de même abscisse comme les courbes paramétriques.

15 → Énoncé p. 90

1. Le domaine de définition de f est **$[-5 ; 6]$**.

2. Le maximum atteint par f est **en -5 et vaut 6**.
Le minimum atteint par f est **en 1 et vaut -3**.

3. Les antécédents de -1 par f sont les abscisses des points de C d'ordonnées -1, soit **-2 et 4.** De même, ceux de 2 sont **-4 et 6**.

4. **On ne peut pas affirmer** « tous les réels compris dans $[-3 ; 2]$ ont exactement deux antécédents par f », car le nombre -3 n'a qu'un seul antécédent par f qui vaut 1.

16 → Énoncé p. 90

1. Les antécédents de -2 par f sont les abscisses des points de la courbe d'ordonnées -2 : ce sont **-2 et -6**.

2.

x	-7	-4	1	5
$f(x)$	4 ↘	-4 ↗	4 ↘	0

3. Le maximum de f vaut **4**. Il est atteint **en 1 et en -7.**

4. • Sur $[-7\ ;\ -4]$, f décroît avec $f(-4) = -4$,
donc, pour tout réel x de $[-7\ ;\ -4]$, on a $f(x) \geqslant -4$.

• Sur $[-4\ ;\ 1]$, f croît avec $f(-4) = -4$,
donc, pour tout réel x de $[-4\ ;\ 1]$, on a $f(x) \geqslant -4$.

• Sur $[1\ ;\ 5]$, f décroît avec $f(5) = 0$,
donc, pour tout réel x de $[1\ ;\ 5]$, on a $f(x) \geqslant 0$, soit $f(x) \geqslant -4$.

On peut affirmer que, pour tout réel x de $[-7\ ;\ 5]$, $f(x) \geqslant -4$.

Conseil

Pour justifier l'existence d'un extremum, on exploite les variations de la fonction sur chacun des intervalles où elle est monotone, c'est-à-dire où elle a le même sens de variation.

17 → *Énoncé p. 90*

1.

x	-8	-7	-6	-5	-4	-3	-2	-1	0	1	2
$f(x)$	**−6**	**−1,5**	**2**	**4,5**	**6**	**6,5**	**6**	**4,5**	**2**	**−1,5**	**−6**

2. Voir courbe ci-après (l'échelle de l'énoncé n'est pas respectée).

Remarque

La fonction étant définie sur $\mathbb{R}$, sa représentation graphique ne s'arrête ni au point d'abscisse -8, ni au point d'abscisse 2.

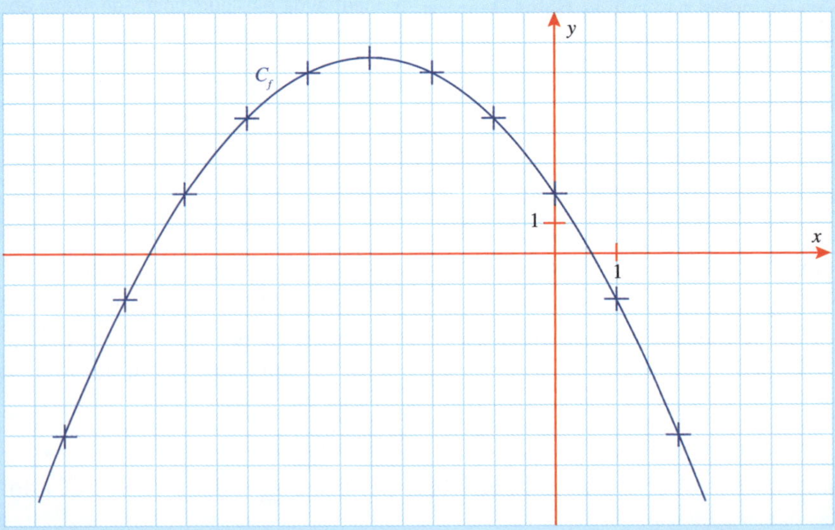

18 → *Énoncé p. 91*

1. Les antécédents de -1 par f sont les abscisses des points de C dont l'ordonnée vaut -1 : les antécédents de -1 par f sont **3, environ $-4{,}2$ et $-2{,}2$.**

2.

x	-6	-3	0	3	7
$f(x)$	4	↘ -2	↗ 4	↘ -1	↗ 4

3. Le maximum de f vaut **4**. Il est atteint **en -6, en 0 et en 7.**

4. L'affirmation « pour tout réel x de $[-6 ; 7]$, $f(x) \geqslant -1$ » **est fausse**, car $f(-3) = -2$ et $-2 < -1$.

Conseil
Un contre-exemple suffit pour prouver qu'une affirmation est fausse.

19 → *Énoncé p. 91*

x	-3	1	7
$f(x)$	3	↘ -3	↗ 2

x	-3	1	7
$g(x)$	3 ↘	‖	↗ 2

Rappel
La double barre dans le tableau de g correspond à une valeur pour laquelle $g(x)$ n'existe pas.

20 → *Énoncé p. 91*

1.

x	-10	-2	0	1	2	5	10
$f(x)$	5	↘ 0	↗ 2	↗ 4	↘ 0	↘ -2	↗ 0

2.

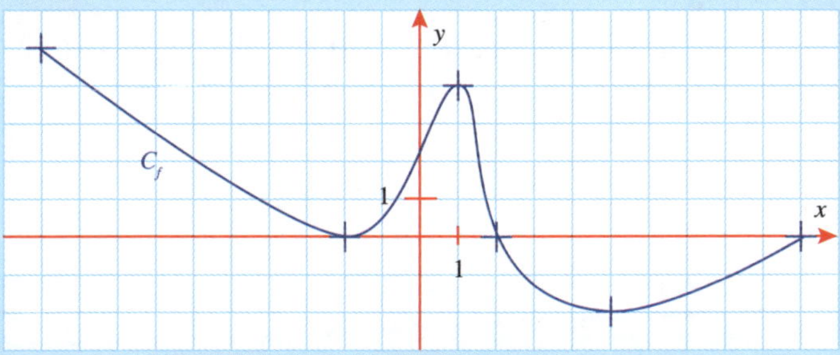

Rappel
Comme f est définie sur $[-10 ; 10]$, C_f s'arrête aux points d'abscisses -10 et 10.

3. Sur l'intervalle $[-10 ; -2]$, f décroît avec $f(-2) = 0$, donc elle y inverse l'ordre ; pour tout réel x de $[-10 ; -2]$, on a $x \leqslant -2$, donc $f(x) \geqslant 0$.
Sur l'intervalle $[-2 ; 1]$, f croît avec $f(-2) = 0$, donc elle y conserve l'ordre ; pour tout réel x de $[-2 ; 1]$, on a $-2 \leqslant x$, donc $0 \leqslant f(x)$.

Sur l'intervalle $[1\ ;\ 2]$, f décroît avec $f(2) = 0$, donc elle y inverse l'ordre ; pour tout réel x de $[1\ ;\ 2]$, on a $x \leqslant 2$, donc $f(x) \geqslant 0$.
Donc pour tout réel x de $[-10\ ;\ 2]$, on a $0 \leqslant f(x)$, c'est-à-dire **f positive sur $[-10\ ;\ 2]$**.

21 → *Énoncé p. 92*

1. f croît sur $[-8\ ;\ -6]$, avec $f(-8) = -3$ et $f(-6) = 1$.
Quand x varie entre -8 et -6, **$f(x)$ décrit l'intervalle $[-3\ ;\ 1]$**.

2. f décroît sur $[-1\ ;\ 5]$, avec $f(-1) = 2$ et $f(5) = 0$.
Quand x varie entre -1 et 5, **$f(x)$ décrit l'intervalle $[0\ ;\ 2]$**.

3. Le minimum atteint par f sur $[-8\ ;\ 5]$ vaut -4 et le maximum vaut 2.
Quand x parcourt l'ensemble de définition de f, **$f(x)$ décrit l'intervalle $[-4\ ;\ 2]$**.

4. Il existe trois points de C_f d'ordonnées -1 ; donc le réel -1 possède **3 antécédents** par f qui sont **-7** (valeur exacte), **$-4{,}8$** (valeur approchée) et **-2** (valeur exacte).

> **Conseil**
> Quand x varie sur un intervalle I, l'intervalle décrit par $f(x)$ n'a pas forcément pour bornes les images par f des bornes de I. Il faut rechercher le maximum et le minimum atteints par f sur I.

22 → *Énoncé p. 92*

1. a) Graphiquement, les solutions de $f(x) = -2$ sont les abscisses des points de C_f situés sur la droite d'équation $y = -2$: **$S = \{-4\ ;\ 4\}$**.
b) Graphiquement, les solutions de $f(x) = 4$ sont les abscisses des points de C_f situés sur la droite d'équation $y = 4$: **$S = \{-1\}$**.
c) Graphiquement, les solutions de $f(x) = 0$ sont les abscisses des points de C_f situés sur l'axe des abscisses : **$S = \{-3\ ;\ 3\}$**.
d) Il n'y a pas de point de C_f situé sur la droite d'équation $y = -6$, donc **il n'y a pas de solution à l'équation $f(x) = -6$**.

> **Rappel**
> La droite d'équation $y = 0$ est l'axe des abscisses.

2. a) Graphiquement, les solutions de l'inéquation $f(x) > 0$ sont les abscisses des points de C_f situés au-dessus de l'axe des abscisses : **$S =]-3\ ;\ 3[$**.
b) On a donc :

x	-4		-3		3		5
signe de $f(x)$		$-$	0	$+$	0	$-$	

23 → *Énoncé p. 93*

1. a) Graphiquement, les solutions de l'équation $x^2 + 2x - 2 = -2$ sont les abscisses des points de P situés sur de la droite d'équation $y = -2$:
$S = \{-2\ ;\ 0\}$.

> **Astuce**
> Dire qu'une courbe P a pour équation $y = x^2 + 2x - 2$ équivaut à dire que P est la représentation graphique de la fonction $f : x \mapsto x^2 + 2x - 2$.

b) Graphiquement, les solutions de l'équation $x^2 + 2x - 2 = 0$ sont les abscisses des points de P situés sur l'axe des abscisses : **les solutions sont environ −2,8 et 0,8.**

c) Graphiquement, les solutions de l'équation $-x^2 + 2 = 1$ sont les abscisses des points de Q situés sur de la droite d'équation $y = 1$: $\boldsymbol{S = \{-1 ; 1\}}$.

2. a) Graphiquement, les solutions de l'équation $x^2 + 2x - 2 = -x^2 + 2$ sont les abscisses des points de P situés sur Q : $\boldsymbol{S = \{-2 ; 1\}}$.

b) Pour $x = -2$, on a $x^2 + 2x - 2$ qui vaut :
$(-2)^2 + 2 \times (-2) - 2 = 4 - 4 - 2 = -2$
et on a $-x^2 + 2$ qui vaut :
$-(-2)^2 + 2 = -4 + 2 = -2$.

Remarque
On ne demande pas de résoudre par le calcul, mais de vérifier que l'on a bien des solutions.

−2 est bien solution de l'équation $\boldsymbol{x^2 + 2x - 2 = -x^2 + 2}$.

Pour $x = 1$, on a $x^2 + 2x - 2$ qui vaut $1^2 + 2 \times 1 - 2 = 1 + 2 - 2 = 1$
et on a $-x^2 + 2$ qui vaut $-1^2 + 2 = -1 + 2 = 1$.

1 est bien solution de l'équation $\boldsymbol{x^2 + 2x - 2 = -x^2 + 2}$.

3. Graphiquement, les solutions de l'inéquation $x^2 + 2x - 2 \leqslant -x^2 + 2$ sont les abscisses des points de P situés au-dessous de Q ou sur Q : $\boldsymbol{S = [-2 ; 1]}$.

24 → *Énoncé p. 93*

1. Graphiquement, l'image de 0 par f est **0**, celle de −1 est **−2** et celle de 2 est **−2**.

2. Graphiquement, on a $\boldsymbol{f(-3) \approx 2,2}$ et $\boldsymbol{f(0,5) \approx 1,4}$.

3. On a :

x	$-\infty$		$-27/8$		-1		1		$+\infty$
$f(x)$		↗	2,4	↘	−2	↗	2	↘	

4. a) Graphiquement, les solutions de $f(x) = 2$ sont les abscisses des points de la courbe d'ordonnées 2, soit environ **−2,8 ; − 4 et 1.**

b) La courbe coupe l'axe des abscisses en $A(-4,9 ; 0)$, en $B(-1,8 ; 0)$, en $O(0 ; 0)$ et en $D(1,7 ; 0)$.

Rappel
Si un point est sur l'axe des abscisses, alors son ordonnée est nulle.

c) Graphiquement, les solutions de $f(x) > 0$ sont les abscisses des points de la courbe situés au-dessus de l'axe des abscisses :
$\boldsymbol{S =]-4,9 ; -1,8[\cup]0 ; 1,7[}$, les bornes étant arrondies à 0,1 près.

d)

x	$-\infty$		$-4,9$		$-1,8$		0		$1,7$		$+\infty$
signe de $f(x)$		−	0	+	0	−	0	+	0	−	

25 → *Énoncé p. 94*

1. Graphiquement, les solutions de l'équation $f(x) = g(x)$ sont les abscisses des points de C_f situés sur C_g : $\boldsymbol{S = \{-3 ; 3\}}$.

Graphiquement, les solutions de l'inéquation $f(x) < g(x)$ sont les abscisses des points de C_f situés au-dessous de C_g :
$\boldsymbol{S =]-3\,;\,3[}$.

2. De même, pour $f(x) = g(x)$,
$\boldsymbol{S = \{-3\,;\,-1\,;\,1\,;\,3\}}$.
On a aussi pour $f(x) < g(x)$:
$\boldsymbol{S =]-\infty\,;\,-3[\,\cup\,]-1\,;\,1[\,\cup\,]3\,;\,+\infty[}$.

> **Remarque**
> Distinguer $\{-3\,;\,3\}$, qui ne contient que les deux valeurs -3 et 3, de $]-3\,;\,3[$ qui contient une infinité de valeurs entre -3 et 3, mais ni -3 ni 3.

26 → *Énoncé p. 94*

1. L'image de -1 par f est **−1,75**, celle de 0,5 est **2** et celle de 3,5 est **−4**.
On a aussi $f(2) =$ **1,25**.

2. L'antécédent de 2 par f est **0,5**.

3. • On a : $f_1(-1) = 2{,}5 \times (-1) + 0{,}75 = -1{,}75$;
$f_1(0{,}5) = 2{,}5 \times 0{,}5 + 0{,}75 = 2$;
$f_1(2) = 2{,}5 \times 2 + 0{,}75 = 5{,}75$.
Comme $f_1(2)$ n'est pas 1,25, la valeur du tableau, $\boldsymbol{f_1}$ **ne correspond pas au tableau de valeurs.**

> **Remarque**
> Une fonction correspond à un tableau de valeurs si, et seulement si, les images des valeurs de x du tableau par cette fonction sont celles du tableau. Si une seule image n'est pas bonne, alors la fonction ne correspond pas au tableau.

• On a :

$$f_2(-1) = \frac{(-1)^2 - 0{,}5 \times (-1) + 2}{2 \times (-1)} = \frac{3{,}5}{-2} = -1{,}75\ ;$$

$$f_2(0{,}5) = \frac{0{,}5^2 - 0{,}5 \times 0{,}5 + 2}{2 \times 0{,}5} = \frac{2}{1} = 2\ ;$$

$$f_2(2) = \frac{2^2 - 0{,}5 \times 2 + 2}{2 \times 2} = \frac{5}{4} = 1{,}25$$

et $f_2(3{,}5) = \dfrac{3{,}5^2 - 0{,}5 \times 3{,}5 + 2}{2 \times 3{,}5} = \dfrac{12{,}5}{7}$, soit environ 1,8.

Comme $f_2(3{,}5)$ n'est pas -4, la valeur du tableau, $\boldsymbol{f_2}$ **ne correspond pas au tableau de valeurs**.

• On a :
$f_3(-1) = -(-1)^2 + 2 \times (-1) + 1{,}25 = -1 - 2 + 1{,}25 = -1{,}75$;
$f_3(0{,}5) = -(0{,}5^2) + 2 \times 0{,}5 + 1{,}25 = -0{,}25 + 1 + 1{,}25 = 2$;
$f_3(2) = -(2^2) + 2 \times 2 + 1{,}25 = -4 + 4 + 1{,}25 = 1{,}25$
et $f_3(3{,}5) = -(3{,}5^2) + 2 \times 3{,}5 + 1{,}25 = -12{,}25 + 7 + 1{,}25 = -4$.
Comme les quatre images des valeurs de x du tableau par f_3 correspondent aux images du tableau, $\boldsymbol{f_3}$ **est la fonction recherchée**.

27 → *Énoncé p. 95*

1. $f(0) = 0^3 + 3 \times 0 - 5 = \mathbf{-5}$ et $f(2) = 2^3 + 3 \times 2 - 5 = \mathbf{9}$.
$f(0)$ et $f(2)$ étant de signes contraires, un encadrement d'une solution x_0 de l'équation $x^3 + 3x - 5 = 0$ est $\mathbf{0 \leqslant x_0 \leqslant 2}$.

2. a) b) c) d)
Voir tableau ci-après.

Remarque

Pour remplir chaque ligne du tableau à partir de la ligne 2,
- on calcule $\frac{a+b}{2}$ en prenant les valeurs a et b de la ligne précédente ;
- on détermine le signe de $f\left(\frac{a+b}{2}\right)$ et on remplace a ou b de la ligne précédente par $\frac{a+b}{2}$

selon le signe de $f\left(\frac{a+b}{2}\right)$, puis on écrit l'intervalle $[a ; b]$.

Étape	$\frac{a+b}{2}$	signe de f $f\left(\frac{a+b}{2}\right)$	a	signe de $f(a)$	b	signe de $f(b)$	$[a ; b]$ contenant x_0
1			**0**	–	**2**	+	**[0 ; 2]**
2	**1**	–	**1**	–	**2**	+	**[1 ; 2]**
3	**1,5**	+	**1**	–	**1,5**	+	**[1 ; 1,5]**
4	**1,25**	+	**1**	–	**1,25**	+	**[1 ; 1,25]**
5	**1,125**	–	**1,125**	–	**1,25**	+	**[1,125 ; 1,5]**
6	**1,188**	+	**1,125**	–	**1,188**	+	**[1,125 ; 1,188]**
7	**1,156**	+	**1,125**	–	**1,156**	+	**[1,125 ; 1,156]**
8	**1,141**	–	**1,141**	–	**1,156**	+	**[1,141 ; 1,156]**
9	**1,149**	–	**1,149**	–	**1,156**	+	**[1,149 ; 1,156]**

e) Une valeur approchée à 0,01 près de la solution x_0 de l'équation $x^3 + 3x - 5 = 0$ est **1,15**.

INTERROGATION ÉCRITE

Exercice 1 → *Énoncé p. 96*

1. a) Quand x varie entre 0 et 1, $f(x)$ varie **entre −1 et 1**.
b) Quand x varie entre −6 et 6, $f(x)$ varie **entre −5 et 3**.

Remarque

Sur son domaine de définition, f varie entre son minimum (ici, −5 atteint en −4) et son maximum (ici, 3 atteint en 6) et non entre les images des bornes de D_f.

2. Voici une courbe possible.

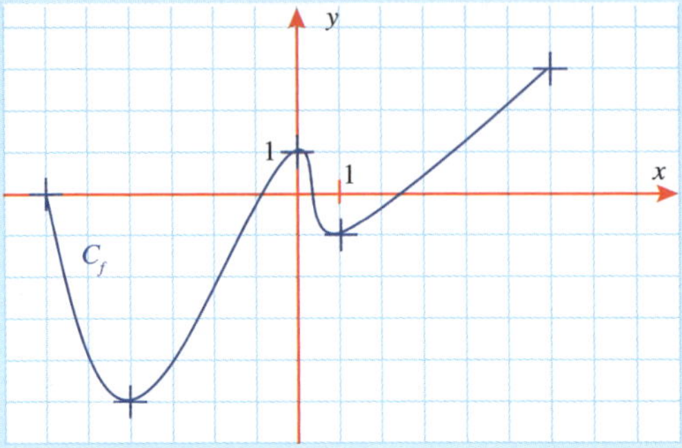

> **Remarque**
> On peut avoir différentes courbes associées au même tableau de variations.

> **Remarque**
> Toute courbe représentant une fonction décroissante sur [−6 ; −4], croissante sur [−4 ; 0], décroissante sur [0 ; 1] et croissante sur [1 ; 6] en passant par les points $A(-6 ; -0)$, $B(-4 ; -5)$, $C(0 ; 1)$, $D(1 ; -1)$ et $E(6 ; 3)$ convient.

3. La courbe C_f possède trois points d'ordonnées −1, donc **le réel −1 a trois antécédents par *f*.**

4. • Sur l'intervalle [−4 ; 0], *f* croît, donc elle y conserve l'ordre.
On a −3,5 < −3, donc ***f*(−3,5) < *f*(−3)**.
• D'après le tableau de variations, *f*(−5) appartient à [−5 ; 0] et *f*(5) appartient à [−1 ; 3]. Les deux intervalles n'étant pas disjoints, il est impossible de comparer *f*(−5) et *f*(5).
• Sur l'intervalle [0 ; 1], *f* décroît, donc elle y inverse l'ordre.
On a 0,4 < 0, 8, donc ***f*(0,4) > *f*(0,8)**.

> **Rappel**
> Deux intervalles sont dits disjoints si leur intersection est vide.

Exercice 2 → Énoncé p. 96

1. On a :

x	−2		−0,5		2,5
***f*(*x*)**	−0,6	↗	0,6	↘	−0,8

> **Remarque**
> Attention à respecter les unités : 0,5 unité par carreau en abscisse et 0,2 unité par carreau en ordonnées.

2. a) Graphiquement, les solutions de l'équation $f(x) = -0,2$ sont les abscisses des points de C_f situés sur la droite d'équation $y = -0,2$: ***S* = {−1,5 ; 2}.**

b) Graphiquement, les solutions de l'équation $f(x) = 0,4$ sont les abscisses des points de C_f situés sur la droite d'équation $y = 0,4$: ***S* = {−1 ; 0,5}.**

c) De même, l'équation $f(x) = -0,8$ a une seule solution **2,5**.

d) Il n'y a aucun point de C_f situé sur la droite d'équation $y = -1$; **l'équation *f*(*x*) = −1 n'a donc pas de solution.**

3. Si $k > 0,6$, alors l'équation $f(x) = k$ n'a **aucune solution**.
Si $k = 0,6$, alors l'équation $f(x) = k$ a **une unique solution**.
Si $-0,6 \leqslant k < 0,6$, alors l'équation $f(x) = k$ a **deux solutions**.
Si $-0,8 \leqslant k < -0,6$, alors l'équation $f(x) = k$ a **une unique solution**.
Si $k < -0,8$, alors l'équation $f(x) = k$ n'a **aucune solution**.

4. Graphiquement, les solutions de l'inéquation $f(x) \leqslant 0{,}4$ sont les abscisses des points de C_f situés au-dessous de la droite d'équation $y = 0{,}4$ ou sur cette droite.
$\boldsymbol{S = [-2\ ;\ -1] \cup [0{,}5\ ;\ 2{,}5]}$.

Astuce
Pour les inéquations graphiques, plusieurs parties de la courbe peuvent correspondre aux solutions et, dans ce cas, l'ensemble des solutions s'exprime avec une réunion d'intervalles.

Exercice 3

→ Énoncé p. 97

1. a) On a $f(10) = -0{,}4 \times 10 + 4 = 0$, **donc la représentation graphique de f passe par $B(10\ ;\ 0)$, et $f(0) = -0{,}4 \times 0 + 4 = 4$, donc la représentation graphique de f passe par $C(0\ ;\ 4)$.**

Rappel
La représentation graphique d'une fonction f passe par le point $M(x_M\ ;\ y_M)$ si, et seulement si, $f(x_M) = y_M$.

b) f est une fonction affine, donc sa représentation graphique pour les valeurs de x comprises entre 0 et 10 est le segment de droite $[CB]$ (échelle non respectée).

2. a) M est sur l'axe des abscisses, donc son ordonnée est nulle. N a la même abscisse x que M et son ordonnée est $f(x)$, car N appartient à $[BC]$. P est sur l'axe des ordonnées, donc son abscisse est nulle et P à la même ordonnée que N.

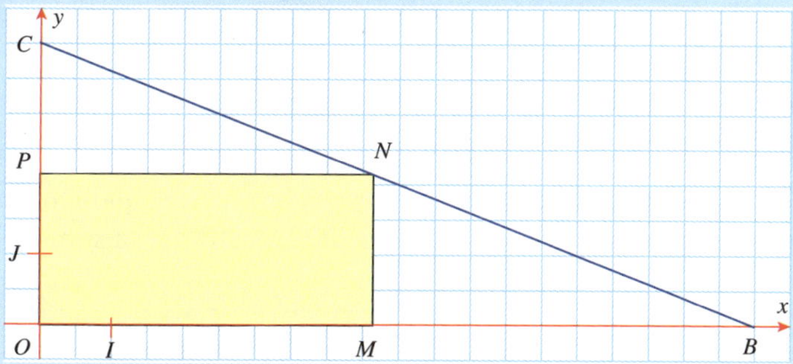

On a : $\boldsymbol{M(x\ ;\ 0)}$, $\boldsymbol{N(x\ ;\ -0{,}4x + 4)}$ **et** $\boldsymbol{P(0\ ;\ -0{,}4x + 4)}$.

b) L'aire du rectangle $OMNP$ est $A(x) = OM \times OP = \boldsymbol{x(-0{,}4x + 4)}$.

3. a) On a :

x	0	1	2	3	4	4,5	5	5,5	6	7	8	9	10
$f(x)$	0	3,6	6,4	8,4	9,6	9,9	10	9,9	9,6	8,4	6,4	3,6	0

b) Graphiquement, l'aire est maximale **pour $x = 5$.**
On a alors :
$OM = x = 5$ et
$OP = f(x)$
$= -0{,}4 \times 5 + 4$
$= 2$.
Le rectangle OMNP mesure alors 5 cm sur 2 cm.

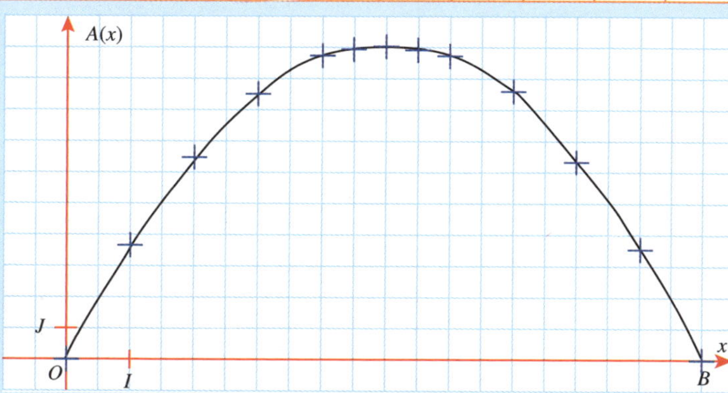

CHAPITRE 5

Statistiques

1 Moyenne – Étendue

A. Moyenne

■ Soit $x_1, x_2, x_3, \ldots x_n$ une série statistique quantitative de n valeurs.
La **moyenne arithmétique simple** de la série, notée $\overline{x}$, est le quotient de la somme des valeurs par l'effectif total n :

$$\overline{x} = \frac{x_1 + x_2 + x_3 + \ldots + x_n}{n}.$$

■ Soit $x_1, x_2, x_3, \ldots x_n$ une série statistique quantitative de n valeurs affectée de coefficients respectifs $e_1, e_2, e_3, \ldots e_n$.

La **moyenne pondérée** de la série, notée $\overline{x}$, est le quotient de la somme des produits de chaque valeur par son coefficient respectif par la somme des coefficients :

$$\overline{x} = \frac{e_1x_1 + e_2x_2 + e_3x_3 + \ldots + e_nx_n}{e_1 + e_2 + e_3 \ldots + e_n}.$$

***Ex.* :** Les notes d'un élève sont 6 ; 12 ; 7 ; 14 ; 10.
Sa moyenne arithmétique simple est : $\overline{x} = \frac{6 + 12 + 7 + 14 + 10}{5} = \frac{49}{5}$, soit 9,8.
Affectée des coefficients respectifs 2 ; 5 ; 3 ; 6 ; 4, la moyenne pondérée de ses notes est :

$$\overline{x} = \frac{2 \times 6 + 5 \times 12 + 3 \times 7 + 6 \times 14 + 4 \times 10}{2 + 5 + 3 + 6 + 4} = \frac{217}{20}, \text{ soit } 10{,}85.$$

B. Écart type

■ Soit $x_1, x_2, x_3, \ldots, x_n$ une série statistique quantitative de n valeurs de moyenne $\overline{x}$.
L'**écart type** de la série est la racine carrée de la moyenne des carrés des différences entre les x_i et la moyenne. On le note σ.

$$\sigma = \sqrt{\frac{(x_1 - \overline{x})^2 + (x_2 - \overline{x})^2 + \ldots + (x_n - \overline{x})^2}{n}}.$$

Ex. : Les notes d'un élève sont 6 ; 12 ; 7 ; 14 ; 10 de moyenne 9,8.

L'écart type est $\sigma = \sqrt{\dfrac{(6-9{,}8)^2 + (12-9{,}8)^2 + \ldots + (10-9{,}8)^2}{5}}$, soit environ 2,99.

■ La moyenne est une **caractéristique de position**, souvent complétée par une **caractéristique de dispersion** qui peut être l'écart type.

2 Médiane – Écart interquartile

A. Effectifs – Fréquences

■ Dans une série statistique, on appelle **effectif cumulé croissant** d'une valeur, la somme de l'effectif de cette valeur et des effectifs des valeurs plus petites.

■ Dans une série statistique, la **fréquence** d'une valeur est l'effectif de cette valeur divisé par l'effectif total.

■ On appelle **fréquence cumulée croissante** d'une valeur, le quotient de son effectif cumulé croissant par l'effectif total de la série.

Ex. : On considère la série statistique suivante :

Note	1	2	3	4	5	6	7	8
Effectif	2	1	3	5	2	6	2	4

L'effectif total de la série est : 2 + 1 + 3 + 5 + 2 + 6 + 2 + 4, soit 25.

La fréquence de la note 5 est : $\dfrac{2}{25}$, soit 0,08.

L'effectif cumulé croissant de la note 5 est : 2 + 1 + 3 + 5 + 2, soit 13.

La fréquence cumulée croissante de la note 5 est : $\dfrac{13}{25}$, soit 0,52.

B. Médiane – Quartiles

Soit $x_1, x_2, x_3, \ldots x_n$ une série statistique quantitative de n valeurs.

■ On appelle **médiane** de la série, notée ***Me***, une valeur telle :
– que 50 % au moins des valeurs de la série soient inférieures ou égales à *Me* ;
– et que 50 % au moins des valeurs de la série soient supérieures ou égales à *Me*.

Ex. : On considère la série ordonnée *A* :

2 ; 3 ; 5 ; 10 ; 11 ; 12 ; 13 ; 14 ; 16.

Il y a neuf valeurs, donc **la médiane est la cinquième valeur, soit 11**.
En effet, il y a cinq valeurs inférieures ou égales à 11 (2 ; 3 ; 5 ; 10 et 11).

Le pourcentage de valeurs inférieures ou égales à 11 est :

$\frac{5}{9} \times 100\ \%$, soit environ 55,6 %.

De même, il y a cinq valeurs supérieures ou égales à 11 (11 ; 12 ; 13 ; 14 et 16).
Le pourcentage de valeurs supérieures ou égales à 11 est :

$\frac{5}{9} \times 100\ \%$, soit environ 55,6 %.

■ On appelle **premier quartile** de la série, notée $\boldsymbol{Q_1}$, la plus petite valeur de la série telle :
– que 25 % au moins des valeurs de la série soient inférieures ou égales à Q_1 ;
– et que 75 % au moins des valeurs de la série soient supérieures ou égales à Q_1.

■ On appelle **troisième quartile** de la série, notée $\boldsymbol{Q_3}$, la plus petite valeur de la série telle :
– que 75 % au moins des valeurs de la série soient inférieures ou égales à Q_3 ;
– et que 25 % au moins des valeurs de la série soient supérieures ou égales à Q_3.

C. Écart interquartile

■ Soit une série statistique de premier quartile Q_1 et de troisième quartile Q_3.
On appelle écart interquartile de la série, le nombre $Q_3 - Q_1$.

Remarques :

• La médiane est une **caractéristique de position**, souvent complétée par une **caractéristique de dispersion** qui peut être l'écart interquartile.

• Médiane et écart interquartile sont peu sensibles aux valeurs extrêmes.

3 Pourcentages

A. Proportion dans une population

■ Soit E une population d'effectif n_E et soit A une sous-population de E d'effectif n_A.
La **proportion** de la population A dans E est :

$$\frac{n_A}{n_E}.$$

Ex. **:** Dans une population de 600 individus, 72 sont blonds.

La proportion de blonds dans la population est $\frac{72}{600} = 0{,}12$, soit 12 %.

■ Si P_A est le pourcentage d'une sous-population A dans une population E et si P_B est le pourcentage d'un groupe B dans la sous-population A, alors le pourcentage du groupe B dans la population E est :

$$P_A \times P_B.$$

B. Évolution

Soit une grandeur qui passe d'une valeur initiale V_I à une valeur finale V_F.

- On appelle **variation absolue** la quantité :

$$V_F - V_I.$$

- On appelle **variation relative** la quantité :

$$\frac{V_F - V_I}{V_I}.$$

Ex. **:** Un prix passe de 40 € à 50 €.
La variation absolue du prix est 50 € – 40 €, soit 10 €.
La variation relative est $\frac{50 - 40}{40} = 0{,}25$, soit 25 %.

- Augmenter une valeur de a %, revient à multiplier cette valeur par $\left(1 + \frac{a}{100}\right)$.

- Diminuer une valeur de a %, revient à multiplier cette valeur par $\left(1 - \frac{a}{100}\right)$.

- Soit a un réel strictement positif.
Le nombre $t = a - 1$ est le **taux d'évolution** associé au coefficient multiplicateur a.
$a = 1 + t$ est le **coefficient multiplicateur** associé au taux d'évolution t.

- t et t' deux taux d'évolutions sont dits **taux réciproques** si, et seulement si :

$$(1 + t)(1 + t') = 1.$$

Ex. **:** Une hausse de 25 % ($t = + 0{,}25$) correspond à un coefficient multiplicateur de $\left(1 + \frac{25}{100}\right) = 1{,}25$.
Une baisse de 20 % ($t' = - 0{,}20$) correspond à un coefficient multiplicateur de $\left(1 - \frac{20}{100}\right) = 0{,}8$.
Comme $1{,}25 \times 0{,}8 = 1$, $t = 0{,}25$ et $t' = - 0{,}20$ sont des taux d'évolutions réciproques.

COMMENT FAIRE

1 Calculer une moyenne pondérée

EXERCICE TYPE

Voici la série des notes sur 10 d'un groupe d'élèves à un contrôle :

Note	4	5	6	8
Effectif	2	3	4	1

Calculer la moyenne de ce groupe.

CORRIGÉ COMMENTÉ

On effectue une moyenne pondérée car chaque note est affectée d'un effectif.
On multiplie chaque note par son coefficient, on ajoute ces produits et on divise la somme obtenue par la somme des coefficients.

On calcule la moyenne des notes pondérée par les effectifs.

$$m = \frac{4 \times 2 + 5 \times 3 + 6 \times 4 + 8 \times 1}{2 + 3 + 4 + 1}$$

$$m = \frac{\mathbf{55}}{\mathbf{10}}.$$

Remarque
Ici, les coefficients sont les effectifs.

On conclut.

La moyenne de ce groupe au contrôle est de 5,5.

À RETENIR

Pour calculer une moyenne pondérée :
- on ajoute les produits de chaque valeur par son coefficient ;
- on divise cette somme par la somme des coefficients.

2 Estimer une moyenne à partir d'un regroupement en classes

EXERCICE TYPE

Dans une entreprise, on a la répartition ci-dessous des salaires :

Salaire S (en €)	$1\,000 \leqslant S < 1\,200$	$1\,200 \leqslant S < 1\,400$	$1\,400 \leqslant S < 1\,600$
Effectif	15	7	3

Déterminer une estimation du salaire moyen.

CORRIGÉ COMMENTÉ

On commence par déterminer le centre de chaque classe.

Le centre de la classe [1 000 ; 1 200[est $\dfrac{1\,000 + 1\,200}{2}$, soit 1 100.

Celui de la classe [1 200 ; 1 400[est 1 300 et celui de la classe [1 400 ; 1 600[est 1 500.

> **Rappel**
> Le centre d'une classe $[a\,;b[$ est $\dfrac{a+b}{2}$.

On calcule une moyenne de ces centres, avec pour coefficient de chaque classe l'effectif de cette classe.

$$m = \frac{15 \times 1\,100 + 7 \times 1\,300 + 3 \times 1\,500}{15 + 7 + 3} = \frac{30\,100}{25}.$$

Une estimation de la moyenne des salaires dans cette entreprise est de 1 204 €.

À RETENIR

Pour estimer la moyenne lors d'un regroupement en classes :
- on détermine le centre de chaque classe ;
- on effectue une moyenne des centres des classes pondérés par les effectifs des classes.

3 Déterminer une médiane et l'écart interquartile

EXERCICE TYPE

Soit la série statistique suivante :
13 – 556 – 532 – 34 – 1 – 24 – 36 –78 – 98 – 456 – 12.

1. Déterminer la médiane de cette série.
2. Déterminer l'écart interquartile.

CORRIGÉ COMMENTÉ

1. On commence par ordonner la série.

Dans l'ordre croissant, on a :
1 – 12 – 13 – 24 – 34 – 36 – 78 – 98 – 456 – 532 – 556.

> **Remarque**
> La recherche d'une médiane comme des quartiles ne peut se faire que sur une série ordonnée.

On compte le nombre de termes et on détermine le rang de la médiane.

La série comporte 11 valeurs. Le rang de la médiane est $\dfrac{11+1}{2}$, soit 6. La médiane est la 6e valeur de la série ordonnée, soit **36**.

> **Rappel**
> Dans une série ordonnée de n valeurs, n impair, le rang de la médiane est $\dfrac{n+1}{2}$.

2. Pour calculer l'écart interquartile, on recherche d'abord les premier et troisième quartiles.

On a 0,25 × 11 = 2,75, donc Q_1 est la troisième valeur de la série ordonnée, soit 13.
On a 0,75 × 11 = 8,25, donc Q_3 est la neuvième valeur de la série ordonnée, soit 456.

> **Aide**
> Dans une série ordonnée de n valeurs, le rang de Q_1 est $0{,}25n$ en arrondissant à l'entier par excès et le rang de Q_3 est $0{,}75n$ en arrondissant à l'entier par excès.

On calcule ensuite $Q_3 - Q_1$.

L'écart interquartile est : $Q_3 - Q_1 = 456 - 13$, soit **443.**

À RETENIR

Pour déterminer une médiane d'une série de n valeurs (n impair) :
- on ordonne la série ;
- la médiane est la valeur centrale de la série ordonnée, c'est-à-dire la valeur de rang $\frac{n+1}{2}$.

Pour calculer l'écart interquartile :
- on détermine les quartiles Q_1 et Q_3 ;
- on calcule $Q_3 - Q_1$.

4 Utiliser les effectifs cumulés croissants

EXERCICE TYPE

On considère la série statistique résumée par le tableau suivant :

Valeur	1	2	3	4	5	6	7	8	9	10	11	Total
Eff.	7	5	2	4	7	6	2	3	1	5	8	50
ECC												
FCC												

1. a) Recopier et compléter le tableau ci-dessus avec les effectifs cumulés croissants (ECC) et les fréquences cumulées croissantes (FCC).
b) Quel est le pourcentage de valeurs inférieures ou égales à 7 ?
2. Déterminer la médiane de cette série, ainsi que les premier et troisième quartiles.

CORRIGÉ COMMENTÉ

1. a) On calcule les effectifs cumulés croissants de la gauche vers la droite, puis les fréquences cumulées croissantes à partir des effectifs cumulés croissants.

L'effectif cumulé croissant de 1 est 7,
celui de 2 est 7 + 5, soit 12.
celui de 3 est 12 + 2, soit 14…
La fréquence cumulée croissante de 3 est 14 ÷ 50, soit 0,28.

> **Conseil**
> On calcule les effectifs cumulés croissants de la gauche vers la droite. L'effectif cumulé croissant d'une valeur est la somme de son effectif et de l'effectif cumulé croissant de la valeur qui la précède.

Valeur	1	2	3	4	5	6	7	8	9	10	11	Total
Eff.	7	5	2	4	7	6	2	3	1	5	8	50
ECC	7	12	14	18	25	31	33	36	37	42	50	
FCC	0,14	0,24	0,28	0,36	0,50	0,62	0,66	0,72	0,74	0,84	1	

b) On utilise la fréquence cumulée croissante du 7.

La fréquence cumulée croissante du 7 vaut 0,66, soit 66 %.
Cela signifie que **66 %** des valeurs sont inférieures ou égales à 7.

2. L'effectif étant pair, la médiane est la moyenne des deux valeurs centrales de la série de 50 valeurs.

Il y a 50 valeurs, donc la médiane est la moyenne entre la 25e valeur qui vaut 5 et la 26e valeur qui vaut 6. La médiane de cette série est $\frac{5+6}{2}$, soit **5,5**.

On détermine les rangs de Q_1 et de Q_3, puis leurs valeurs.

On a $0{,}25 \times 50 = 12{,}5$, donc Q_1 est la treizième valeur de la série ordonnée de 50 valeurs, soit **3**.
On a $0{,}75 \times 50 = 37{,}5$, donc Q_3 est la trente-huitième valeur de la série ordonnée de 50 valeurs, soit **10**.

> **Conseil**
> Dans une série donnée avec des effectifs et des effectifs cumulés croissants, la valeur de la série de rang *r* est la plus petite valeur de la série dont l'effectif cumulé croissant est supérieur ou égal à *r*.

À RETENIR

Pour calculer rapidement les effectifs cumulés croissants d'une série :
- on les calcule de la gauche vers la droite ;
- pour la plus petite valeur de la série, son effectif est aussi son effectif cumulé croissant ;
- pour les autres valeurs, son effectif cumulé croissant est la somme de son effectif et de l'effectif cumulé croissant de la valeur qui la précède.

Pour déterminer une médiane d'une série de *n* valeurs (*n* pair) :
- on calcule la valeur moyenne des deux valeurs centrales de la série ordonnée, c'est-à-dire la moyenne des valeurs de rangs $\frac{n}{2}$ et $\frac{n}{2}+1$.

5 Appliquer une variation en pourcentage

EXERCICE TYPE

Combien coûte un article à 80 € avec une remise de 30 % ?

CORRIGÉ COMMENTÉ

On rappelle qu'il s'agit d'une remise de 30 %.

On a 30 % de remise sur l'article à 80 €.

On écrit la propriété sur les variations en pourcentage et on l'applique.

Diminuer une valeur de a % revient à la multiplier par $(1 - \frac{a}{100})$.

On a : $80 \times \left(1 - \frac{30}{100}\right) = 80 \times 0{,}7 = 56$.

L'article coûte 56 €.

À RETENIR

Pour appliquer une variation en pourcentage
- on calcule le coefficient multiplicateur associé à la variation ;
- on multiplie la valeur d'origine par ce coefficient multiplicateur.

6 Composer des variations successives

EXERCICE TYPE

À la suite d'une épidémie, une population de lapins diminue de 50 %.
Puis, grâce à son système de reproduction, cette population augmente de 80 %.
Déterminer l'évolution globale de la population de lapins.

CORRIGÉ COMMENTÉ

On calcule les coefficients multiplicateurs de chacune des évolutions.

Le coefficient multiplicateur d'une baisse de 50 % est $\left(1 - \frac{50}{100}\right)$, soit 0,5.

Le coefficient multiplicateur d'une hausse de 80 % est $\left(1 + \frac{80}{100}\right)$, soit 1,8.

On calcule le coefficient multiplicateur global et on détermine le taux de variation.

Le coefficient multiplicateur global est $0{,}5 \times 1{,}8 = 0{,}9$.

$t = 0{,}9 - 1 = -0{,}10 = -10$ %.

Globalement, la population baisse de 10 %.

À RETENIR

Pour composer des variations successives :
- on calcule les coefficients multiplicateurs associés à chaque variation ;
- on calcule le produit de ces coefficients multiplicateurs ;
- on détermine le taux de variation associé au coefficient multiplicateur global.

EXERCICES

1 4 min ★

Parmi 80 restaurants d'une région, 5 restaurants ont 2 salariés, 7 en ont 3, 14 en ont 4, 17 en ont 5, 21 en ont 6, 10 en ont 7 et 6 en ont 8.
Calculer le nombre moyen de salariés par restaurant. → *Corrigé p. 130*

2 8 min ★

Au cours d'une course d'athlétisme (400 m), le temps mis par chaque coureur a été chronométré. Ces mesures sont données ci-après :

48,65 ; 52,05 ; 49,20 ; 50 ; 52,60 ; 51,90 ; 50,45 ; 53,28 ; 50,13 ; 51,80 ; 51,85 ; 52,20 ; 51 ; 50,12.

Déterminer la médiane et les quartiles Q_1 et Q_3 de cette série. → *Corrigé p. 130*

3 12 min ★★

Une station de ski réalise une enquête auprès de 300 skieurs qui la fréquentent. Les résultats sont notés dans le tableau ci-dessous et indiquent la répartition en classe des skieurs en fonction de leur âge (en années) :

Âge	[0 ; 10[	[10 ; 20[	[20 ; 30[	[30 ; 40[	[40 ; 50[	[50 ; 60[	[60 ; 70[	[70 ; 80[	[80 ; 90[
Centre de classes	5								
Effectifs	27	45	48	39	42	36	33	24	6
ECC	27	72	120						

1. Recopier et compléter ce tableau.
2. Estimer l'âge moyen des skieurs fréquentant cette station.
3. Déterminer les classes auxquelles appartiennent l'âge médian, ainsi que les quartiles Q_1 et Q_3. → *Corrigé p. 130*

4 12 min ★★

Voici les résultats d'un sondage effectué dans une classe de Seconde concernant les moyens de transport utilisés par ses élèves pour venir au lycée.

Mode	**Voiture**	**Bus**	**À pied**	**Train**	**Total**
Fréquence	25 %	45 %	20 %	10 %	
Angle					

1. Recopier et compléter le tableau ci-avant.
2. Construire un diagramme semi-circulaire de 3 cm de rayon. → *Corrigé p. 131*

5 12 min ★★

Le diagramme en barres ci-dessous illustre une enquête faite sur l'âge des 30 adhérents d'un club de badminton, mais le rectangle correspondant aux adhérents de 16 ans a été effacé.

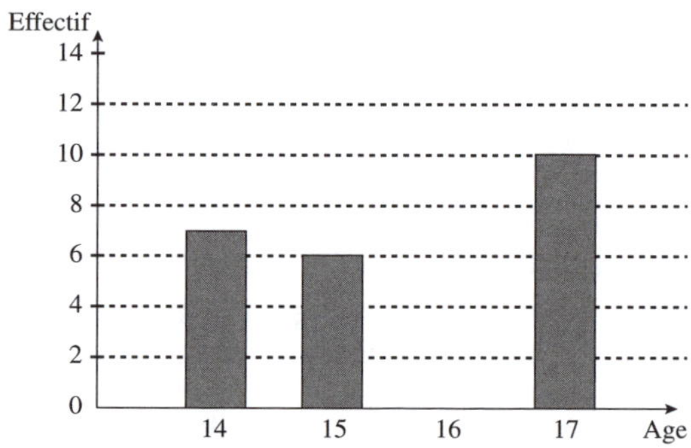

1. Calculer le nombre d'adhérents ayant 16 ans.

2. Quel est le pourcentage du nombre d'adhérents ayant 15 ans ?

3. Quel est l'âge moyen des adhérents du club ? Donner la valeur arrondie au dixième.

4. Reproduire et compléter le tableau ci-dessous, puis réaliser un diagramme semi-circulaire représentant la répartition des adhérents selon leur âge (on prendra un rayon de 4 cm).

Âge	14 ans	15 ans	16 ans	17 ans	Total
Nombre d'adhérents	7	6		10	30
Mesure de l'angle (en degrés)					180

→ Corrigé p. 131

6 12 min ★★

Le tableau ci-dessous donne la répartition des notes obtenues à un contrôle de mathématiques pour les 26 élèves d'une classe de Seconde :

Notes	3	5	7	8	10	11	13	14	17
Effectifs	1	2	1	5	4	1	7	3	2

1. Calculer la note moyenne arrondie à l'unité.

2. Déterminer la note médiane et les quartiles Q_1 et Q_3.

3. Calculer le pourcentage d'élèves ayant une note inférieure ou égale à 8. On arrondira le résultat au dixième près.

→ Corrigé p. 132

7 10 min ★★

1. Soit la série :

x_i	0	1	2	3	4	5
n_i	18	21	22	9	5	2

Recopier et compléter le tableau par les effectifs cumulés croissants. En déduire la médiane et les quartiles Q_1 et Q_3.

2. Faire de même en remplaçant l'effectif 18 de la valeur 0 par 31.

→ *Corrigé p. 133*

8 6 min ★★

Un mélange de café se compose de 35 % d'arabica et de 65 % de robusta.

L'arabica coûte 4 euros le kilogramme et le robusta coûte 2,60 euros le kilogramme.

Calculer le prix du kilogramme du mélange arabica-robusta.

→ *Corrigé p. 133*

9 15 min ★★

Lors d'une expérience sur le sommeil, on a interrogé 100 personnes sur le temps qu'elles passaient à dormir quotidiennement. Avec les résultats de l'étude, on a dressé la courbe ci-dessous.

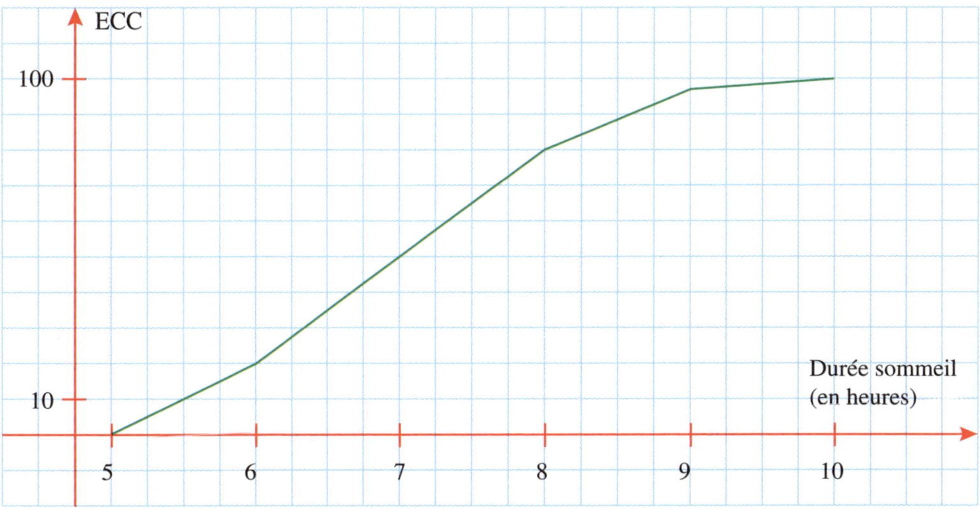

1. a) À quel effectif cumulé croissant correspondent les quartiles Q_1 et Q_3 ?

b) Déterminer graphiquement une valeur approchée de chacun de ces quartiles.

c) En déduire une valeur de l'écart interquartile.

2. a) Expliquer comment on peut déterminer graphiquement une valeur approchée de la médiane.

b) Donner une valeur approchée de cette médiane.

→ *Corrigé p. 133*

10 12 min ★★

Louna et Noah compare leurs notes.

Notes de Louna	9	10	8	10	13
Note de Noah	7	14	9	12	8

1. Pour chaque personne, calculer la moyenne et l'écart type des notes.

2. Que peut-on en conclure ?

→ *Corrigé p. 134*

11 10 min ★★

On donne le tableau suivant :

Valeurs x_i	3	5	7	9	11	13
Effectifs e_i	4	2	6	5	2	1

1. Calculer la moyenne pondérée des valeurs.

2. Calculer l'écart type pondéré en tenant compte des effectifs comme pour la moyenne pondérée.

→ *Corrigé p. 134*

12 15 min ★★

Dans une même classe, les professeurs de français et de mathématiques comparent leurs notes :

Notes	3	4	5	6	7	8	9	10	11	12	13	14	15	16	17
Effectif en français	0	0	0	0	3	5	3	7	6	3	2	1	0	0	0
Effectif en mathématiques	1	1	2	1	3	4	2	3	1	3	2	4	2	0	1

1. a) Pour chaque matière, calculer la moyenne et la médiane.

b) Ces deux caractéristiques de position permettent-elles de distinguer les notes des deux matières ?

2. a) Pour chaque matière, calculer l'écart type et l'intervalle interquartile.

b) Quelle information apportent ces deux caractéristiques de dispersion ?

→ *Corrigé p. 135*

13 15 min ★★

1. Dans la série statistique ci-dessous, calculer la moyenne $\overline{x}$, puis la moyenne élaguée des valeurs maximale et minimale :

2,4	15,8	15,9	16	16,1	16,3	16,3	16,5	16,6	16,9	27,5.

2. La moyenne d'une série ayant 240 valeurs est 3,75.
Il existe 5 valeurs très basses de somme 3.
Calculer la moyenne de la série élaguée de ces 5 valeurs.

→ *Corrigé p. 136*

14 6 min ★★

Les dernières notes de Martin en mathématiques sont : 7 ; 13 ; 11 ; 9 et 5.

Il espère remonter sa moyenne grâce au prochain devoir qui aura un coefficient double des devoirs précédents.

Quelle note doit-il obtenir pour avoir au moins 10 de moyenne pour le trimestre ?

→ *Corrigé p. 136*

15 7 min ★★

On se propose de calculer de tête la moyenne de la série statistique suivante :

121	128	117	116	120	124	123	119

1. Enlever 120 à chaque valeur et calculer la moyenne y de la nouvelle série.

2. En déduire la moyenne de la série de départ.

→ *Corrigé p. 136*

16 10 min ★★

On sait que la moyenne de cette série est 2,85.

Valeur	1	2	3	4	5	Total
Effectif	a	5	6	b	2	20

Déterminer les valeurs de a et de b.

→ *Corrigé p. 136*

17 15 min ★★★

On a interrogé un échantillon représentatif de 4 812 français sur leurs loisirs. Voici le résultat de l'enquête concernant la durée hebdomadaire d'écoute de la télévision (en heure).

Durée	[0 ; 10[	[10 ; 15[	[15 ; 20[	[20 ; 25[	Plus de 30
Effectif	972	924	826	1 069	1 021
Fréquence en %					
Fréquence cumulée croissante					

1. Quelle donnée importante manque-t-il pour calculer une approximation de la moyenne ?

2. a) Recopier et compléter les deux dernières lignes, puis tracer la courbe des fréquences cumulées croissantes.

b) En déduire le temps médian d'écoute de la télévision.

3. En fait, l'enquête donne un temps moyen de 21 h et un temps médian de 18 h. Comment expliquer cet écart ?

→ *Corrigé p. 137*

18 3 min ★

Combien coûte un article à 180 € avec une remise de 30 % ?

→ Corrigé p. 138

19 3 min ★

Calculer le nouveau salaire d'un ouvrier dont le salaire de 1 100 € par mois a augmenté de 3,7 %.

→ Corrigé p. 138

20 10 min ★★

Un commerçant augmente les prix de tous ses articles de 8 %. Un objet coûte x euros. Après avoir subi cette augmentation, il coûte y euros.

1. Exprimer y en fonction de x.
2. Un casque Bluetooth coûte, avant augmentation, 329 euros.

Combien coûtera-t-il après ?

3. Un téléviseur LED coûte, après augmentation, 540 euros.

Combien coûtait-il avant ?

→ Corrigé p. 138

21 5 min ★

Un objet coûte 12 000 €. Son prix augmente de 5 %.
Quel sera son nouveau prix :

a) 12 600 € ?
b) 12 500 € ?
c) 11 400 € ?

Choisir la bonne réponse parmi les trois proposées.

→ Corrigé p. 138

22 5 min ★★

En 3e A, sur 30 élèves, il y a 40 % de filles. En 3e B, sur 20 élèves, il y a 60 % de filles. Lorsque les deux classes sont réunies, quel est le pourcentage de filles dans le groupe :

a) 36 % de filles ?
b) 48 % de filles ?
c) 50 % de filles ?

Choisir la bonne réponse parmi les trois proposées.

→ Corrigé p. 138

23 10 min ★★

1. Dans un lycée, 15 % des élèves sont en série ST2S. Parmi eux, 90 % sont des filles. Parmi les élèves du lycée, quelle est la proportion de lycéennes qui sont en série ST2S ?
2. Dans ce même lycée, 38 % des élèves sont des garçons en série générale. Et parmi les élèves de série générale, 60 % sont des garçons.
Quelle est la proportion d'élèves de ce lycée en série générale ?

→ *Corrigé p. 138*

24 8 min ★★

Le prix d'un article passe de 49,20 € à 47,50 €.
1. Quelle est la variation absolue du prix ?
2. Calculer la variation relative de ce prix.

→ *Corrigé p. 139*

25 8 min ★★

1. Une veste qui coûte 35 € est soldée à 25 €. Quel est le pourcentage de réduction ?
2. Un manteau coûtait 225 €. Un mois plus tard, son prix est de 230 €.
Quel est le pourcentage d'augmentation ?

→ *Corrigé p. 139*

26 15 min ★★

Un commerçant baisse ses prix de 30 %.
De combien doit-il augmenter les prix après la baisse pour retrouver les valeurs de départ ? Arrondir le résultat à 0,1 % près.

→ *Corrigé p. 139*

Le coin algorithmique

27 15 min ★★

Le tableau ci-dessous donne les prix de 6 articles différents.

	A	B	C	D	E	F	G
1	Type d'article	Prix unitaire d'un article (en €)	Variation au 13 novembre	Nouveau Prix d'un article (en €)		Nombre d'articles achetés	Montant des articles en €
2	A	12,50	4,01%			5	
3	B	6,50	-6,50%			2	
4	C	14,00	-2,31%			3	
5	D	13,70	3%			4	
6	E	8,22	-2,50%			5	
7	F	11,10	1%			6	
8						**Total à payer (en €)**	
9							
10						dont TVA	
11						P.H.T.	
12							
13							

1. Les prix sont changés le 13 novembre.

a) Quelle formule doit-il mettre dans la cellule D2, puis recopier dans les cellules D3 à D7 pour obtenir les nouveaux prix ?

b) Remplir la colonne D avec les formules qui seront automatiquement calculées à partir de celle de la cellule D2.

2. Le commerçant établit les factures à partir des nouveaux prix à l'aide du tableur.

a) Quelle formule doit-il mettre dans la cellule G2, puis recopier dans les cellules G3 à G7 pour obtenir les nouveaux prix ?

b) Quelle formule doit-il mettre dans la cellule G8 pour obtenir le montant total à payer ?

3. Les prix donnés sont TTC avec un taux de TVA de 20 %.

a) Quelle est la formule à inscrire dans la cellule G11 ?

b) Quelle formule simple doit-il ajouter dans la cellule G10 pour avoir le montant de la TVA ?

4. Calculer le total à payer, ainsi que le montant de la TVA.

→ *Corrigé p. 139*

INTERROGATION ÉCRITE

Exercice 1 20 min ★★ 9 points

Partie A

Soit la série statistique suivante :

13 ; 7 ; 11 ; 10 ; 15 ; 8

Calculer la moyenne est l'écart type de cette série.

Partie B

Calculer la moyenne, la médiane et les quartiles de la série statistique suivante :

Valeur	18	20	32	34	35
Effectif	3	4	6	5	2

→ Corrigé p. 140

Exercice 2 8 min 3 points

Dans une classe, la moyenne d'âge des 25 élèves est de 17 ans.
En comptant le professeur, la moyenne devient 18 ans.
Quel est l'âge du professeur ?

→ Corrigé p. 140

Exercice 3 20 min 8 points

Partie A

1. Un article subit en janvier une augmentation de 30 %, puis le mois suivant une baisse de 30 %. Coûtera-t-il après la baisse le même prix qu'au départ ?
2. Le prix d'un objet baisse de 20 %. Quelle augmentation, en pourcentage, appliquée sur le nouveau prix permettra de retrouver le prix initial ?

Partie B

1. Un pull coûte 15 euros. Le commerçant l'offre à la première personne qui entre dans le magasin. Quel est le pourcentage de la réduction accordée sur le prix du pull ?
2. Au second client qui entre, le commerçant applique 2 réductions successives de 50 % sur le même pull à 15 euros. Combien paiera le second client ?

→ Corrigé p. 141

CORRIGÉS

1 → Énoncé p. 121

On effectue une moyenne pondérée :

$$m = \frac{2 \times 5 + 3 \times 7 + 4 \times 14 + 5 \times 17 + 6 \times 21 + 7 \times 10 + 8 \times 6}{5 + 7 + 14 + 17 + 21 + 10 + 6} = \frac{416}{80} = 5,2.$$

Le nombre moyen de salariés par restaurant est 5,2.

2 → Énoncé p. 121

• On ordonne la série :
48,65; 49,20 ; 50 ; 50,12 ; 50,13 ; 50,45 ; 51; 51,80 ; 51,85 ; 51,90 ; 52,05; 52,20 ; 52,60 ; 53,28.
Il y a 14 valeurs.

> **Rappel**
> Pour rechercher une médiane ou des quartiles, il faut disposer d'une série ordonnée si possible en ordre croissant.

• On prend comme médiane la moyenne de la septième valeur (51) et de la huitième valeur (51,80).

On a : $\frac{51 + 51,80}{2} = \frac{102,80}{2} = 51,40.$

La médiane de cette série est **51,40**.

• On a 0,25 × 14 = 3,5, donc Q_1 est la quatrième valeur de la série ordonnée de 14 valeurs, soit **50,12**.

On a 0,75 × 14 = 10,5, donc Q_3 est la onzième valeur de la série ordonnée de 14 valeurs, soit **52,05**.

3 → Énoncé p. 121

1.

Âge	[0 ; 10[	[10 ; 20[	[20 ; 30[	[30 ; 40[	[40 ; 50[	[50 ; 60[	[60 ; 70[	[70 ; 80[	[80 ; 90[
Centre de classes	5	**15**	**25**	**35**	**45**	**55**	**65**	**75**	**85**
Effectifs	27	45	48	39	42	36	33	24	6
ECC	27	72	120	**159**	**201**	**237**	**270**	**294**	**300**

2. Pour estimer l'âge moyen, on effectue une moyenne des centres des classes pondérée par les effectifs.

$5 \times 27 + 15 \times 45 + 25 \times 48 + 35 \times 39 + 45 \times 42 + 55 \times 36 + 65 \times 33 + 75 \times 24 + 85 \times 6 = 11\,700$

$11\,700 \div 300 = 39.$

L'âge moyen des skieurs fréquentant cette station est 39 ans.

> **Conseil**
> Lors d'un regroupement en classes, on détermine simplement les classes auxquelles appartiennent la médiane ou les quartiles sans en chercher la valeur exacte.

CORRIGÉS

3. Il y a 300 valeurs, donc la médiane est comprise entre la 150ᵉ et la 151ᵉ valeur. Or, ces deux valeurs appartiennent à la classe [30 ; 40[.
L'âge médian appartient à la classe [30 ; 40[.
On a $300 \times 0{,}25 = 75$, donc Q_1 est la soixante-quinzième valeur, donc :
Q_1 appartient à la classe [20 ; 30[.
On a $300 \times 0{,}75 = 225$, donc Q_3 est la deux cent vingt-cinquième valeur, donc :
Q_3 appartient à la classe [50 ; 60[.

Remarque
Q_1 (ou Q_3) appartient à la première classe dont l'effectif cumulé croissant est supérieur ou égal à son rang.

4 → *Énoncé p. 121*

Mode	Voiture	Bus	À pied	Train	Total
Fréquence	25 %	45 %	20 %	10 %	100 %
Angle	45°	81°	36°	18°	180°

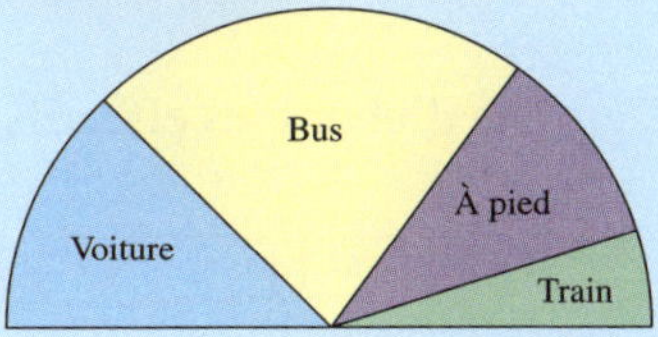

Rappel
Dans un diagramme semi-circulaire, les mesures des secteurs angulaires sont proportionnelles aux effectifs ou aux fréquences.

5 → *Énoncé p. 122*

1. $30 - 7 - 6 - 10 = 7$.
Le club a 7 adhérents âgés de 16 ans.

2. 6 adhérents parmi les 30 sont âgés de 15 ans.
$6 \div 30 \times 100\ \% = 20\ \%$.
20 % des adhérents sont âgés de 15 ans.

Rappel
Le pourcentage d'un caractère dans une population, c'est sa fréquence (quotient de son effectif par l'effectif total) multiplié par 100 %.

3. On effectue une moyenne des âges pondérée par les effectifs :

$$\frac{14 \times 7 + 15 \times 6 + 16 \times 7 + 17 \times 10}{7 + 6 + 7 + 10} = \frac{470}{30}.$$

L'âge moyen des adhérents du club est de **15,7 ans**, valeur arrondie au dixième.

4. Il y a proportionnalité entre l'effectif et la mesure de l'angle. Le coefficient de proportionnalité est $180 \div 30$, soit 6.

Âge	14 ans	15 ans	16 ans	17 ans	Total
Nombre d'adhérents	7	6	**7**	10	30
Mesure de l'angle (en degrés)	**42**	**36**	**42**	**60**	180

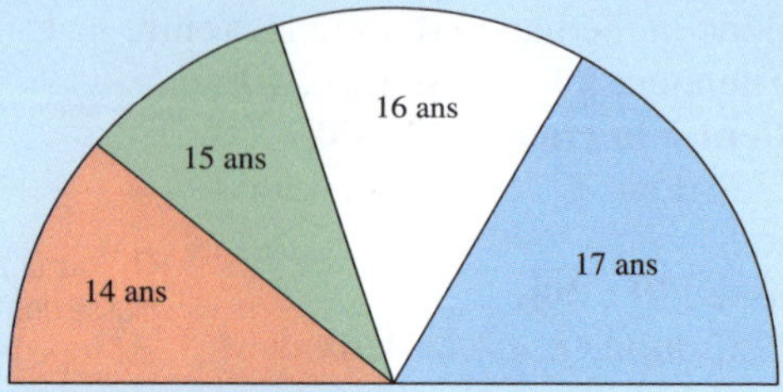

6 → *Énoncé p. 122*

1. On effectue une moyenne pondérée.

$$m = \frac{3\times1+5\times2+7\times1+8\times5+10\times4+11\times1+13\times7+14\times3+17\times2}{1+2+1+5+4+1+7+3+2}$$

$$= \frac{278}{26}.$$

Arrondie à l'unité, la moyenne est de 11.

2. Pour déterminer la note médiane et les quartiles, on détermine d'abord les effectifs cumulés croissants (ECC).

Notes	3	5	7	8	10	11	13	14	17
Effectifs	1	2	1	5	4	1	7	3	2
ECC	1	3	4	9	13	14	21	24	26

Il y a 26 notes, donc la note médiane est la moyenne entre la 13e note et la 14e note qui valent respectivement 10 et 11.
La note médiane est 10,5.
On a $0{,}25 \times 26 = 6{,}5$, donc le rang de Q_1 est 7.
Il y a 4 valeurs inférieures ou égales à 7 et 9 valeurs inférieures ou égales à 8, donc la septième valeur de la série ordonnée est un 8.

Rappel
Pour déterminer une médiane d'une série de n valeurs (n pair), on calcule la valeur moyenne des deux valeurs centrales de la série ordonnée, c'est-à-dire la moyenne des valeurs de rangs $\frac{n}{2}$ et $\frac{n}{2}+1$.
Dans un calcul de rang de quartile, on arrondit toujours par excès.

Q_1 vaut 8.
On a $0{,}75 \times 26 = 19{,}5$, donc le rang de Q_3 est 20. Comme le plus petit effectif cumulé croissant supérieur à 20 est celui de la valeur 13.
Q_3 vaut 13.

3. D'après le tableau avec les effectifs cumulés croissants, il y a 9 notes inférieures ou égales à 8 parmi les 26 notes.

On a $\frac{9}{26} \approx 0{,}3461$,

donc **34,6 % des élèves ont une note inférieure ou égale à 8.**

7 → Énoncé p. 122

1.

x_i	0	1	2	3	4	5
n_i	18	21	22	9	5	2
ECC	18	39	61	70	75	77

Il y a 77 valeurs donc la médiane est la $\frac{77+1}{2}^{e}$ valeur, soit la 39e valeur.

La médiane vaut 1.

On a $0{,}25 \times 77 = 19{,}25$, donc le rang de Q_1 est 20 et $\boldsymbol{Q_1}$ **vaut 1.**

On a $0{,}75 \times 77 = 57{,}75$, donc le rang de Q_3 est 58 et $\boldsymbol{Q_3}$ **vaut 2.**

Remarque

Il est indispensable d'utiliser les effectifs cumulés croissants pour déterminer la médiane et les quartiles Q_1 et Q_3 car c'est une série qui comporte 77 valeurs et non 6.

2.

x_i	0	1	2	3	4	5
n_i	31	21	22	9	5	2
ECC	31	52	74	83	88	90

Il y a 90 valeurs donc la médiane est la moyenne entre la 45e valeur et la 46e valeur. Ces deux valeurs valent 1, donc **la médiane vaut 1**.

On a $0{,}25 \times 90 = 22{,}5$, donc le rang de Q_1 est 23 et $\boldsymbol{Q_1}$ **vaut 0**.

On a $0{,}75 \times 90 = 67{,}5$, donc le rang de Q_3 est 68 et $\boldsymbol{Q_3}$ **vaut 2**.

8 → Énoncé p. 123

On a : $\dfrac{0{,}35 \times 4 + 0{,}65 \times 2{,}6}{0{,}35 + 0{,}65} = \dfrac{3{,}09}{1}$.

Le prix du kilogramme du mélange arabica-robusta est **3,09 euros**.

Conseil

On pourrait calculer les masses de chacun des deux composants dans le mélange pour en déterminer le prix, mais un simple calcul de moyenne pondérée suffit ici.

9 → Énoncé p. 123

1. a) Comme l'effectif total est de 100, le quartile Q_1 correspond à un effectif cumulé croissant de $0{,}25 \times 100$, soit de **25** et le quartile Q_3 correspond à un effectif cumulé croissant de $0{,}75 \times 100$, soit de **75**.

b) Graphiquement, une valeur approchée de Q_1 est **6 h 10 min** et une valeur approchée de Q_3 est **7 h 50 min**.

c) L'écart interquartile est 7 h 50 min − 6 h 10 min, soit **1 h 40 min**.

Remarque

Attention à ne pas mélanger les heures décimales avec les heures-minutes.

1 h = 60 min, donc $\frac{1}{6}$ h = 10 min.

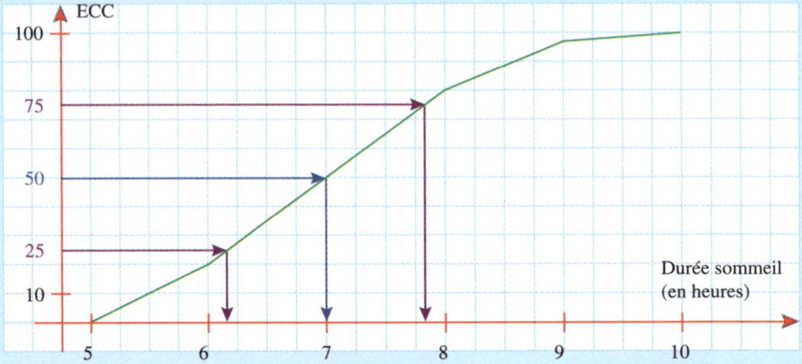

2. a) La médiane est théoriquement la moyenne entre la 50e valeur et la 51e valeur. Graphiquement, on détermine une valeur approchée de la médiane en lisant la durée correspondant à un effectif cumulé croissant de 50.

b) Une valeur approchée de cette médiane est **7 heures**.

10 → *Énoncé p. 124*

1. Pour Louna, la moyenne est $\bar{x} = \dfrac{9 + 10 + 8 + 10 + 13}{5} = \dfrac{50}{5} = \mathbf{10}$.

L'écart type est $\sigma = \sqrt{\dfrac{(9-10)^2 + (10-10)^2 + (8-10)^2 + (10-10)^2 + (13-10)^2}{5}}$, soit environ **1,67**.

Pour Noah, la moyenne est $\bar{x} = \dfrac{7 + 14 + 9 + 12 + 8}{5} = \dfrac{50}{5} = \mathbf{10}$.

L'écart type est $\sigma = \sqrt{\dfrac{(7-10)^2 + (14-10)^2 + (9-10)^2 + (12-10)^2 + (8-10)^2}{5}}$, soit environ **2,61**.

2. Louna et Noah ont la même moyenne, mais ayant un écart type plus petit, **Louna a des résultats plus réguliers que Noah.**

Rappel

L'écart type mesure une dispersion des valeurs par rapport à la moyenne. Plus l'écart type est petit, plus les valeurs sont regroupées proches de la moyenne.

11 → *Énoncé p. 124*

On donne le tableau suivant :

Valeurs x_i	3	5	7	9	11	13
Effectifs e_i	4	2	6	5	2	1

1. La moyenne pondérée est :

$$\bar{x} = \frac{4 \times 3 + 2 \times 5 + 6 \times 7 + 5 \times 9 + 2 \times 11 + 1 \times 13}{4 + 2 + 6 + 5 + 2 + 1} = \frac{144}{20} = \mathbf{7{,}2}.$$

2. L'écart type est :

$$\sigma = \sqrt{\frac{4(3-7{,}2)^2 + 2(5-7{,}2)^2 + 6(7-7{,}2)^2 + 5(9-7{,}2)^2 + 2(11-7{,}2)^2 + 1(13-7{,}2)^2}{20}},$$

soit environ **2,82**.

12 → *Énoncé p. 124*

Conseil

Afin de déterminer facilement les médianes et les quartiles, on peut compléter le tableau avec les effectifs cumulés croissants pour chaque matière.

Notes	3	4	5	6	7	8	9	10	11	12	13	14	15	16	17
Effectif en français	0	0	0	0	3	5	3	7	6	3	2	1	0	0	0
ECC	**0**	**0**	**0**	**0**	**3**	**8**	**11**	**18**	**24**	**27**	**29**	**30**	**30**	**30**	**30**
Effectif en mathématiques	1	1	2	1	3	4	2	3	1	3	2	4	2	0	1
ECC	**1**	**2**	**4**	**5**	**8**	**12**	**14**	**17**	**18**	**21**	**23**	**27**	**29**	**29**	**30**

1. a) • Pour le français, on a :

$$m = \frac{3\times 7 + 5\times 8 + 3\times 9 + 7\times 10 + 6\times 11 + 3\times 12 + 2\times 13 + 1\times 14}{3+5+3+7+6+3+2+1} = \frac{300}{30} = 10.$$

Il y a 30 valeurs donc la médiane est la moyenne des 15e et 16e notes qui valent toutes deux 10. **La moyenne et la médiane en français sont de 10.**

• Pour les mathématiques, on a :

$$m = \frac{1\times 3 + 1\times 4 + 2\times 5 + ... + 4\times 14 + 2\times 15 + 1\times 17}{1+1+2+1+3+4+2+3+1+3+2+4+2+1} = \frac{300}{30} = 10.$$

Il y a 30 valeurs, donc la médiane est la moyenne des 15e et 16e notes qui valent toutes deux 10. **La moyenne et la médiane en mathématiques sont de 10.**

b) Ces deux caractéristiques de position **ne permettent pas de distinguer** les notes des deux matières.

2. a) • Pour le français, l'écart type est :

$$\sigma = \sqrt{\frac{3(7-10)^2 + 5(8-10)^2 + ... + 3(12-10)^2 + 1(14-10)^2}{30}}$$, soit environ 1,84.

On a $0{,}25 \times 30 = 7{,}5$, donc le rang de Q_1 est 8 et Q_1 vaut 8.

On a $0{,}75 \times 30 = 22{,}5$, donc le rang de Q_3 est 23 et Q_3 vaut 11.

L'écart interquartile vaut $Q_3 - Q_1 = 11 - 8$, soit **3**.

• Pour les mathématiques, l'écart type est :

$$\sigma = \sqrt{\frac{1(3-10)^2 + 2(4-10)^2 + ... + 0(16-10)^2 + 1(17-10)^2}{30}}$$, soit environ 3,61.

Le rang de Q_1 est 8 et Q_1 vaut 7.

Le rang de Q_3 est 23 et Q_3 vaut 13.

L'écart interquartile vaut $Q_3 - Q_1 = 13 - 7$, soit **6**.

b) Ces deux caractéristiques de dispersion montrent que **les notes de français sont plus regroupées** autour de la moyenne et de la médiane **que celles de mathématiques**.

13 → *Énoncé p. 124*

1. La moyenne de la série est :

$$\bar{x} = \frac{2{,}4 + 15{,}8 + ... + 16{,}9 + 27{,}5}{11} = \frac{176{,}3}{11}$$, soit environ **16,03**.

En supprimant les valeurs 2,4 et 27,5, la moyenne élaguée est :

> **Conseil**
> Dans une série, il arrive que certaines valeurs extrêmes soient considérées comme aberrantes. En les supprimant pour déterminer la moyenne, on obtient une moyenne élaguée.

$$m = \frac{15{,}8 + 15{,}9 + ... + 16{,}6 + 16{,}9}{9} = \frac{146{,}4}{9}$$, soit environ **16,27**.

2. La moyenne de la série étant 3,75 et l'effectif 240, la somme des 240 valeurs de la série vaut 3,75 × 240, soit **900**.
En supprimant les 5 valeurs très basses de somme 3, il reste 235 valeurs de somme 897.

> **Conseil**
> La connaissance de la moyenne d'une série et de son effectif total permet, en calculant leur produit, d'obtenir la somme des valeurs de cette série.

La moyenne de la série élaguée de ces 5 valeurs vaut $\frac{897}{235}$, soit **3,82**.

14 → *Énoncé p. 125*

Soit x la note recherchée pour le dernier devoir. On veut avoir :

$$\frac{7 + 13 + 11 + 9 + 5 + 2x}{1 + 1 + 1 + 1 + 1 + 2} = 10 \Leftrightarrow \frac{45 + 2x}{7} = 10$$

$$\Leftrightarrow 45 + 2x = 70 \Leftrightarrow 2x = 70 - 45 \Leftrightarrow x = 25 \div 2 \Leftrightarrow x = 12{,}5.$$

Martin doit avoir 12,5 au prochain contrôle pour obtenir 10 de moyenne.

15 → *Énoncé p. 125*

1. En enlevant 120 à chaque valeur, on obtient comme nouvelle série, les nombres : 1 ; 8 ; −3 ; −4 ; 0 ; 4 ; 3 ; −1. La somme de ces huit valeurs vaut **8**.
La moyenne y de cette nouvelle série est donc 1.

2. La moyenne de la série de départ est donc :
1 + 120, soit **121**.

> **Remarque**
> En enlevant (ou en ajoutant) une même valeur *a* à toutes les valeurs d'une série, la moyenne est diminuée (ou augmentée) de cette valeur *a*.

16 → *Énoncé p. 125*

On sait que l'effectif total est 20 et que la moyenne est 2,85. On a donc :

$$\begin{cases} a + 5 + 6 + b + 2 = 20 \\ \dfrac{1 \times a + 2 \times 5 + 3 \times 6 + 4 \times b + 5 \times 2}{20} = 2{,}85 \end{cases}$$

> **Remarque**
> Pour résoudre un problème comportant 2 inconnues, il faut trouver un système de 2 équations avec ces 2 inconnues, puis résoudre ce système.

$$\Leftrightarrow \begin{cases} a + b + 13 = 20 & \text{(A)} \\ a + 4b + 38 = 2{,}85 \times 20 & \text{(B)} \end{cases}$$

On résout par combinaison en faisant la différence des deux équations.

(B) − (A) $\Leftrightarrow 4b - b + 38 - 13 = 57 - 20$
$\Leftrightarrow 3b + 25 = 37$
$\Leftrightarrow 3b = 37 - 25$
$\Leftrightarrow b = 12 \div 3$
$\Leftrightarrow b = 4.$

On a alors :

(A) $\Leftrightarrow a = 20 - 13 - b \Leftrightarrow a = 20 - 13 - 4$
$\Leftrightarrow a = 3.$

Les nombres recherchés sont **$a = 3$ et $b = 4$**.

17 → *Énoncé p. 125*

1. **Il manque le centre de la dernière classe (ou sa borne maximale)** pour calculer une approximation de la moyenne.

2. a)

Durée	[0 ; 10[	[10 ; 15[	[15 ; 20[	[20 ; 25[	Plus de 30	Total
Effectif	972	924	826	1 069	1 021	4 812
Fréquence (%)	20,2	19,2	17,2	22,2	21,2	100
Fréquence cumulée croissante (%)	20,2	39,4	56,6	78,8	100	

On choisit arbitrairement 60 comme durée maximale.

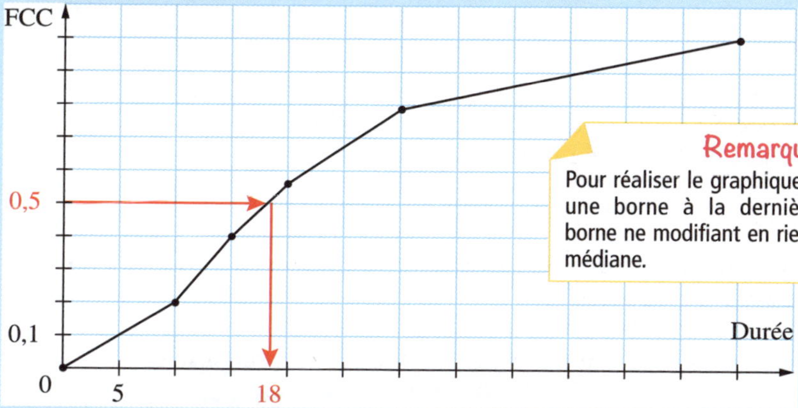

Remarque

Pour réaliser le graphique, il faut proposer une borne à la dernière classe, cette borne ne modifiant en rien la lecture de la médiane.

b) Graphiquement, **le temps médian peut être estimé à 18 heures**.

3. Le temps moyen de 21 h est calculé à partir des données brutes, non regroupées. Le calcul est donc plus précis et tient compte des valeurs extrêmes qui peuvent être grandes et influer sur la moyenne mais pas sur la médiane.

18 → *Énoncé p. 126*

On a 20 % de remise sur l'article à 180 €.

On a : $180 \times (1 - \frac{20}{100}) = 144$.

L'article coûte 144 €.

> **Rappel**
> Diminuer une valeur de *a* % revient à la multiplier par $(1 - \frac{a}{100})$.

19 → *Énoncé p. 126*

Le salaire augmente de 3,7 %.

On a : $1\,100 \times (1 + \frac{3,7}{100}) = 1\,140,7$.

Le nouveau salaire est de 1 140,70 €.

> **Rappel**
> Augmenter une valeur de *a* % revient à la multiplier par $(1 + \frac{a}{100})$.

20 → *Énoncé p. 126*

1. La valeur x augmente de 8 %, donc elle est multipliée par $(1 + \frac{8}{100})$, soit 1,08.
On a donc : $\boldsymbol{y = 1{,}08x}$.

2. On a : $1,08 \times 329 = 355,32$.
Le prix du casque après augmentation est 355,32 euros.

3. Soit x le prix du téléviseur avant augmentation ; on veut :
$1,08x = 540$, soit $x = 540 \div 1,08 = 500$.
Avant augmentation, le téléviseur coûtait 500 euros.

> **Rappel**
> Pour retrouver la valeur initiale d'une valeur qui a subi une variation en pourcentage, on pose une équation avec le coefficient multiplicateur.

21 → *Énoncé p. 126*

Un objet coûte 12 000 €.
Le prix augmente de 5 %. On a : $12\,000 \times 1,05 = 12\,600$.
Le nouveau prix sera de **12 600 € : réponse a**.

22 → *Énoncé p. 126*

En 3e A, il y a 40 % de filles parmi 30 élèves, soit 12 filles et en 3e B, il y a 60 % de filles parmi 20 élèves soit 12 filles.
Il y a en tout 24 filles parmi 50 élèves, soit 48 %.
Lorsque les deux classes sont réunies, **il y a 48 % de filles : réponse b**.

23 → *Énoncé p. 127*

> **Rappel**
> Si P_A est le pourcentage d'une sous-population *A* dans une population *E* et si P_B est le pourcentage d'un groupe *B* dans la sous-population *A*, alors le pourcentage du groupe *B* dans la population *E* est $P_A \times P_B$.

1. Parmi les élèves du lycée, la proportion de lycéennes qui sont en série ST2S est 90 % des 15 %, soit :
$0,90 \times 0,15 = 0,135$, c'est-à-dire **13,5 %**.

2. Soit x la proportion d'élèves de ce lycée en série générale.
On a $x \times 60\ \% = 38\ \% \Leftrightarrow 0{,}6x = 0{,}38$
$\Leftrightarrow x = 0{,}38 \div 0{,}6 \Leftrightarrow x \approx 0{,}633$
63,3 % des élèves de ce lycée sont en série générale.

24 → *Énoncé p. 127*

Rappel
Variation absolue : $V_F - V_I$
Variation relative : $\dfrac{V_F - V_I}{V_I}$

1. La variation absolue du prix est 47,50 € – 49,20 € = **– 1,70 €.**

2. La variation relative de ce prix est $\dfrac{47{,}50 - 49{,}20}{49{,}20} \approx -0{,}035$.

Cela correspond à une **baisse de 3,5 %**.

25 → *Énoncé p. 127*

1. On a $\dfrac{V_F - V_I}{V_I} = \dfrac{25 - 35}{35} \approx -0{,}286$. **Le pourcentage de réduction est 28,6 %**.

2. On a $\dfrac{V_F - V_I}{V_I} = \dfrac{230 - 225}{225} \approx -0{,}022$. **Le pourcentage d'augmentation est 2,2 %**.

26 → *Énoncé p. 127*

Une baisse de 30 % correspond à un taux t de – 0,3.

On veut t' tel que $(\mathbf{1} + \mathbf{t})(\mathbf{1} + t') = 1 \Leftrightarrow 1 + t' = \dfrac{1}{1+t} \Leftrightarrow t' = \dfrac{1}{1+t} - 1$

$$\Leftrightarrow t' = \frac{1}{0{,}7} - 1.$$ On a $t' \approx 0{,}429$.

Le commerçant doit augmenter les prix de 42,9 % après la baisse pour retrouver les valeurs de départ.

27 → *Énoncé p. 128*

1. a) Dans la cellule D2, on peut écrire la formule **=B2*(1+C2).**
b) Dans la colonne D, on a les valeurs **13,00 ; 6,08 ; 13,68 ; 14,11 ; 8,01** et **11,21**.

2. Le commerçant établit les factures à partir des nouveaux prix à l'aide du tableur.
a) Dans la cellule G2, le commerçant peut écrire la formule **=D2*F2**.
b) La formule à mettre dans la cellule G8 peut être **=somme(G2:G7)**.

3. Les prix donnés sont TTC avec un taux de TVA de 20 %.
a) Dans la cellule G11, on peut écrire **=G8/1,2**.
b) Dans la cellule G10, on peut écrire **=G11–G8**.

4. Le montant total à payer est :
$13{,}00 \times 5 + 6{,}08 \times 2 + 13{,}68 \times 3 + 14{,}11 \times 4 + 8{,}01 \times 5 + 11{,}21 \times 6$ soit **281,95** euros.
Le montant hors TVA est 281,95 ÷ 1,2, soit 234,96.
Le montant de la TVA est 281,95 – 234,96, soit **46,99 euros**.

INTERROGATION ÉCRITE

Exercice 1 → Énoncé p. 129

Partie A

Pour la série statistique 13 – 7 – 11 – 10 – 15 – 8, la moyenne est :

$$\bar{x} = \frac{13 + 7 + 11 + 10 + 15 + 8}{6}$$
$$= \frac{64}{6} = \frac{32}{3}.$$

L'écart type de cette série est :

$$\sigma = \sqrt{\frac{\left(13 - \frac{32}{3}\right)^2 + \left(7 - \frac{32}{3}\right)^2 + \left(11 - \frac{32}{3}\right)^2 + \left(10 - \frac{32}{3}\right)^2 + (15 - \frac{32}{3})^2 + \left(8 - \frac{32}{3}\right)^2}{6}}$$ soit environ **2,75**.

Partie B

On effectue une moyenne pondérée.

$$\bar{x} = \frac{18 \times 3 + 20 \times 4 + 32 \times 6 + 34 \times 5 + 35 \times 2}{3 + 4 + 6 + 5 + 2} = \frac{566}{20} = \mathbf{28,3}.$$

Valeur	18	20	32	34	35
Effectif	3	4	6	5	2
ECC	3	7	13	18	20

La série comporte 20 valeurs.

La médiane est la moyenne entre la 10e valeur et la 11e valeur, qui valent toutes les deux 32.

La médiane est 32.

Le rang du premier quartile est 20 × 1 ÷ 4, soit 5.

Q_1 est la cinquième valeur, soit **20**.

Le rang du troisième quartile est 20 × 3 ÷ 4, soit 15.

Q_3 est la quinzième valeur, soit **34**.

Rappel

Pour déterminer la médiane et les quartiles d'une série comportant des effectifs, on utilise les effectifs cumulés croissants.

Exercice 2 → Énoncé p. 129

Le total d'âge des 25 élèves est 25 × 17 ans, soit 425 ans.

Le total d'âge des 25 élèves et de leur professeur est 26 × 18 ans, soit 468 ans.

L'âge du professeur est 468 ans – 425 ans, soit **43 ans**.

Exercice 3 → Énoncé p. 129

Partie A

1. Augmenter une valeur de 30 % revient à multiplier cette valeur par $\left(1+\frac{30}{100}\right)$, soit par 1,3.

Diminuer une valeur de 30 % revient à multiplier cette valeur par $\left(1-\frac{30}{100}\right)$, soit par 0,7.

Globalement, le prix de l'article est multiplié par $1{,}3 \times 0{,}7 = 0{,}91$.

On ne retrouve pas le prix de départ.

2. Soit t le taux d'augmentation qui permettra de retrouver le prix initial.

Il faut que le produit des coefficients multiplicateurs soit 1.

$$\left(1-\frac{20}{100}\right)\times\left(1+\frac{t}{100}\right)=1$$
$$\Leftrightarrow 0{,}8\left(1+\frac{t}{100}\right)=1$$
$$\Leftrightarrow 1+\frac{t}{100}=1\div 0{,}8$$
$$\Leftrightarrow \frac{t}{100}=1{,}25-1$$
$$\Leftrightarrow t=0{,}25\times 100.$$

Il faut une hausse de 25 % pour compenser la baisse de 20 %.

Partie B

1. Le pull à 15 € étant offert, il est payé 0 €.

On a $\frac{0-15}{15}=-1=-100\ \%$.

C'est une réduction de 100 %.

2. Pour chaque réduction, le prix est multiplié par $\left(1-\frac{50}{100}\right)$ soit par 0,5.

Le prix payé par le second client est $15\ € \times 0{,}5 \times 0{,}5$, soit **3,75 €**.

CHAPITRE 6

Compléments numériques

1 Multiples - diviseurs

Définitions

■ Soit a, b et n trois entiers **naturels** non nuls tels que $n = a \times b$.
a et b sont des **diviseurs** de n et n est un **multiple** de a et de b.
Remarque : pour tout entier non nul, $n = 1 \times n$ donc 1 et n sont des diviseurs de n.

■ Un entier naturel n est dit **pair**, s'il est divisible par 2, c'est-à-dire s'il existe un entier k tel que $\boldsymbol{n = 2k}$.

■ Un entier naturel n est dit **impair**, s'il n'est pas divisible par 2, c'est-à-dire s'il existe un entier k tel que $\boldsymbol{n = 2k + 1}$.

■ On appelle **nombre premier** tout entier naturel n admettant exactement deux diviseurs 1 et lui-même.

■ La liste des nombres premiers commence par :

2 – 3 – 5 – 7 – 11 – 13 – 17 – 19 – 23 – 29.

2 Puissances

A. Définitions

Soit a un nombre non nul.
Si n est un entier ($n > 1$), on a :

$$a^n = \underbrace{a \times a \times a \times \ldots \times a}_{n \text{ facteurs } a} \qquad a^1 = a \qquad a^0 = 1.$$

a^n se lit ***a* puissance *n***.

Pour tout entier n : $a^{-n} = \dfrac{1}{a^n}$.

Ex. : $2^4 = 2 \times 2 \times 2 \times 2 = 16$; $5^{-2} = \dfrac{1}{5^2} = \dfrac{1}{5 \times 5} = \dfrac{1}{25} = 0{,}04$.

B. Règles de calcul

Soit m et n des entiers et a et b deux nombres non nuls.

$$a^n \times a^m = a^{n+m} \qquad (a^n)^m = a^{n\times m} \qquad \frac{a^n}{a^m} = a^{n-m}$$

$$(ab)^n = a^n b^n \qquad \left(\frac{a}{b}\right)^n = \frac{a^n}{b^n}$$

C. Puissances de 10

Soit n un entier positif.
On a : $10^n = 1000\ldots000$ avec n chiffres 0 et $10^{-n} = 0{,}00\ldots1$ avec n décimales.
***Ex.* :** $10^3 = 1\,000$; $10^{-2} = 0{,}01$; $10^{-4} = 0{,}000\,1$.

- Multiplier par 10^n revient à déplacer la virgule de n rangs vers la droite.
- Multiplier par 10^{-n} revient à déplacer la virgule de n rangs vers la gauche.

D. Notation scientifique

On appelle **notation scientifique**, une écriture de la forme $a \times 10^n$, avec a nombre décimal compris entre 1 (inclus) et 10 exclu et n un entier relatif.
***Ex.* :** $2{,}7 \times 10^{-3}$ est la notation scientifique de 0,0027.

***Attention* !** Les puissances sont prioritaires sur les autres opérations en particulier sur les multiplications. Ainsi, on a $3x^2 \neq (3x)^2 = 9x^2$.

3 Encadrement par des décimaux à 10^{-n} près

Soit x un réel et n un entier naturel.
Il existe un entier a tel que $a \times 10^{-n} \leqslant x < (a+1) \times 10^{-n}$.
C'est un **encadrement de x par deux décimaux** à 10^{-n} près.
$a \times 10^{-n}$ est une valeur **approchée par défaut** de x à 10^{-n} près.
$(a+1) \times 10^{-n}$ est une valeur **approchée par excès** de x à 10^{-n} près.
***Ex.* :** $\sqrt{2} \approx 1{,}4142$ donc on a $1{,}414 \leqslant \sqrt{2} < 1{,}415$, soit :
$1\,414 \times 10^{-3} \leqslant \sqrt{2} < 1\,415 \times 10^{-3}$. C'est un encadrement de $\sqrt{2}$ à 10^{-3} près.
1,414 est une valeur approchée par défaut de $\sqrt{2}$ à 10^{-3} près.
1,415 est une valeur approchée par excès de $\sqrt{2}$ à 10^{-3} près.

4 Racine carrée

A. Définition

Soit a un **nombre positif** : on appelle **racine carrée** de a le nombre positif dont le carré vaut a. La racine carrée de a se note :

$$\sqrt{a} \text{ et on a } \sqrt{a^2} = a \text{ et } \left(\sqrt{a}\right)^2 = a.$$

B. Règles de calcul

a et b sont deux nombres positifs. On a les règles de calcul suivantes :

$$\sqrt{a \times b} = \sqrt{a} \times \sqrt{b} \qquad \sqrt{a^2 \times b} = a\sqrt{b} \qquad \sqrt{\frac{a}{b}} = \frac{\sqrt{a}}{\sqrt{b}} (\text{si } b \neq 0).$$

- L'équation $x^2 = a$ avec $a < 0$ n'a pas de solution.
- L'équation $x^2 = a$ avec $a > 0$ a deux solutions : $x = \sqrt{a}$ et $x = -\sqrt{a}$.

5 Valeur absolue

A. Définitions

Soit a un réel. On appelle valeur absolue de a le nombre noté $|a|$ définie par :

$$|a| = a \text{ si } a \geqslant 0 \qquad |a| = -a \text{ si } a \leqslant 0.$$

- Soit a et b deux nombres. $|a - b|$ est la **distance entre les nombres** a et b.

Ex. **:** $|2{,}3| = 2{,}3$ car $2{,}3 > 0$; $|-7{,}1| = -(-7{,}1)$ car $-7{,}1 < 0$.
La distance entre les nombres 3 et -5 est $|3 - (-5)| = |8| = 8$.

B. Propriétés

Soit a un réel. $|a|$ est un nombre positif.

- Soit a un réel et r un réel strictement positif.

L'ensemble des nombres x tels que $|x - a| \leqslant r$ est l'intervalle $[a - r\ ;\ a + r]$ de centre a et d'amplitude $2r$.

COMMENT FAIRE

1 Déterminer les diviseurs d'un entier

EXERCICE TYPE

Déterminer les diviseurs de 72.

CORRIGÉ COMMENTÉ

On calcule la racine carrée de 72.

On a $\sqrt{72} \approx 8{,}5$.

On teste la divisibilité de 72 par les entiers compris entre 1 et 8,5.

$72 \div 1 = 72$ **donc 1 et 72 sont des diviseurs de 72**

$72 \div 2 = 36$; **donc 2 et 36 sont des diviseurs de 72**

$72 \div 3 = 24$; $72 \div 4 = 18$;

$72 \div 5 = 14{,}4$; **donc 5 n'est pas un diviseur de 72**

$72 \div 6 = 12$; $72 \div 7 \approx 10{,}3$; $72 \div 8 = 9$.

Les diviseurs de 72 sont **1, 2 , 3 , 4 , 6 , 8 , 9 , 12 , 18 , 24 , 36 et 72.**

> **Rappel**
> Si a divise n, alors a et $n \div a$ sont des diviseurs de n.

À RETENIR

Pour déterminer les diviseurs d'un entier naturel non nul *n* :
- on calcule la racine carrée de n ;
- pour chaque entier a compris entre 1 et n, si a divise n, alors a et $n \div a$ sont des diviseurs de n.

2 Déterminer la notation scientifique d'un nombre décimal

EXERCICE TYPE

Donner les notations scientifiques des nombres :

$a = 4\,785{,}69$ $b = 0{,}023$ $c = -\,10\,000\,000$.

CORRIGÉ COMMENTÉ

On cherche à placer la virgule à droite du premier chiffre non nul.

$a = 4\,785{,}69$ **il faut déplacer la virgule de 3 rangs vers la gauche.**

$\boldsymbol{a = 4{,}785\,69 \times 10^3}$

$b = 0{,}023$ **il faut déplacer la virgule de 2 rangs vers la droite.**

$\boldsymbol{b = 2{,}3 \times 10^{-2}}$

$c = -10\,000\,000$

Il faut déplacer la virgule de 7 rangs vers la gauche.

$\mathbf{c = -1 \times 10^7}$

Remarque

Un nombre entier est un nombre décimal, dont la virgule est à droite du chiffre des unités et la partie décimale est nulle.

À RETENIR

À partir de l'écriture décimale, pour avoir la notation scientifique :
- on place la virgule à droite du premier chiffre non nul en comptant de combien de rangs on la déplace pour avoir la valeur de l'exposant de 10 ;
- si on déplace la virgule vers la droite, la puissance est négative ;
- si on déplace la virgule vers la gauche, la puissance est positive.

3 Simplifier une racine carrée

EXERCICE TYPE

Écrire $\sqrt{98}$ sous la forme $a\sqrt{b}$ avec a et b entiers, b le plus petit possible.

CORRIGÉ COMMENTÉ

On écrit 98 sous la forme $a^2 \times b$ avec a et b entiers.

$\sqrt{98} = \sqrt{7^2 \times 2}$

On applique la formule $\sqrt{a^2 \times b} = a\sqrt{b}$.

$\sqrt{98} = 7\sqrt{2}$

À RETENIR

Pour simplifier la racine carrée d'un entier n :
- on écrit n sous la forme $a^2 \times b$ avec a et b entiers (b le plus petit possible) ;
- on applique la formule $\sqrt{a^2 \times b} = a\sqrt{b}$.

4 Simplifier une somme algébrique avec des racines carrées

EXERCICE TYPE

Soit $E = \sqrt{50} - 8\sqrt{2}$ et $F = \sqrt{96} + 5\sqrt{6} - 3\sqrt{150}$.
Écrire E et F sous la forme $a\sqrt{b}$ avec a et b entiers, b le plus petit possible.

CORRIGÉ COMMENTÉ

On commence par simplifier $\sqrt{50}$ pour faire apparaître $\sqrt{2}$ dans les deux termes.

$E = \sqrt{5^2 \times 2} - 8\sqrt{2} = 5\sqrt{2} - 8\sqrt{2}$.

On factorise par $\sqrt{2}$.

$E = (5 - 8)\sqrt{2} = -3\sqrt{2}$.

On écrit 96 et 150 comme produit de carrés d'entiers par 6.

$F = \sqrt{4^2 \times 6} + 5\sqrt{6} - 3\sqrt{5^2 \times 6}$.

On simplifie les racines carrées, puis on factorise par la racine commune.

$F = 4\sqrt{6} + 5\sqrt{6} - 3 \times 5\sqrt{6} = (4 + 5 - 15)\sqrt{6}$.

On a donc $\boldsymbol{F = -6\sqrt{6}}$.

À RETENIR

Pour simplifier une somme algébrique avec des racines carrées :
- on commence par simplifier chaque racine carrée ;
- on factorise par les racines carrées communes et on réduit.

5 Associer une inéquation à un intervalle

EXERCICE TYPE

Soit $I = [-1 ; 8]$. Déterminer deux réels a et r tels que I soit l'ensemble des solutions de l'inéquation $|x - a| \leqslant r$.

CORRIGÉ COMMENTÉ

On détermine a, le centre de l'intervalle, comme moyenne des extrémités.

$$a = \frac{-1 + 8}{2} = 3{,}5$$

On calcule r comme moitié de l'amplitude de l'intervalle.

On a $2r = 8 - (-1) \Leftrightarrow 2r = 9$

$\Leftrightarrow r = 4{,}5$.

$\boldsymbol{I = [-1 ; 8]}$ **est l'ensemble des solutions de** $\boldsymbol{|x - 3{,}5| \leqslant 4{,}5}$.

À RETENIR

Pour associer une inéquation $|x - a| \leqslant r$ à un intervalle donné :
- on détermine a, le centre de l'intervalle ;
- l'amplitude de l'intervalle est le double de r.

EXERCICES

1 8 min ★

Pour chaque entier, écrire tous les produits d'entiers naturels auxquels il est égal, puis donner l'ensemble de ses diviseurs.

***Ex.* :** $24 = 1 \times 24 = 2 \times 12 = 3 \times 8 = 4 \times 6$. Les diviseurs de 24 sont 1 ; 2 ; 3 ; 4 ; 6 ; 8 ; 12 et 24.

1. 21 ; **2.** 20 ;
3. 56 ; **4.** 37.

→ *Corrigé p. 155*

2 8 min ★★

1. Donner la liste des diviseurs de 48.

2. Donner la liste des diviseurs de 42.

3. Quels sont les diviseurs communs à 48 et à 42 ?
Donner le plus grand d'entre eux.

→ *Corrigé p. 155*

3 5 min ★

En justifiant, dire si les affirmations sont vraies ou fausses.

1. 432 est divisible par 32. **2.** 35 est un diviseur de 665.
3. 240 est un multiple de 48. **4.** Le nombre 60 a douze diviseurs.

→ *Corrigé p. 155*

4 6 min ★

Soit a et b deux multiples de 7.

1. Montrer que $a + b$ est un multiple de 7.

2. Montrer que $a - b$ est un multiple de 7.

→ *Corrigé p. 155*

5 6 min ★★

Le nombre caché dit :
« – Je suis un nombre entier compris entre 100 et 400.
– Je suis pair.
– Je suis divisible par 11.
– J'ai aussi 3 et 5 comme diviseur.
Qui suis-je ? »
Expliquer une démarche permettant de trouver le nombre caché et donner sa valeur.

→ *Corrigé p. 156*

6 6 min ★★

« Je prends un nombre entier. Je lui ajoute 3 et je multiplie le résultat par 7. J'ajoute le triple du nombre de départ au résultat et j'enlève 21. J'obtiens toujours un multiple de 10. »

Est-ce vrai ? Justifier.

→ Corrigé p. 156

7 8 min ★★

Écrire sous la forme x^n.

1. $2^3 \times 7^3$; **2.** $4^5 \times 3^5$; **3.** $3^2 \times 5^2$; **4.** 16×5^2 ; **5.** $7^3 \times 27$;
6. $8^3 \times 8^4$; **7.** $1{,}5^5 \times 1{,}5$; **8.** $(5^3)^4$; **9.** $(2{,}3^4)^2$; **10.** $(2^{50})^2$.

→ Corrigé p. 156

8 9 min ★★

Écrire chaque nombre sous forme d'un entier ou d'une fraction.

1. $\dfrac{2^8}{2^5}$; **2.** $\dfrac{7^3}{7^2}$; **3.** $\dfrac{5^2}{5^4}$; **4.** $\dfrac{17{,}1^4}{17{,}1^4}$; **5.** 5^{-3} ; **6.** $(2^{-2})^2$.

→ Corrigé p. 156

9 8 min ★★

Effectuer les calculs suivants.

1. $3 \times 4^2 + 5$; **2.** $2^4 - 2^3 \times 3$; **3.** $(11 - 6)^2 \times 4$
4. $6^3 \div 3^3 - (-2)^3$; **5.** $5^2 + 2 \times 3^3 - 24 \div 2^2$;

→ Corrigé p. 156

10 5 min ★

Donner l'écriture décimale des nombres suivants :

1. $4{,}675 \times 10^2$; **2.** $3{,}21 \times 10^4$; **3.** 14×10^6 ;
4. $146\,735{,}1 \times 10^{-5}$; **5.** $4{,}311 \times 10^{-6}$.

→ Corrigé p. 157

11 5 min ★★

Écrire les nombres suivants en notation scientifique :

1. 543 156 ; **2.** 0,000 123 ; **3.** 5 104,003 ; **4.** 0,105.

→ Corrigé p. 157

12 5 min ★★

Écrire les nombres suivants en notation scientifique :

1. 117×10^3 ; **2.** $0{,}068\,5 \times 10^4$; **3.** $40{,}09 \times 10^{-6}$.

→ Corrigé p. 157

13 5 min ★★

On pose : $B = \dfrac{15 \times 10^{-3} \times 7 \times 10^7}{5 \times 10^2}$.

Calculer B. Présenter le résultat sous la forme scientifique.

→ Corrigé p. 157

14 5 min ★★★

On pose : $\dfrac{15 \times (10^{-3})^2}{6 \times 10^5 \times 10^3}$.

Donner l'expression scientifique de B en indiquant toutes les étapes des calculs.

→ Corrigé p. 157

15 5 min ★★★

Voici les diamètres de quelques planètes du système solaire :

Vénus : $12{,}102 \times 10^3$ km ;

Terre : $127{,}56 \times 10^2$ km ;

Mars : $0{,}679\,6 \times 10^4$ km ;

Mercure : 4 878 km.

1. Exprimer chacune de ces données sous la forme $a \times 10^4$.

2. Classer ces planètes de la plus petite à la plus grande.

→ Corrigé p. 157

16 6 min ★

À l'aide d'une calculatrice, donner un encadrement à 10^{-5} de $\sqrt{3}$ par deux décimaux. En déduire des valeurs approchées de $\sqrt{3}$ à 10^{-5} près par défaut et par excès.

→ Corrigé p. 158

17 5 min ★

À l'aide d'une calculatrice, donner un encadrement à 10^{-3} de $\dfrac{3}{7}$ par deux décimaux.

En déduire des valeurs approchées à 10^{-3} près de $\dfrac{3}{7}$ par défaut et par excès.

→ Corrigé p. 158

18 6 min ★

Effectuer les produits suivants et donner chaque résultat sans radical.

1. $\sqrt{2} \times \sqrt{18}$; 2. $\sqrt{75} \times \sqrt{3}$; 3. $\sqrt{7} \times \sqrt{63}$;
4. $\sqrt{30} \times \sqrt{0,3}$; 5. $\sqrt{5} \times \sqrt{0,8}$; 6. $\sqrt{5} \times \sqrt{9,8}$.

→ Corrigé p. 158

19 10 min ★

Simplifier les racines carrées suivantes.

1. $\sqrt{28}$; 2. $\sqrt{50}$; 3. $\sqrt{75}$; 4. $\sqrt{396}$; 5. $\sqrt{450}$.

→ Corrigé p. 158

20 6 min ★★

Évaluer les expressions suivantes pour $x = \sqrt{5}$ et écrire chaque résultat sous la forme $a + b\sqrt{5}$.

1. $x^2 + 2x - 3$; 2. $3x^2 - 5x - 8$; 3. $(2x - 1)(x + 3)$.

→ Corrigé p. 158

21 5 min ★★

On pose : $C = 2\sqrt{50} - 5\sqrt{8} + 3\sqrt{200}$.
Calculer C. Présenter le résultat sous la forme $a\sqrt{2}$ où a est un entier.

→ Corrigé p. 159

22 5 min ★★

Écrire C sous la forme $a\sqrt{6}$ où a est un entier relatif : $C = \sqrt{96} + 5\sqrt{6} - 3\sqrt{150}$.

→ Corrigé p. 159

23 5 min ★★

On considère les nombres : $C = 5\sqrt{3} + 2\sqrt{27}$ et $D = 3\sqrt{2} \times \sqrt{6}$.
Écrire les nombres C et D sous la forme $a\sqrt{3}$, a étant un nombre entier.

→ Corrigé p. 159

24 5 min ★★

Pour la question suivante, choisissez la bonne réponse.
Quelle est la valeur exacte de : $\sqrt{4 + 16}$?

1. 10 ; 2. 6 ; 3. $2\sqrt{5}$; 4. 4,47.

→ Corrigé p. 159

25 5 min ★★

On donne : $C = \sqrt{12} - 5\sqrt{75} + 2\sqrt{147}$.

Écrire C sous la forme $a\sqrt{3}$, où a est un nombre entier.

→ Corrigé p. 159

26 5 min ★★

Pour la question suivante, choisissez la bonne réponse.

Le nombre $\sqrt{45} - \sqrt{20}$ est égal aussi à :

1. $\sqrt{25}$; **2.** $\sqrt{5}$; **3.** $5\sqrt{5}$.

→ Corrigé p. 159

27 5 min ★★

Pour la question suivante, choisissez la bonne réponse.

Quelle est la valeur exacte de $\dfrac{\sqrt{48}}{2}$?

1. $\sqrt{24}$; **2.** 3,464 ; **3.** $2\sqrt{3}$.

→ Corrigé p. 159

28 5 min ★★

Charlotte simplifie l'expression $C = \sqrt{63} + 2\sqrt{7} - 5\sqrt{28}$ et elle obtient $C = -5\sqrt{7}$.
Cette réponse vous semble-t-elle satisfaisante ? Justifier votre affirmation.

→ Corrigé p. 160

29 5 min ★★

Pour la question suivante, choisissez la bonne réponse.
Si $x = \sqrt{5}$ alors l'expression $x^2 + 3x - 1$ vaut :

1. $4 + 3\sqrt{5}$; **2.** $7\sqrt{5}$; **3.** $24 + 3\sqrt{5}$.

→ Corrigé p. 160

30 10 min ★

Dans chacun des cas, calculer la distance entre les nombres a et b.

1. $a = 2$ et $b = 7$; **2.** $a = 13$ et $b = -5$; **3.** $a = -4$ et $b = -10$;
4. $a = 3{,}2$ et $b = 7{,}5$; **5.** $a = 9{,}7$ et $b = -5{,}3$; **6.** $a = -0{,}1$ et $b = 0{,}1$.

→ Corrigé p. 160

31 5 min ★★

Résoudre les équations suivantes :

1. $|x-4| \leqslant 2$; **2.** $|x+3| \leqslant 4$; **3.** $|x-2{,}3| \leqslant 3{,}7$.

→ Corrigé p. 160

32 10 min ★★★

1. Résoudre l'inéquation $|x-1| \leqslant 1$.

2. Soit P la proposition « Si $|x-1| \leqslant 1$ alors $|x^2-1| \leqslant 3$ ».

a) Monter que P est vraie.

b) Énoncer la réciproque de P. Cette réciproque est-elle vraie ?

→ Corrigé p. 160

Le coin algorithmique

33 15 min ★★

Yanis décide d'utiliser un tableur pour l'aider à déterminer les diviseurs d'un entier n.

◇	A	B	C	D
1	a	n÷a	n=	582
2	1			
3	2			
4	3			
5	4			
6	5			
7	6			
8	7			

1. Mettre en place la feuille de tableur ci-dessus avec 101 lignes dans la colonne A.

2. Quelle formule peut-on mettre dans la cellule B2 ? La recopier vers le bas pour avoir le quotient de n par chacun des entiers de 1 jusqu'à 100.

3. À l'aide du tableur, déterminer les diviseurs de 582, puis ceux de 9 991.

→ Corrigé p. 161

INTERROGATION ÉCRITE

Exercice 1 10 min 5 points

1. a) Écrire la liste des diviseurs positifs de 48.
b) Écrire la liste des diviseurs positifs de 60.
c) En déduire la liste des diviseurs communs à 48 et à 60.
d) Quel est le plus grand de ces diviseurs communs ?
e) Recopier et compléter la phrase :
12 est le P… Grand C… D… de 48 et de 60 : on écrit alors PGCD(48 ; 60) =… .
2. Rechercher, de la même manière, le plus grand commun diviseur de 45 et de 75.

→ Corrigé p. 161

Exercice 2 10 min 5 points

1. a) Déterminer la distance entre les nombres 2 et – 6 ainsi que la distance entre les nombres 2 et 10.
b) Quel est l'ensemble des nombres dont la distance à 2 vaut 8 ?
2. Résoudre l'inéquation $|x + 5| \leqslant 4$.

→ Corrigé p. 162

Exercice 3 10 min 5 points

1. Calculer l'expression suivante : $B = \dfrac{150 \times 10^3 \times 8 \times 10^5}{6 \times 10^7}$.

Donner le résultat sous la forme $a \times 10^n$ avec a entier le plus petit possible.

2. On donne les nombres : $A = 5{,}23 \times 10^6$; $B = 231 \times 10^4$; $C = 0{,}04 \times 10^8$.
Ranger ces nombres dans l'ordre croissant.

→ Corrigé p. 162

Exercice 4 10 min 5 points

Effectuer les produits suivants et donner chaque résultat sans radical.

$A = 3\sqrt{7} \times 5\sqrt{28}$; $B = 0{,}5\sqrt{24} \times 3\sqrt{6}$;

$C = 3\sqrt{20} \times 0{,}2\sqrt{5}$; $D = -4\sqrt{2} \times (-3)\sqrt{0{,}5}$.

→ Corrigé p. 162

CORRIGÉS

1 → *Énoncé p. 148*

1. $21 = 1 \times 21 = 3 \times 7$. Les diviseurs de 21 sont **1, 3, 7 et 21**.

2. $20 = 1 \times 20 = 2 \times 10 = 4 \times 5$. Les diviseurs de 20 sont **1, 2, 4, 5, 10 et 20**.

3. $56 = 1 \times 56 = 2 \times 28 = 4 \times 14 = 7 \times 8$. Les diviseurs de 56 sont **1, 2, 4, 7, 8, 14, 28 et 56**.

4. $37 = 1 \times 37$. **Les diviseurs de 37 sont 1 et 37**.
N.B. : 37 est un nombre premier.

2 → *Énoncé p. 148*

1. On a $48 \div 1 = 48$, $48 \div 2 = 24$, $48 \div 3 = 16$, $48 \div 4 = 12$,
$48 \div 5 = 9{,}6$; $48 \div 6 = 8$.
Les diviseurs de 48 sont **1, 2, 3, 4, 6, 8, 12, 16, 24 et 48**.

2. On a $42 \div 1 = 42$, $42 \div 2 = 21$, $42 \div 3 = 14$, $42 \div 4 = 10{,}5$,
$42 \div 5 = 8{,}4$, $42 \div 6 = 7$.
Les diviseurs de 48 sont **1, 2, 3, 6, 7, 14, 21 et 42**.

3. Les diviseurs communs à 48 et à 42 sont **1, 2, 3 et 6**.
Le plus grand d'entre eux est **6**.
On note PGCD(48 ; 42) = 6.

> **Remarque**
> Le plus grand diviseur commun de deux entiers a et b se note PGCD (a ; b).

3 → *Énoncé p. 148*

1. $432 \div 32 = 13{,}5$. L'affirmation « 432 est divisible par 32 » est **fausse**.

2. $665 \div 35 = 19$. L'affirmation « 35 est un diviseur de 665 » est **vraie**.

3. $240 \div 48 = 5$. L'affirmation « 240 est un multiple de 48 » est **vraie**.

4. On a $60 = 1 \times 60 = 2 \times 30 = 3 \times 20 = 4 \times 15 = 5 \times 12 = 6 \times 10$.
Les diviseurs dc 60 sont 1, 2, 3, 4, 5, 6, 10, 12, 15, 20, 30 et 60.
L'affirmation « Le nombre 60 a douze diviseurs » est **vraie**.

4 → *Énoncé p. 148*

Soit a et b deux multiples de 7. Il existe deux entiers k et l tels que $a = 7k$ et $b = 7l$.

1. $a + b = 7k + 7l = 7(k + l)$ avec $k + l$ entier.
$a + b$ est un multiple de 7.

2. $a - b = 7k - 7l = 7(k - l)$ avec $k - l$ entier.
$a - b$ est un multiple de 7.

> **Remarque**
> De manière générale, si a et b sont deux multiples d'un entier n, alors leur somme $a + b$ et leur différence $a - b$ sont aussi des multiples de n.

5 → *Énoncé p. 148*

Le nombre caché est divisible par 2, par 3, par 5 et par 11.
Or, les nombres 2, 3, 5 et 11 sont deux à deux premiers entre eux.
Le nombre caché est donc divisible par leur produit $2 \times 3 \times 5 \times 11$, c'est-à-dire par 330.
De plus, le seul multiple de 330 compris entre 100 et 400 est 330.
Le nombre caché est 330.

> **Rappel**
> Des entiers naturels qui n'ont que 1 comme diviseur commun sont dits premiers entre eux.

6 → *Énoncé p. 149*

Soit n l'entier choisi. Le résultat obtenu est :
$(n + 3) \times 7 + 3n - 21 = 7n + 21 + 3n - 21 = 10n$.
C'est un multiple de 10.
L'affirmation est vraie.

> **Rappel**
> Les multiples de 10 sont les entiers que l'on peut écrire sous la forme $10n$ avec n entier.

7 → *Énoncé p. 149*

1. $2^3 \times 7^3 = (2 \times 7)^3 = \mathbf{14^3}$;
2. $4^5 \times 3^5 = (4 \times 3)^5 = \mathbf{12^5}$;
3. $3^2 \times 5^2 = (3 \times 5)^2 = \mathbf{15^2}$;
4. $16 \times 5^2 = 4^2 \times 5^2 = (4 \times 5)^2 = \mathbf{20^2}$;
5. $7^3 \times 27 = 7^3 \times 3^3 = (7 \times 3)^3 = \mathbf{21^3}$;
6. $8^3 \times 8^4 = 8^{3+4} = \mathbf{8^7}$;
7. $1{,}5^5 \times 1{,}5 = 1{,}5^{5+1} = \mathbf{1{,}5^6}$;
8. $(5^3)^4 = 5^{3\times 4} = \mathbf{5^{12}}$;
9. $(2{,}3^4)^2 = 2{,}3^{4\times 2} = \mathbf{2{,}3^8}$;
10. $(2^{50})^2 = 2^{50\times 2} = \mathbf{2^{100}}$.

8 → *Énoncé p. 149*

1. $\dfrac{2^8}{2^5} = 2^{8-5} = 2^3 = \mathbf{8}$;
2. $\dfrac{7^3}{7^2} = 7^{3-2} = 7^1 = \mathbf{7}$;
3. $\dfrac{5^2}{5^4} = 5^{2-4} = 5^{-2} = \dfrac{1}{5^2} = \mathbf{\dfrac{1}{25}}$;
4. $\dfrac{17{,}1^4}{17{,}1^4} = 17{,}1^{4-4} = 17{,}1^0 = \mathbf{1}$;
5. $5^{-3} = \dfrac{1}{5^3} = \mathbf{\dfrac{1}{125}}$;
6. $(2^{-2})^2 = 2^{-2\times 2} = 2^{-4} = \dfrac{1}{2^4} = \mathbf{\dfrac{1}{16}}$.

> **Rappel**
> $a^1 = a$
> $a^0 = 1$

9 → *Énoncé p. 149*

1. $3 \times 4^2 + 5 = 3 \times 16 + 5 = 48 + 5 = \mathbf{53}$;
2. $2^4 - 2^3 \times 3 = 16 - 8 \times 3 = 16 - 24 = \mathbf{-8}$;
3. $(11 - 6)^2 \times 4 = 5^2 \times 4 = 25 \times 4 = \mathbf{100}$;

> **Rappel**
> Les puissances sont prioritaires sur les autres opérations comme l'addition et la multiplication.

4. $6^3 \div 3^3 - (-2)^3 = (6 \div 3)^3 - (-8) = 2^3 + 8 = 8 + 8 = \mathbf{16}$;

5. $5^2 + 2 \times 3^3 - 24 \div 2^2 = 25 + 2 \times 27 - 24 \div 4 = \mathbf{73}$.

10 → Énoncé p. 149

1. $4{,}675 \times 10^2 = \mathbf{467{,}5}$;
2. $3{,}21 \times 10^4 = \mathbf{32\ 100}$;
3. $14 \times 10^6 = \mathbf{14\ 000\ 000}$;
4. $146\ 735{,}1 \times 10^{-5} = \mathbf{1{,}467\ 351}$;
5. $4{,}311 \times 10^{-6} = \mathbf{0{,}000\ 004\ 311}$.

11 → Énoncé p. 149

1. $543\ 156 = \mathbf{5{,}431\ 56 \times 10^5}$;
2. $0{,}000\ 123 = \mathbf{1{,}23 \times 10^{-4}}$;
3. $5\ 104{,}003 = \mathbf{5{,}104\ 003 \times 10^3}$;
4. $0{,}105 = 1{,}05 \times \mathbf{10^{-1}}$.

12 → Énoncé p. 150

1. $117 \times 10^3 = 1{,}17 \times 10^2 \times 10^3 = \mathbf{1{,}17 \times 10^5}$;
2. $0{,}068\ 5 \times 10^4 = 6{,}85 \times 10^{-2} \times 10^4 = \mathbf{6{,}85 \times 10^2}$;
3. $40{,}09 \times 10^{-6} = 4{,}009 \times 10^1 \times 10^{-6} = \mathbf{4{,}009 \times 10^{-5}}$.

Rappel

$10^n \times 10^m = 10^{n+m}$

13 → Énoncé p. 150

$$B = \frac{15 \times 10^{-3} \times 7 \times 10^7}{5 \times 10^2} = \frac{3 \times 5 \times 7}{5} \times 10^{-3+7-2} = 21 \times 10^2 = 2{,}1 \times 10^1 \times 10^2.$$

On a donc : $B = 2{,}1 \times 10^3$.

14 → Énoncé p. 150

$$B = \frac{15 \times (10^{-3})^2}{6 \times 10^5 \times 10^3} = \frac{15}{6} \times \frac{10^{-3\times2}}{10^{5+3}} = 2{,}5 \times 10^{-6-8}$$

On obtient : $\mathbf{B = 2{,}5 \times 10^{-14}}$.

15 → Énoncé p. 150

1. On obtient les diamètres suivants :
Vénus : $12{,}102 \times 10^3$ km $= 1{,}210\ 2 \times 10^1 \times 10^3$ km $= \mathbf{1{,}210\ 2 \times 10^4}$ **km** ;
Terre : $127{,}56 \times 10^2$ km $= 1{,}275\ 6 \times 10^2 \times 10^2$ km $= \mathbf{1{,}275\ 6 \times 10^4}$ **km** ;
Mars : $\mathbf{0{,}679\ 6 \times 10^4}$ **km** ;
Mercure : 4 878 km $= \mathbf{0{,}487\ 8 \times 10^4}$ **km**.

2. Dans l'ordre croissant de taille, on a :
Mercure, Mars, Vénus et Terre.

Remarque

Pour comparer des nombres écrits sous la forme $a \times 10^n$, il faut avoir la même puissance de 10.

16 → *Énoncé p. 150*

Une calculatrice donne $\sqrt{3} \approx 1{,}732050808$.
Un encadrement à 10^{-5} de $\sqrt{3}$ est $\mathbf{1{,}732\,05} \leqslant \sqrt{3} \leqslant \mathbf{1{,}732\,06}$.
Une valeur approchée par défaut à 10^{-5} de $\sqrt{3}$ est **1,732 05**.
Une valeur approchée par excès à 10^{-5} de $\sqrt{3}$ est **1,732 06**.

Remarque

$\sqrt{3}$ n'est pas un nombre décimal.

17 → *Énoncé p. 150*

Une calculatrice donne $\frac{3}{7} \approx 0{,}4285714286$.

Un encadrement à 10^{-3} de $\sqrt{3}$ est $\mathbf{0{,}428} \leqslant \frac{3}{7} \leqslant \mathbf{0{,}429}$.

Une valeur approchée par défaut à 10^{-3} de $\frac{3}{7}$ est **0,428**.

Une valeur approchée par excès à 10^{-3} de $\frac{3}{7}$ est **0,429**.

Remarque

De nombreux nombres rationnels tel que $\frac{3}{7}$ ne sont pas des décimaux.
On ne peut qu'en donner des valeurs décimales approchées.

18 → *Énoncé p. 151*

Remarque

$\sqrt{a} \times \sqrt{b} = \sqrt{a \times b}$

1. $\sqrt{2} \times \sqrt{18} = \sqrt{2 \times 18} = \sqrt{36} = \mathbf{6}$;
2. $\sqrt{75} \times \sqrt{3} = \sqrt{75 \times 3} = \sqrt{225} = \mathbf{15}$;
3. $\sqrt{7} \times \sqrt{63} = \sqrt{7 \times 63} = \sqrt{441} = \mathbf{21}$;
4. $\sqrt{30} \times \sqrt{0{,}3} = \sqrt{30 \times 0{,}3} = \sqrt{9} = \mathbf{3}$;
5. $\sqrt{5} \times \sqrt{0{,}8} = \sqrt{5 \times 0{,}8} = \sqrt{4} = \mathbf{2}$;
6. $\sqrt{5} \times \sqrt{9{,}8} = \sqrt{5 \times 9{,}8} = \sqrt{49} = \mathbf{7}$.

19 → *Énoncé p. 151*

1. $\sqrt{28} = \sqrt{2^2 \times 7} = \mathbf{2\sqrt{7}}$;
2. $\sqrt{50} = \sqrt{5^2 \times 2} = \mathbf{5\sqrt{2}}$;
3. $\sqrt{75} = \sqrt{5^2 \times 3} = \mathbf{5\sqrt{3}}$;
4. $\sqrt{396} = \sqrt{6^2 \times 11} = \mathbf{6\sqrt{11}}$;
5. $\sqrt{450} = \sqrt{5^2 \times 3^2 \times 2} = 5 \times 3 \times \sqrt{2} = \mathbf{15\sqrt{2}}$.

20 → *Énoncé p. 151*

Pour $x = \sqrt{5}$, on a :

1. $\sqrt{5}^2 + 2\sqrt{5} - 3 = 5 + 2\sqrt{5} - 3 = \mathbf{2 + 2\sqrt{5}}$;
2. $3\sqrt{5}^2 - 5\sqrt{5} - 8 = 3 \times 5 - 5\sqrt{5} - 8 = \mathbf{7 - 5\sqrt{5}}$;
3. $(2\sqrt{5} - 1)(\sqrt{5} + 3) = 2\sqrt{5}^2 + 6\sqrt{5} - \sqrt{5} - 3 = \mathbf{7 + 5\sqrt{5}}$.

CORRIGÉS

21 → *Énoncé p. 151*

$$C = 2\sqrt{50} - 5\sqrt{8} + 3\sqrt{200}$$
$$= 2\sqrt{5^2 \times 2} - 5\sqrt{2^2 \times 2} + 3\sqrt{10^2 \times 2}$$
$$= 2 \times 5\sqrt{2} - 5 \times 2\sqrt{2} + 3 \times 10\sqrt{2}$$
$$= (10 - 10 + 30)\sqrt{2}$$

On obtient : $\boldsymbol{C = 30\sqrt{2}}$.

Rappel

Pour simplifier une somme algébrique avec des racines carrées :
- on commence par simplifier chaque racine carrée ;
- on factorise par les racines carrées communes et on réduit.

22 → *Énoncé p. 151*

$$C = \sqrt{96} + 5\sqrt{6} - 3\sqrt{150}$$
$$= \sqrt{4^2 \times 6} + 5\sqrt{6} - 3\sqrt{5^2 \times 6}$$
$$= 4\sqrt{6} + 5\sqrt{6} - 3 \times 5\sqrt{6} = (4 + 5 - 15)\sqrt{6}.$$

On obtient : $\boldsymbol{C = -6\sqrt{6}}$.

23 → *Énoncé p. 151*

$$C = 5\sqrt{3} + 2\sqrt{27} = 5\sqrt{3} + 2\sqrt{3^2 \times 3} = 5\sqrt{3} + 2 \times 3\sqrt{3} = (5 + 6)\sqrt{3}.$$

On obtient : $\boldsymbol{C = 11\sqrt{3}}$.

$$D = 3\sqrt{2} \times \sqrt{6} = 3\sqrt{2} \times \sqrt{2 \times 3} = 3\sqrt{2} \times \sqrt{2} \times \sqrt{3} = 3 \times 2\sqrt{3}$$

On obtient : $\boldsymbol{D = 6\sqrt{3}}$.

24 → *Énoncé p. 151*

$\sqrt{4 + 16} = \sqrt{20} = \sqrt{2^2 \times 5} = \boldsymbol{2\sqrt{5}}$: **réponse 3**.

25 → *Énoncé p. 152*

$$C = \sqrt{12} - 5\sqrt{75} + 2\sqrt{147} = \sqrt{2^2 \times 3} - 5\sqrt{5^2 \times 3} + 2\sqrt{7^2 \times 3}$$
$$= 2\sqrt{3} - 5 \times 5\sqrt{3} + 2 \times 7\sqrt{3} = (2 - 25 + 14)\sqrt{3}$$

On obtient : $\boldsymbol{C = -9\sqrt{3}}$.

26 → *Énoncé p. 152*

$\sqrt{45} - \sqrt{20} = \sqrt{3^2 \times 5} - \sqrt{2^2 \times 5} = 3\sqrt{5} - 2\sqrt{5} = \boldsymbol{\sqrt{5}}$: **réponse 2**.

27 → *Énoncé p. 152*

$\dfrac{\sqrt{48}}{2} = \dfrac{\sqrt{4^2 \times 3}}{2} = \dfrac{4\sqrt{3}}{2} = \boldsymbol{2\sqrt{3}}$: **réponse 3**.

28 → *Énoncé p. 152*

$C = \sqrt{63} + 2\sqrt{7} - 5\sqrt{28} = \sqrt{3^2 \times 7} + 2\sqrt{7} - 5\sqrt{2^2 \times 7} = 3\sqrt{7} + 2\sqrt{7} - 5 \times 2\sqrt{7}$

$\boldsymbol{C = -5\sqrt{7}}$: Charlotte a la bonne réponse.

29 → *Énoncé p. 152*

Si $x = \sqrt{5}$ alors l'expression $x^2 + 3x - 1$ vaut $5 + 3\sqrt{5} - 1$ soit $4 + 3\sqrt{5}$: **réponse 1**.

30 → *Énoncé p. 152*

1. Pour $a = 2$ et $b = 7$, la distance entre a et b est $|a - b| = |2 - 7| = |-5| = \mathbf{5}$.
2. Pour $a = 13$ et $b = -5$, la distance entre a et b est $|a - b| = |13 - (-5)| = |18| = \mathbf{18}$.
3. La distance entre -4 et -10 est $|-4 - (-10)| = |6| = \mathbf{6}$.
4. La distance entre 3,2 et 7,5 est $|3{,}2 - 7{,}5| = |-4{,}3| = \mathbf{4{,}3}$.
5. La distance entre 9,7 et $-5{,}3$ est $|9{,}7 - (-5{,}3)| = |15| = \mathbf{15}$.
6. La distance entre $-0{,}1$ et 0,1 est $|-0{,}1 - 0{,}1| = |-0{,}2| = \mathbf{0{,}2}$.

31 → *Énoncé p. 153*

1. $|x - 4| \leqslant 2$ est du modèle $|x - a| \leqslant r$ avec $a = 4$ et $r = 2$, donc l'ensemble de solution est $[a - r\,;\, a + r]$, soit $\mathbf{[2\,;\,6]}$.
2. $|x + 3| \leqslant 4 \Leftrightarrow |x - (-3)| \leqslant 4$ est du modèle $|x - a| \leqslant r$ avec $a = -3$ et $r = 4$, donc l'ensemble de solution est $[a - r\,;\, a + r]$, soit $\mathbf{[-7\,;\,1]}$.
3. $|x - 2{,}3| \leqslant 3{,}7$ a pour ensemble de solution $\boldsymbol{S} = \mathbf{[-1{,}4\,;\,6]}$.

Rappel
Transformer les inéquations $|x + b| \leqslant r$ en $|x - (-b)| \leqslant r$ pour avoir un problème de distance $a - b$ inférieur à r.

32 → *Énoncé p. 153*

1. $|x - 1| \leqslant 1$ est du modèle $|x - a| \leqslant r$ avec $a = 1$ et $r = 1$, donc l'ensemble de solution est $[a - r\,;\, a + r]$, soit $\mathbf{[0\,;\,2]}$.

2. a) $|x - 1| \leqslant 1 \Rightarrow 0 \leqslant x \leqslant 2$ d'après 1.
$\Rightarrow 0 \leqslant x^2 \leqslant 4$ car $x \mapsto x^2$ croît sur les nombres positifs
$\Rightarrow -3 \leqslant -1 \leqslant x^2 - 1 \leqslant 3$
$\Rightarrow |x^2 - 1| \leqslant 3$ car $-a \leqslant y \leqslant a$
$\Rightarrow |y| \leqslant a$.
La proposition *P* est vraie.

Rappel
Une proposition :
« si A alors *B* » se note aussi « *A* ⇒ *B* ».
⇒ est le symbole d'implication.

b) La réciproque de P est « **Si** $|x^2 - 1| \leqslant 3$**, alors** $|x - 1| \leqslant 1$ ».
En prenant $x = -1{,}5$
on a $|x^2 - 1| = |(-1{,}5)^2 - 1| = |1{,}25| = 1{,}25$ donc $|x^2 - 1| \leqslant 3$ est vraie
et $|x - 1| = |-1{,}5 - 1| = |-2{,}5| = 2{,}5$, donc $|x - 1| \leqslant 1$ est fausse.
La réciproque de P « Si $|x^2 - 1| \leqslant 3$, alors $|x - 1| \leqslant 1$ » est une **affirmation fausse**.

Remarque
Une affirmation du type « Si *A* alors *B* » est fausse si on peut avoir *A* vraie et en même temps *B* fausse.

33 → *Énoncé p. 153*

1. D'abord, recopier le modèle joint sur un tableur. Puis, pour remplir la colonne A, inscrire 1 dans la cellule A2, 2 dans la cellule A3, sélectionner les deux cellules A2 et A3 en même temps et tirer la poignée de remplissage jusqu'à la ligne 101.

2. Dans B2, on peut écrire la formule **=D1/A2**.
- Une formule tableur commence toujours par le symbole =.
- On met des $ pour la cellule D1 pour que la formule utilise toujours la même cellule lors de la recopie.
- On ne met pas de $ pour la cellule A2, pour que la formule change lors de la recopie pour avoir successivement D1/A2, D1/A3, D1/A4, … .

3. À l'aide du tableur, les diviseurs de 582 sont **1, 2, 3, 6, 97, 194, 291 et 582**.
En mettant 9 991 dans la cellule D1, on obtient comme diviseurs de 9 991, **1, 97, 103 et 9 991**.

Remarque
Quand sur une ligne, les valeurs des colonnes de A et de *B* sont entières, *a* et $n \div a$ sont deux diviseurs de *n*.

INTERROGATION ÉCRITE

Exercice 1 → *Énoncé p. 154*

1. a) Les diviseurs positifs de 48 sont **1, 2, 3, 4, 6, 8, 12, 16, 24 et 48**.
b) Les diviseurs positifs de 60 sont **1, 2, 3, 4, 5, 6, 10, 12, 15, 20, 30 et 60**.
c) Les diviseurs communs à 48 et à 60 sont **1, 2, 3, 4, 6 et 12**.
d) Le plus grand de ces diviseurs communs est **12**.
e) 12 est le **Plus** Grand **Commun Diviseur** de 48 et de 60 :
on écrit alors PGCD(48 ; 60) = **12**.

2. Les diviseurs positifs de 45 sont **1, 3, 5, 9, 15 et 45**.
Les diviseurs positifs de 75 sont **1, 3, 5, 15, 25 et 75**.

Les diviseurs communs à 45 et à 75 sont **1, 3, 5 et 15**.
Le plus grand des diviseurs communs à 45 et à 75 est **15**.

Exercice 2 → *Énoncé p. 154*

1. a) La distance entre 2 et – 6 est $|2-(-6)| = |2+6| = |8| = \mathbf{8}$.
La distance entre 2 et 10 est $|2-10| = |-8| = \mathbf{8}$.
b) On veut les nombres x tels que $|x-2| = 8$.
Si $x-2 \geqslant 0$, on a $|x-2| = 8 \Leftrightarrow x-2 = 8 \Leftrightarrow x = 8+2 \Leftrightarrow x = 10$.
Si $x-2 \leqslant 0$, on a $|x-2| = 8 \Leftrightarrow -(x-2) = 8 \Leftrightarrow -x+2 = 8$
$\Leftrightarrow -x = 8-2 \Leftrightarrow -x = 6 \Leftrightarrow x = -6$.
Les nombres dont la distance à 2 vaut 8 sont – 6 et 10.
2. $|x+5| \leqslant 4$ est de la forme $|x-a| \leqslant r$ avec $a = -5$ et $r = 4$.
L'ensemble des solutions est $[a-r\,;\,a+r]$, soit $\mathbf{[-9\,;\,-1]}$.

Exercice 3 → *Énoncé p. 154*

1. $$B = \frac{150 \times 10^3 \times 8 \times 10^5}{6 \times 10^7} = \frac{150 \times 8}{6} \times \frac{10^3 \times 10^5}{10^7}$$
$$= \frac{6 \times 25 \times 8}{6} \times 10^{3+5-7} = 200 \times 10^1 = 2 \times 10^2 \times 10^1$$
On obtient : $\boldsymbol{B = 2 \times 10^3}$.
2. $A = 5{,}23 \times 10^6$;
$B = 231 \times 10^4 = 2{,}31 \times 10^2 \times 10^4 = 2{,}31 \times 10^6$;
$C = 0{,}04 \times 10^8 = 4 \times 10^{-2} \times 10^8 = 4 \times 10^6$.
On a $2{,}31 < 4 < 5{,}23$, soit $\boldsymbol{B < C < A}$.

Rappel
Pour comparer les trois nombres, il faut avoir la même puissance de 10.

Exercice 4 → *Énoncé p. 154*

$A = 3\sqrt{7} \times 5\sqrt{28} = 3 \times 5 \times \sqrt{7 \times 28} = 15 \times \sqrt{196} = 15 \times 14$: $\boldsymbol{A = 210}$.
$B = 0{,}5\sqrt{24} \times 3\sqrt{6} = 0{,}5 \times 3 \times \sqrt{24 \times 6} = 1{,}5 \times \sqrt{144} = 1{,}5 \times 12$: $\boldsymbol{B = 18}$.
$C = 3\sqrt{20} \times 0{,}2\sqrt{5} = 3 \times 0{,}2 \times \sqrt{20 \times 5} = 0{,}6 \times \sqrt{100} = 0{,}6 \times 10$: $\boldsymbol{C = 6}$.
$D = -4\sqrt{2} \times (-3)\sqrt{0{,}5} = -4 \times (-3) \times \sqrt{2 \times 0{,}5} = 12 \times \sqrt{1} = 12 \times 1$: $\boldsymbol{D = 12}$.

Fonctions affines Équations de droite

CHAPITRE 7

1 Fonctions affines

A. Définition

■ Soit a et b deux réels donnés.
La fonction $f : x \mapsto ax + b$ est une fonction **affine** définie sur $\mathbb{R}$.
Ex. **:** La fonction définie pour tout réel x par $f(x) = 2x - 3$ est une fonction affine.

Cas particuliers :
- Si $a = 0$, la fonction affine $x \mapsto b$ est dite **constante**.
- Si $b = 0$, la fonction affine $x \mapsto ax$ est dite **linéaire**.

B. Sens de variation

Soit $f : x \mapsto ax + b$ une fonction **affine** définie sur $\mathbb{R}$.

■ f est **croissante** sur $\mathbb{R}$ si, et seulement si, a **est positif.**

■ f est **décroissante** sur $\mathbb{R}$ si, et seulement si, a **est négatif.**
Ex. **:**
- La fonction $f : x \mapsto 2x - 3$ est croissante sur $\mathbb{R}$, car $a = 2$, donc a est positif.
- La fonction $g : x \mapsto -3x + 2$ est décroissante sur $\mathbb{R}$, car $a = -3$, donc a est négatif.

C. Représentation graphique

■ Soit $f : x \mapsto ax + b$ une fonction affine définie sur $\mathbb{R}$.
La représentation graphique de f est une droite.

Remarque :
- La représentation graphique D de la fonction affine $x \mapsto ax + b$ coupe l'axe des abscisses au point d'abscisse $\frac{-b}{a}$ et l'axe des ordonnées au point d'ordonnée b.

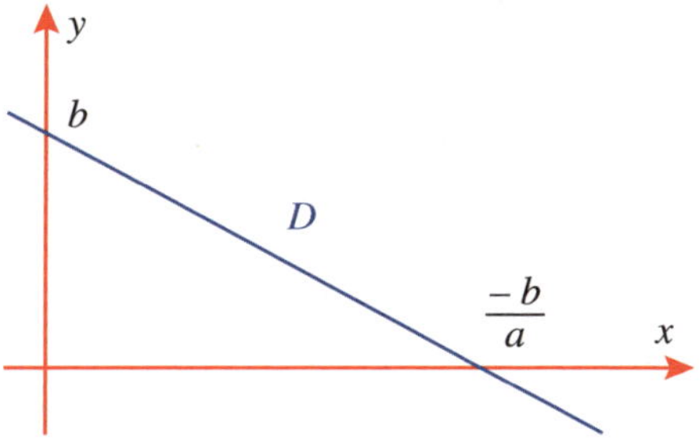

2 Binôme

A. Définitions

- Soit a et b deux réels avec $a \neq 0$.

L'expression $ax + b$ s'appelle un **binôme**.

Ex. **:** $3x + 2$ est un binôme avec $a = 3$ et $b = 2$.

- Soit $ax + b$ un binôme.

La valeur $\frac{-b}{a}$ s'appelle **racine du binôme** ; c'est la valeur qui rend nul le binôme.

Ex. **:** Pour le binôme $3x + 2$, sa racine $\frac{-b}{a}$ vaut $\frac{-2}{3}$.

B. Signe du binôme

- Soit $ax + b$ un binôme.

$ax + b$ est du signe de a pour les valeurs supérieures à sa racine $\frac{-b}{a}$ et du signe contraire de celui de a pour les valeurs inférieures à sa racine.

x	$-\infty$		$\frac{-b}{a}$		$+\infty$
signe de $ax + b$		signe de $-a$	0	signe de a	

3 Équation de droite

A. Équation d'une droite parallèle à l'axe des ordonnées

Soit (d) une droite parallèle à l'axe des ordonnées dans le plan muni d'un repère.
Soit $A(a\,;0)$ l'intersection de (d) avec l'axe des abscisses.
Une équation de (d) est $x = a$.
Un point $M(x\,;y)$ appartient à $(d) \Leftrightarrow x = a$.

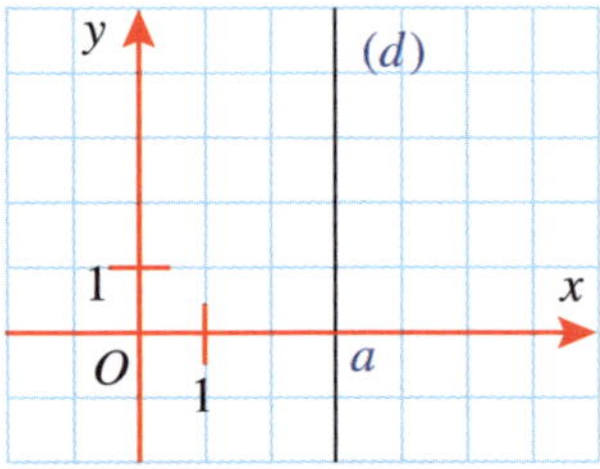

B. Équation réduite d'une droite sécante à l'axe des ordonnées

Soit (d) une droite sécante à l'axe des ordonnées dans le plan muni d'un repère.

- Une **équation réduite** de la droite (d) est $y = ax + b$.
- a s'appelle **coefficient directeur** de (d).
- b est **l'ordonnée à l'origine**.

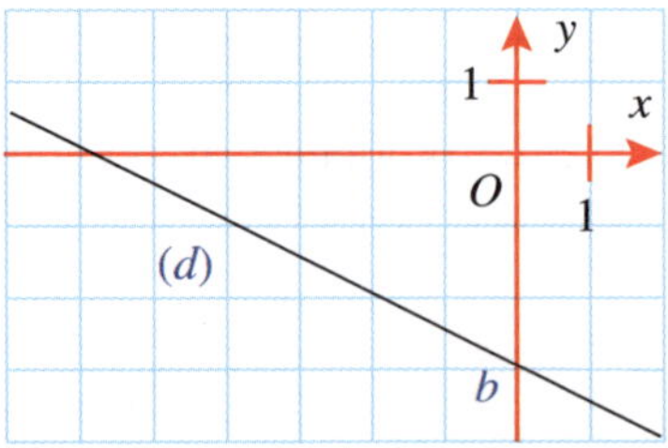

Un point $M(x\ ;\ y)$ appartient à (d) d'équation réduite $y = ax + b$ si, et seulement si, ses coordonnées vérifient la relation $y = ax + b$.

Soit $A(x_A\ ;\ y_A)$ et $B(x_B\ ;\ y_B)$ deux points dans le plan muni d'un repère, avec $x_A \neq x_B$.

La droite (AB) est sécante à l'axe des ordonnées et son coefficient directeur est :

$$a = \frac{y_B - y_A}{x_B - x_A}.$$

4 Positions relatives de deux droites

A. Droites parallèles

Soit (d) et (d') deux droites sécantes à l'axe des ordonnées dans le plan muni d'un repère et d'équations respectives $y = ax + b$ et $y = a'x + b'$.

(d) et (d') sont parallèles si, et seulement si, $a = a'$.

B. Droites sécantes et intersection

Soit (d) et (d') d'équations respectives $y = ax + b$ et $y = a'x + b'$ dans le plan muni d'un repère.

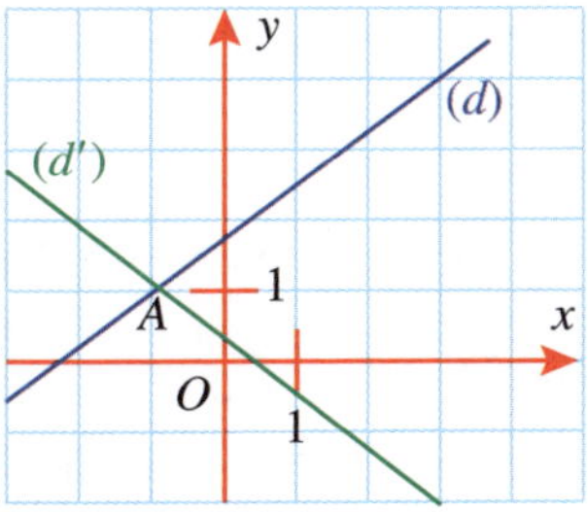

- (d) et (d') sont sécantes si, et seulement si, $a \neq a'$.
- Le point d'intersection de (d) et de (d') a pour coordonnées l'unique couple solution du système :

$$\begin{cases} y = ax + b \\ y = a'x + b'. \end{cases}$$

***Ex.* :** Les droites (d), $y = 0{,}75x + 1{,}75$ et (d'), $y = -0{,}75x + 0{,}25$ sont sécantes en un point A de coordonnées $(-1\ ;\ 1)$, couple solution du système $\begin{cases} y = 0{,}75x + 1{,}75 \\ y = -0{,}75x + 0{,}25. \end{cases}$

COMMENT FAIRE

1 Déterminer l'expression d'une fonction affine

EXERCICE TYPE

Soit f une fonction affine telle que $f(2) = 6$ et $f(5) = 0$.
Déterminer l'expression algébrique de f.

CORRIGÉ COMMENTÉ

On rappelle l'expression générale d'une fonction affine.
f étant affine, on a pour tout réel x, $f(x) = ax + b$.
On cherche d'abord son coefficient *a*.

On a : $a = \dfrac{f(2) - f(5)}{2 - 5} = \dfrac{6 - 0}{2 - 5} = \dfrac{6}{-3}$,
donc $a = -2$ et $f(x) = -2x + b$.

> **Remarque**
> Le coefficient a d'une fonction affine est donné par :
> $$a = \frac{f(x_1) - f(x_2)}{x_1 - x_2}.$$

On cherche le coefficient *b* en utilisant l'une des deux valeurs de *f*(*x*) connues, soit ici *f*(2), soit *f*(5), le choix n'étant pas important.
On a : $f(2) = 6 \Leftrightarrow -2 \times 2 + b = 6 \Leftrightarrow -4 + b = 6 \Leftrightarrow b = 6 + 4 \Leftrightarrow b = 10$.
On conclut.

Pour tout réel x, on a $f(x) = -2x + 10$.

À RETENIR

Pour déterminer l'expression algébrique $ax + b$ d'une fonction affine :

- on calcule son coefficient a, avec $a = \dfrac{f(x_1) - f(x_2)}{x_1 - x_2}$;
- on détermine la valeur de b à l'aide de l'une des images par f connues.

2 Dresser le tableau de signes d'un binôme

EXERCICE TYPE

Dresser le tableau de signes de $A(x) = 5 - 2x$ selon les valeurs de x.

CORRIGÉ COMMENTÉ

On reconnaît un binôme et on cherche sa racine après avoir identifié *a* et *b*.
$A(x) = 5 - 2x$ est un binôme avec $a = -2$ et $b = 5$.

Sa racine est : $\dfrac{-b}{a} = \dfrac{-5}{-2} = 2{,}5$.

> **Rappel**
> La racine d'un binôme $ax + b$ est $\dfrac{-b}{a}$.

On place la racine du binôme, au-dessous de la valeur 0, puis les signes du binôme.

x	$-\infty$		2,5		$+\infty$
$A(x)$		+	0	−	

À RETENIR

Pour dresser le tableau de signes d'un binôme :
- on calcule sa racine ;
- on place cette racine sur la ligne des x et au-dessous d'elle la valeur 0 ;
- à droite du 0, on inscrit le signe de a et de l'autre côté le signe contraire.

3 Résoudre une inéquation à l'aide d'un tableau de signes

EXERCICE TYPE

Résoudre l'inéquation $(4x - 6)(3 - x) \leqslant 0$.

CORRIGÉ COMMENTÉ

On cherche la racine de chacun des facteurs.

Pour le binôme $4x - 6$, on a $a = 4$, $b = -6$ et la racine qui est $\dfrac{-b}{a} = \dfrac{-(-6)}{4} = 1{,}5$.

Pour le binôme $3 - x$, sa racine est 3.

Conseil

On résout une inéquation avec un tableau de signes lorsque l'un des membres de l'inéquation est un produit ou un quotient et l'autre membre est nul.

On dresse un tableau de signes avec une ligne par facteur et une pour le produit.

x	$-\infty$		1,5		3		$+\infty$
$4x - 6$		−	0	+	|	+	
$3 - x$		+	|	+	0	−	
$(4x - 6)(3 - x)$		−	0	+	0	−	

On conclut en cherchant quand le produit est négatif ou nul ($\leqslant 0$).

L'ensemble des solutions de $(4x - 6)(3 - x) \leqslant 0$ est $]-\infty\ ;\ 1{,}5] \cup [3\ ;\ +\infty[$.

À RETENIR

Pour résoudre une inéquation à l'aide d'un tableau de signes :
- on calcule pour chaque binôme du produit ou du quotient sa racine ;
- on construit un tableau avec une ligne pour les signes de chaque binôme ;
- on complète par une dernière ligne avec le signe du produit ou du quotient en appliquant les règles de signes ;
- on conclut à l'aide de la dernière ligne.

4 Déterminer une équation d'une droite

EXERCICE TYPE

Dans le plan muni d'un repère, on a les points $A(3\ ;\ 5)$, $B(-1\ ;\ -3)$ et $C(-1;\ 0)$.

1. Déterminer une équation de la droite (AB).

2. Déterminer une équation de la droite (BC).

CORRIGÉ COMMENTÉ

1. On cherche le modèle de droite correspondant à (*AB*) et le type d'équation.

On a $x_A \neq x_B$, donc (AB) est sécante à l'axe des ordonnées et une équation est du type $y = ax + b$.

> **Conseil**
> Pour reconnaître le type d'équation, il suffit de comparer les abscisses de deux points de la droite : si elles sont différentes, alors le type est $y = ax + b$, sinon le type est $x = a$.

On cherche d'abord son coefficient *a*.

On a :

$$a = \frac{y_B - y_A}{x_B - x_A} = \frac{-3-5}{-1-3} = 2,$$

donc on a : $y = 2x + b$.

On cherche le coefficient *b* en utilisant l'un des deux points.

A est sur (AB), donc on a :

$y_A = 2x_A + b$

$\Leftrightarrow 5 = 2 \times 3 + b$

$\Leftrightarrow 5 - 6 = b$

$\Leftrightarrow -1 = b.$

On conclut.

Une équation de (AB) est $y = 2x - 1$.

2. On cherche le modèle de droite correspondant à (*BC*) et le type d'équation.

On a $x_B = x_C$, donc la droite (BC) est parallèle à l'axe des ordonnées et son équation est du type $x = a$.

On conclut à l'aide de l'abscisse commune des deux points.

Une équation de (BC) est $x = -1$.

À RETENIR

Pour déterminer une équation d'une droite (AB) :

- on détermine le type d'équation en comparant les abscisses de deux points ;
- si $x_A \neq x_B$, alors le type est $y = ax + b$, avec $a = \dfrac{y_B - y_A}{x_B - x_A}$;
- si $x_A = x_B$, alors l'équation est $x = x_A$.

5 Représenter graphiquement une droite

EXERCICE TYPE

Représenter graphiquement les droites suivantes :
1. $(d) : y = -2x + 3$;
2. $(d') : x = -1$.

CORRIGÉ COMMENTÉ

> **Conseil**
> Pour représenter une droite, il suffit de connaître deux points de la droite ou bien un point de la droite et la direction de la droite.

1. On examine le type d'équation pour déterminer la méthode pour représenter la droite.

On a pour (d) une équation du type $y = ax + b$, donc (d) est une droite sécante à l'axe des ordonnées.

On détermine donc deux points de (d) en choisissant deux valeurs de x et en calculant les valeurs de y correspondantes.

Si $x = 0$, on a $y = -2 \times 0 + 3 = 3$ et donc $A(0 ; 3)$ appartient à (d).

Si $x = 4$, on a $y = -2 \times 4 + 3 = -5$ et donc $B(4 ; -5)$ appartient à (d).

2. On examine le type d'équation pour déterminer la méthode pour représenter la droite.

On a pour (d') une équation du type $x = a$, donc (d') est une droite parallèle à l'axe des ordonnées.

La droite étant parallèle à l'axe des ordonnées, un seul point suffit pour la représenter.

(d') passe par le point $C(-1 ; 0)$.

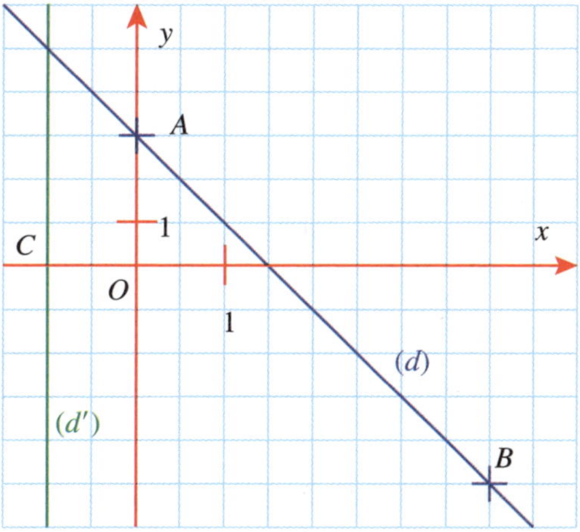

À RETENIR

Pour représenter une droite déterminée par une équation :

- on examine le type d'équation ;
- si l'équation est du type $y = ax + b$, on choisit alors deux valeurs de x pour obtenir les coordonnées de deux points de la droite ;
- si l'équation est du type $x = a$, on place alors le point de coordonnées $(a ; 0)$ et la droite passant par ce point parallèlement à l'axe des ordonnées.

6 Résoudre un système à deux équations

EXERCICE TYPE

On veut résoudre le système $S : \begin{cases} 2x + 4y = 5{,}6 & (A) \\ 6x + 3y = 7{,}8. & (B) \end{cases}$

1. Transformer par multiplication les deux équations pour avoir le même coefficient pour y afin d'obtenir une équation d'inconnue x.
2. Déterminer x, puis y et conclure.

CORRIGÉ COMMENTÉ

1. On remarque que 12 est un multiple commun à 4 et à 3 et on transforme en multipliant par 3 dans (A) et par 4 dans (B) pour avoir 12*y* dans les deux équations.

$$S \Leftrightarrow \begin{cases} 6x + 12y = 16{,}8 & (C) \\ 24x + 12y = 31{,}2 & (D). \end{cases}$$

> **Astuce**
> On commence par transformer pour avoir des coefficients, pour une inconnue, égaux ou opposés.

Ayant le même coefficient pour *y*, on soustrait les équations membre à membre.

$(C) - (D) \Leftrightarrow 6x - 24x + 12y - 12\,y = 16{,}8 - 31{,}2$
$\Leftrightarrow -\,18x = -\,14{,}4\ (E)$

2. On détermine *x*.

$(E) \Leftrightarrow x = -\,14{,}4 \div (-\,18)$
$\Leftrightarrow x = 0{,}8.$

On détermine *y* à l'aide d'une équation initiale en remplaçant *x* par sa valeur.

$(A) \Leftrightarrow 2 \times 0{,}8 + 4y = 5{,}6$
$\Leftrightarrow 1{,}6 + 4y = 5{,}6$
$\Leftrightarrow 4y = 5{,}6 - 1{,}6$
$\Leftrightarrow y = 4 \div 4$
$\Leftrightarrow y = 1.$

On conclut.

La solution (x ; y) de ce système est (0,8 ; 1).

À RETENIR

Pour résoudre par combinaison un système de deux équations :

- on multiplie chaque ligne par un coefficient pour avoir des coefficients d'une inconnue égaux ou opposés ;
- si les coefficients d'une inconnue sont égaux, on soustrait membre à membre les deux équations pour avoir une équation à une seule inconnue ;
- on résout cette équation, puis on détermine la seconde inconnue à l'aide d'une équation initiale ;
- la solution éventuelle d'un système est un couple.

7 Déterminer l'intersection de deux droites

EXERCICE TYPE

Soit les droites suivantes :
$(d) : y = 2x - 7$ et
$(d') : y = -x + 5$.

1. Démontrer que les droites (d) et (d') sont sécantes.

2. Déterminer par le calcul les coordonnées de leur point d'intersection.

CORRIGÉ COMMENTÉ

1. On compare les coefficients directeurs des deux droites.

Le coefficient directeur de (d) est 2 et celui de (d') est -1. Ayant des coefficients directeurs distincts, **les droites (d) et (d') sont sécantes.**

> **Rappel**
> Deux droites sécantes à l'axe des ordonnées sont sécantes si, et seulement si, leurs coefficients directeurs sont différents.

2. On détermine les coordonnées du point d'intersection des deux droites en résolvant un système formé avec les équations des deux droites.

Le couple des coordonnées de leur point d'intersection est solution du système :

$$\begin{cases} y = 2x - 7 & \text{(A)} \\ y = -x + 5 & \text{(B).} \end{cases}$$

$$\begin{aligned} \text{(A)} - \text{(B)} &\Leftrightarrow y - y = 2x - (-x) - 7 - 5 \\ &\Leftrightarrow 0 = 3x - 12 \\ &\Leftrightarrow 12 = 3x \\ &\Leftrightarrow 4 = x. \end{aligned}$$

En remplaçant x par sa valeur 4 dans (A), on a $y = 2 \times 4 - 7 = 1$.
Le couple $(x ; y)$ solution du système est $(4 ; 1)$.
Les droites (d) et (d') sont sécantes en $M(4 ; 1)$.

À RETENIR

Pour déterminer l'intersection de deux droites :

- on vérifie que ces droites sont sécantes ;
- on forme un système d'équations avec les équations de ces droites ;
- on résout le système ;
- le couple $(x ; y)$ solution du système est le couple de coordonnées du point d'intersection des deux droites.

EXERCICES

1 4 min ★

Parmi les fonctions suivantes, reconnaître celles qui sont affines.

1. $f(x) = 5 - 2x$;
2. $g(x) = 4x$;
3. $h(x) = 3x^2 + 4x + 5$;
4. $i(x) = 4x^2 - (2x + 3)^2$

→ Corrigé p. 178

2 10 min ★

Donner les variations de chacune des fonctions affines ci-après.

1. $f(x) = -2x$;
2. $g(x) = 11x - 100$;
3. $h(x) = 3 - 5x$;
4. $i(x) = 2x - (3x + 5)$;
5. $j(x) = 3(4x - 2) + 6(5 - 2x)$

→ Corrigé p. 178

3 10 min ★

Soit les fonctions $f : x \mapsto 0{,}5x$ et $g : x \mapsto 3 - 0{,}8x$.

1. Donner le sens de variation de chacune de ces fonctions.
2. Représenter ces deux fonctions dans un même repère orthonormé.

→ Corrigé p. 178

4 10 min ★

Représenter dans un repère orthonormé les fonctions suivantes.

- f est affine et linéaire et $f(3) = -2$.
- g est affine avec $g(2) = 1$ et $g(-2) = -2$.
- h est affine et constante et sa représentation passe par $W(5\ ;\ 3)$.
- i est affine et sa représentation est la droite (MN), avec $M(1\ ;\ -2)$ et $N(3\ ;\ 0)$.

→ Corrigé p. 179

5 8 min ★★

Déterminer l'expression algébrique de la fonction affine f dans chacun des cas.

1. $f(3) = 5$ et $f(5) = 3$.
2. $f(-2) = 4$ et $f(3) = -6$.

→ Corrigé p. 179

6 12 min ★★

Déterminer l'expression algébrique des quatre fonctions affines de l'exercice **4**.

→ Corrigé p. 179

7 6 min ★★

Soit la fonction affine f définie pour tout réel x par : $f(x) = 10 - 5x$.

1. Justifier son sens de variation.
2. Trouver le meilleur encadrement de $f(x)$ quand x décrit $[-2 ; 3]$.

→ Corrigé p. 180

8 10 min ★

Pour chacun des binômes, dresser son tableau de signes selon les valeurs de x.

1. $x - 8$; 2. $-x + 3$; 3. $3 + 5x$; 4. $4 - 8x$

→ Corrigé p. 180

9 3 min ★

Soit la fonction affine f définie pour tout réel x par : $f(x) = 8 - 4x$.
Dresser le tableau de signes de $f(x)$ selon les valeurs de x.

→ Corrigé p. 181

10 10 min ★★

1. Étudier le signe des expressions $2x - 6$ et $x + 5$ selon les valeurs de x.
2. Dresser le tableau de signes du produit $(2x - 6)(x + 5)$.
3. En déduire les solutions dans $\mathbb{R}$ de l'inéquation $(2x - 6)(x + 5) > 0$.

→ Corrigé p. 181

11 12 min ★★

Résoudre les inéquations suivantes :

1. $(x - 3)(7 - x) \geqslant 0$;
2. $3x(5 - x) \leqslant 0$;
3. $(2x - 1)(6x + 3) > 0$;
4. $(3x - 1)(3x + 1) < 0$.

→ Corrigé p. 181

12 12 min ★★

Pour chaque inéquation, factoriser le membre de gauche, puis la résoudre.

1. $x^2 - 25 > 0$;
2. $4x^2 - 49 < 0$;
3. $(x - 2)(2x + 3) - (x - 2)(3x + 2) \leqslant 0$.

→ Corrigé p. 182

13 12 min ★★★

Se ramener à une inéquation produit, puis la résoudre.

1. $x^2 \leqslant 64$; 2. $(4 - x)^2 > 16$; 3. $(x + 2)(x - 5) < (x + 2)(2x - 8)$.

→ Corrigé p. 182

14 12 min ★★

Résoudre les inéquations suivantes :

1. $\dfrac{x+2}{x-3} \leqslant 0$; 2. $\dfrac{2x-2}{5-x} \leqslant 0$; 3. $\dfrac{(x+2)(x-7)}{2x+6} \leqslant 0$.

→ Corrigé p. 183

15 6 min ★★★

On considère une fonction affine f telle que $f(\sqrt{3}) = 3$ et $f(\sqrt{2}) = \sqrt{6}$.
Démontrer que f est linéaire.

→ Corrigé p. 184

16 4 min ★

Pour chacune des droites suivantes, dire si elle est sécante ou parallèle à l'axe des ordonnées.

1. $(d_1) : x = 3$; 2. $(d_2) : y = 2x - 5$; 3. $(d_3) : x = y + 1$.

→ Corrigé p. 184

17 10 min ★★

Représenter les droites de l'exercice précédent dans un même repère orthonormé d'unité le centimètre.

→ Corrigé p. 184

18 12 min ★★

Le plan est rapporté à un repère.
Dans chacun des cas, déterminer une équation de la droite (AB).

1. $A(2 ; 3)$ et $B(2 ; -5)$; 2. $A(4 ; 7)$ et $B(-2 ; 1)$;
3. $A(3 ; -5)$ et $B(0 ; 1)$; 4. $A(-2 ; 0)$ et $B(-4 ; 1)$.

→ Corrigé p. 185

19 10 min ★★

Soit d la droite d'équation $y = -2x + 1$.

1. a) A et B sont les points de la droite d d'abscisses respectives 0 et 3.
Déterminer les ordonnées des points A et B.
b) Représenter graphiquement la droite d dans un repère orthonormé.
2. Les points $C(-2 ; 5)$ et $D(10 ; -21)$ appartiennent-ils à la droite d ?

→ Corrigé p. 185

20 8 min ★★

Dans le plan rapporté à un repère, on considère les points suivants :
$A(3 ; 3)$, $B(7 ; -1)$ et $C(11 ; -8)$.

1. Déterminer une équation de la droite (AB).

2. Le point C appartient-il à la droite (AB) ?

→ Corrigé p. 186

21 8 min ★★

Dans un repère, on donne les points $A(2 ; 3)$, $B(3 ; 5)$ et $C(5 ; 9)$.
Ces trois points sont-ils alignés ?

→ Corrigé p. 186

22 10 min ★★★

Dans un repère, on donne les points $A(-1 ; 5)$, $B(2 ; 1)$, $C(c ; 8)$ et $D(-3 ; d)$.
Déterminer les réels c et d pour que les points A, B, C et D soient alignés.

→ Corrigé p. 186

23 6 min ★★

Dans chacun des cas suivants, les droites d_1 et d_2 sont-elles parallèles ou sécantes ?

1. $d_1 : y = 2x + 3$ et $d_2 : y = -4x + 3$;

2. $d_1 : y = x + 7$ et $d_2 : y = x + 1$;

3. $d_1 : x = 5$ et $d_2 : x = -4$;

4. $d_1 : y = 0{,}4x$ et $d_2 : x = 2{,}5y + 5$.

→ Corrigé p. 186

24 12 min ★★

Dans le plan muni d'un repère (O, I, J), on donne les points $A(4 ; 6)$, $B(7 ; -3)$ et $C(-2 ; -1)$.

1. Déterminer l'équation réduite de la droite (AB).

2. Déterminer l'équation réduite de d, la droite parallèle à la droite (AB) qui passe par le point C.

→ Corrigé p. 187

25 10 min ★★

Résoudre par combinaisons les systèmes :

1. $\begin{cases} 2x + 3y = 13 \\ 4x + y = 11 \end{cases}$;

2. $\begin{cases} 5x - y = 8 \\ -5x + 3y = 1. \end{cases}$

→ Corrigé p. 187

26 5 min ★★

Résoudre le système $\begin{cases} 3x - 2y = -7 & (A) \\ -5x + 3y = 11. & (B) \end{cases}$

→ *Corrigé p. 187*

27 10 min ★★★

Simon a quarante livres, les uns épais de 5 cm, les autres épais de 3 cm. S'il les range sur un même rayon, ils occupent 1,80 m.

On note x le nombre de livres de 5 cm d'épaisseur et y le nombre de livres de 3 cm d'épaisseur.

1. Traduire ce problème par un système de deux équations.

2. Combien Simon a-t-il de livres de chaque catégorie ?

→ *Corrigé p. 188*

Le coin algorithmique

28 12 min ★★★

Soit a et b deux réels donnés.

1. a) À quelle condition l'équation $ax + b = 0$ admet-elle une unique solution ?

b) Si la solution existe, exprimer cette solution en fonction de a et de b.

2. Écrire un programme qui demande a et b et qui donne la solution de $ax + b = 0$ si celle-ci existe et est unique.

→ *Corrigé p. 188*

INTERROGATION ÉCRITE

Exercice 1 10 min 5 points

Partie A

Soit la fonction affine $f : x \mapsto 2x + 7$.

1. Déterminer l'image de –3 par la fonction f.
2. Déterminer l'antécédent de 5 par la fonction affine f.

Partie B

Dans la liste suivante, quelles sont les fonctions affines ? Donner, pour les fonctions affines, les coefficients a et b ainsi que le sens de variation.

a) $x \mapsto \frac{5}{2}x + 2$; b) $x \mapsto 5x^2 + 4$; c) $x \mapsto -3x$;

d) $x \mapsto 7 - 2x$; e) $x \mapsto \frac{2x - 3}{4}$; f) $x \mapsto -7$.

➔ Corrigé p. 189

Exercice 2 15 min 7 points

Partie A

1. Tracer les droites D_1, D_2 suivantes :
• D_1 : représentation de $f : x \mapsto 2x - 3$;
• D_2 : droite qui passe par $A(-2 ; 4)$ et par $B(4 ; 1)$;
2. Déterminer l'équation réduite de D_2.

Partie B

On considère les points $A(3 ; 5)$, $B(5 ; 7)$, $C(2 ; 6)$ et $D(0 ; 4)$.

1. Montrer que les droites (AB) et (CD) sont parallèles, ainsi que les droites (AD) et (BC).
2. Que peut-on en déduire pour le quadrilatère $ABCD$?

➔ Corrigé p. 189

Exercice 3 6 min 3 points

Résoudre algébriquement le système : $\begin{cases} 2x + y = 1 \\ 5x + 2y = -1. \end{cases}$

➔ Corrigé p. 190

Exercice 4 10 min 5 points

1. Étudier le signe des expressions $2x + 8$ et $6 - 3x$ selon les valeurs de x.
2. Soit $P(x) = (2x + 8)(6 - 3x)$. Dresser le tableau de signes de $P(x)$ selon les valeurs de x.
3. En déduire les solutions dans $\mathbb{R}$ de l'inéquation $P(x) < 0$.

➔ Corrigé p. 190

CORRIGÉS

1 → Énoncé p. 172

1. On a $f(x) = 5 - 2x = -2x + 5$, donc ***f* est affine** avec $a = -2$ et $b = 5$.

2. On a $g(x) = 4x + 0$, donc ***g* est affine** (et même linéaire) avec $a = 4$ et $b = 0$.

> **Rappel**
> Une fonction est affine si, et seulement si, on peut écrire son expression sous la forme $ax + b$.

3. On a $h(x) = 3x^2 + 4x + 5$, donc ***h* n'est pas affine** à cause du terme en x^2.

4. On a $i(x) = 4x^2 - (2x + 3)^2 = 4x^2 - (4x^2 + 12x + 9) = -12x - 9$, donc ***i* est affine** avec $a = -12$ et $b = -9$.

2 → Énoncé p. 172

1. Pour $f(x) = -2x$, $a = -2$, donc ***f* est décroissante**.

2. Pour $g(x) = 11x - 100$, $a = 11$, donc ***g* est croissante.**

3. Pour $h(x) = 3 - 5x$, $a = -5$ (coefficient de x), donc ***h* est décroissante.**

> **Rappel**
> Pour une fonction affine écrite sous la forme $ax + b$, le sens de variation est donné par le signe du coefficient a.

4. Pour $i(x) = 2x - (3x + 5) = 2x - 3x - 5 = -x - 5$, $a = -1$, donc ***i* est décroissante.**

5. Pour $j(x) = 3(4x - 2) + 6(5 - 2x) = 12x - 6 + 30 - 12\,x = 24$, $a = 0$, donc ***j* est constante**.

3 → Énoncé p. 172

1. Pour $f : x \mapsto 0{,}5x$, $a = 0{,}5$, donc ***f* est croissante**.
Pour $g : x \mapsto 3 - 0{,}8x$, $a = -0{,}8$, donc ***g* est décroissante**.

> **Conseil**
> La représentation graphique d'une fonction affine est une droite. Cette droite « monte en allant vers la droite » si la fonction est croissante et « descend en allant vers la droite » si la fonction est décroissante.

2. f étant affine et linéaire, sa représentation graphique est une droite (d) passant par l'origine du repère.
On a $f(6) = 3$, donc (d) passe par $A(6\,;\,3)$.
g est affine, donc elle est représentée par une droite (d').
On a $g(0) = 3$, donc (d') passe par $B(0\,;\,3)$.
On a $g(5) = -1$, donc (d') passe par $C(5\,;\,-1)$.

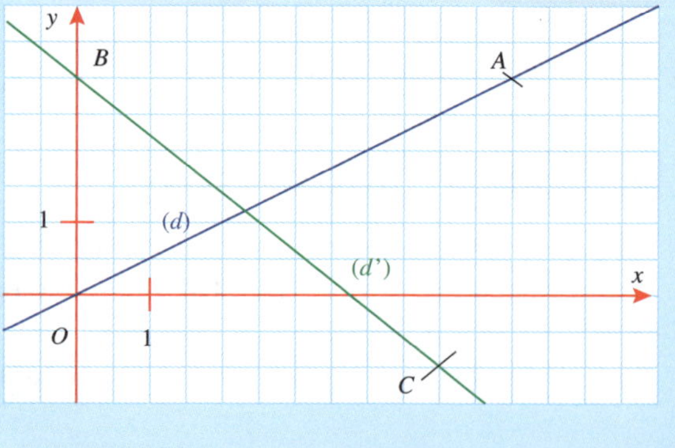

4 → Énoncé p. 172

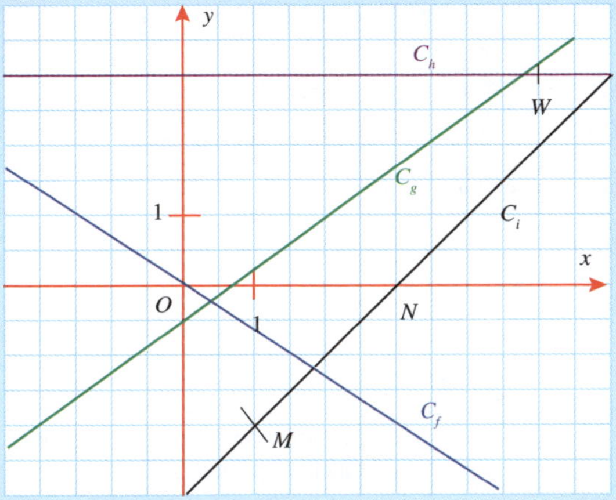

Conseil

La représentation graphique d'une fonction affine est une droite.
Si la fonction est linéaire, alors la droite passe par l'origine du repère.
Si la fonction est constante, alors la droite est parallèle à l'axe des abscisses.
Si $f(a) = b$, alors la droite passe par le point de coordonnées $(a ; b)$.

5 → Énoncé p. 172

1. f étant affine, on a $f(x) = ax + b$ avec

$$a = \frac{f(3) - f(5)}{3 - 5} = \frac{5 - 3}{3 - 5} = \frac{2}{-2} = -1.$$

On a donc : $f(x) = -x + b$.

$f(3) = 5 \Leftrightarrow -3 + b = 5 \Leftrightarrow b = 5 + 3.$

On a : $\boldsymbol{f(x) = -x + 8}$.

2. f étant affine, on a $f(x) = ax + b$ avec

$$a = \frac{f(-2) - f(3)}{-2 - 3} = \frac{4 - (-6)}{-5} = \frac{10}{-5} = -2.$$

On a donc : $f(x) = -2x + b$.

$f(-2) = 4 \Leftrightarrow -2 \times (-2) + b = 4 \Leftrightarrow 4 + b = 4 \Leftrightarrow b = 0.$

On a : $\boldsymbol{f(x) = -2x}$.

Remarque

Savoir qu'une fonction est affine permet d'écrire que $f(x) = ax + b$.

6 → Énoncé p. 172

• f est affine et linéaire, donc $f(x) = ax$.

$$f(3) = -2 \Leftrightarrow 3a = -2 \Leftrightarrow a = \frac{-2}{3}.$$

On a donc : $\boldsymbol{f(x) = \frac{-2}{3}x}$.

• g est affine, donc on a $g(x) = ax + b$ avec

$$a = \frac{g(2) - g(-2)}{2 - (-2)} = \frac{1 - (-2)}{4} = \frac{3}{4} = 0{,}75.$$

Remarque

Savoir qu'une fonction est affine et linéaire permet d'écrire que $f(x) = ax$.

On a ainsi : $g(x) = 0{,}75x + b$.
$g(2) = 1 \Leftrightarrow 0{,}75 \times 2 + b = 1 \Leftrightarrow 1{,}5 + b = 1 \Leftrightarrow b = 1 - 1{,}5 \Leftrightarrow b = -0{,}5$.
On a : $g(x) = 0{,}75\,x - 0{,}5$.
• h est affine et constante, donc $h(x) = b$.
Comme sa représentation passe par $W(5\,;\,3)$, on a $h(5) = 3$ et donc $h(x) = 3$.
• i est affine donc $i(x) = ax + b$ avec $i(1) = -2$ et $i(3) = 0$.
On a : $a = \dfrac{i(1) - i(3)}{1 - 3} = \dfrac{-2 - 0}{-2} = 1$. On a ainsi : $i(x) = x + b$.
$i(3) = 0 \Leftrightarrow 3 + b = 0 \Leftrightarrow b = -3$. On a donc : $i(x) = x - 3$.

7 → *Énoncé p. 173*

1. Pour $f(x) = 10 - 5x$, le coefficient a vaut -5, donc il est négatif.
***f* est une fonction décroissante.**

> **Remarque**
> Une fonction décroissante est une fonction qui inverse l'ordre.

2. f est une fonction décroissante, donc $-2 \leqslant x \leqslant 3 \Leftrightarrow f(-2) \geqslant f(x) \geqslant f(3)$.
Or, $f(-2) = 10 - 5 \times (-2) = 20$ et $f(3) = 10 - 5 \times 3 = -5$.
Quand x décrit $[-2\,;\,3]$, on a $\mathbf{20 \geqslant f(x) \geqslant -5}$.

8 → *Énoncé p. 173*

1. La racine $\dfrac{-b}{a}$ de $x - 8$ est $\dfrac{-(-8)}{1}$, soit 8.

On a :

x	$-\infty$		8		$+\infty$
$x - 8$		$-$	0	$+$	

2. La racine $\dfrac{-b}{a}$ de $-x + 3$ est $\dfrac{-3}{-1}$, soit 3.

On a :

x	$-\infty$		3		$+\infty$
$-x + 3$		$+$	0	$-$	

> **Remarque**
> Attention à bien identifier les coefficients *a* et *b*.

3. La racine $\dfrac{-b}{a}$ de $3 + 5x$ est $\dfrac{-3}{5}$, soit $-0{,}6$.

On a :

x	$-\infty$		$-0{,}6$		$+\infty$
$3 + 5x$		$-$	0	$+$	

4. La racine $\dfrac{-b}{a}$ de $4 - 8x$ est $\dfrac{-4}{-8}$, soit 0,5.

On a :

x	$-\infty$		0,5		$+\infty$
$4 - 8x$		$+$	0	$-$	

9 → *Énoncé p. 173*

• La racine $\dfrac{-b}{a}$ de $8 - 4x$ est $\dfrac{-8}{-4}$, soit 2.

On a :

x	$-\infty$		2		$+\infty$
$f(x)$		+	0	−	

> **Remarque**
> L'expression algébrique d'une fonction affine étant donnée par un binôme, étudier le signe d'une fonction affine revient à étudier le signe d'un binôme.

10 → *Énoncé p. 173*

1. La racine $\dfrac{-b}{a}$ de $2x - 6$ vaut $\dfrac{-(-6)}{2}$, soit 3 et celle de $x + 5$ vaut -5.

On a :

x	$-\infty$		3		$+\infty$
$2x - 6$		−	0	+	

x	$-\infty$		-5		$+\infty$
$x + 5$		−	0	+	

2.

x	$-\infty$		-5		3		$+\infty$
$2x - 6$		−	|	−	0	+	
$x + 5$		−	0	+	|	+	
$(2x - 6)(x + 5)$		+	0	−	0	+	

> **Conseil**
> Le signe du produit de binômes s'obtient à partir des signes de chacun des binômes en appliquant les règles sur le signe d'un produit.

3. L'ensemble des solutions de $(2x - 6)(x + 5) > 0$ est $\mathbf{]-\infty\ ;\ -5[\ \cup\ ]3\ ;\ +\infty[}$.

11 → *Énoncé p. 173*

1. La racine $\dfrac{-b}{a}$ de $x - 3$ est 3 et celle de $7 - x$ est 7.
Pour $(x - 3)(7 - x) \geqslant 0$, on a : $\mathbf{S = [3\ ;\ 7]}$.

x	$-\infty$		3		7		$+\infty$
$x - 3$		−	0	+	|	+	
$7 - x$		+	|	+	0	−	
$(x - 3)(7 - x)$		−	0	+	0	−	

2. La racine $\dfrac{-b}{a}$ de $3x$ est $\dfrac{-0}{3}$, soit 0 et celle $5 - x$ est 5.
Pour $3x(5 - x) \leqslant 0$, on a :
$\mathbf{S =]-\infty\ ;\ 0]\ \cup\ [5\ ;\ +\infty[}$.

x	$-\infty$		0		5		$+\infty$
$3x$		−	0	+	|	+	
$5 - x$		+	|	+	0	−	
$(3x)(5 - x)$		−	0	+	0	−	

3. La racine $\dfrac{-b}{a}$ de $2x - 1$ est $\dfrac{-(-1)}{2}$, soit 0,5 et celle de $6x + 3$ est $\dfrac{-3}{6}$, soit $-0{,}5$.

x	$-\infty$		$-0{,}5$		$0{,}5$		$+\infty$
$2x - 1$		−	|	−	0	+	
$6x + 3$		−	0	+	|	+	
$(2x - 1)(6x + 3)$		+	0	−	0	+	

Pour $(2x - 1)(6x + 3) > 0$, on a : $\mathbf{S =]-\infty\ ;\ -0{,}5[\ \cup\ ]0{,}5\ ;\ +\infty[}$.

4. La racine $\frac{-b}{a}$ de $3x - 1$ est $\frac{1}{3}$ et celle de $3x + 1$ est $-\frac{1}{3}$.

x	$-\infty$		$-1/3$		$1/3$		$+\infty$
$3x - 1$		$-$	|	$-$	0	$+$	
$3x + 1$		$-$	0	$+$	|	$+$	
$(3x - 1)(3x + 1)$		$+$	0	$-$	0	$+$	

Pour $(3x - 1)(3x + 1) < 0$, on a : $\mathbf{S} = \left]\frac{-1}{3} ; \frac{1}{3}\right[$.

12 → Énoncé p. 173

1. $x^2 - 25 > 0 \Leftrightarrow x^2 - 5^2 > 0$
$\Leftrightarrow \mathbf{(x + 5)(x - 5) > 0}$.
La racine de $x + 5$ est -5 et celle de $x - 5$ est 5.

Conseil

Pour résoudre une inéquation à l'aide d'un tableau de signes, il faut qu'un des membres soit factorisé et que l'autre membre soit nul. Une telle inéquation est dite « inéquation produit ».

x	$-\infty$		-5		5		$+\infty$
$x + 5$		$-$	0	$+$	|	$+$	
$x - 5$		$-$	|	$-$	0	$+$	
$(x + 5)(x - 5)$		$+$	0	$-$	0	$+$	

Pour $x^2 - 25 > 0$, on a :
$\mathbf{S =]-\infty ; -5[\cup]5 ; +\infty[}$.

2. $4x^2 - 49 < 0 \Leftrightarrow (2x)^2 - 7^2 < 0 \Leftrightarrow \mathbf{(2x + 7)(2x - 7) < 0}$.
La racine de $2x + 7$ est $-3{,}5$ et celle de $2x - 7$ est 3,5.

x	$-\infty$		$-3{,}5$		$3{,}5$		$+\infty$
$2x + 7$		$-$	0	$+$	|	$+$	
$2x - 7$		$-$	|	$-$	0	$+$	
$(2x + 7)(2x - 7)$		$+$	0	$-$	0	$+$	

Pour $4x^2 - 49 < 0$, on a :
$\mathbf{S =]-3{,}5 ; 3{,}5[}$.

3. $(x - 2)(2x + 3) - (x - 2)(3x + 2) \leqslant 0$.
$\Leftrightarrow (x - 2)[(2x + 3) - (3x + 2)] \leqslant 0$
$\Leftrightarrow \mathbf{(x - 2)(-x + 1) \leqslant 0}$.
La racine de $x - 2$ est 2 et celle de $-x + 1$ est 1.

x	$-\infty$		1		2		$+\infty$
$x - 2$		$-$	|	$-$	0	$+$	
$-x + 1$		$+$	0	$-$	|	$-$	
$(x - 2)(-x + 1)$		$-$	0	$+$	0	$-$	

Pour $(x - 2)(2x + 3) - (x - 2)(3x + 2) \leqslant 0$, on a : $\mathbf{S =]-\infty ; 1] \cup [2 ; +\infty[}$.

13 → Énoncé p. 173

1. $x^2 \leqslant 64 \Leftrightarrow x^2 - 64 \leqslant 0 \Leftrightarrow x^2 - 8^2 \leqslant 0$
$\Leftrightarrow \mathbf{(x + 8)(x - 8) \leqslant 0}$.
La racine de $x + 8$ est -8 et celle de $x - 8$ est 8.

Remarque

On regroupe tous les nombres non nuls dans le même membre afin de pouvoir factoriser et d'obtenir une inéquation produit.

x	$-\infty$		-8		8		$+\infty$
$x+8$		$-$	0	$+$		$+$	
$x-8$		$-$		$-$	0	$+$	
$(x-8)(x+8)$		$+$	0	$-$	0	$+$	

Pour $x^2 \leqslant 64$, on a : $\mathbf{S = [-8\ ;\ 8]}$.

2. $(4-x)^2 > 16 \Leftrightarrow (4-x)^2 - 4^2 > 0$
$\Leftrightarrow (4-x+4)(4-x-4) > 0 \Leftrightarrow \mathbf{-x(8-x) > 0}$.

La racine de $-x$ est 0 et celle de $8-x$ est 8.

x	$-\infty$		0		8		$+\infty$
$-x$		$+$	0	$-$		$-$	
$8-x$		$+$		$+$	0	$-$	
$(-x)(8-x)$		$+$	0	$-$	0	$+$	

Pour $(4-x)^2 > 16$, on a :
$\mathbf{S =]-\infty\ ;\ 0[\cup]8\ ;\ +\infty[}$.

3. $(x+2)(x-5) < (x+2)(2x-8) \Leftrightarrow (x+2)(x-5) - (x+2)(2x-8) < 0$
$\Leftrightarrow (x+2)[(x-5)-(2x-8)] < 0 \Leftrightarrow (x+2)(-x+3) < 0$

La racine de $x+2$ est -2 et celle de $-x+3$ est 3.

x	$-\infty$		-2		3		$+\infty$
$x+2$		$-$	0	$+$		$+$	
$-x+3$		$+$		$+$	0	$-$	
$(x+2)(-x+3)$		$-$	0	$+$	0	$-$	

Pour $(x+2)(x-5) < (x+2)(2x-8)$, on a : $\mathbf{S =]-\infty\ ;\ -2[\cup]3\ ;\ +\infty[}$.

14 → *Énoncé p. 174*

1. La racine de $x+2$ est -2 et celle de $x-3$ est 3.

x	$-\infty$		-2		3		$+\infty$
$x+2$		$-$	0	$+$		$+$	
$x-3$		$-$		$-$	0	$+$	
quotient		$+$	0	$-$	‖	$+$	

> **Remarque**
> Un quotient n'est pas défini pour les valeurs de x qui annulent son dénominateur. Les valeurs interdites sont matérialisées par une double barre dans un tableau de signes.

Pour $\dfrac{x+2}{x-3} \leqslant 0$, on a : $\mathbf{S = [-2\ ;\ 3[}$.

2. La racine de $2x-2$ est 1 et celle de $5-x$ est 5.

x	$-\infty$		1		5		$+\infty$
$2x-2$		$-$	0	$+$		$+$	
$5-x$		$+$		$+$	0	$-$	
quotient		$-$	0	$+$	‖	$-$	

Pour $\dfrac{2x-2}{5-x} \leqslant 0$, on a : $\mathbf{S =]-\infty\ ;\ 1] \cup]5\ ;\ +\infty[}$.

3. La racine de $x + 2$ est -2, celle de $x - 7$ est 7 et celle de $2x + 6$ est -3.

x	$-\infty$		-3		-2		7		$+\infty$
$x + 2$		$-$		$-$	0	$+$		$+$	
$x - 7$		$-$		$-$		$-$	0	$+$	
$2x + 6$		$-$	0	$+$		$+$		$+$	
quotient		$-$	‖	$+$	0	$-$	0	$+$	

Pour $\dfrac{(x+2)(x-7)}{2x+6} \leqslant 0$, on a : $\mathbf{S =]-\infty\ ;\ -3[\ \cup\ [-2\ ;\ 7]}$.

15 → *Énoncé p. 174*

> **Remarque**
> Une fonction affine est linéaire si son expression algébrique peut s'écrire ax.

f est affine, donc on a $f(x) = ax + b$ avec :

$$a = \frac{f(\sqrt{3}) - f(\sqrt{2})}{\sqrt{3} - \sqrt{2}} = \frac{3 - \sqrt{6}}{\sqrt{3} - \sqrt{2}} = \frac{\sqrt{3}(\sqrt{3} - \sqrt{2})}{\sqrt{3} - \sqrt{2}} = \sqrt{3}.$$

On a donc $f(x) = \sqrt{3}\,x + b$.

En particulier, on a : $f(\sqrt{3}) = 3 \Leftrightarrow \sqrt{3} \times \sqrt{3} + b = 3 \Leftrightarrow 3 + b = 3 \Leftrightarrow b = 0$.

On a donc $f(x) = \sqrt{3}\,x$ et **f est linéaire.**

16 → *Énoncé p. 174*

> **Remarque**
> Seules les droites d'équations $x =$ *constante* sont parallèles à l'axe des ordonnées.

1. (d_1) : $x = 3$ est une droite **parallèle** à l'axe des ordonnées.

2. (d_2) : $y = 2x - 5$ est une droite **sécante** à l'axe des ordonnées.

3. (d_3) : $x = y + 1$ est une droite **sécante** à l'axe des ordonnées, car $y + 1$ n'est pas une constante.

17 → *Énoncé p. 174*

> **Remarque**
> Il suffit d'un seul point pour représenter une droite parallèle à l'axe des ordonnées et de deux points pour une droite sécante à l'axe des ordonnées.

- (d_1) : $x = 3$ est une droite **parallèle** à l'axe des ordonnées qui passe par $A(3\ ;\ 0)$.
- Pour (d_2) : $y = 2x - 5$, on a :

x	0	4
y	-5	3

$B(0\ ;\ -5)$ et $C(4\ ;\ 3)$ sont sur (d_2).

- Pour (d_3) : $x = y + 1$, on a :

x	0	4
y	-1	3

$E(0\ ;\ -1)$ et $F(4\ ;\ 3)$ sont sur (d_3).

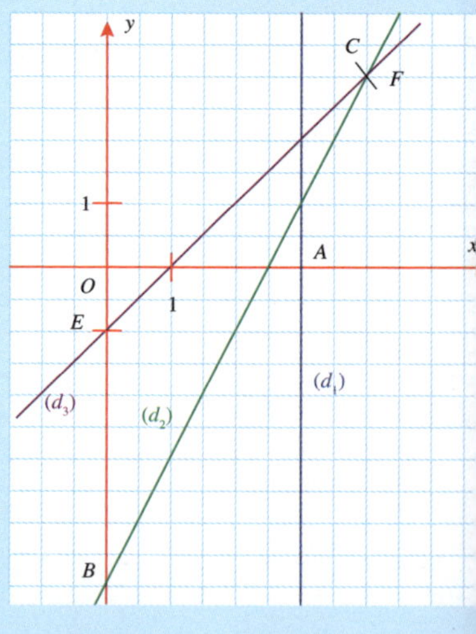

18 → Énoncé p. 174

1. Avec $A(2\ ;\ 3)$ et $B(2\ ;\ -5)$, on a $x_A = x_B = 2$; donc une équation de (AB) est du type $x = constante$. **Une équation de (AB) est $x = 2$.**

> **Conseil**
> Pour chercher l'équation d'une droite, on détermine d'abord son modèle en comparant les abscisses de deux points de cette droite.

2. Avec $A(4\ ;\ 7)$ et $B(-2\ ;\ 1)$, on a $x_A \neq x_B$, donc une équation de (AB) est du type $y = ax + b$, avec $a = \dfrac{y_B - y_A}{x_B - x_A} = \dfrac{1-7}{-2-4} = \dfrac{-6}{-6} = 1$.

On a donc $y = x + b$, avec en particulier : $y_A = x_A + b \Leftrightarrow 7 = 4 + b \Leftrightarrow 7 - 4 = b$.

Une équation de (AB) est $y = x + 3$.

3. Avec $A(3\ ;\ -5)$ et $B(0\ ;\ 1)$, on a $x_A \neq x_B$; donc une équation de (AB) est du type $y = ax + b$, avec $a = \dfrac{y_B - y_A}{x_B - x_A} = \dfrac{1-(-5)}{0-3} = \dfrac{6}{-3} = -2$.

On a donc $y = -2x + b$, avec en particulier : $y_B = -2x_B + b \Leftrightarrow 1 = b$.

Une équation de (AB) est $y = -2x + 1$.

4. Avec $A(-2\ ;\ 0)$ et $B(-4\ ;\ 1)$, on a $x_A \neq x_B$; donc une équation de (AB) est du type $y = ax + b$, avec $a = \dfrac{y_B - y_A}{x_B - x_A} = \dfrac{1-0}{-4-(-2)} = \dfrac{1}{-2} = -0{,}5$.

On a donc $y = -0{,}5x + b$, avec en particulier :
$y_A = -0{,}5x_A + b \Leftrightarrow 0 = 1 + b \Leftrightarrow -1 = b$.

Une équation de (AB) est $y = -0{,}5x - 1$.

19 → Énoncé p. 174

1. a) On a d la droite d'équation $y = -2x + 1$ et A d'abscisse 0 sur d.

On a donc $y_A = -2x_A + 1 = -2 \times 0 + 1 = \mathbf{1}$.

Comme B d'abscisse 3 est sur d, on a donc :
$y_B = -2x_B + 1 = -2 \times 3 + 1 = \mathbf{-5}$.

b) La droite d passe par $A(0\ ;\ 1)$ et par $B(3\ ;\ -5)$.

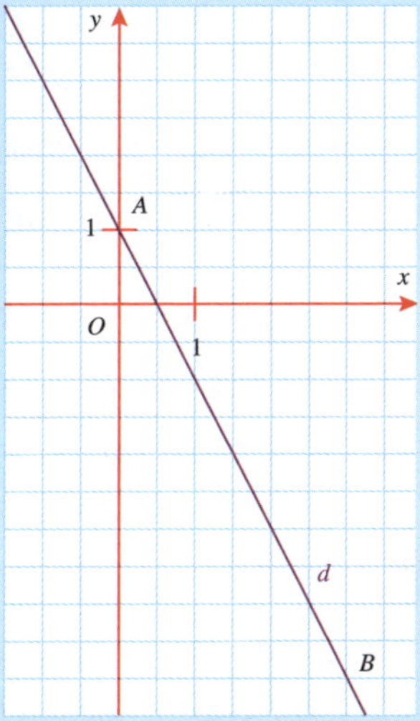

2. Dans $y = -2x + 1$, pour $x = x_C = -2$, on a :
$y = -2 \times (-2) + 1 = 5 = y_C$,
donc **C appartient à d.**

Dans $y = -2x + 1$,
pour $x = x_D = 10$, on a :
$y = -2 \times 10 + 1 = -19$.
Ce n'est pas y_D,
donc **D n'appartient pas à d.**

> **Rappel**
> Un point appartient à une droite si, et seulement si, ses coordonnées vérifient l'équation de la droite.

20 → Énoncé p. 175

1. Avec $A(3 ; 3)$ et $B(7 ; -1)$, on a $x_A \neq x_B$; donc une équation de (AB) est du type $y = ax + b$ avec $a = \dfrac{y_B - y_A}{x_B - x_A} = \dfrac{-1-3}{7-3} = \dfrac{-4}{4} = -1$.

On a donc $y = -x + b$, avec en particulier : $y_A = -x_A + b \Leftrightarrow 3 = -3 + b \Leftrightarrow 6 = b$.
Une équation de (AB) est $y = -x + 6$.

2. Dans $y = -x + 6$, pour $x = x_C = 11$, on a : $y = -11 + 6 = -5$.
Ce n'est pas y_C, donc **C n'appartient pas à (AB)**.

21 → Énoncé p. 175

Avec $A(2 ; 3)$ et $B(3 ; 5)$, on a $x_A \neq x_B$;
donc une équation de (AB) est du type $y = ax + b$,
avec $a = \dfrac{y_B - y_A}{x_B - x_A} = \dfrac{5-3}{3-2} = \dfrac{2}{1} = 2$.

Rappel
Trois points sont alignés si, et seulement si, l'un appartient à la droite formée par les deux autres.

On a donc $y = 2x + b$, avec en particulier : $y_A = 2x_A + b \Leftrightarrow 3 = 2 \times 2 + b \Leftrightarrow -1 = b$.
Une équation de (AB) est $y = 2x - 1$ et pour $x = x_C = 5$, on a :
$y = 2 \times 5 - 1 = 9 = x_C$.
C appartient à (AB), **donc les trois points A, B et C sont alignés**.

22 → Énoncé p. 175

Le coefficient directeur de (AB) est
$\dfrac{y_B - y_A}{x_B - x_A} = \dfrac{1-5}{2+1} = \dfrac{-4}{3}$

Rappel
Trois points A, B et C d'abscisses différentes sont alignés si, et seulement si, les droites (AB) et (AC) ont le même coefficient directeur.

et celui de (AC) est $\dfrac{y_C - y_A}{x_C - x_A} = \dfrac{8-5}{c+1} = \dfrac{3}{c+1}$.

C aligné avec A et $B \Leftrightarrow (AB)$ et (AC) ont le même coefficient directeur

$\Leftrightarrow \dfrac{-4}{3} = \dfrac{3}{c+1} \Leftrightarrow -4(c+1) = 9 \Leftrightarrow 4c + 4 = -9 \Leftrightarrow 4c = -13 \Leftrightarrow c = \mathbf{\dfrac{-13}{4}}$.

Le coefficient directeur de (AD) est $\dfrac{y_D - y_A}{x_D - x_A} = \dfrac{d-5}{-3+1} = \dfrac{d-5}{-2}$.

D aligné avec A et $B \Leftrightarrow (AB)$ et (AD) ont le même coefficient directeur

$\Leftrightarrow \dfrac{-4}{3} = \dfrac{d-5}{-2} \Leftrightarrow 8 = 3(d-5) \Leftrightarrow 8 = 3d - 15 \Leftrightarrow 23 = 3d \Leftrightarrow \boldsymbol{d} = \mathbf{\dfrac{23}{3}}$.

23 → Énoncé p. 175

Rappel
Deux droites sécantes à l'axe des ordonnées sont parallèles si, et seulement si, elles ont le même coefficient directeur.

1. Le coefficient directeur de d_1 :
$y = 2x + 3$ est 2 et celui de d_2 :
$y = -4x + 3$ est -4, donc **d_1 et d_2 ne sont pas parallèles**.

2. $d_1 : y = x + 7$ et $d_2 : y = x + 1$ ont le même coefficient directeur 1, donc **elles sont parallèles.**

3. $d_1 : x = 5$ et $d_2 : x = -4$ **sont parallèles**, car elles sont toutes deux parallèles à l'axe des ordonnées.

4. On a $x = 2{,}5y + 5 \Leftrightarrow (x - 5) \div 2{,}5 = y \Leftrightarrow y = 0{,}4x - 2$, donc les droites $d_1 : y = 0{,}4x$ et $d_2 : x = 2{,}5y + 5$ ont le même coefficient directeur 0,4 et elles sont **parallèles.**

24 → *Énoncé p. 175*

1. Avec $A(4 ; 6)$ et $B(7 ; -3)$ on a $x_A \neq x_B$; donc une équation de (AB) est du type $y = ax + b$ avec $a = \dfrac{y_B - y_A}{x_B - x_A} = \dfrac{-3-6}{7-4} = \dfrac{-9}{3} = -3$. On a donc $y = -3x + b$, avec en particulier : $y_A = -3x_A + b \Leftrightarrow 6 = -12 + b$, soit $18 = b$.

Une équation de (AB) est $y = -3x + 18$.

2. d étant parallèle à la droite (AB), d a le même coefficient directeur -3 que (AB).

On a donc $y = -3x + b$, avec en particulier :

$y_C = -3x_C + b \Leftrightarrow -1 = -3 \times (-2) + b$

$\Leftrightarrow -1 = 6 + b \Leftrightarrow -1 - 6 = b \Leftrightarrow b = -7.$

Une équation de d est $y = -3x - 7$.

> **Rappel**
> Deux droites sécantes à l'axe des ordonnées et parallèles entre elles ont le même coefficient directeur.

25 → *Énoncé p. 175*

1. $\begin{cases} 2x + 3y = 13 & (A) \\ 4x + y = 11. & (B) \end{cases}$

En multipliant (A) par 2, le système équivaut à $\begin{cases} 4x + 6y = 26 & (C) \\ 4x + y = 11. & (D) \end{cases}$

$(C) - (D) \Leftrightarrow 4x + 6y - (4x + y) = 26 - 11 \Leftrightarrow 5y = 15 \Leftrightarrow y = 15 \div 5 \Leftrightarrow y = 3$

$(A) \Leftrightarrow 2x + 3 \times 3 = 13 \Leftrightarrow x = (13 - 9) \div 2 \Leftrightarrow x = 2$

La solution $(x ; y)$ est $(2 ; 3)$.

2. $\begin{cases} 5x - y = 8 & (A) \\ -5x + 3y = 1. & (B) \end{cases}$

> **Conseil**
> Ayant déjà des coefficients de x opposés, on additionne directement les deux équations.

$(A) + (B) \Leftrightarrow 5x - y + (-5x + 3y) = 8 + 1 \Leftrightarrow 2y = 9 \Leftrightarrow y = 4{,}5$

$(A) \Leftrightarrow 5x - 4{,}5 = 8 \Leftrightarrow 5x = 8 + 4{,}5 \Leftrightarrow x = 12{,}5 \div 5 \Leftrightarrow x = 2{,}5$

La solution $(x ; y)$ est $(2{,}5 ; 4{,}5)$.

26 → *Énoncé p. 176*

En multipliant (A) par 5 et (B) par 3, le système équivaut à $\begin{cases} 15x - 10y = -35 & (C) \\ -15x + 9y = 33 & (D) \end{cases}$

$(C) + (D) \Leftrightarrow 15x - 10y + (-15x + 9y) = -35 + 33 \Leftrightarrow -y = -2 \Leftrightarrow y = 2$

$(A) \Leftrightarrow 3x - 2 \times 2 = -7 \Leftrightarrow 3x = -7 + 4 \Leftrightarrow 3x = -3 \Leftrightarrow x = -3 \div 3 \Leftrightarrow x = -1$

La solution $(x ; y)$ est $(-1 ; 2)$.

27 → *Énoncé p. 176*

> **Conseil**
> Ayant dans (A) un coefficient 1 pour l'inconnue x, on utilise la substitution. On exprime x en fonction de y dans (A), puis on remplace x par son expression dans (B).

1. On a $\begin{cases} x + y = 40 & (A) \\ 5x + 3y = 180. & (B) \end{cases}$

2. $(A) \Leftrightarrow x = 40 - y \ (C)$

Par substitution

$(B) \Leftrightarrow 5(40 - y) + 3y = 180$

$\Leftrightarrow 200 - 5y + 3y = 180$

$\Leftrightarrow -2y = 180 - 200 \Leftrightarrow y = -20 \div (-2)$

$\Leftrightarrow y = 10$

$(C) \Leftrightarrow x = 40 - 10 = 30$

Simon a 30 livres d'épaisseur 5 cm et 10 livres d'épaisseur 3 cm.

28 → *Énoncé p. 176*

> **Rappel**
> On ne peut pas diviser par zéro.

1. a) $ax + b = 0$

$\Leftrightarrow ax = -b$

Si $a = 0$, alors $ax = 0$, donc si b est non nul, il n'y a pas de solution et si b est nul, alors toute valeur de x est solution.

$ax + b = 0$ admet une unique solution si, et seulement si, a est non nul.

b) Si a est non nul, l'unique solution de $ax + b = 0$ est $-\dfrac{b}{a}$.

2.

TI

```
Input A
Input B
If A=0
Then
Disp"PAS DE SOLUTION
UNIQUE"
Else
Disp"UNE SOLUTION
UNIQUE",-B/A
End
```

Casio

```
?→A
?→B
If A=0
Then
"PAS DE SOLUTION
UNIQUE"
Else
"UNE SOLUTION
UNIQUE":-B/A◢
IfEnd
```

Python

```
A=float(input(("A = "))
B=float(input(("B = "))
if A=0 :
        print("Pas de solution unique")
else :
        print("Une solution unique")
        print(-1*B/A)
```

INTERROGATION ÉCRITE

Exercice 1 → Énoncé p. 177

Partie A

1. L'image de – 3 par la fonction $f : x \mapsto 2x + 7$ est $f(-3) = 2 \times (-3) + 7 = \mathbf{1}$.

2. $f(x) = 5 \Leftrightarrow 2x + 7 = 5 \Leftrightarrow 2x = -2 \Leftrightarrow x = -1$

L'antécédent de 5 par f est **– 1**.

> **Rappel**
> L'antécédent d'un nombre k par une fonction f est toute solution de l'équation $f(x) = k$.

Partie B

Toute fonction qui peut s'écrire sous la forme $x \mapsto ax + b$ est affine.
Si $a > 0$, la fonction est croissante et si $a < 0$ la fonction est décroissante.

a) $x \mapsto \dfrac{5}{2}x + 2$. La fonction est **affine** avec $a = \dfrac{5}{2}$, $b = 2$ et elle est **croissante**.

b) $x \mapsto 5x^2 + 4$. La fonction n'est **pas affine** à cause du x^2.

c) $x \mapsto -3x \Leftrightarrow x \mapsto -3x + 0$. La fonction est **affine** (linéaire) avec $a = -3$, $b = 0$ et elle est **décroissante**.

d) $x \mapsto 7 - 2x \Leftrightarrow x \mapsto -2x + 7$. La fonction est **affine** avec $a = -2$, $b = 7$ et elle est **décroissante**.

e) $x \mapsto \dfrac{2x - 3}{4} \Leftrightarrow x \mapsto 0{,}5x - 0{,}75$. La fonction est **affine** avec $a = 0{,}5$, $b = -0{,}75$ et elle est **croissante**.

f) $x \mapsto -7 \Leftrightarrow x \mapsto 0x - 7$. La fonction est **affine** avec $a = 0$, $b = -7$ et elle est **constante**.

Exercice 2 → Énoncé p. 177

Partie A

1. • D_1 représente $f : x \mapsto 2x - 3$.
$f(0) = -3$ donc D_1 passe par $C(0\ ;-3)$.
$f(3) = 3$ donc D_2 passe par $E(3\ ;3)$

• D_2 : droite qui passe par $A(-2\ ;4)$ et par $B(4\ ;1)$.

2. Comme $x_A \neq x_B$, une équation de $D_2 = (AB)$ est du type $y = ax + b$

avec $a = \dfrac{y_B - y_A}{x_B - x_A} = \dfrac{1-4}{4-(-2)} = \dfrac{-3}{6} = -0{,}5$.

On a donc $y = -0{,}5x + b$ avec en particulier
$y_A = -0{,}5x_A + b \Leftrightarrow 4 = -0{,}5 \times (-2) + b$
$\Leftrightarrow 4 = 1 + b \Leftrightarrow 3 = b$

L'équation réduite de D_2 est $y = -0{,}5x + 3$.

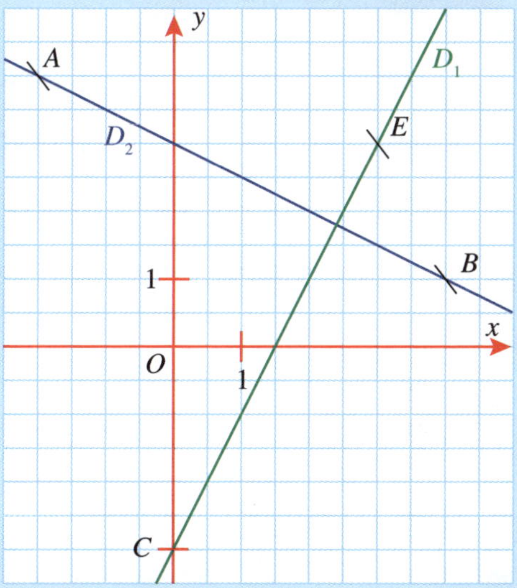

Partie B

1. On a $x_A \neq x_B$ donc (AB) est sécante à l'axe des ordonnées de coefficient directeur

$$a = \frac{y_B - y_A}{x_B - x_A} = \frac{7-5}{5-3} = \frac{2}{2} = 1.$$

De même, le coefficient directeur de (CD) est $a' = \frac{y_D - y_C}{x_D - x_C} = \frac{4-6}{0-2} = \frac{-2}{-2} = 1.$

Ayant le même coefficient directeur, **les droites (AB) et (CD) sont parallèles**.

De même, on trouve que (AD) a pour coefficient directeur $\frac{4-5}{0-3} = \frac{1}{3}$ et que (BC) a aussi pour coefficient directeur $\frac{6-7}{2-5} = \frac{1}{3}$.

Les droites (AD) et (BC) sont parallèles.

2. Ayant ses côtés 2 à 2 parallèles, le quadrilatère $ABCD$ est un **parallélogramme**.

Exercice 3 → Énoncé p. 177

On veut $\begin{cases} 2x + y = 1 & (1) \\ 5x + 2y = -1 & (2) \end{cases}$.

(1) $\Leftrightarrow y = 1 - 2x$ (3)

Par substitution, (2) $\Leftrightarrow 5x + 2(1 - 2x) = -1$

$\Leftrightarrow 5x + 2 - 4x = -1 \Leftrightarrow x = -1 - 2 \Leftrightarrow x = -3$

Par substitution, (3) $\Leftrightarrow y = 1 - 2 \times (-2) \Leftrightarrow y = 7$.

La solution $(x ; y)$ est **$(-3 ; 7)$**.

Exercice 4 → Énoncé p. 177

1. La racine $\frac{-b}{a}$ de $2x + 8$ est $\frac{-8}{2}$, soit -4.

$2x + 8$ est positive pour les réels supérieurs ou égaux à -4 et négative pour les autres réels.

La racine $\frac{-b}{a}$ de $6 - 3x$ est $\frac{-6}{-3}$, soit 2.

$6 - 3x$ est négative pour les réels supérieurs ou égaux à 2 et positive pour les autres réels.

2. On a :

x	$-\infty$		-4		2		$+\infty$
$2x+8$		$-$	0	$+$	|	$+$	
$6-3x$		$+$	|	$+$	0	$-$	
$P(x)$		$-$	0	$+$	0	$-$	

Rappel

$P(x) < 0$ correspond à $P(x)$ strictement négatif.

3. Pour $P(x) < 0$, on a :

$\boldsymbol{S =]-\infty ; -4[\cup]2 ; +\infty[}$.

Vecteurs

CHAPITRE 8

1 Translation et vecteur

A. Définitions

■ Soit A et B deux points donnés. On appelle **image** d'un point M par la **translation** qui transforme $\boldsymbol{A}$ **en** $\boldsymbol{B}$ le point M' tel que $[AM']$ et $[BM]$ ont le même milieu, c'est-à-dire tel que $ABM'M$ est un parallélogramme.

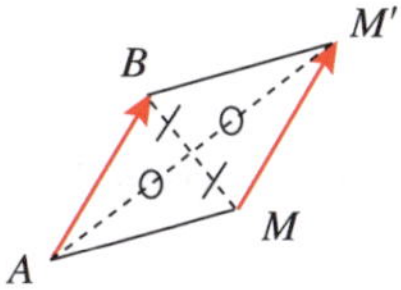

■ À la translation qui transforme A en B, on associe **le vecteur** $\overrightarrow{AB}$ qui symbolise le déplacement de A vers B ou de M vers M'.
On le représente par une flèche allant de A jusqu'à B.

B. Égalité de vecteurs

■ Soit M' l'image d'un point M par la translation associée à un vecteur $\overrightarrow{AB}$.
Les vecteurs $\overrightarrow{AB}$ et $\overrightarrow{MM'}$ sont dits égaux. On note $\overrightarrow{AB} = \overrightarrow{MM'}$.

■ Soit A, B, C et D quatre points distincts. On a :
$\overrightarrow{AB} = \overrightarrow{CD}$ $\Leftrightarrow$ D est l'image de C par la translation associée au vecteur $\overrightarrow{AB}$;
$\Leftrightarrow$ $[AD]$ et $[BC]$ ont le même milieu ;
$\Leftrightarrow$ $ABDC$ est un parallélogramme.

C. Somme de deux vecteurs

Soit A, B et C trois points.
Appliquer la translation associée au vecteur $\overrightarrow{AB}$, puis la translation associée au vecteur $\overrightarrow{BC}$, revient à appliquer la translation associée au vecteur $\overrightarrow{AC}$.
Le vecteur $\overrightarrow{AC}$ est appelé **vecteur somme** des vecteurs $\overrightarrow{AB}$ et $\overrightarrow{BC}$.

Relation de Chasles

Soit A, B et C trois points. On a :
$\overrightarrow{AB} + \overrightarrow{BC} = \overrightarrow{AC}$.

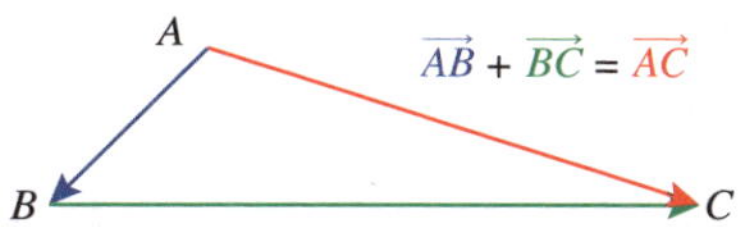

Remarque :
Soit A et B deux points. D'après la relation de Chasles, on a $\overrightarrow{AB} + \overrightarrow{BA} = \overrightarrow{AA}$.
Le vecteur $\overrightarrow{AA}$ est dit vecteur nul. On le note $\vec{0}$ et on a $\overrightarrow{BA} = -\overrightarrow{AB}$.

2 Coordonnées et vecteur

A. Coordonnées d'un vecteur

■ Définition

Soit $M(x\ ;\ y)$ un point dans un plan muni d'un repère d'origine O.

Soit $\vec{u}$ un vecteur égal à $\overrightarrow{OM}$.

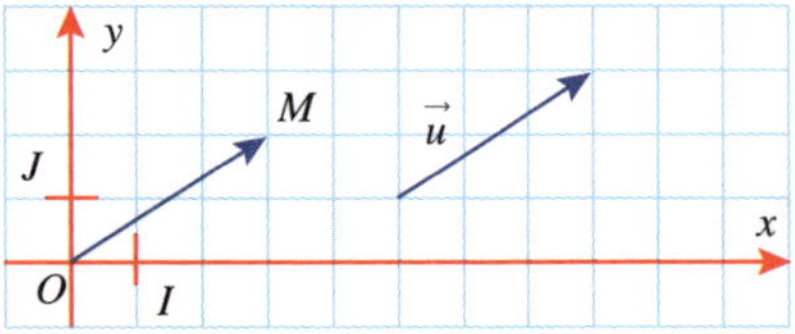

Les coordonnées de $\vec{u}$ sont $\begin{pmatrix} x \\ y \end{pmatrix}$.

■ Égalité de deux vecteurs

Deux vecteurs $\vec{u}\begin{pmatrix} x \\ y \end{pmatrix}$ et $\vec{v}\begin{pmatrix} x' \\ y' \end{pmatrix}$ sont égaux si et seulement s'ils ont les mêmes coordonnées.

Soit $A(x_A\ ;\ y_B)$ et $B(x_B\ ;\ y_B)$ deux points du plan muni d'un repère.

On a : $\overrightarrow{AB}\begin{pmatrix} x_B - x_A \\ y_B - y_A \end{pmatrix}$.

Remarque :
Pour montrer qu'un quadrilatère $ABCD$ est un parallélogramme, il suffit de montrer à l'aide des coordonnées que deux vecteurs tels que $\overrightarrow{AB}$ et $\overrightarrow{DC}$ sont égaux.

B. Opérations sur les coordonnées

■ Somme de deux vecteurs

Soit deux vecteurs $\vec{u}\begin{pmatrix} x \\ y \end{pmatrix}$ et $\vec{v}\begin{pmatrix} x' \\ y' \end{pmatrix}$.

Le vecteur somme $\vec{u} + \vec{v}$ a pour coordonnées $\begin{pmatrix} x + x' \\ y + y' \end{pmatrix}$.

■ Produit d'un vecteur par un réel

Soit k un réel et $\vec{u}\begin{pmatrix} x \\ y \end{pmatrix}$ un vecteur.

Le **produit du vecteur $\vec{u}$ par le réel k** est le vecteur noté $k\,\vec{u}$ et de coordonnées $\begin{pmatrix} kx \\ ky \end{pmatrix}$.

■ **Norme d'un vecteur**.

Soit $\vec{u}\begin{pmatrix} a \\ b \end{pmatrix}$ un vecteur dans le plan muni d'un repère orthonormé.

On appelle **norme** de $\vec{u}$ le nombre noté $\|\vec{u}\|$ avec :

$$\|\vec{u}\| = \sqrt{a^2 + b^2}\ .$$

3 Colinéarité

A. Définition

Soit $\vec{u}$ et $\vec{v}$ deux vecteurs non nuls.

Ces vecteurs sont **colinéaires**, si et seulement si, il existe un réel k tel que $\vec{v} = k\,\vec{u}$.

Remarque :

Si $\vec{u}$ et $\vec{v}$ sont deux vecteurs non nuls avec $\vec{v} = k\,\vec{u}$, alors $\vec{u} = \dfrac{1}{k}\,\vec{v}$.

Le vecteur nul est colinéaire à tout vecteur $\vec{u}$, car on a $\vec{0} = 0\vec{u}$.

B. Propriété

Soit $\vec{u}\begin{pmatrix} x \\ y \end{pmatrix}$ et $\vec{v}\begin{pmatrix} x' \\ y' \end{pmatrix}$ deux vecteurs.

Ces vecteurs sont colinéaires, si et seulement si, leur déterminant $xy' - x'y$ est nul.

Ex. **:** Pour les vecteurs $\vec{u}\begin{pmatrix} 2 \\ -6 \end{pmatrix}$ et $\vec{v}\begin{pmatrix} -3 \\ 9 \end{pmatrix}$, le déterminant $xy' - x'y$ vaut :

$2 \times 9 - (-3) \times (-6)$, soit 0, donc les vecteurs $\vec{u}$ et $\vec{v}$ sont colinéaires.

C. Application de la colinéarité

■ **Points alignés**

Soit A, B et C trois points deux à deux distincts.

Les points A, B et C sont alignés, si et seulement si, $\overrightarrow{AB}$ et $\overrightarrow{AC}$ sont colinéaires.

■ **Droites parallèles**

Soit A, B, C et D quatre points deux à deux distincts.

Les droites (AB) et (CD) sont parallèles, si et seulement si, $\overrightarrow{AB}$ et $\overrightarrow{DC}$ sont colinéaires.

COMMENT FAIRE

1 Construire l'image d'un point par une translation

EXERCICE TYPE

Soit ABC un triangle tel que $AB = 6$ cm, $BC = 5$ cm et $AC = 4$ cm.

1. Décrire et réaliser la construction à la règle et au compas du triangle ABC.

2. Construire au compas D l'image de C par la translation qui transforme A en B.

CORRIGÉ COMMENTÉ

1. On trace l'un des côtés du triangle, puis au compas on trace deux arcs de cercle.

On trace $[AB]$ de longueur 6 cm, puis deux arcs de cercle, l'un de centre B et de rayon 5 cm, l'autre de centre A et de rayon 4 cm qui se coupent en C.

2.

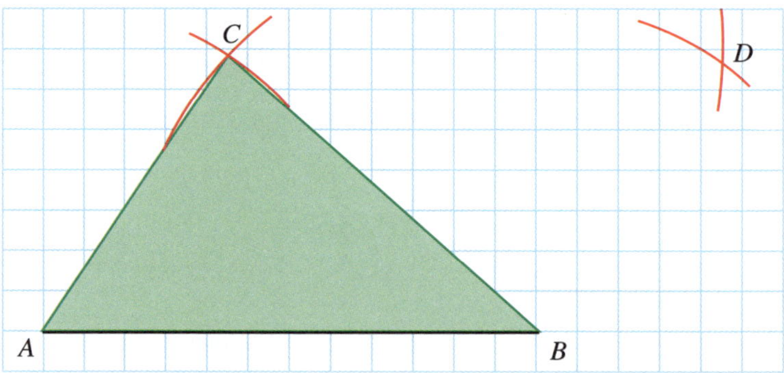

On exprime que *D* est le quatrième sommet d'un parallélogramme dont les trois autres sommets sont *A*, *B* et *C*.

D est l'image de C par la translation qui transforme A en B équivaut à $ABDC$ est un parallélogramme. D est le point du plan tel que $CD = AB$ et $BD = AC$, avec $ABDC$ non croisé.

> **Astuce**
> La construction de l'image d'un point par une translation est plus rapide en utilisant le parallélogramme qu'en utilisant la définition avec le milieu.

À RETENIR

Pour construire l'image d'un point par une translation :

- on exprime que l'on a un parallélogramme ;
- on construit ce parallélogramme à l'aide du compas.

2 Appliquer la relation de Chasles

EXERCICE TYPE

Soit A, B, C et D quatre points. Simplifier les expressions suivantes :

1. $\overrightarrow{BC} + \overrightarrow{AB}$;
2. $\overrightarrow{AD} + \overrightarrow{BC} + \overrightarrow{DB}$;
3. $\overrightarrow{CA} - \overrightarrow{BA}$;
4. $\overrightarrow{AD} - \overrightarrow{AB} - \overrightarrow{CD}$.

CORRIGÉ COMMENTÉ

1. On ordonne les termes avant d'appliquer la relation de Chasles pour que l'origine du second vecteur soit égale à l'extrémité du premier vecteur.

$\overrightarrow{BC} + \overrightarrow{AB} = \overrightarrow{AB} + \overrightarrow{BC} = \boldsymbol{\overrightarrow{AC}}$

d'après la relation de Chasles.

> **Rappel**
> Dans un vecteur $\overrightarrow{AB}$, A est l'origine et B l'extrémité.

2. $\overrightarrow{AD} + \overrightarrow{BC} + \overrightarrow{DB} = \overrightarrow{AD} + \overrightarrow{DB} + \overrightarrow{BC}$

$= \overrightarrow{AB} + \overrightarrow{BC}$ d'après la relation de Chasles

$= \boldsymbol{\overrightarrow{AC}}$ d'après la relation de Chasles.

3. On transforme la différence en somme pour pouvoir appliquer la relation de Chasles.

> **Rappel**
> L'opposé d'un vecteur $\overrightarrow{AB}$ est $\overrightarrow{BA}$.

$\overrightarrow{CA} - \overrightarrow{BA} = \overrightarrow{CA} + \overrightarrow{AB}$

$= \boldsymbol{\overrightarrow{CB}}$ d'après la relation de Chasles.

4. On transforme les différences en sommes, puis on ordonne les termes pour pouvoir appliquer la relation de Chasles.

$\overrightarrow{AD} - \overrightarrow{AB} - \overrightarrow{CD} = \overrightarrow{AD} + \overrightarrow{BA} + \overrightarrow{DC}$

$= \overrightarrow{BA} + \overrightarrow{AD} + \overrightarrow{DC}$

$= \boldsymbol{\overrightarrow{BC}}$

en appliquant deux fois la relation de Chasles.

À RETENIR

Pour appliquer la relation de Chasles :

- on ordonne les vecteurs pour que l'extrémité du premier vecteur soit l'origine du second vecteur ;
- on remplace les différences par des sommes à l'aide du vecteur opposé.

3 Étudier un alignement de points

EXERCICE TYPE

Dans un plan muni d'un repère, on considère les points suivants :
$A(3\ ;\ 9)$, $B(-5\ ;\ -7)$, $C(-9\ ;\ -15)$ et $D(47\ ;\ 95)$.

1. Montrer que les points A, B et C sont alignés.
2. Les points A, B et D sont-ils alignés ? Justifier la réponse.

CORRIGÉ COMMENTÉ

1. **On calcule les coordonnées de deux vecteurs obtenus avec les trois points.**

On a $\overrightarrow{AB}\begin{pmatrix} x_B - x_A \\ y_B - y_A \end{pmatrix} = \overrightarrow{AB}\begin{pmatrix} -5-3 \\ -7-9 \end{pmatrix} = \overrightarrow{AB}\begin{pmatrix} -8 \\ -16 \end{pmatrix}$

et $\overrightarrow{AC}\begin{pmatrix} x_C - x_A \\ y_C - y_A \end{pmatrix} = \overrightarrow{AC}\begin{pmatrix} -9-3 \\ -15-9 \end{pmatrix} = \overrightarrow{AC}\begin{pmatrix} -12 \\ -24 \end{pmatrix}$.

> **Conseil**
> Retenir pour les coordonnées d'un vecteur : « coordonnées de l'extrémité – coordonnées de l'origine ».

On calcule le déterminant des deux vecteurs pour savoir s'ils sont colinéaires, puis on conclut.

Le déterminant $xy' - x'y$ des vecteurs $\overrightarrow{AB}$ et $\overrightarrow{AC}$ vaut :
$-8 \times (-24) - (-12) \times (-16) = 192 - 192 = 0$.

> **Remarque**
> Le choix des vecteurs n'a pas d'importance tant que les trois points figurent dans les vecteurs.

Le déterminant étant nul, les vecteurs $\overrightarrow{AB}$ et $\overrightarrow{AC}$ sont colinéaires et **les points A, B et C sont alignés**.

2. On a aussi $\overrightarrow{AD}\begin{pmatrix} x_D - x_A \\ y_D - y_A \end{pmatrix} = \overrightarrow{AD}\begin{pmatrix} 47-3 \\ 95-9 \end{pmatrix} = \overrightarrow{AD}\begin{pmatrix} 44 \\ 86 \end{pmatrix}$.

Le déterminant $xy' - x'y$ des vecteurs $\overrightarrow{AB}$ et $\overrightarrow{AD}$ vaut :
$-8 \times 86 - 44 \times (-16) = -688 + 704 = 16$.

Le déterminant étant non nul, les vecteurs $\overrightarrow{AB}$ et $\overrightarrow{AD}$ ne sont pas colinéaires et **les points A, B et D ne sont pas alignés**.

À RETENIR

Pour étudier un alignement de trois points :

- on calcule les coordonnées de deux vecteurs formés avec ses trois points ;
- on calcule le déterminant $xy' - x'y$ de ces deux vecteurs ;
- si le déterminant est nul, alors les trois points sont alignés, sinon ils ne sont pas alignés.

4 Étudier les positions relatives de deux droites

EXERCICE TYPE

Dans un plan muni d'un repère, on considère les points suivants :
$A(3\ ;\ 2)$, $B(11\ ;\ 4)$, $C(1\ ;\ -5)$, $D(7\ ;\ -3{,}5)$.

1. Montrer que les droites (AB) et (CD) sont parallèles.

2. Les droites (AC) et (BD) sont-elles parallèles ? Justifier la réponse.

CORRIGÉ COMMENTÉ

1. On calcule les coordonnées d'un vecteur avec deux points de (*AB*), donc avec les points *A* et *B* et les coordonnées d'un vecteur avec deux points de (*CD*), donc avec les points *C* et *D*.

On a $\overrightarrow{AB}\begin{pmatrix} x_B - x_A \\ y_B - y_A \end{pmatrix} = \overrightarrow{AB}\begin{pmatrix} 11-3 \\ 4-2 \end{pmatrix} = \overrightarrow{AB}\begin{pmatrix} 8 \\ 2 \end{pmatrix}$

et $\overrightarrow{CD}\begin{pmatrix} x_D - x_C \\ y_D - y_C \end{pmatrix} = \overrightarrow{CD}\begin{pmatrix} 7-1 \\ -3{,}5-(-5) \end{pmatrix} = \overrightarrow{CD}\begin{pmatrix} 6 \\ 1{,}5 \end{pmatrix}$.

On calcule le déterminant des deux vecteurs pour savoir s'ils sont colinéaires, puis on conclut.

Le déterminant $xy' - x'y$ des vecteurs $\overrightarrow{AB}$ et $\overrightarrow{CD}$ vaut : $8 \times 1{,}5 - 6 \times 2 = 12 - 12 = 0$.

Le déterminant étant nul, les vecteurs $\overrightarrow{AB}$ et $\overrightarrow{CD}$ sont colinéaires et les droites (AB) et (CD) sont parallèles.

> **Remarque**
> Lors d'un calcul de déterminant $xy' - x'y$, changer l'ordre des vecteurs change le signe du résultat. Cela ne change pas la conclusion, car seul le fait de savoir si le déterminant est nul ou non nul permet de conclure.

2. On a aussi $\overrightarrow{AC}\begin{pmatrix} x_C - x_A \\ y_C - y_A \end{pmatrix} = \overrightarrow{AC}\begin{pmatrix} 1-3 \\ -5-2 \end{pmatrix} = \overrightarrow{AC}\begin{pmatrix} -2 \\ -7 \end{pmatrix}$

et $\overrightarrow{BD}\begin{pmatrix} x_D - x_B \\ y_D - y_B \end{pmatrix} = \overrightarrow{BD}\begin{pmatrix} 7-11 \\ -3{,}5-4 \end{pmatrix} = \overrightarrow{BD}\begin{pmatrix} -4 \\ -7{,}5 \end{pmatrix}$.

Le déterminant $xy' - x'y$ des vecteurs $\overrightarrow{AC}$ et $\overrightarrow{BD}$ vaut :
$-2 \times (-7{,}5) - (-4) \times (-7) = 15 - 28 = -13$.
Le déterminant étant non nul, les vecteurs $\overrightarrow{AC}$ et $\overrightarrow{BD}$ ne sont pas colinéaires et **les droites (AC) et (BD) ne sont pas parallèles.**

À RETENIR

Pour étudier les positions relatives de deux droites :

- on calcule pour chacune des droites les coordonnées d'un vecteur formé avec deux points de cette droite ;
- on calcule le déterminant $xy' - x'y$ de ces deux vecteurs ;
- si le déterminant est nul, alors les droites sont parallèles, sinon elles ne sont pas parallèles.

EXERCICES

1 4 min ★

Reproduire la figure ci-contre et construire les images des points C et D par la translation qui transforme A en B.

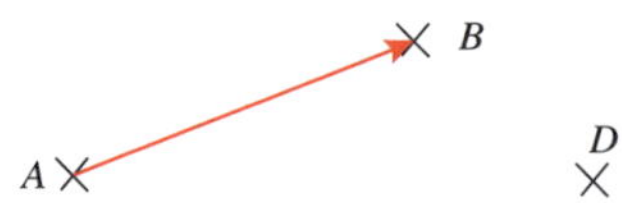

→ Corrigé p. 203

2 10 min ★

1. Construire un parallélogramme quelconque $AZER$.

2. a) Construire le point Y image du point E par la translation de vecteur $\overrightarrow{ZR}$.
b) Construire le point T image du point Z par la translation de vecteur $\overrightarrow{AZ}$.
c) Construire le point U image du point R par la translation de vecteur $\overrightarrow{ZA}$.

→ Corrigé p. 203

3 6 min ★★

1. Construire un triangle EFG rectangle en E avec $EF = 3$ cm et $FG = 4$ cm.

2. Soit H et I les images respectives de F et de G par la translation qui transforme E en G.
a) Construire les points H et I.
b) Donner, avec les points de la figure, tous les vecteurs égaux à $\overrightarrow{EG}$.

→ Corrigé p. 203

4 10 min ★★

Soit A et B deux points distincts. Soit D et F deux points d'images respectives C et E par la translation de vecteur $\overrightarrow{AB}$.

1. Construire une figure avec les six points.

2. a) Donner, avec les points de la figure, tous les vecteurs égaux à $\overrightarrow{AB}$.
b) Prouver que $CDFE$ est un parallélogramme.

→ Corrigé p. 204

5 12 min ★★

On considère un triangle ABC, I le milieu de $[AC]$ et J le milieu de $[BC]$.

1. Faire une figure à compléter au fur et à mesure.

2. Soit D le symétrique de B par rapport à I.
a) Quelle est la nature de $ABCD$?
b) En déduire un vecteur égal à $\overrightarrow{AB}$.

3. Soit E le symétrique de A par rapport à J.
Quel vecteur égal à $\overrightarrow{AB}$ a-t-on avec ce point E ? Justifier la réponse.

4. On admet que C est le milieu du segment $[DE]$.
Déduire des questions précédentes une égalité vectorielle caractérisant ce résultat.

→ Corrigé p. 204

6 10 min ★

1. Tracer un carré $ABCD$ de côté 2 cm.

2. Construire le point E, image du point B par la translation de vecteur $\overrightarrow{AC}$.

3. Sans utiliser d'autres points que ceux de la figure, simplifier les sommes :

a) $\overrightarrow{AC} + \overrightarrow{CB}$; **b)** $\overrightarrow{AC} + \overrightarrow{DA}$; **c)** $\overrightarrow{DA} + \overrightarrow{BE}$.

→ Corrigé p. 204

7 10 min ★★

Soit $MNOP$ un quadrilatère.

1. Simplifier les sommes :

a) $\overrightarrow{MN} + \overrightarrow{NO}$; **b)** $\overrightarrow{MO} + \overrightarrow{PM}$; **c)** $\overrightarrow{MN} + \overrightarrow{OP} - \overrightarrow{ON}$.

2. Montrer que l'on a : $\overrightarrow{MN} + \overrightarrow{PO} - \overrightarrow{PN} - \overrightarrow{MO} = \vec{0}$.

→ Corrigé p. 204

8 10 min ★★

On considère la figure ci-contre.
On souhaite construire deux vecteurs représentant la somme $\overrightarrow{AB} + \overrightarrow{CD}$, l'un d'origine A, l'autre d'origine C.

1. a) Reproduire la figure et construire, à l'aide du quadrillage, le point E tel que $\overrightarrow{BE} = \overrightarrow{CD}$.
b) En déduire le vecteur d'origine A égal à $\overrightarrow{AB} + \overrightarrow{CD}$.

2. En utilisant un point F, construire, à l'aide du quadrillage, $\vec{v}$ un vecteur d'origine C égal à $\overrightarrow{AB} + \overrightarrow{CD}$.

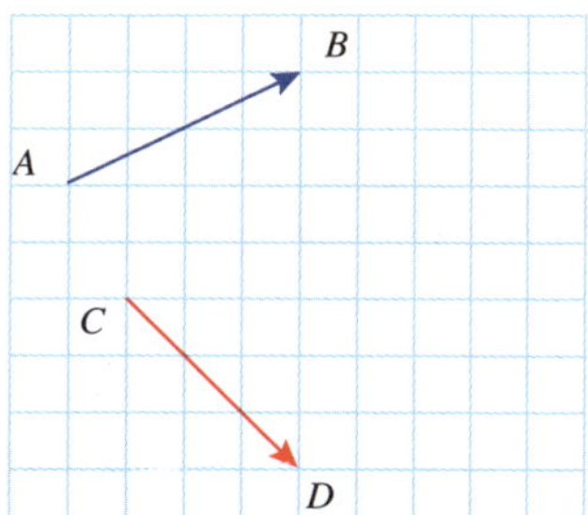

→ Corrigé p. 205

9 10 min ★★

En s'inspirant de la méthode de mise « bout à bout » donnée à l'exercice **8**, construire dans chacun des cas un représentant du vecteur $\vec{u} + \vec{v}$.

1.

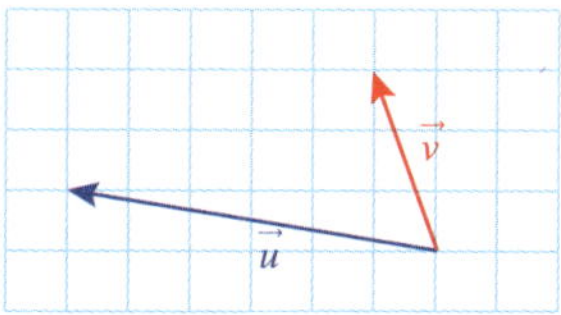

2.

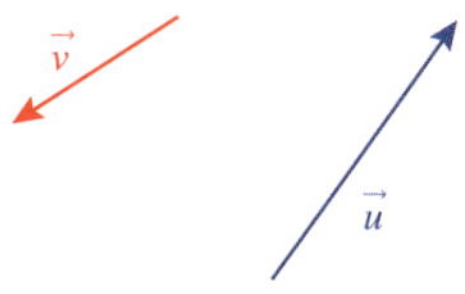

→ Corrigé p. 205

10 6 min ★★

Dessiner un parallélogramme $ABCD$.

Construire le point M tel que $\overrightarrow{DM} = \overrightarrow{AB} + \overrightarrow{AD}$.

→ Corrigé p. 205

11 6 min ★★

Dans un repère (O, I, J), on donne les points :
$A(-2 ; 3)$, $B(-3 ; -1)$ et $C(0 ; -2)$.

1. a) Calculer les coordonnées des vecteurs $\overrightarrow{AB}$ et $\overrightarrow{BC}$.

b) En déduire les coordonnées des vecteurs $\overrightarrow{AB} + \overrightarrow{BC}$ et $2\,\overrightarrow{AB}$.

2. Retrouver les coordonnées du vecteur $\overrightarrow{AB} + \overrightarrow{BC}$ en appliquant la relation de Chasles.

→ Corrigé p. 206

12 10 min ★★

Dans un repère (O, I, J) du plan, on donne les points :
$A(2 ; 5)$, $B(-3 ; -1)$, $C(-4 ; -4)$ et $D(1 ; 2)$.

1. a) Calculer les coordonnées des vecteurs $\overrightarrow{AB}$ et $\overrightarrow{DC}$.

b) Que peut-on en déduire pour le quadrilatère $ABCD$?

2. Déterminer les coordonnées du point E tel que $CADE$ soit un parallélogramme.

→ Corrigé p. 206

13 6 min ★★

Dans un repère (O, I, J), on donne les points $A(3 ; -1)$, $B(2 ; 4)$ et $C(0 ; -1)$.

1. Calculer les coordonnées du vecteur $5\,\overrightarrow{AB}$.

2. Calculer les coordonnées du point M tel que $\overrightarrow{MC} = 5\overrightarrow{AB}$.

→ Corrigé p. 207

14 6 min ★★

Dans chacun des cas, les vecteurs $\vec{u}$ et $\vec{v}$ sont-ils colinéaires ? Justifier la réponse.

a) $\vec{u}\begin{pmatrix} 2 \\ 3 \end{pmatrix}$ et $\vec{v}\begin{pmatrix} 0 \\ 9 \end{pmatrix}$;

b) $\vec{u}\begin{pmatrix} 2 \\ 3 \end{pmatrix}$ et $\vec{v}\begin{pmatrix} 4 \\ 6 \end{pmatrix}$;

c) $\vec{u}\begin{pmatrix} 2 \\ 3 \end{pmatrix}$ et $\vec{v}\begin{pmatrix} 5/3 \\ 5/2 \end{pmatrix}$;

d) $\vec{u}\begin{pmatrix} 1-\sqrt{3} \\ 2 \end{pmatrix}$ et $\vec{v}\begin{pmatrix} -1 \\ 1+\sqrt{3} \end{pmatrix}$.

→ Corrigé p. 207

15 6 min ★★

Déterminer les valeurs de x pour que $\vec{u}\begin{pmatrix} x-4 \\ 3 \end{pmatrix}$ et $\vec{v}\begin{pmatrix} 3 \\ x+4 \end{pmatrix}$ soient colinéaires.

→ Corrigé p. 207

16 12 min ★★

1. Déterminer, dans chaque cas, si les points A, B et C sont alignés :

a) $A(0\,;\,1)$, $B(2\,;\,4)$ et $C(4\,;\,7)$;
b) $A(2\,;\,3)$, $B(1\,;\,4)$ et $C(-3\,;\,8)$;
c) $A(0\,;\,-1)$, $B(2\,;\,4)$ et $C(10\,;\,27)$;
d) $A(-5\,;\,5)$, $B(0\,;\,2)$ et $C(8\,;\,-3)$.

→ Corrigé p. 208

17 8 min ★★

Déterminer, dans chaque cas, si les droites (AB) et (CD) sont parallèles :

1. $A(0\,;\,1)$, $B(2\,;\,5)$, $C(-1\,;\,4)$ et $D(5\,;\,15)$;

2. $A(-1\,;\,1)$, $B(0\,;\,3)$, $C(4\,;\,1)$ et $D(3\,;\,-1)$.

→ Corrigé p. 208

Le coin algorithmique

18 20 min ★★★

On souhaite utiliser un tableur avec la disposition ci-contre pour, connaissant les coordonnées des points A, B, C et D, obtenir les coordonnées des vecteurs $\overrightarrow{AB}$, $\overrightarrow{AC}$ et $\overrightarrow{CD}$ et savoir si les points A, B et C sont alignés et si les droites (AB) et (CD) sont parallèles.

◇	A	B	C
1	point	abscisse	ordonnée
2	A	-1	1
3	B	0	3
4	C	4	1
5	D	3	-1
6	Vecteur AB	1	2
7	Vecteur AC	5	0
8	Vecteur CD	-1	-2
9	A,B et C alignés ?		NON
10	(AB) et (CD) parallèles ?		OUI

1. Quelles formules permettent d'avoir les coordonnées des vecteurs $\overrightarrow{AB}$, $\overrightarrow{AC}$ et $\overrightarrow{CD}$?

2. a) Que faut-il tester pour déterminer si les points A, B et C sont alignés ou non alignés ?

b) Quelle formule faut-il entrer dans la cellule C9 ? dans la cellule C10 ?

3. Retrouver les résultats des exercices **16** et **17** en utilisant un tableur.

→ Corrigé p. 209

INTERROGATION ÉCRITE

Exercice 30 min 10 points

Le plan est muni d'un repère orthonormé (O, I, J) d'unité le centimètre.

1. Faire une figure avec les points $A(-1\ ;\ 1)$, $B(0\ ;\ 3)$ et $D(3\ ;\ -1)$.

2. a) Calculer les valeurs exactes des longueurs AB et BD.

b) On admet que $AD = \sqrt{20}$. En déduire la nature du triangle ABD.

3. Soit W le milieu du segment $[BD]$. Soit C le symétrique de A par rapport à W.

a) Compléter la figure et calculer les coordonnées de W, puis celles de C.

b) Quelle est la nature du quadrilatère $ABCD$?

4. Simplifier les expressions suivantes :

a) $\overrightarrow{BW} + \overrightarrow{AW}$;

b) $\overrightarrow{AC} - \overrightarrow{AB}$;

c) $\overrightarrow{AB} + \overrightarrow{CD} - \overrightarrow{CB} - \overrightarrow{AD}$.

5. Soit le point $M(-7\ ;\ -21)$.

a) Montrer que les droites (AB) et (DM) sont parallèles.

b) Les points C, D et M sont-ils alignés ? Justifier la réponse.

→ *Corrigé p. 209*

CORRIGÉS

1 → Énoncé p. 198

Soit E l'image de C par la translation qui transforme A en B : $CABE$ est un parallélogramme, donc $CE = AB$ et $BE = AC$.
Soit F l'image de D par la translation qui transforme A en B : $DABF$ est un parallélogramme, donc $DF = AB$ et $BF = AD$.

Conseil
Pour construire l'image d'un point M par une translation qui transforme A en B, on construit le quatrième sommet d'un parallélogramme dont les trois premiers sommets sont M, A et B.

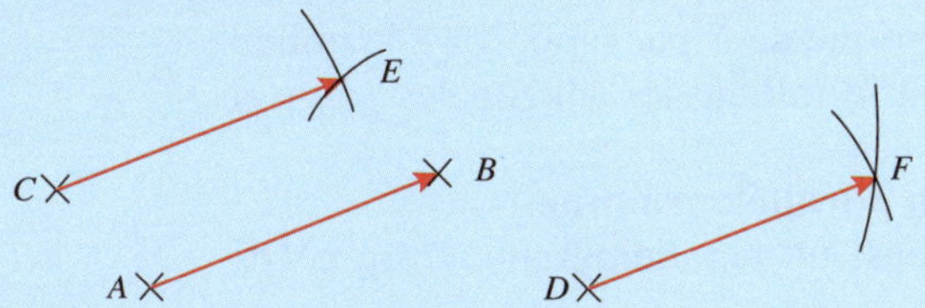

2 → Énoncé p. 198

1. Voir figure ci-après.

2. a) Le point Y est l'image du point E par la translation de vecteur $\overrightarrow{ZR}$, donc $EZRY$ est un parallélogramme.

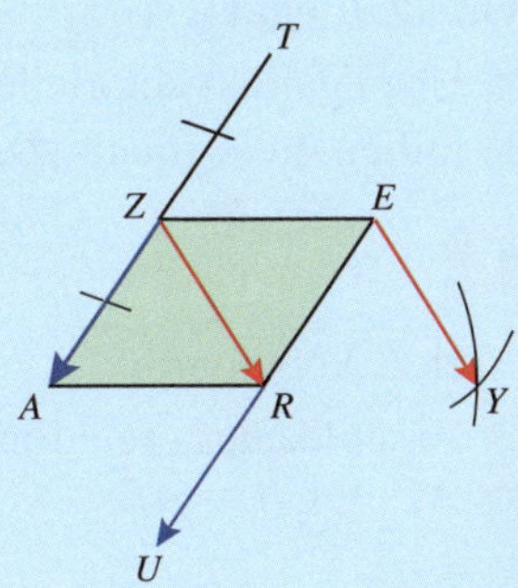

Rappel
Le milieu I d'un segment $[AB]$ est caractérisé par la relation $\overrightarrow{AI} = \overrightarrow{IB}$.

b) Le point T est l'image du point Z par la translation de vecteur $\overrightarrow{AZ}$, donc on a $\overrightarrow{ZT} = \overrightarrow{AZ}$ et Z est le milieu de $[AT]$.
c) Le point U est l'image du point R par la translation de vecteur $\overrightarrow{ZA}$, donc $RZAU$ est un parallélogramme.

3 → Énoncé p. 198

1. Voir figure ci-contre.

2. a) Comme on veut $\overrightarrow{GI} = \overrightarrow{EG}$, I est le symétrique de E par rapport à G.

Rappel
Tout vecteur est égal à lui-même.

b) Les vecteurs égaux à $\overrightarrow{EG}$ sont $\overrightarrow{FH}$, $\overrightarrow{GI}$ et $\overrightarrow{EG}$.

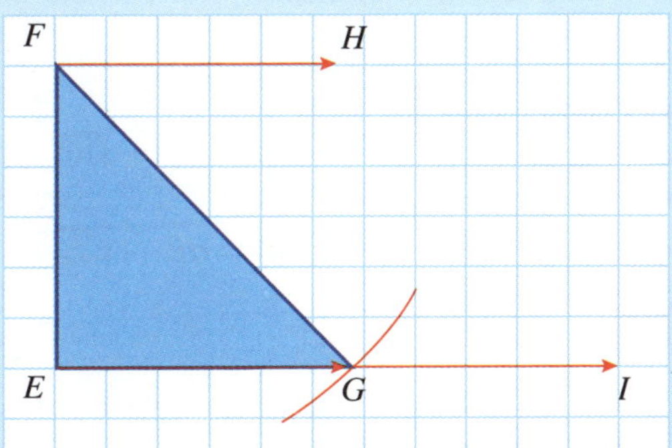

4 → Énoncé p. 198

1. Voir figure ci-contre.

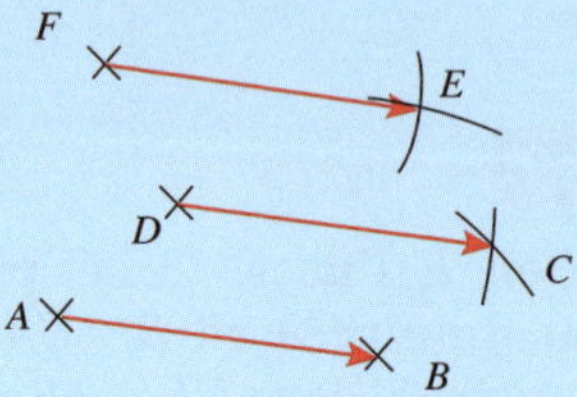

2. a) Les vecteurs égaux à $\overrightarrow{AB}$ sont $\overrightarrow{\mathbf{AB}}$, $\overrightarrow{\mathbf{DC}}$ et $\overrightarrow{\mathbf{FE}}$.
b) On a donc $\overrightarrow{DC} = \overrightarrow{FE}$, car tous deux égaux à $\overrightarrow{AB}$.
***CDFE* est un parallélogramme.**

5 → Énoncé p. 198

1. Voir figure ci-contre.

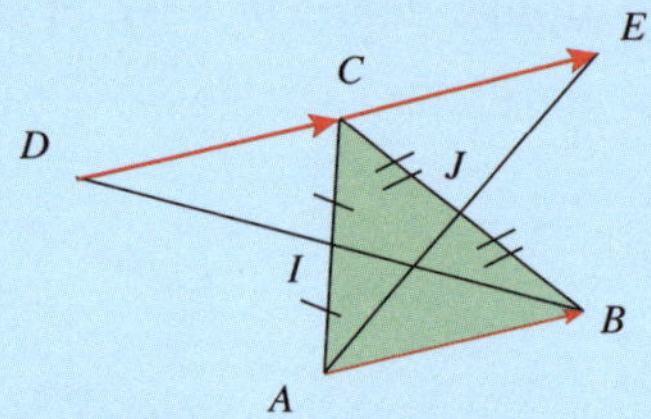

2. a) *D* est le symétrique de *B* par rapport à *I* le milieu de [*AC*], donc *I* est le milieu des diagonales [*AC*] et [*BD*] dans *ABCD*.
***ABCD* est donc un parallélogramme.**
b) Comme *ABCD* est un parallélogramme, on a $\overrightarrow{\mathbf{DC}}$ **égal à** $\overrightarrow{\mathbf{AB}}$.

3. *E* est le symétrique de *A* par rapport à *J* le milieu de [*BC*], donc *J* est le milieu des diagonales [*BC*] et [*AE*] dans *ACEB*.
***ACEB* est donc un parallélogramme.**
On a $\overrightarrow{\mathbf{CE}}$ **égal à** $\overrightarrow{\mathbf{AB}}$.

4. Une égalité vectorielle caractérisant que *C* est le milieu du segment [*DE*] est $\overrightarrow{DC} = \overrightarrow{CE}$.

> **Remarque**
> On peut aussi caractériser que *C* est le milieu du segment [*DE*] par la relation $\overrightarrow{DE} = 2\overrightarrow{DC}$.

6 → Énoncé p. 199

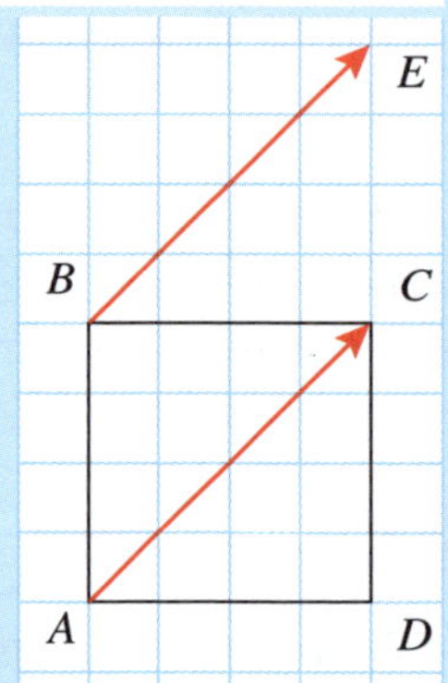

1. et **2.** Voir figure.

3. En utilisant la relation de Chasles, on a :
a) $\overrightarrow{AC} + \overrightarrow{CB} = \overrightarrow{\mathbf{AB}}$;

> **Conseil**
> Il faut transformer avant d'appliquer la relation de Chasles pour avoir la même lettre avant et après le symbole « + ».

b) $\overrightarrow{AC} + \overrightarrow{DA} = \overrightarrow{DA} + \overrightarrow{AC} = \overrightarrow{DC}$.
c) Comme on a $\overrightarrow{BE} = \overrightarrow{AC}$,
on a donc $\overrightarrow{DA} + \overrightarrow{BE} = \overrightarrow{DA} + \overrightarrow{AC} = \overrightarrow{\mathbf{DC}}$
ou bien en utilisant que *ABCD* est un carré et donc que $\overrightarrow{DA} = \overrightarrow{\mathbf{CB}}$,
on a aussi $\overrightarrow{DA} + \overrightarrow{BE} = \overrightarrow{CB} + \overrightarrow{BE} = \overrightarrow{\mathbf{CE}}$.

7 → Énoncé p. 199

1. En appliquant la relation de Chasles, on a :
a) $\overrightarrow{MN} + \overrightarrow{NO} = \overrightarrow{\mathbf{MO}}$;

b) $\overrightarrow{MO} + \overrightarrow{PM} = \overrightarrow{PM} + \overrightarrow{MO} = \boldsymbol{\overrightarrow{PO}}$;

c)

Conseil

Soustraire un vecteur, c'est ajouter son opposé.

$\overrightarrow{MN} + \overrightarrow{OP} - \overrightarrow{ON} = \overrightarrow{MN} + \overrightarrow{OP} + \overrightarrow{NO} = \overrightarrow{MN} + \overrightarrow{NO} + \overrightarrow{OP} = \boldsymbol{\overrightarrow{MP}}$.

2. On a :

$\overrightarrow{MN} + \overrightarrow{PO} - \overrightarrow{PN} - \overrightarrow{MO} = \overrightarrow{MN} + \overrightarrow{PO} + \overrightarrow{NP} + \overrightarrow{OM} = \overrightarrow{MN} + \overrightarrow{NP} + \overrightarrow{PO} + \overrightarrow{OM} = \overrightarrow{MM} = \vec{\mathbf{0}}$.

8 → *Énoncé p. 199*

Remarque

Compter les carreaux pour avoir des vecteurs égaux, c'est utiliser la propriété que deux vecteurs sont égaux, si et seulement si, ils ont les mêmes coordonnées.

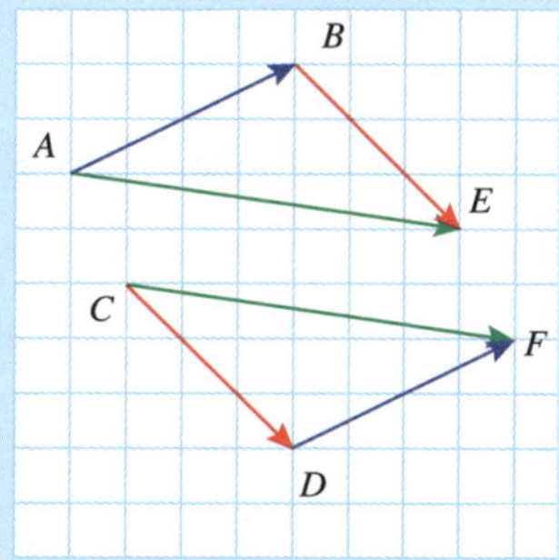

1. a) Pour aller de C à D, on compte 3 carreaux vers la droite et 3 carreaux vers le bas ; ainsi, pour aller de B à E, on compte aussi 3 carreaux vers la droite et 3 carreaux vers le bas.

b) Le vecteur d'origine A égal à $\overrightarrow{AB} + \overrightarrow{CD}$ est $\boldsymbol{\overrightarrow{AE}}$.

2. Le vecteur d'origine C égal à $\overrightarrow{AB} + \overrightarrow{CD}$ est $\boldsymbol{\overrightarrow{CF}}$.

9 → *Énoncé p. 199*

Remarque

Pour construire « bout à bout » le vecteur $\vec{u} + \vec{v}$, on peut construire un représentant de $\vec{v}$ à l'extrémité de $\vec{u}$ ou bien un représentant de $\vec{u}$ à l'extrémité de $\vec{v}$.

1.

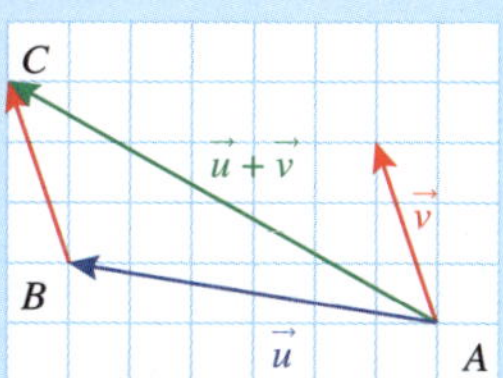

2.

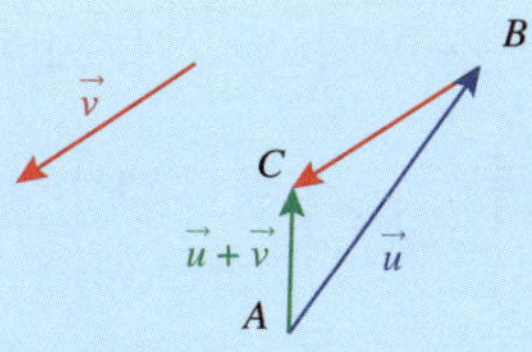

10 → *Énoncé p. 200*

On commence par simplifier la somme $\overrightarrow{AB} + \overrightarrow{AD}$ pour simplifier la construction du point M.

Comme on a un parallélogramme $ABCD$, on a $\overrightarrow{AD} = \overrightarrow{BC}$

et $\overrightarrow{DM} = \overrightarrow{AB} + \overrightarrow{AD} = \overrightarrow{AB} + \overrightarrow{BC} = \overrightarrow{AC}$.

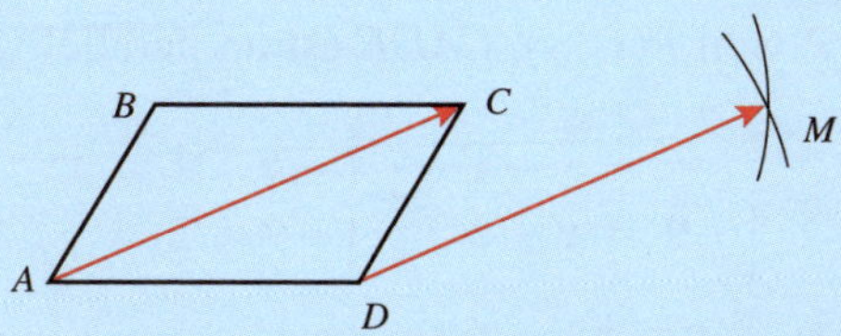

11 → *Énoncé p. 200*

1. a) On a $\overrightarrow{AB}\begin{pmatrix} x_B - x_A \\ y_B - y_A \end{pmatrix} = \overrightarrow{AB}\begin{pmatrix} -3-(-2) \\ -1-3 \end{pmatrix} = \overrightarrow{AB}\begin{pmatrix} \mathbf{-1} \\ \mathbf{-4} \end{pmatrix}$

et $\overrightarrow{BC}\begin{pmatrix} x_C - x_B \\ y_C - y_B \end{pmatrix} = \overrightarrow{BC}\begin{pmatrix} 0-(-3) \\ -2-(-1) \end{pmatrix} = \overrightarrow{BC}\begin{pmatrix} \mathbf{3} \\ \mathbf{-1} \end{pmatrix}$.

Rappel

Les coordonnées d'une somme de vecteurs sont les sommes des coordonnées.

b) Les coordonnées de $\overrightarrow{AB} + \overrightarrow{BC}$ sont $\begin{pmatrix} -1 \\ -4 \end{pmatrix} + \begin{pmatrix} 3 \\ -1 \end{pmatrix} = \begin{pmatrix} -1+3 \\ -4-1 \end{pmatrix} = \begin{pmatrix} \mathbf{2} \\ \mathbf{-5} \end{pmatrix}$.

Les coordonnées de $2\overrightarrow{AB}$ sont $2\begin{pmatrix} -1 \\ -4 \end{pmatrix} = \begin{pmatrix} 2\times(-1) \\ 2\times(-4) \end{pmatrix} = \begin{pmatrix} \mathbf{-2} \\ \mathbf{-8} \end{pmatrix}$.

2. D'après la relation de Chasles, on a $\overrightarrow{AB} + \overrightarrow{BC} = \overrightarrow{AC}$ et on a aussi :

$\overrightarrow{AC}\begin{pmatrix} x_C - x_A \\ y_C - y_A \end{pmatrix} = \overrightarrow{AC}\begin{pmatrix} 0-(-2) \\ -2-3 \end{pmatrix} = \overrightarrow{AC}\begin{pmatrix} \mathbf{2} \\ \mathbf{-5} \end{pmatrix}$;

on retrouve les coordonnées de $\overrightarrow{AB} + \overrightarrow{BC}$.

12 → *Énoncé p. 200*

1. a) On a $\overrightarrow{AB}\begin{pmatrix} x_B - x_A \\ y_B - y_A \end{pmatrix} = \overrightarrow{AB}\begin{pmatrix} -3-2 \\ -1-5 \end{pmatrix} = \overrightarrow{AB}\begin{pmatrix} \mathbf{-5} \\ \mathbf{-6} \end{pmatrix}$

et $\overrightarrow{DC}\begin{pmatrix} x_C - x_D \\ y_C - y_D \end{pmatrix} = \overrightarrow{DC}\begin{pmatrix} -4-1 \\ -4-2 \end{pmatrix} = \overrightarrow{DC}\begin{pmatrix} \mathbf{-5} \\ \mathbf{-6} \end{pmatrix}$.

b) Les vecteurs $\overrightarrow{AB}$ et $\overrightarrow{DC}$ ont les mêmes coordonnées : ils sont donc égaux et **le quadrilatère *ABCD* est un parallélogramme.**

Rappel

Deux vecteurs de mêmes coordonnées sont égaux.

2. Soit $E(x\ ;\ y)$. *CADE* est un parallélogramme $\Leftrightarrow \overrightarrow{AC}\begin{pmatrix} -6 \\ -9 \end{pmatrix} = \overrightarrow{DE}\begin{pmatrix} x-1 \\ y-2 \end{pmatrix}$

$\Leftrightarrow \begin{cases} -6 = x-1 \\ -9 = y-2 \end{cases} \Leftrightarrow \begin{cases} -6+1 = x \\ -9+2 = y. \end{cases}$

On a $\boldsymbol{E(-5\ ;\ -7)}$.

13 → Énoncé p. 200

> **Rappel**
> Les coordonnées du produit d'un réel k par un vecteur sont les produits de k par les coordonnées du vecteur.

1. On a $\overrightarrow{AB}\begin{pmatrix} x_B - x_A \\ y_B - y_A \end{pmatrix} = \overrightarrow{AB}\begin{pmatrix} 2-3 \\ 4-(-1) \end{pmatrix} = \overrightarrow{AB}\begin{pmatrix} -1 \\ 5 \end{pmatrix}$,

donc les coordonnées du vecteur $5\overrightarrow{AB}$ sont $\begin{pmatrix} 5\times(-1) \\ 5\times 5 \end{pmatrix}$, soit $\begin{pmatrix} \mathbf{-5} \\ \mathbf{25} \end{pmatrix}$.

2. Soit $(x\,;\,y)$ les coordonnées du point M. On a $\overrightarrow{MC}\begin{pmatrix} 0-x \\ -1-y \end{pmatrix}$.

$\overrightarrow{MC} = 5\overrightarrow{AB} \Leftrightarrow \begin{cases} -x = -5 \\ -1-y = 25 \end{cases} \Leftrightarrow \begin{cases} x = 5 \\ -1-25 = y. \end{cases}$ On a $\boldsymbol{M(5\,;\,-26)}$.

14 → Énoncé p. 200

> **Rappel**
> Deux vecteurs sont colinéaires, si et seulement si, leur déterminant $xy' - x'y$ est nul.

a) Le déterminant $xy' - x'y$ de $\vec{u}\begin{pmatrix} 2 \\ 3 \end{pmatrix}$ et de $\vec{v}\begin{pmatrix} 0 \\ 9 \end{pmatrix}$ vaut $2\times 9 - 0\times 3$, soit 18.

Il est non nul, donc **les vecteurs $\vec{u}$ et $\vec{v}$ ne sont pas colinéaires.**

b) Le déterminant $xy' - x'y$ de $\vec{u}\begin{pmatrix} 2 \\ 3 \end{pmatrix}$ et de $\vec{v}\begin{pmatrix} 4 \\ 6 \end{pmatrix}$ vaut $2\times 6 - 4\times 3$, soit 0.

Il est nul, donc **les vecteurs $\vec{u}$ et $\vec{v}$ sont colinéaires.**

c) Le déterminant $xy' - x'y$ de $\vec{u}\begin{pmatrix} 2 \\ 3 \end{pmatrix}$ et de $\vec{v}\begin{pmatrix} 5/3 \\ 5/2 \end{pmatrix}$ vaut $2\times\frac{5}{2} - \frac{5}{3}\times 3$, soit 0.

Il est nul, donc **les vecteurs $\vec{u}$ et $\vec{v}$ sont colinéaires.**

d) Le déterminant $xy' - x'y$ de $\vec{u}\begin{pmatrix} 1-\sqrt{3} \\ 2 \end{pmatrix}$ et de $\vec{v}\begin{pmatrix} -1 \\ 1+\sqrt{3} \end{pmatrix}$ vaut

$(1-\sqrt{3}\,)(1+\sqrt{3}\,) - (-1)\times 2$, soit $1 - 3 + 2$.

Il est nul, donc **les vecteurs $\vec{u}$ et $\vec{v}$ sont colinéaires.**

15 → Énoncé p. 201

> **Rappel**
> L'équation $x^2 = a$ avec $a > 0$ admet deux solutions $\sqrt{a}$ et $-\sqrt{a}$.

$\vec{u}\begin{pmatrix} x-4 \\ 3 \end{pmatrix}$ et $\vec{v}\begin{pmatrix} 3 \\ x+4 \end{pmatrix}$ colinéaires $\Leftrightarrow$ leur déterminant $xy' - x'y$ est nul

$\Leftrightarrow (x-4)(x+4) - 3\times 3 = 0 \Leftrightarrow x^2 - 16 - 9 = 0 \Leftrightarrow x^2 = 25 \Leftrightarrow x = 5$ ou $x = -5$.

Pour que $\vec{u}\begin{pmatrix} x-4 \\ 3 \end{pmatrix}$ et $\vec{v}\begin{pmatrix} 3 \\ x+4 \end{pmatrix}$ soient colinéaires, **x doit être égal à 5 ou à -5.**

16 → *Énoncé p. 201*

Rappel

Trois points sont alignés, si et seulement si, deux vecteurs formés avec ces trois points sont colinéaires. On peut parfois reconnaître des vecteurs colinéaires sans calculer leur déterminant.

1. a) On a $\overrightarrow{AB}\begin{pmatrix} 2-0 \\ 4-1 \end{pmatrix} = \overrightarrow{AB}\begin{pmatrix} 2 \\ 3 \end{pmatrix}$ et $\overrightarrow{AC}\begin{pmatrix} 4-0 \\ 7-1 \end{pmatrix} = \overrightarrow{AC}\begin{pmatrix} 4 \\ 6 \end{pmatrix}$ colinéaires, car $\overrightarrow{AC} = 2\overrightarrow{AB}$.

Les points *A*, *B* et *C* sont alignés.

b) On a $\overrightarrow{AB}\begin{pmatrix} 1-2 \\ 4-3 \end{pmatrix} = \overrightarrow{AB}\begin{pmatrix} -1 \\ 1 \end{pmatrix}$ et $\overrightarrow{AC}\begin{pmatrix} -3-2 \\ 8-3 \end{pmatrix} = \overrightarrow{AC}\begin{pmatrix} -5 \\ 5 \end{pmatrix}$ colinéaires, car $\overrightarrow{AC} = 5\overrightarrow{AB}$.

Les points *A*, *B* et *C* sont alignés.

c) On a $\overrightarrow{AB}\begin{pmatrix} 2-0 \\ 4-(-1) \end{pmatrix} = \overrightarrow{AB}\begin{pmatrix} 2 \\ 5 \end{pmatrix}$ et $\overrightarrow{AC}\begin{pmatrix} 10-0 \\ 27-(-1) \end{pmatrix} = \overrightarrow{AC}\begin{pmatrix} 10 \\ 28 \end{pmatrix}$.

Leur déterminant vaut $2 \times 28 - 5 \times 10$, soit 6. Le déterminant étant non nul, ces vecteurs ne sont pas colinéaires et **les points *A*, *B* et *C* ne sont pas alignés**.

d) On a $\overrightarrow{AB}\begin{pmatrix} 0-(-5) \\ 2-5 \end{pmatrix} = \overrightarrow{AB}\begin{pmatrix} 5 \\ -3 \end{pmatrix}$ et $\overrightarrow{AC}\begin{pmatrix} 8-(-5) \\ -3-5 \end{pmatrix} = \overrightarrow{AC}\begin{pmatrix} 13 \\ -8 \end{pmatrix}$.

Leur déterminant vaut $5 \times (-8) - 13 \times (-3)$, soit -1. Le déterminant étant non nul, ces vecteurs ne sont pas colinéaires et **les points *A*, *B* et *C* ne sont pas alignés**.

17 → *Énoncé p. 201*

Rappel

Deux droites sont parallèles, si et seulement si, le déterminant de deux vecteurs formés, l'un avec deux points de l'une des droites, et l'autre avec deux points de l'autre droite est nul.

1. On a $\overrightarrow{AB}\begin{pmatrix} 2-0 \\ 5-1 \end{pmatrix} = \overrightarrow{AB}\begin{pmatrix} 2 \\ 4 \end{pmatrix}$ et $\overrightarrow{CD}\begin{pmatrix} 5-(-1) \\ 15-4 \end{pmatrix} = \overrightarrow{CD}\begin{pmatrix} 6 \\ 11 \end{pmatrix}$.

Leur déterminant $xy' - x'y$ vaut $2 \times 11 - 6 \times 4$, soit -2.

Le déterminant étant non nul, les vecteurs ne sont pas colinéaires et **les droites (*AB*) et (*CD*) ne sont pas parallèles**.

2. On a $\overrightarrow{AB}\begin{pmatrix} 0-(-1) \\ 3-1 \end{pmatrix} = \overrightarrow{AB}\begin{pmatrix} 1 \\ 2 \end{pmatrix}$ et $\overrightarrow{CD}\begin{pmatrix} 3-4 \\ -1-1 \end{pmatrix} = \overrightarrow{CD}\begin{pmatrix} -1 \\ -2 \end{pmatrix}$.

Leur déterminant $xy' - x'y$ vaut $1 \times (-2) - (-1) \times 2$, soit 0.

Le déterminant étant nul, les vecteurs sont colinéaires et **les droites (*AB*) et (*CD*) sont parallèles**.

18 → Énoncé p. 201

1. On sait que l'on a $\overrightarrow{AB}\begin{pmatrix} x_B - x_A \\ y_B - y_A \end{pmatrix}$, avec les coordonnées de A dans les cellules B2 et C2 et celles de B dans les cellules B3 et C3.
Dans B6, il faut la formule =**B3-B2** et dans C6, il faut la formule =**C3-C2**.
De même pour les coordonnées de $\overrightarrow{AC}$ dans B7, il faut la formule =**B4-B2** et dans C7, il faut la formule =**C4-C2**.
Pour les coordonnées de $\overrightarrow{CD}$ dans B8, il faut la formule =**B5-B4** et dans C8, il faut la formule =**C5-C4**.

2. a) Il faut tester la nullité du déterminant de $\overrightarrow{AB}$ et de $\overrightarrow{AC}$ pour déterminer si les points A, B et C sont alignés ou non. Si ce déterminant est nul, alors les points sont alignés, sinon ils ne sont pas alignés.

b) Dans la cellule C9, il faut écrire la formule : =**SI(B6*C7-B7*C6=0; "OUI" ; "NON")**.
Dans la cellule C10, il faut écrire la formule : =**SI(B6*C8-B8*C6=0; "OUI" ; "NON")**.

L'image du tableur dans l'énoncé de l'exercice montre que les droites (AB) et (CD) de la question **2.** de l'exercice **17** sont parallèles.

INTERROGATION ÉCRITE

Exercice → Énoncé p. 202

1. *La figure n'est pas à l'échelle.*

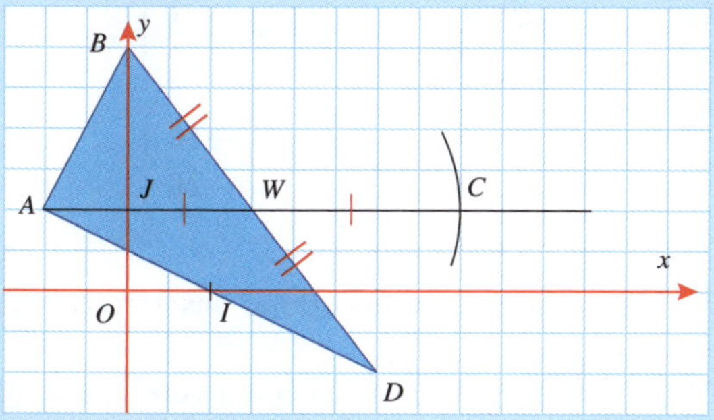

2. a) Le repère étant orthonormé, on a :

$$AB = \sqrt{(x_B - x_A)^2 + (y_B - y_A)^2} = \sqrt{(0 - (-1))^2 + (3 - 1)^2} = \sqrt{5}$$

et $BD = \sqrt{(x_B - x_D)^2 + (y_B - y_D)^2} = \sqrt{(0 - 3)^2 + (3 - (-1))^2} = \sqrt{25} = \mathbf{5}$.

b) Dans ABD, on a $BD^2 = 5^2 = 25$ et $AB^2 + AD^2 = 5 + 20 = 25$.

On a donc $BD^2 = AB^2 + AD^2$; ainsi, d'après la réciproque du théorème de Pythagore, **le triangle ABD est rectangle en A.**

3. a) W est le milieu de $[BD]$,

donc $x_W = \dfrac{x_B + x_D}{2} = \dfrac{0+3}{2} = 1{,}5$ et $y_W = \dfrac{y_B + y_D}{2} = \dfrac{3+(-1)}{2} = 1$.

On a **$W(1{,}5\ ;\ 1)$.**

C est le symétrique de A par rapport à W, donc W est le milieu de $[AC]$.

On a : $\begin{cases} x_W = \dfrac{x_A + x_C}{2} \\ y_W = \dfrac{y_A + y_C}{2} \end{cases} \Leftrightarrow \begin{cases} 1{,}5 = \dfrac{-1 + x_C}{2} \\ 1 = \dfrac{1 + y_C}{2} \end{cases} \Leftrightarrow \begin{cases} 3 = -1 + x_C \\ 2 = 1 + y_C \end{cases}.$ On a **$C(4\ ;\ 1)$.**

b) Le quadrilatère $ABCD$ a ses diagonales $[AC]$ et $[BD]$ de même milieu W, donc $ABCD$ est un parallélogramme. Comme ABD est rectangle en A, le parallélogramme **$ABCD$ est un rectangle.**

4. a) $\overrightarrow{BW} + \overrightarrow{AW} = \overrightarrow{BW} + \overrightarrow{WC}$, car W est le milieu de $[AC]$

$= \overrightarrow{BC}$ d'après la relation de Chasles.

N. B. : On peut aussi obtenir $\overrightarrow{AD}$ comme résultat.

b) $\overrightarrow{AC} - \overrightarrow{AB} = \overrightarrow{AC} + \overrightarrow{BA} = \overrightarrow{BA} + \overrightarrow{AC} = \boldsymbol{\overrightarrow{BC}}$ d'après la relation de Chasles.

c) $\overrightarrow{AB} + \overrightarrow{CD} - \overrightarrow{CB} - \overrightarrow{AD} = \overrightarrow{AB} + \overrightarrow{CD} + \overrightarrow{BC} + \overrightarrow{DA} = \overrightarrow{AB} + \overrightarrow{BC} + \overrightarrow{CD} + \overrightarrow{DA} = \overrightarrow{AA} = \boldsymbol{\vec{0}}$.

Rappel

Deux droites sont parallèles, si et seulement, si le déterminant de deux vecteurs formés, l'un avec deux points de l'une des droites, et l'autre avec deux points de l'autre droite est nul.

5. a) On a $\overrightarrow{AB}\begin{pmatrix} x_B - x_A \\ y_B - y_A \end{pmatrix} = \overrightarrow{AB}\begin{pmatrix} 0-(-1) \\ 3-1 \end{pmatrix} = \overrightarrow{AB}\begin{pmatrix} \mathbf{1} \\ \mathbf{2} \end{pmatrix}$

et $\overrightarrow{DM}\begin{pmatrix} x_M - x_D \\ y_M - y_D \end{pmatrix} = \overrightarrow{DM}\begin{pmatrix} -7-3 \\ -21-(-1) \end{pmatrix} = \overrightarrow{DM}\begin{pmatrix} \mathbf{-10} \\ \mathbf{-20} \end{pmatrix}$.

Le déterminant $xy' - x'y$ de $\overrightarrow{AB}$ et de $\overrightarrow{DM}$ vaut $1 \times (-20) - (-10) \times 2$, soit 0.

Les vecteurs $\overrightarrow{AB}$ et $\overrightarrow{DM}$ sont colinéaires, donc **les droites (AB) et (DM) sont parallèles.**

b) Comme $ABCD$ est un rectangle, on a aussi (CD) parallèle à (AB).

Étant toutes deux parallèles à (AB), les droites (DM) et (CD) sont parallèles, avec D en commun : elles sont confondues.

Les points C, D et M sont alignés.

Fonctions de référence

CHAPITRE 9

1 Fonction carré

A. Définition

■ La **fonction carré** est la fonction f définie sur $\mathbb{R}$ qui, à tout réel x, associe son carré x^2 :

on note $f(x) = x^2$ ou $f : x \mapsto x^2$.

B. Variations de la fonction carré

■ La fonction carré est décroissante sur $]-\infty\ ;\ 0]$ et croissante sur $[0\ ;\ +\infty[$.
Son tableau de variations est :

x	$-\infty$	0	$+\infty$
$f(x)$	↘	0	↗

C. Représentation graphique

La représentation graphique de la fonction carré est une **parabole**.

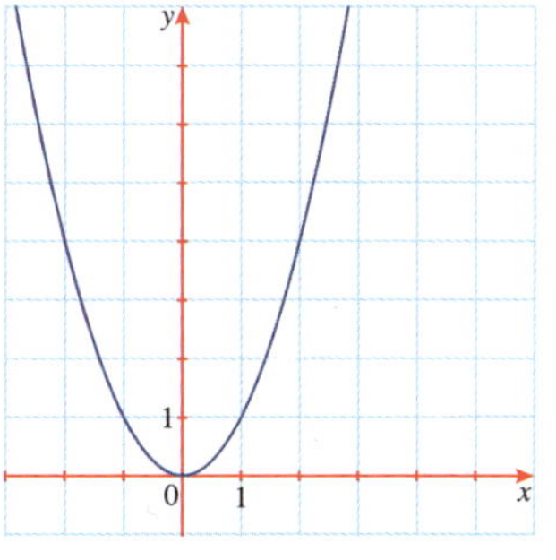

Remarques :
• Pour tout réel x, x^2 est un nombre positif.
• Dans un repère orthogonal, la parabole représentant la fonction carré est symétrique par rapport à l'axe des ordonnées.
• Deux nombres opposés ont le même carré.

2 Fonction racine carrée

A. Définition

■ On appelle **fonction racine carrée** la fonction qui, à tout réel positif, associe sa racine carrée.

■ La fonction racine carrée est définie sur $\mathbb{R}^+ = [0\ ;\ +\infty[$ par $f(x) = \sqrt{x}$.

B. Variations de la fonction racine carrée

La fonction racine carrée est croissante sur $[0\ ;+\infty[$.

Son tableau de variation est :

x	0	$+\infty$
$f(x)$	↗	

C. Représentation graphique

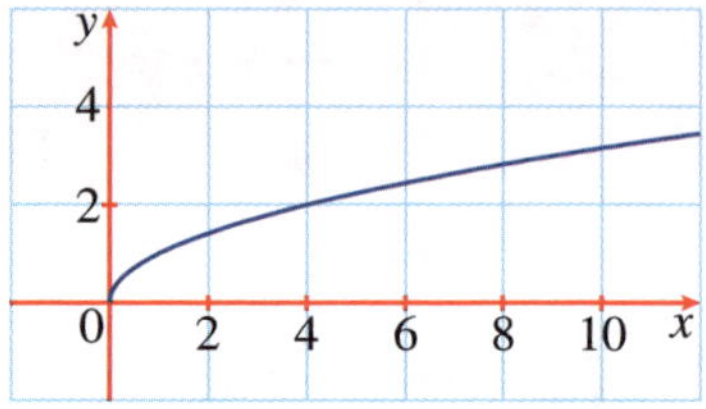

Remarque :
La représentation graphique de la fonction racine carrée est une demi-parabole.

3 Fonction cube

A. Définition

- On appelle **fonction cube** la fonction qui, à tout réel, associe son cube.
- La fonction cube est définie sur $\mathbb{R}$ par $f(x) = x^3$.

B. Variations de la fonction cube

La fonction cube est croissante sur $\mathbb{R}$.

Son tableau de variation est :

x	$-\infty$	$+\infty$
x^3	↗	

C. Représentation graphique

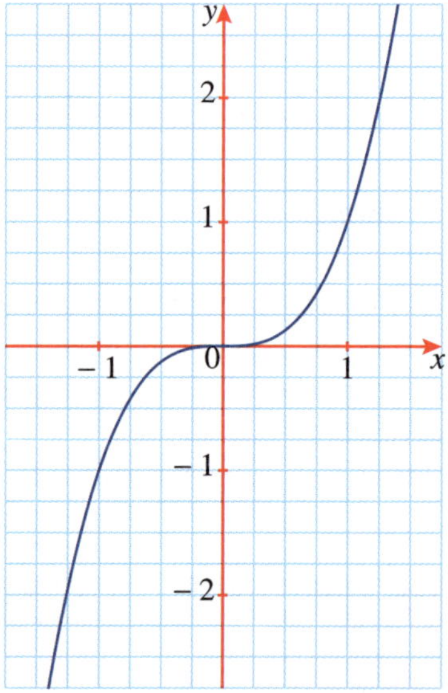

Remarque :
La représentation graphique de la fonction cube est symétrique par rapport à l'origine du repère.

4 Fonction inverse

A. Définition

- On appelle **fonction inverse** la fonction qui, à tout réel non nul, associe son inverse.
- La fonction inverse est définie sur $\mathbb{R} \setminus \{0\}$ par $f(x) = \dfrac{1}{x}$.

Remarques :
- Pour tout réel x non nul, $x \times \dfrac{1}{x} = 1$.
- 0 n'a pas d'inverse car pour tout réel x, $0 \times x = 0$.

B. Variations de la fonction inverse

La fonction inverse est décroissante sur $]-\infty\,;0[$, ainsi que sur $]0\,;+\infty[$.
La fonction inverse a le tableau de variations ci-contre.
La double barre au-dessous de 0 indique que la fonction inverse n'est pas définie en 0.

x	$-\infty$		0		$+\infty$
$f(x)$		↘	‖	↘	

C. Représentation graphique

- On appelle **hyperbole** la représentation graphique de la fonction inverse.

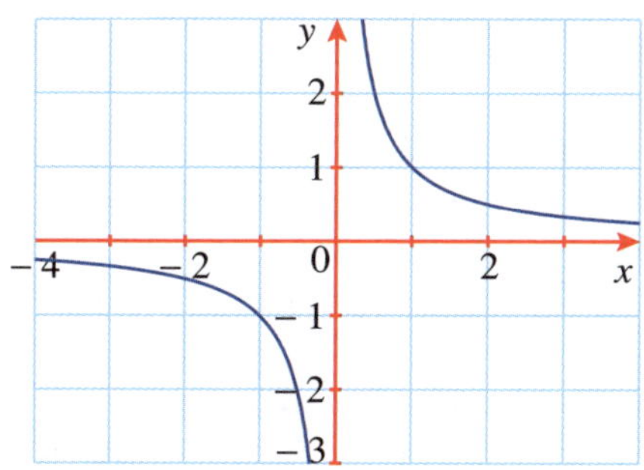

Remarques :
- Cette hyperbole a pour équation $y = \dfrac{1}{x}$.
- L'hyperbole admet un centre de symétrie qui est ici l'origine du repère.

COMMENT FAIRE

1 Comparer les images de deux réels par une fonction

EXERCICE TYPE

Soit a et b deux réels tels que $2 \leqslant a < b \leqslant 5$.
Comparer $f(a)$ et $f(b)$ pour chacune des fonctions suivantes :

1. $f(x) = x^2$; **2.** $f(x) = \dfrac{1}{x} + 4$; **3.** $f(x) = -2(x-1)^2$.

CORRIGÉ COMMENTÉ

1. On applique la fonction carré qui est croissante sur des nombres positifs.

On a $2 \leqslant a < b \leqslant 5$ et la fonction carré croît sur les nombres positifs.
On a donc $2^2 \leqslant a^2 < b^2 \leqslant 5^2$, car la fonction carré est croissante sur les nombres positifs.
On obtient : $4 \leqslant \boldsymbol{f(a)} < \boldsymbol{f(b)} \leqslant 25$.

> **Rappel**
> Une fonction croissante conserve l'ordre.
> Une fonction décroissante inverse l'ordre.

2. On a $2 \leqslant a < b \leqslant 5$.
On a donc $\dfrac{1}{2} \geqslant \dfrac{1}{a} > \dfrac{1}{b} \geqslant \dfrac{1}{5}$ car la fonction inverse est décroissante sur $]0\,;+\infty[$ ce qui implique que $\dfrac{1}{2} + 4 \geqslant \dfrac{1}{a} + 4 > \dfrac{1}{b} + 4 \geqslant \dfrac{1}{5} + 4$.
On obtient : $4{,}5 \geqslant \boldsymbol{f(a)} > \boldsymbol{f(b)} \geqslant 4{,}2$.

3. On décompose *f* en une suite d'opérations élémentaires que l'on applique une par une à l'encadrement en respectant les règles sur les inégalités.

Pour passer de x à $f(x)$, il faut soustraire 1, prendre le carré de la différence, puis multiplier par -2.
$2 \leqslant a < b \leqslant 5 \Rightarrow 1 \leqslant a-1 < b-1 \leqslant 4$
$\Rightarrow 1 \leqslant (a-1)^2 < (b-1)^2 \leqslant 16$ car la fonction carré croît sur les nombres positifs
$\Rightarrow -2 \geqslant -2(a-1)^2 > -2(b-1)^2 \geqslant -32$, car multiplier par -2 revient à appliquer la fonction linéaire décroissante $x \mapsto -2x$. On a donc $-2 \geqslant f(a) > f(b) \geqslant -32$.

À RETENIR

Pour comparer les images de deux réels par une fonction :

- on cherche la succession d'opérations permettant de passer de x à $f(x)$;
- on applique cette succession d'opérations en conservant à chaque étape l'ordre ou en inversant l'ordre selon les propriétés de l'opération appliquée.

2 Déterminer l'image d'un intervalle par une fonction

EXERCICE TYPE

Soit f la fonction carré $x \mapsto x^2$ sur $\mathbb{R}$.
Déterminer l'image par f de chacun des intervalles suivants :
1. $I = [3 ; 5]$;
2. $J =]-4 ; -1]$;
3. $K = [-2 ; 6]$.

CORRIGÉ COMMENTÉ

1. On montre que f est strictement croissante sur I et on calcule les images des bornes de I.

On sait que la fonction carré croît sur $[0 ; +\infty[$, donc elle croît aussi sur I inclus dans $[0 ; +\infty[$.
On a $f(3) = 9$ et $f(5) = 25$, donc **l'image de I par f est $[9 ; 25]$.**

> **Rappel**
> La fonction carré croît sur les nombres positifs.

2. On montre que f est strictement décroissante sur J et on calcule les images des bornes de J.

On sait que la fonction carré décroît sur $]-\infty ; 0]$, donc elle décroît aussi sur J inclus dans $]-\infty ; 0]$.
On a $f(-4) = 16$ et $f(-1) = 1$, donc **l'image de J par f est $[1 ; 16[$.**

> **Rappel**
> La fonction carré décroît sur les nombres négatifs.

3. Comme f n'est pas monotone sur K, on partage K en deux intervalles tels que f soit monotone sur chacun de ces intervalles.

Comme 0 appartient à K, f décroît sur une partie de K et croît sur une autre partie de K.
On a $K = [-2 ; 0] \cup [0 ; 6]$.
f est décroissante sur $[-2 ; 0]$ et l'image de $[-2 ; 0]$ par f est $[0 ; 4]$.
f est croissante sur $[0 ; 6]$ et l'image de $[0 ; 6]$ par f est $[0 ; 36]$.
L'image de K par f est la réunion des images par f des intervalles dont K est la réunion.
L'image de K par f est $[0 ; 4] \cup [0 ; 36]$, soit $[0 ; 36]$.

> **Rappel**
> Une fonction est monotone sur un intervalle si elle est croissante sur tout l'intervalle ou décroissante sur tout l'intervalle.

À RETENIR

Pour déterminer l'image d'un intervalle I par une fonction :
- si la fonction est monotone sur I, il suffit de calculer les images des bornes de l'intervalle ;
- si la fonction n'est pas monotone sur I, on découpe I en intervalles tels que f soit monotone sur chacun de ces intervalles et on a comme image de I la réunion des images de ces intervalles.

3 Étudier les variations d'une fonction

EXERCICE TYPE

Soit f la fonction définie sur $\mathbb{R}$ par $f(x) = 2x^2 - 12x + 10$.

1. Montrer que pour tout réel x, on a $f(x) = 2(x - 3)^2 - 8$.

2. Montrer que f est décroissante sur $]-\infty ; 3]$.

CORRIGÉ COMMENTÉ

1. Pour tout x réel, on a :

$$\begin{aligned} 2(x-3)^2 - 8 &= 2(x^2 - 6x + 9) - 8 \\ &= 2x^2 - 12x + 18 - 8 \\ &= 2x^2 - 12x + 10 \\ &= f(x). \end{aligned}$$

On a bien $f(x) = 2(x - 3)^2 - 8$.

2. On choisit deux nombres quelconques de l'intervalle d'étude.

Soit a et b deux réels de $]-\infty ; 3]$, $a < b \leqslant 3$.

On décompose f en une succession d'opérations élémentaires (soustraire 3, prendre le carré, multiplier par 2, soustraire 8) que l'on applique successivement sur l'inégalité.

$\Rightarrow a - 3 < b - 3 \leqslant 0$

$\Rightarrow (a-3)^2 > (b-3)^2 \geqslant 0$

$\Rightarrow 2(a-3)^2 > 2(b-3)^2 \geqslant 0$

$\Rightarrow 2(a-3)^2 - 8 > 2(b-3)^2 - 8 \geqslant -8$

$\Rightarrow f(a) > f(b) \geqslant -8$

> **Rappel**
> La fonction carré décroît sur les nombres négatifs.

f inverse l'ordre sur $]-\infty ; 3]$: **f est décroissante sur $]-\infty ; 3]$.**

À RETENIR

Pour étudier les variations d'une fonction f sur un intervalle I,

- on choisit deux éléments a et b de I avec $a < b$;
- par applications d'opérations élémentaires, on cherche à comparer $f(a)$ et $f(b)$;
- si f conserve l'ordre sur I, f est croissante sur I ;
- si f inverse l'ordre sur I, f est décroissante sur I.

EXERCICES

1 6 min ★

Dans chacun des cas, comparer a^2 et b^2 sans utiliser la calculatrice.

1. $a = 3{,}5$ et $b = 4{,}2$;
2. $a = -2$ et $b = -1{,}9$;
3. $a = 5{,}25$ et $b = 5{,}243$;
4. $a = -2{,}7$ et $b = 2{,}7$.

→ Corrigé p. 223

2 6 min ★★

Dans chacun des cas, comparer a^2 et b^2 sans utiliser la calculatrice.

1. $a = 3{,}14$ et $b = \pi$;
2. $a = 7$ et $b = 4\sqrt{3}$;
3. $a = \dfrac{8}{7}$ et $b = \dfrac{5}{6}$;
4. $a = -0{,}33$ et $b = \dfrac{-1}{3}$.

→ Corrigé p. 223

3 10 min ★★

Soit f la fonction définie sur $\mathbb{R}$ par $f(x) = x^2 - 5$.

1. Soit a et b deux réels avec $0 \leqslant a < b$.

a) Montrer que $f(a) < f(b)$.

b) En déduire les variations de f sur $[0 ; +\infty[$.

2. Soit a et b deux réels avec $a < b \leqslant 0$.

a) Comparer $f(a)$ et $f(b)$.

b) En déduire les variations de f sur $]-\infty ; 0]$.

→ Corrigé p. 223

4 9 min ★★

Prouver que chacune des affirmations suivantes est fausse.

a) Deux nombres et leurs carrés sont toujours rangés dans le même ordre.

b) Pour tout réel x, $(-x)^2 = -x^2$.

c) Un réel est toujours inférieur à son carré.

→ Corrigé p. 224

5 14 min ★★

Les affirmations suivantes sont-elles vraies ou fausses ? Justifier les réponses.

1. Si a $\leqslant b$, alors $a^2 \leqslant b^2$.
2. Si $a \leqslant b \leqslant 0$, alors $a^2 \leqslant b^2$.
3. Si $0 < a \leqslant b$, alors $a^2 \leqslant b^2$.
4. Si $x < 5$, alors $x^2 < 25$.
5. Si $x^2 < 25$, alors $x < 5$.
6. Si $a^2 = b^2$, alors $a = b$.

→ Corrigé p. 224

6 6 min ★★

1. Le côté d'un carré est compris entre 2,7 cm et 2,8 cm.
Donner le meilleur encadrement possible de son aire.

2. L'aire d'un autre carré est comprise entre 27,04 cm^2 et 28,09 cm^2.
Donner le meilleur encadrement possible de son côté.

→ *Corrigé p. 224*

7 10 min ★★

Soit f la fonction définie sur $[0 ; +\infty[$ par $f(x) = x^2 - 7$.

1. Soit a et b deux réels positifs, avec $a < b$.

a) Montrer que $f(a) < f(b)$.

b) Que peut-on en déduire pour les variations de f ?

2. a) Calculer $f(\sqrt{7})$.

b) Prouver que, pour tout réel $x \geqslant \sqrt{7}$, $f(x)$ est positif ou nul.

→ *Corrigé p. 225*

8 8 min ★★

Donner le meilleur encadrement possible de $x^2 - 1$ dans chacun des cas suivants :

1. $2 \leqslant x \leqslant 4$;

2. $-5 \leqslant x \leqslant -3$;

3. $0 < x < 6$;

4. $-7 < x \leqslant 2$.

→ *Corrigé p. 225*

9 10 min ★★

À l'aide de la représentation graphique de la fonction carré, donner, dans chacun des cas, le meilleur encadrement de x^2.

1. $1 \leqslant x \leqslant 6$;

2. $-20 \leqslant x \leqslant -10$;

3. $-2 < x < 3$;

4. $-7 < x < 7$.

→ *Corrigé p. 226*

10 8 min ★★

À l'aide de la représentation graphique de la fonction carré, donner, dans chacun des cas, le meilleur encadrement de x^2.

1. $x \in [2 ; 4]$;

2. $x \in]-5 ; -3[$;

3. $x \in [-1 ; 4[$;

4. $x \in [-4 ; 4]$.

→ *Corrigé p. 226*

11 5 min ★★

En partageant l'intervalle $[-4\ ;\ 3]$ en deux parties, trouver le meilleur encadrement de x^2 lorsque x appartient à $[-4\ ;\ 3]$.

→ Corrigé p. 226

12 8 min ★★

Sachant que $-3 \leqslant x \leqslant 6$, Martin devait trouver le meilleur encadrement possible de $x^2 + 3$.

Voici sa réponse :

« *On a* $-3 \leqslant \mathrm{x} \leqslant 6$ *; ainsi, en prenant le carré, on a* $(-3)^2 \leqslant \mathrm{x}^2 \leqslant 6^2$*,*
soit $9 \leqslant \mathrm{x}^2 \leqslant 36$*. En ajoutant 3 à chaque membre, on a* $12 \leqslant \mathrm{x}^2 \leqslant 39$*.* »

Expliquer pourquoi la réponse de Martin est incorrecte, et donner la bonne réponse.

→ Corrigé p. 226

13 12 min ★★

Soit un pavé droit de hauteur h et de base carrée de côté r. Soit V son volume.

1. Exprimer V en fonction de h et de r.

2. Dans chacun des cas suivants, donner le meilleur encadrement possible de V.

a) $h = 3$ et $1{,}1 \leqslant r \leqslant 1{,}2$;
b) $h = 5$ et $1{,}7 \leqslant r \leqslant \sqrt{3}$.

→ Corrigé p. 227

14 12 min ★★

Soit f la fonction définie sur $\mathbb{R}$ par $f(x) = 2x^2 - 4x - 3$.

1. Montrer que, pour tout réel x, $f(x)$ est $2(x-1)^2 - 5$.

2. Étudier les variations de f sur $[1\ ;+\infty[$, puis sur $]-\infty\ ;\ 1]$.

→ Corrigé p. 227

15 12 min ★★

Soit f la fonction définie sur $\mathbb{R}$ par $f(x) = -x^2 - 6x + 1$.

1. Montrer que, pour tout réel x, $f(x)$ est $-(x+3)^2 + 10$.

2. Étudier les variations de f sur $[-3\ ;+\infty[$, puis sur $]-\infty\ ;-3]$.

→ Corrigé p. 227

16 6 min ★

1. Déterminer un encadrement de $\dfrac{1}{x}$ lorsque $-4 \leqslant x \leqslant -2$.

2. Faire de même lorsque $10 \geqslant x \geqslant 0{,}1$.

→ Corrigé p. 228

17 6 min ★

1. Déterminer un encadrement de $\dfrac{1}{x}$ lorsque $3 < x$.

2. Faire de même lorsque $x < -4$.

→ Corrigé p. 228

18 9 min ★★

On considère la fonction f définie sur $\mathbb{R} \setminus \{0\}$ par $f(x) = \dfrac{x+3}{x}$.

1. Vérifier que pour tout réel x non nul, on a $f(x) = 1 + \dfrac{3}{x}$.

2. a) En utilisant les variations de la fonction inverse, étudier le sens de variation de f sur $]-\infty\,;0[$, puis sur $]0\,;+\infty[$.

b) Dresser le tableau des variations de f selon les valeurs de x.

→ Corrigé p. 228

19 3 min ★★

On considère l'encadrement : $1 \leqslant x \leqslant 4$. En déduire un encadrement de $\sqrt{x}$.

→ Corrigé p. 229

20 6 min ★★

Dans chacun des cas suivants, comparer les inverses des nombres donnés sans utiliser de calculatrice :

a) 25 et 26 ;

b) π et 3,14 ;

c) – 12 et – 13 ;

d) – 5 et 6.

→ Corrigé p. 229

21 5 min ★★

Dans chacun des cas suivants, donner le meilleur encadrement possible de $\dfrac{1}{x}$.

a) $3 < x < 5$;

b) $-7 < x < -5$;

c) $-0{,}5 > x > -1$;

d) $\dfrac{2}{3} < x < \dfrac{3}{4}$.

→ Corrigé p. 229

22 10 min ★★

On considère la fonction définie sur $\mathbb{R} \setminus \{0\}$ par $f(x) = 5 + \dfrac{1}{x}$.

1. Montrer que f est décroissante sur $]-\infty\ ;0[$, ainsi que sur $]0\ ;+\infty[$.
2. Dresser son tableau de variations.

➔ Corrigé p. 230

23 10 min ★★

On considère la fonction définie sur $\mathbb{R} \setminus \{0\}$ par $f(x) = \dfrac{-1}{x}$.

Montrer que f est croissante sur $]-\infty\ ;0[$, ainsi que sur $]0\ ;+\infty[$.

➔ Corrigé p. 230

24 5 min ★★

On considère la fonction définie sur $]-4\ ;+\infty[$ par $f(x) = \dfrac{-5}{x+4}$.

Montrer que f est croissante sur $]-4\ ;+\infty[$.

➔ Corrigé p. 231

25 5 min ★★

1. Factoriser $x^2 - x$, puis étudier le signe de cette expression selon les valeurs de x.
2. a) Comparer x^2 et x selon les valeurs de x.
b) En déduire une comparaison de x et $\sqrt{x}$ selon les valeurs positives de x.
3. Montrer que pour tout x de $]0\ ;1[$, on a $x^3 < x^2 < x < \sqrt{x}$.

➔ Corrigé p. 231

INTERROGATION ÉCRITE

Exercice 1 5 min 4 points

Soit f une fonction définie sur $\mathbb{R}$, croissante sur $]-\infty\,;4]$ et décroissante sur $[4\,;+\infty[$. Comparer, si cela est possible, $f(a)$ et $f(b)$.

1. $a=-3$ et $b=1$.
2. $a=8$ et $b=10$.
3. $a=3$ et $b=5$.

→ Corrigé p. 232

Exercice 2 10 min 6 points

Soit un cylindre de hauteur h et de rayon r. Soit V son volume.

1. Exprimer V en fonction de h et de r.

2. Dans chacun des cas suivants, donner le meilleur encadrement possible de V en arrondissant les bornes à 0,01 près.

a) $h=3$ et $2 \leqslant r \leqslant 2{,}1$;
b) $r=5$ et $1{,}7 \leqslant h \leqslant \sqrt{3}$.

→ Corrigé p. 232

Exercice 3 15 min 10 points

Soit f la fonction définie pour tout réel x par :

$$f(x)=x^2-6x+5.$$

1. Montrer que pour tout réel x, on a $f(x)=(x-3)^2-4$.
2. Étudier à l'aide d'inégalités les variations de la fonction f sur $]-\infty\,;3]$, puis sur $[3\,;+\infty[$.
3. Justifier l'existence d'un extremum pour la fonction f que l'on précisera.

→ Corrigé p. 232

CORRIGÉS

1 → Énoncé p. 217

1. Avec $a = 3{,}5$ et $b = 4{,}2$, on a $0 < a < b$. Comme la fonction carré conserve l'ordre sur les nombres positifs, on a aussi $\boldsymbol{a^2 < b^2}$.

2. Avec $a = -2$ et $b = -1{,}9$, on a $a < b < 0$. Comme la fonction carré inverse l'ordre sur les nombres négatifs, on a donc $\boldsymbol{a^2 > b^2}$.

> **Rappel**
> La fonction carré conserve l'ordre sur les nombres positifs et inverse l'ordre sur les nombres négatifs.

3. Avec $a = 5{,}25$ et $b = 5{,}243$, on a $a > b > 0$. Comme la fonction carré conserve l'ordre sur les nombres positifs, on a aussi $\boldsymbol{a^2 > b^2}$.

4. Avec $a = -2{,}7$ et $b = 2{,}7$, les deux nombres sont opposés. Or, deux nombres opposés ont le même carré donc $\boldsymbol{a^2 = b^2}$.

> **Rappel**
> Pour tout réel x, on a $(-x)^2 = x^2$.

2 → Énoncé p. 217

1. Avec $a = 3{,}14$ et $b = \pi$, on a $0 < a < b$, car $\pi \approx 3{,}14159$.
Comme la fonction carré conserve l'ordre sur les nombres positifs, on a aussi $a^2 < b^2$.

2. Avec $a = 7$ et $b = 4\sqrt{3}$, on a $a^2 = 49$ et $b^2 = (4\sqrt{3})^2 = 4^2 \times \sqrt{3}^2 = 16 \times 3 = 48$.
On a donc $\boldsymbol{a^2 > b^2}$.

> **Remarque**
> Comme a et b sont deux nombres positifs et que la fonction carré conserve l'ordre sur les nombres positifs, on peut déduire de $a^2 > b^2$ que $a > b$.

> **Rappel**
> On peut comparer les carrés de deux nombres sans utiliser les variations de la fonction carré si les calculs des carrés sont faciles.

3. Avec $a = \dfrac{8}{7}$ et $b = \dfrac{5}{6}$, on a $a > 1 > b > 0$ et la fonction carré qui conserve l'ordre sur les nombres positifs, donc $\boldsymbol{a^2 > b^2}$.

4. Avec $a = -0{,}33$ et $b = \dfrac{-1}{3}$, on a $0 > a > b$, car $b \approx -0{,}3333$.
La fonction carré étant décroissante sur les nombres négatifs, c'est-à-dire qu'elle inverse l'ordre sur les nombres négatifs, on a $\boldsymbol{a^2 < b^2}$.

3 → Énoncé p. 217

1. a) Soit a et b deux réels avec $0 \leqslant a < b$. On a :
$0 \leqslant a < b \Rightarrow 0 \leqslant a^2 < b^2$ car la fonction carré croît sur les nombres négatifs.
$\Rightarrow -5 \leqslant a^2 - 5 < b^2 - 5$
$\Rightarrow f(a) < f(b)$.

b) D'après la question **a)**, f conserve l'ordre sur $[0 ; +\infty[$, donc f croît sur $[0 ; +\infty[$.

> **Rappel**
> Une fonction qui conserve l'ordre sur un intervalle est croissante sur cet intervalle.

2. a) Soit a et b deux réels avec $a < b \leqslant 0$. On a :
$a < b \leqslant 0 \Rightarrow a^2 > b^2 \geqslant 0$ car la fonction carré décroît sur les nombres négatifs.
$\Rightarrow a^2 - 5 > b^2 - 5 \geqslant -5$
$\Rightarrow f(a) > f(b)$.
b) D'après la question **a)**, f inverse l'ordre sur $]-\infty ; 0]$ donc f décroît sur $]-\infty ; 0]$.

Rappel
Une fonction qui inverse l'ordre sur un intervalle est décroissante sur cet intervalle.

4 → Énoncé p. 217

a) On a $-4 < 2$, $(-4)^2 = 16$ et $2^2 = 4$ donc $(-4)^2 > 2^2$: les nombres -4 et 2 ne sont pas rangés dans le même ordre que leurs carrés. L'affirmation « deux nombres et leurs carrés sont toujours rangés dans le même ordre » est donc **fausse**.
b) On a $(-5)^2 = 25$ et $-5^2 = -25$, donc $(-5)^2 \neq -5^2$.
L'affirmation « pour tout réel x, $(-x)^2 = -x^2$ » est donc **fausse**.
c) On a $0{,}5^2 = 0{,}25$, donc $0{,}5^2 < 0{,}5$. L'affirmation « un réel est toujours inférieur à son carré » est donc **fausse**.

Astuce
Pour montrer qu'une affirmation est fausse, il suffit de donner un contre-exemple.

5 → Énoncé p. 217

1. On a $-4 < 1$ avec $(-4)^2 = 16$ et $1^2 = 1$. On a donc $(-4)^2 > 1^2$.
L'affirmation « Si a $\leqslant b$, alors $a^2 \leqslant b^2$ » est **fausse**.

2. La fonction carré décroît sur les nombres négatifs, donc elle inverse l'ordre sur $]-\infty ; 0]$, c'est-à-dire que, si $a \leqslant b \leqslant 0$, alors $a^2 \geqslant b^2$.
L'affirmation « Si $a \leqslant b \leqslant 0$, alors $a^2 \leqslant b^2$ » est **fausse**.

3. La fonction carré est croissante sur les nombres positifs, donc elle conserve l'ordre sur les nombres positifs.
L'affirmation « Si $0 < a \leqslant b$, alors $a^2 \leqslant b^2$ » est **juste**.

4. On a $-6 < 5$ et $(-6)^2 = 36$, donc $(-6)^2 > 25$.
L'affirmation « Si $x < 5$, alors $x^2 < 25$ » est **fausse**.

5. D'après la représentation graphique de la fonction carré, l'inéquation $x^2 < 25$ a pour ensemble de solutions $S =]-5 ; 5[$.
L'affirmation « Si $x^2 < 25$, alors $x < 5$ » est **juste**.

6. On a $(-5)^2 = 25$ et $5^2 = 25$, donc $(-5)^2 = 5^2$.
L'affirmation « Si $a^2 = b^2$, alors $a = b$ » est **fausse**.

Rappel
Deux nombres ayant le même carré peuvent être égaux ou opposés.

6 → Énoncé p. 218

1. Soit a le côté du carré. L'aire du carré est a^2.
On a $2{,}7 < a < 2{,}8$ et la fonction carré qui croît sur les nombres positifs.
On a donc $2{,}7^2 < a^2 < 2{,}8^2$, soit **$7{,}29\ \text{cm}^2$ < aire du carré < $7{,}84\ \text{cm}^2$**.

2. Soit b le côté du carré. Son aire est b^2.
On a $27{,}04 < b^2 < 28{,}09$, soit $5{,}2^2 < b^2 < 5{,}3^2$ et la fonction carré qui croît sur les nombres positifs.
On a donc **5,2 < côté du carré < 5,3**.

Remarque
Des nombres positifs et leurs carrés sont rangés dans le même ordre ; ainsi, en connaissant l'ordre sur les carrés de nombres positifs, on connaît l'ordre sur ces nombres.

7 → *Énoncé p. 218*

1. a) Soit a et b deux réels positifs, avec $a < b$.
$0 \leqslant a < b \Rightarrow 0 \leqslant a^2 < b^2$, car la fonction carré croît sur les nombres positifs
$\Rightarrow -7 \leqslant a^2 - 7 < b^2 - 7$
$\Rightarrow -7 \leqslant f(a) \leqslant f(b)$.

b) f conserve l'ordre sur les nombres positifs, donc f **est croissante sur** $[0\ ;\ +\infty[$.

2. a) $f(\sqrt{7}) = \sqrt{7}^2 - 7 = 7 - 7 = \mathbf{0}$.

b) f est croissante sur les nombres positifs.
$x \geqslant \sqrt{7} \Rightarrow f(x) \geqslant f(\sqrt{7})$
$\Rightarrow f(x) \geqslant 0$
car $f(\sqrt{7}) = 0$.

Pour tout réel $x \geqslant \sqrt{7}$, $f(x)$ est positif ou nul.

8 → *Énoncé p. 218*

Remarque
On applique à chaque membre d'un encadrement des opérations élémentaires en tenant compte des variations liées à ces opérations élémentaires.

1. $2 \leqslant x \leqslant 4 \Rightarrow 2^2 \leqslant x^2 \leqslant 4^2$, car la fonction carré croît sur les nombres positifs
$\Rightarrow 2^2 - 1 \leqslant x^2 - 1 \leqslant 4^2 - 1$
$\Rightarrow \mathbf{3 \leqslant x^2 - 1 \leqslant 15}$.

2. $-5 \leqslant x \leqslant -3 \Rightarrow (-5)^2 \geqslant x^2 \geqslant (-3)^2$
car la fonction carré décroît sur les nombres négatifs
$\Rightarrow (-5)^2 - 1 \geqslant x^2 - 1 \geqslant (-3)^2 - 1$
$\Rightarrow \mathbf{24 \geqslant x^2 - 1 \geqslant 8}$.

3. $0 < x < 6 \Rightarrow 0^2 < x^2 < 6^2$, car la fonction carré croît sur les nombres positifs
$\Rightarrow 0^2 - 1 < x^2 - 1 < 6^2 - 1$
$\Rightarrow \mathbf{-1 < x^2 - 1 < 35}$.

Conseil
La fonction carré ayant des variations différentes selon le signe de x, il faut faire une étude pour les nombres négatifs et une étude pour les nombres positifs.

4. $-7 < x \leqslant 2 \Rightarrow -7 < x \leqslant 0$ ou $0 \leqslant x \leqslant 2$
$\Rightarrow (-7)^2 > x^2 \geqslant 0^2$ ou $0^2 \leqslant x^2 \leqslant 2^2$
$\Rightarrow (-7)^2 - 1 > x^2 - 1 \geqslant 0^2 - 1$ ou $0^2 - 1 \leqslant x^2 - 1 \leqslant 2^2 - 1$
$\Rightarrow 48 > x^2 - 1 \geqslant -1$ ou $-1 \leqslant x^2 - 1 \leqslant 3$.
Le meilleur encadrement possible est $\mathbf{-1 \leqslant x^2 - 1 < 48}$.

9 → *Énoncé p. 218*

→ Énoncé p. 218

Remarque

Une simple ébauche donnant l'allure de la représentation graphique de la fonction carré suffit sans avoir besoin de respecter les échelles.

1. $1 \leqslant x \leqslant 6$

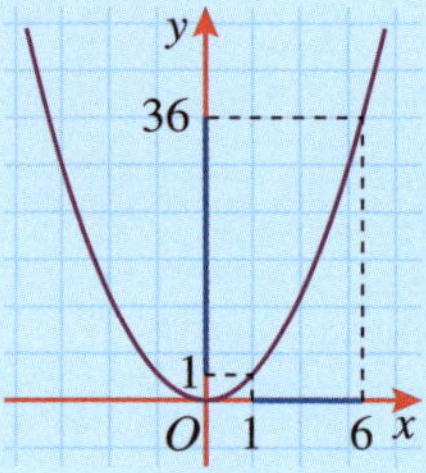

$\mathbf{1 \leqslant x^2 \leqslant 36.}$

2. $-20 \leqslant x \leqslant -10$

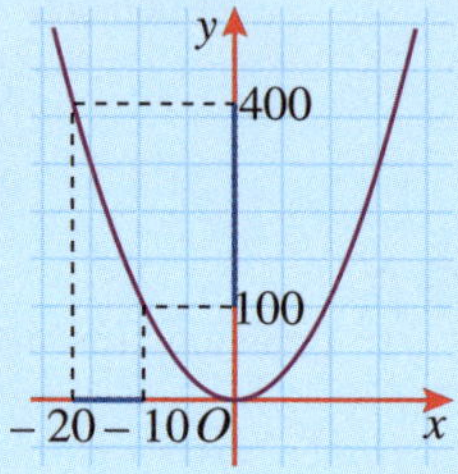

$\mathbf{100 \leqslant x^2 \leqslant 400.}$

3. $-2 < x < 3$

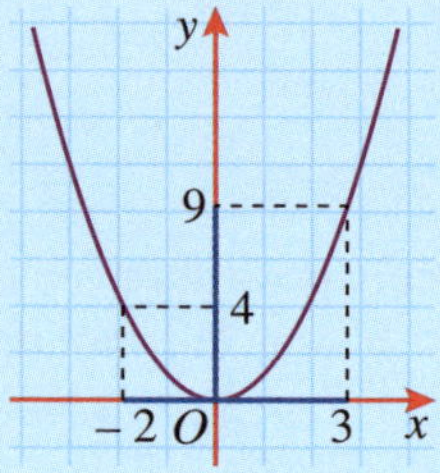

$\mathbf{0 \leqslant x^2 < 9.}$

4. $-7 < x < 7$

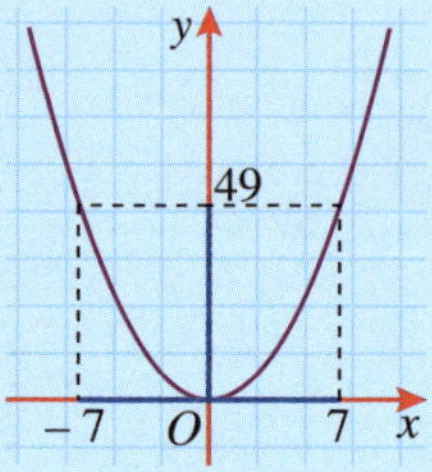

$\mathbf{0 \leqslant x^2 < 49.}$

10 → *Énoncé p. 218*

1. $x \in [2 ; 4]$

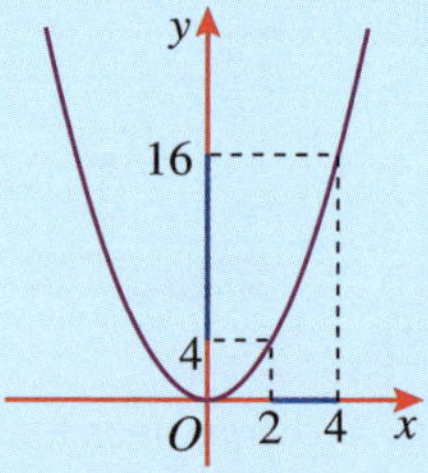

$\mathbf{4 \leqslant x^2 \leqslant 16.}$

2. $x \in]-5 ; -3[$

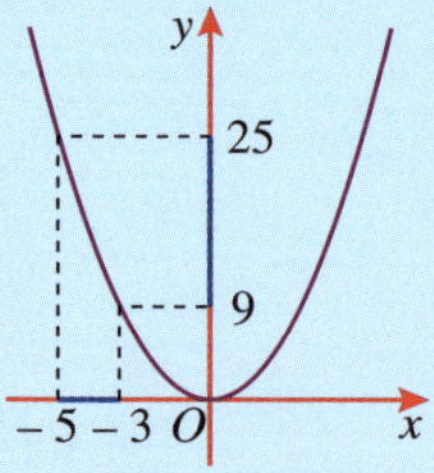

$\mathbf{9 < x^2 < 25.}$

3. $x \in [-1 ; 4[$

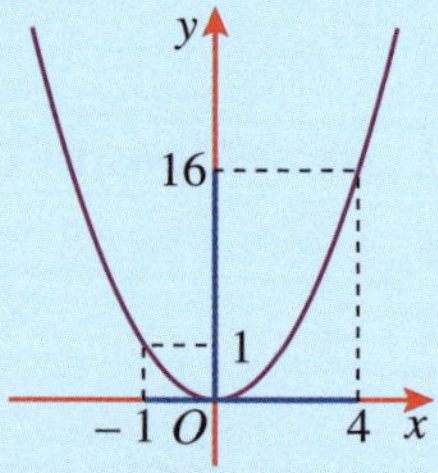

$\mathbf{0 \leqslant x^2 < 16.}$

4. $x \in [-4 ; 4]$

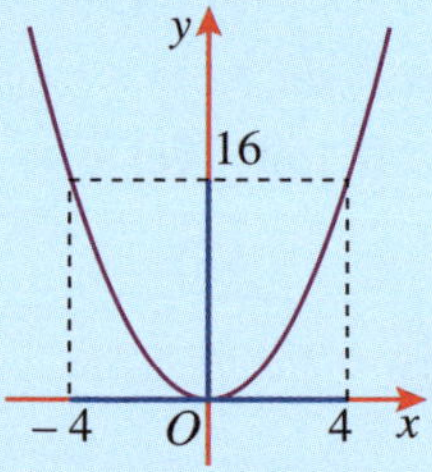

$\mathbf{0 \leqslant x^2 \leqslant 16.}$

11 → *Énoncé p. 219*

On a $[-4 ; 3] = [-4 ; 0] \cup [0 ; 3]$.
$-4 \leqslant x \leqslant 0 \Rightarrow 16 \geqslant x^2 \geqslant 0$, car la fonction carré décroît sur $]-\infty ; 0]$.
$0 \leqslant x \leqslant 3 \Rightarrow 0 \leqslant x^2 \leqslant 9$, car la fonction carré croît sur $[0 ; +\infty[$.
Lorsque x appartient à $[-4 ; 3]$, alors $\mathbf{0 \leqslant x^2 \leqslant 16}$.

Rappel

On applique les variations de la fonction carré que sur un intervalle où elle est monotone.

12 → *Énoncé p. 219*

L'erreur commise par Martin est d'appliquer la fonction carré sur l'ensemble des nombres x tels que $-3 \leqslant x \leqslant 6$ comme si la fonction carré était croissante sur $[-3 ; 6]$, alors qu'elle change de variation en 0.

Rappel

On ne peut pas appliquer la fonction carré sur un intervalle contenant des nombres de signes contraires.

$-3 \leqslant x \leqslant 6 \Rightarrow -3 \leqslant x \leqslant 0$ ou $0 \leqslant x \leqslant 6$

$\Rightarrow 9 \geqslant x^2 \geqslant 0$, car la fonction carré décroît sur $\mathbb{R}^-$, ou $0 \leqslant x^2 \leqslant 36$, car la fonction carré croît sur $\mathbb{R}^+$

$\Rightarrow 0 \leqslant x^2 \leqslant 36$

$\Rightarrow \mathbf{3 \leqslant x^2 + 3 \leqslant 39}$ en ajoutant 3 dans chaque membre.

13 → Énoncé p. 219

1. Le volume V d'un pavé de hauteur h et de base carrée de côté r est : $\boldsymbol{V = r^2h}$.

2. a) $1{,}1 \leqslant r \leqslant 1{,}2 \Rightarrow 1{,}1^2 \leqslant r^2 \leqslant 1{,}2 \Rightarrow 1{,}1^2 \times 3 \leqslant r^2h \leqslant 1{,}2^2 \times 3$

$\Rightarrow \mathbf{3{,}63 \leqslant V \leqslant 4{,}32}$.

b) $1{,}7 \leqslant r \leqslant \sqrt{3} \Rightarrow 1{,}7^2 \leqslant r^2 \leqslant \sqrt{3}^2 \Rightarrow 1{,}7^2 \times 5 \leqslant r^2h \leqslant 3 \times 5$

$\Rightarrow \mathbf{14{,}45 \leqslant V \leqslant 15}$.

14 → Énoncé p. 219

1. Pour tout x réel, on a :

$2(x-1)^2 - 5 = 2(x^2 - 2x + 1) - 5 = 2x^2 - 4x + 2 - 5 = 2x^2 - 4x - 3 = \boldsymbol{f(x)}$.

2. Soit a et b deux réels de $[1 ; +\infty[$.

$1 \leqslant a < b \Rightarrow 0 \leqslant a - 1 < b - 1$

$\Rightarrow 0 \leqslant (a-1)^2 < (b-1)^2$

car la fonction carré croît sur $[0 ; +\infty[$.

$\Rightarrow 0 \leqslant 2(a-1)^2 < 2(b-1)^2$

$\Rightarrow -5 \leqslant 2(a-1)^2 - 5 < 2(b-1)^2 - 5 \Rightarrow -5 \leqslant f(a) < f(b)$.

f conserve l'ordre sur $[1 ; +\infty[$, donc **f croît sur $[1 ; +\infty[$.**

> **Rappel**
> L'expression $2(x-1)^2 - 5$ ne comporte qu'une seule fois la variable x. C'est elle qui permet l'étude des variations de f.

Soit a et b deux réels de $]-\infty ; 1]$.

$a < b \leqslant 1 \Rightarrow a - 1 < b - 1 \leqslant 0$

$\Rightarrow (a-1)^2 > (b-1)^2 \geqslant 0$ car la fonction carré décroît $]-\infty ; 0]$.

$\Rightarrow 2(a-1)^2 > 2(b-1)^2 \geqslant 0 \Rightarrow 2(a-1)^2 - 5 > 2(b-1)^2 - 5 \geqslant -5 \Rightarrow f(a) > f(b) \geqslant -5$.

f inverse l'ordre sur $]-\infty ; 1]$, donc **f décroît sur $]-\infty ; 1]$.**

15 → Énoncé p. 219

1. Pour tout x réel, on a :

$-(x+3)^2 + 10 = -(x^2 + 6x + 9) + 10 = -x^2 - 6x - 9 + 10 = -x^2 - 6x + 1 = \boldsymbol{f(x)}$.

2. Soit a et b deux réels de $[-3 ; +\infty[$.

$-3 \leqslant a < b \Rightarrow 0 \leqslant a + 3 < b + 3$

$\Rightarrow 0 \leqslant (a+3)^2 < (b+3)^2$ car la fonction carré croît sur $[0 ; +\infty[$

$\Rightarrow 0 \geqslant -(a+3)^2 > -(b+3)^2 \Rightarrow 10 \geqslant -(a-1)^2 + 10 > -(b-1)^2 + 10$

$\Rightarrow 10 \geqslant f(a) > f(b)$.

f inverse l'ordre sur $[-3 ; +\infty[$, donc **f décroît sur $[-3 ; +\infty[$.**

Soit a et b deux réels de $]-\infty\,;-3]$.

$a < b \leqslant -3 \Rightarrow a+3 < b+3 \leqslant 0$

$\Rightarrow (a+3)^2 > (b+3)^2 \geqslant 0$ car la fonction carré décroît $]-\infty\,;0]$

$\Rightarrow -(a+3)^2 < -(b+3)^2 \leqslant 0 \Rightarrow -(a+3)^2+10 < (b+3)^2+10 \leqslant 10$

$\Rightarrow f(a) < f(b) \leqslant 10$.

f conserve l'ordre sur $]-\infty\,;-3]$, donc **f croît sur $]-\infty\,;-3]$.**

16 → *Énoncé p. 219*

1. La fonction inverse décroît sur les nombres négatifs.

Si $-4 \leqslant x \leqslant -2$, alors $\dfrac{1}{-4} \geqslant \dfrac{1}{x} \geqslant \dfrac{1}{-2}$,

soit $\mathbf{-0{,}25 \geqslant \dfrac{1}{x} \geqslant -0{,}5}$.

2. Si $10 \geqslant x \geqslant 0{,}1$, alors $\dfrac{1}{10} \leqslant \dfrac{1}{x} \leqslant \dfrac{1}{0{,}1}$,

soit $\mathbf{0{,}1 \leqslant \dfrac{1}{x} \leqslant 10}$.

Conseil

On peut appliquer la fonction inverse aux différents membres d'un encadrement si tous les membres ont le même signe.

17 → *Énoncé p. 220*

1. Si $3 < x$, alors $\dfrac{1}{3} > \dfrac{1}{x}$ car la fonction inverse décroît sur $]0\,;+\infty[$.

De plus, x étant strictement positif, il en est de même pour $\dfrac{1}{x}$. On a donc : $\mathbf{\dfrac{1}{3} > \dfrac{1}{x} > 0}$.

Rappel

Tout réel non nul et son inverse ont le même signe.

2. Si $x < -4$, alors $\dfrac{1}{x} > \dfrac{1}{-4}$ car la fonction inverse décroît sur $]-\infty\,;0[$.

De plus, x étant strictement négatif, il en est de même de $\dfrac{1}{x}$.

On a donc : $\mathbf{0 > \dfrac{1}{x} > -0{,}25}$.

18 → *Énoncé p. 220*

1. Pour tout réel x non nul, on a $f(x) = \dfrac{x+3}{x} = \dfrac{x}{x} + \dfrac{3}{x} = 1 + \dfrac{3}{x}$.

2.a) Soit a et b deux réels de $]-\infty\,;0[$.

$a < b < 0 \Rightarrow 0 > \dfrac{1}{a} > \dfrac{1}{b}$ car la fonction inverse décroît sur $]-\infty\,;0[$ et que l'inverse d'un nombre négatif est négatif :

$\Rightarrow 0 > \dfrac{3}{a} > \dfrac{3}{b} \Rightarrow 1 > 1 + \dfrac{3}{a} > 1 + \dfrac{3}{b} \Rightarrow 1 > f(a) > f(b)$.

f inverse l'ordre sur $]-\infty\,;0[$, donc f décroît sur $]-\infty\,;0[$.
Soit a et b deux réels de $]0\,;+\infty[$.

$0 < a < b \Rightarrow \dfrac{1}{a} > \dfrac{1}{b} > 0$ car la fonction inverse décroît sur $]0\,;+\infty[$ et que l'inverse d'un nombre positif est positif :

$\Rightarrow \dfrac{3}{a} > \dfrac{3}{b} > 0 \Rightarrow 1 + \dfrac{3}{a} > 1 + \dfrac{3}{b} > 1 \Rightarrow f(a) > f(b) > 1.$

f inverse l'ordre sur $]0\,;+\infty[$, donc : **f décroît sur $]0\,;+\infty[$**.

b) f admet comme tableau des variations :

x	$-\infty$		0		$+\infty$
$f(x)$		↘	‖	↘	

19 → *Énoncé p. 220*

$1 \leqslant x \leqslant 4 \Rightarrow \sqrt{1} \leqslant \sqrt{x} \leqslant \sqrt{4}$

$\Rightarrow \mathbf{1 \leqslant \sqrt{x} \leqslant 2}$

Rappel
La fonction racine carrée croît sur $[0\,;+\infty[$.

20 → *Énoncé p. 220*

a) On a $25 < 26$ et la fonction inverse qui inverse l'ordre sur les nombres strictement positifs, donc $\mathbf{\dfrac{1}{25} > \dfrac{1}{26}}$.

Remarque
Les variations de la fonction inverse permettent de comparer les inverses de deux réels non nuls de même signe.

b) On a $\pi > 3{,}14$ et la fonction inverse qui inverse l'ordre sur les nombres strictement positifs, donc $\mathbf{\dfrac{1}{\pi} < \dfrac{1}{3{,}14}}$.

c) On a $-12 > -13$ et la fonction inverse qui inverse l'ordre sur les nombres strictement négatifs, donc $\mathbf{\dfrac{1}{-12} < \dfrac{1}{-13}}$.

d) On a $-5 < 0 < 6$.

Comme un réel non nul et son inverse ont le même signe, on a aussi $\mathbf{\dfrac{1}{-5} < 0 < \dfrac{1}{6}}$.

Remarque
Cet exemple montre que la fonction inverse n'est pas globalement décroissante.

21 → *Énoncé p. 220*

a) $3 < x < 5 \Rightarrow \mathbf{\dfrac{1}{3} > \dfrac{1}{x} > \dfrac{1}{5}}$.

b) $-7 < x < -5 \Rightarrow \mathbf{\dfrac{-1}{7} > \dfrac{1}{x} > \dfrac{-1}{5}}$.

Remarque
En appliquant la fonction inverse sur un encadrement où tous les nombres ont le même signe, il faut inverser l'ordre.

c) $-0{,}5 > x > -1 \Rightarrow \dfrac{1}{-0{,}5} < \dfrac{1}{x} < \dfrac{1}{-1}$, soit $\mathbf{-2 < \dfrac{1}{x} < -1}$.

d) $\dfrac{2}{3} < x < \dfrac{3}{4} \Rightarrow \dfrac{1}{\frac{2}{3}} > \dfrac{1}{x} > \dfrac{1}{\frac{3}{4}}$, soit $\mathbf{\dfrac{3}{2} > \dfrac{1}{x} > \dfrac{4}{3}}$.

22 → Énoncé p. 221

1. • Soit a et b deux réels de $]-\infty\,;0[$.

$a < b < 0 \Rightarrow 0 > \dfrac{1}{a} > \dfrac{1}{b}$ car la fonction inverse décroît sur $]-\infty\,;0[$

$\Rightarrow 5 > 5 + \dfrac{1}{a} > 5 + \dfrac{1}{b}$

$\Rightarrow 5 > f(a) > f(b)$

f inverse l'ordre sur $]-\infty\,;0[$, donc **f est décroissante sur $]-\infty\,;0[$**.

> **Rappel**
> Une fonction qui inverse l'ordre est une fonction décroissante.

• Soit a et b deux réels de $]0\,;+\infty[$.

$0 < a < b \Rightarrow \dfrac{1}{a} > \dfrac{1}{b} > 0$ car la fonction inverse décroît sur $]0\,;+\infty[$

$\Rightarrow 5 + \dfrac{1}{a} > 5 + \dfrac{1}{b} > 5 \Rightarrow f(a) > f(b) > 5$

f inverse l'ordre sur $]0\,;+\infty[$,
donc **f est décroissante sur $]0\,;+\infty[$.**

2. f admet comme tableau de variations :

x	$-\infty$		0		$+\infty$
$f(x)$		↘	‖	↘	

23 → Énoncé p. 221

> **Rappel**
> $\dfrac{-1}{x}$ est le produit de -1 par $\dfrac{1}{x}$.

1. a) • Soit a et b deux réels de $]-\infty\,;0[$.

$a < b < 0 \Rightarrow 0 > \dfrac{1}{a} > \dfrac{1}{b}$ car la fonction inverse décroît sur $]-\infty\,;0[$.

$\Rightarrow 0 < \dfrac{-1}{a} < \dfrac{-1}{b}$ en multipliant par $-1 \Rightarrow 0 < f(a) < f(b)$

f conserve l'ordre sur $]-\infty\,;0[$, donc **f est croissante sur $]-\infty\,;0[$**.

• Soit a et b deux réels de $]0\,;+\infty[$.

$0 < a < b \Rightarrow \dfrac{1}{a} > \dfrac{1}{b} > 0$ car la fonction inverse décroît sur $]0\,;+\infty[$.

$\Rightarrow \dfrac{-1}{a} < \dfrac{-1}{b} < 0$ en multipliant par $-1 \Rightarrow f(a) < f(b) < 0$

f conserve l'ordre sur $]0\,;+\infty[$, donc **f est croissante sur $]0\,;+\infty[$.**

24 → Énoncé p. 221

$f(x) = \dfrac{-5}{x+4}$ correspond au programme de calcul suivant :

choisir un réel x ; ajouter 4 ; prendre l'inverse du résultat ; puis multiplier par – 5.

Soit a et b deux réels de $]-4\ ;+\infty[$.

$-4 < a < b \Rightarrow 0 < a+4 < b+4$ en ajoutant 4

$\Rightarrow \dfrac{1}{a+4} > \dfrac{1}{b+4} > 0$ en prenant l'inverse

$\Rightarrow \dfrac{-5}{a+4} < \dfrac{-5}{b+4} < 0$ en multipliant par – 5

$\Rightarrow f(a) < f(b) < 0$

f conserve l'ordre sur $]-4\ ;+\infty[$, **donc f est croissante sur $]-4\ ;+\infty[$.**

25 → Énoncé p. 221

1. Pour tout réel x, on a $x^2 - x = x(x-1)$.

La racine de x est 0. La racine de $x - 1$ est 1.

x	$-\infty$		0		1		$+\infty$
x		–	0	+	|	+	
$x-1$		–	|	–	0	+	
$x(x-1)$		+	0	–	0	+	

2. a) $x^2 = x \Leftrightarrow x^2 - x = 0 \Leftrightarrow x = 0$ ou $x = 1$

$x^2 > x \Leftrightarrow x^2 - x > 0 \Leftrightarrow x < 0$ ou $x > 1$ d'après **1.**

$x^2 < x \Leftrightarrow x^2 - x < 0 \Leftrightarrow 0 < x < 1$ d'après **1.**

> **Rappel**
> Comparer deux nombres A et B revient à étudier le signe de leur différence $A - B$.

b) Si $x = 0$ ou $x = 1$, on a $x = \sqrt{x}$.

Si $0 < x < 1$, on a $x^2 < x$

$\Rightarrow \sqrt{x^2} < \sqrt{x}$ car la fonction racine carrée est croissante sur $[0\ ;+\infty[$

$\Rightarrow x < \sqrt{x}$

> **Rappel**
> Pour $x \geqslant 0$, $\sqrt{x^2} = x$.

Si $x > 1$, on a $x^2 > x$

$\Rightarrow \sqrt{x^2} > \sqrt{x}$ car la fonction racine carrée est croissante sur $[0\ ;+\infty[$

$\Rightarrow x > \sqrt{x}$.

3. On a déjà pour tout x de $]0\ ;1[$, $x^2 < x < \sqrt{x}$.

Pour tout réel x de $]0\ ;1[$, on a $x^3 - x^2 = x^2(x-1)$ avec $x^2 > 0$ et $x - 1 < 0$.

On en déduit que, pour tout réel x de $]0\ ;1[$, $x^2(x-1) < 0$, soit $x^3 - x^2 < 0$ ou encore $x^3 < x^2$.

Pour tout x de $]0\ ;1[$, on a $x^3 < x^2 < x < \sqrt{x}$.

INTERROGATION ÉCRITE

Exercice 1 → *Énoncé p. 222*

1. On a $a < b < 4$ et f croissante sur $]-\infty\ ;4]$, donc f conserve l'ordre sur $]-\infty\ ;4]$ et $\boldsymbol{f(a) < f(b)}$.
2. On a $4 < a < b$ et f décroissante sur $[4\ ;+\infty[$, donc f inverse l'ordre sur $[4\ ;+\infty[$ et $\boldsymbol{f(a) > f(b)}$.
3. On a $a < 4 < b$ et f qui change de variation en 4. **Il est impossible de comparer $\boldsymbol{f(a)}$ et $\boldsymbol{f(b)}$.**

Exercice 2 → *Énoncé p. 222*

1. Le volume V d'un cylindre de hauteur h et de rayon de base r est : $\boldsymbol{V = \pi r^2 h}$.
2. a) $2 \leqslant r \leqslant 2{,}1 \Rightarrow 2^2 \leqslant r^2 \leqslant 2{,}1^2$ car la fonction carré croît sur les nombres positifs
$\Rightarrow 2^2 \times 3\pi \leqslant \pi r^2 h \leqslant 2{,}1^2 \times 3\pi$ car $\pi h = 3\pi$
$\Rightarrow \boldsymbol{37{,}69 \leqslant V \leqslant 41{,}56}$.
b) $1{,}7 \leqslant h \leqslant \sqrt{3} \Rightarrow 1{,}7 \times 25\pi \leqslant \pi r^2 h \leqslant \sqrt{3} \times 25\pi$ car $\pi r^2 = 25\pi$
$\Rightarrow \boldsymbol{133{,}51 \leqslant V \leqslant 136{,}04}$.

Exercice 3 → *Énoncé p. 222*

1. Pour tout réel x, on a $(x-3)^2 - 4 = x^2 - 6x + 9 - 4 = x^2 - 6x + 5 = f(x)$.
2. • Soit a et b deux réels de $]-\infty\ ;3]$.
$a < b \leqslant 3 \Rightarrow a - 3 < b - 3 \leqslant 0$
$\Rightarrow (a-3)^2 > (b-3)^2 \geqslant 0$ car la fonction carré décroît sur $]-\infty\ ;0]$.
$\Rightarrow (a-3)^2 - 4 > (b-3)^2 - 4 \geqslant -4 \Rightarrow f(a) > f(b) \geqslant -4$
f inverse l'ordre sur $]-\infty\ ;3]$: **$\boldsymbol{f}$ décroît sur $\boldsymbol{]-\infty\ ;3]}$**.
• Soit a et b deux réels de $[3\ ;+\infty[$.
$3 < a < b \leqslant 3 \Rightarrow 0 \leqslant a - 3 < b - 3$
$\Rightarrow 0 \leqslant (a-3)^2 < (b-3)^2$ car la fonction carré croît sur $[0\ ;+\infty[$
$\Rightarrow -4 \leqslant (a-3)^2 - 4 < (b-3)^2 - 4 \Rightarrow -4 \leqslant f(a) < f(b)$
f conserve l'ordre sur $[3\ ;+\infty[$: **$\boldsymbol{f}$ croît sur $\boldsymbol{[3\ ;+\infty[}$**.
3. f est décroissante sur $]-\infty\ ;3]$ et croissante sur $[3\ ;+\infty[$, donc **$\boldsymbol{f}$ admet en 3 un minimum qui vaut $\boldsymbol{f(3) = (3-3)^2 - 4 = -4}$**.

Probabilités

CHAPITRE 10

1 Vocabulaire des probabilités

A. Événements

■ **Définitions :**

• Lors d'une expérience aléatoire, chaque résultat possible s'appelle une **issue**.

• L'ensemble de toutes les issues possibles lors d'une expérience aléatoire est l'**univers**.

• Une partie de l'univers s'appelle un **événement**.

• Une issue réalise un **événement** si cette issue est un résultat de cet événement.

En particulier :

• On note $\varnothing$ l'**événement impossible** : il n'est réalisé par aucune issue de l'univers.

• L'univers est dit **événement certain** : il est réalisé par toutes les issues.

• Un événement réalisé que par une seule issue est dit **élémentaire**.

B. Événement contraire

Soit A un événement d'un univers Ω.

On appelle **événement contraire** de A, l'événement noté $\overline{A}$ et constitué de toutes les issues de Ω qui ne réalisent pas A.

C. Intersection, réunion de deux événements

Soit A et B deux événements.

■ On appelle **réunion** de A et de B, l'événement noté $A \cup B$ et constitué de toutes les issues réalisant A ou réalisant B.

■ On appelle **intersection** de A et de B, l'événement noté $A \cap B$ et constitué des issues réalisant en même temps A et B.

Remarque :
Deux événements A et B tels que $A \cap B = \varnothing$, c'est-à-dire qui ne peuvent pas être réalisés en même temps, sont **dits incompatibles** ou **disjoints**.

2 Probabilités

A. Définitions

■ Soit une expérience aléatoire dont l'univers fini est $\Omega = \{e_1, e_2, e_3, ..., e_n\}$.
On appelle **loi de probabilité** sur Ω, une fonction p de Ω vers $\mathbb{R}$ telle que :
– pour tout i entre 1 et n, $p(e_i)$ est positif ;
– on a la relation $p(e_1) + p(e_2) + ... + p(e_n) = 1$.

■ $p(e_i)$ est la **probabilité** de l'événement élémentaire e_i.

■ Soit A un événement d'un univers Ω.
On appelle **probabilité de l'événement** A, le nombre noté $p(A)$ et qui est égal à la somme des probabilités des issues qui réalisent A.

Conséquences :
- La probabilité de l'événement certain Ω vaut 1 : $p(\Omega) = 1$.
- La probabilité de l'événement impossible $\varnothing$ vaut 0 : $p(\varnothing) = 0$.
- Pour tout événement A, on a : $0 \leqslant p(A) \leqslant 1$.

B. Règles de calcul

Soit A et B deux événements d'un univers Ω muni d'une probabilité p.

$$p(A \cup B) = p(A) + p(B) - p(A \cap B) ;$$
$$p(\overline{A}) = 1 - p(A).$$

Remarque : Si A et B sont incompatibles, alors $p(A \cup B) = p(A) + p(B)$.

■ **Définition**
Un univers fini Ω constitué de n issues est dit **équiprobable** si chacune des n issues a une probabilité de $\dfrac{1}{n}$.

■ **Propriété**
Soit A un événement dans un univers équiprobable Ω à n issues.
On a : $p(A) = \dfrac{\text{nombre d'issues réalisant } A}{n}$.

■ **Loi des grands nombres**
En effectuant un grand nombre de fois une expérience aléatoire, les fréquences observées sont proches des probabilités théoriques.

1 Construire et utiliser un arbre

EXERCICE TYPE

Une urne contient quatre cartons marqués A, B, C et E. On tire successivement et sans remise 2 cartons pour former un mot avec les lettres dans l'ordre de sortie.

1. Construire un arbre permettant d'avoir tous les mots possibles.

2. Donner les événements sous forme d'ensemble :

- E_1 : « le mot formé commence par une voyelle » ;
- E_2 : « le mot ne comporte pas de voyelle ».

CORRIGÉ COMMENTÉ

1. L'expérience comporte deux étapes successives : tirer un premier carton avec 4 issues possibles, puis tirer un second carton avec seulement 3 issues possibles.

Conseil
On dessine en général les arbres du haut vers le bas ou de la gauche vers la droite dans l'ordre des étapes successives.

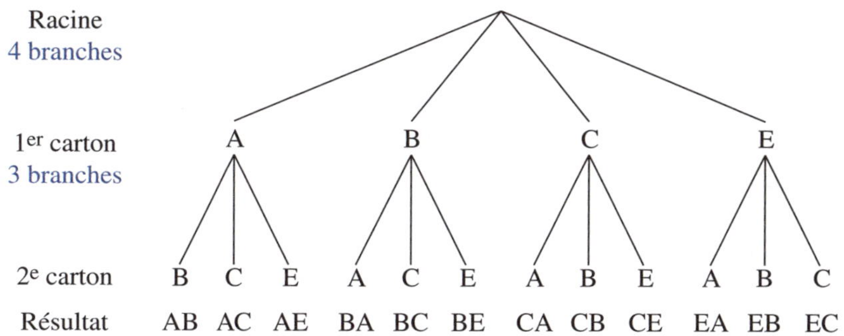

2. On prend, parmi l'ensemble des résultats, ceux de chacun des événements étudiés.

On a :

$E_1 = \{AB ; AC ; AE ; EA ; EB ; EC\}$;

$E_2 = \{BC ; CB\}$.

Remarque
Les mots étant formés en respectant l'ordre de tirage, les mots BC et CB sont distincts.

À RETENIR

Pour construire et exploiter un arbre :

- on construit un niveau par étape ;
- à chaque niveau, on construit pour chaque nœud autant de branches que d'issues possibles à cette étape ;
- le résultat au bout d'une branche est la suite des résultats depuis la racine.

2 Utiliser un tableau à double entrée

EXERCICE TYPE

Dans une bijouterie, il y a trois types de bijoux : des montres, des bracelets et des colliers. Chaque objet est soit en or soit en argent.
Il y a 20 % des bijoux qui sont des montres et 40 % qui sont des colliers.
60 % des bijoux sont en argent et 75 % des montres sont en argent.
Il y a autant de colliers en argent que de colliers en or.

1. Dresser un tableau à double entrée avec le pourcentage de chaque type de bijou selon sa matière.
2. On choisit un bijou au hasard.
Quelle est la probabilité que ce soit une montre ou un bijou en or ?

CORRIGÉ COMMENTÉ

1. On utilise une dimension pour le type d'objet et l'autre dimension pour le matériel qui le compose. On commence par remplir les cases avec les données de l'énoncé et on termine en calculant par somme ou différence les contenus des autres cases.

> **Conseil**
> On utilise un tableau à double entrée pour réaliser une étude sur deux caractères qui se croisent.

	Montres	Bracelets	Colliers	Total
En argent	15 %	25 %	20 %	60 %
En or	5 %	15 %	20 %	40 %
Total	20 %	40 %	40 %	100 %

75 % des montres sont en argent et il y a 20 % de montres, donc le pourcentage de montres en argent est 0,75 × 20 %, soit 15 %.

2. On repère dans le tableau les différentes cases associées à la question et on ajoute les pourcentages dans ces cases, car deux cases différentes représentent des cas incompatibles.
Comme on choisit au hasard, on assimile les probabilités aux pourcentages.
La probabilité d'obtenir un bijou qui est soit une montre, soit un bijou en or est :
0,15 + 0,05 + 0,15 + 0,20, soit **0,55 soit 55 %.**

À RETENIR

Dans un tableau à double entrée :
- on remplit les cases avec les données de l'énoncé ou en effectuant des sommes ou des différences ;
- deux cases représentent des issues incompatibles.

3 Utiliser les formules de probabilités

EXERCICE TYPE

Dans une urne se trouvent 25 boules indiscernables au toucher.
Ces boules sont rouges ou bleues et sont numérotées 1 ou 2.
17 boules sont rouges et 8 de ces boules rouges sont numérotées 1.
8 boules sont bleues et 4 de ces boules bleues sont numérotées 1.
On tire une boule au hasard.
On considère les événements suivants :
R : « la boule tirée est rouge » ;
U : « la boule tirée porte le numéro 1 ».

Déterminer $p(R)$, $p(U)$, $p(R \cap U)$, $p(R \cup U)$ et $p(\overline{R})$.

CORRIGÉ COMMENTÉ

On justifie d'abord que l'univers est équiprobable.

On tire au hasard une boule et elles sont indiscernables au toucher, donc l'univers est équiprobable.

Il y a 17 boules rouges parmi les 25 boules :

$$\boldsymbol{p(R) = \frac{17}{25}}.$$

Il y a 8 + 4 boules numérotées 1 :

$$\boldsymbol{p(U) = \frac{12}{25}}.$$

Il y a 8 boules rouges numérotées 1 :

$$\boldsymbol{p(R \cap U) = \frac{8}{25}}.$$

On a : $p(R \cup U) = p(R) + p(U) - p(R \cap U)$

$$= \frac{17}{25} + \frac{12}{25} - \frac{8}{25} = \boldsymbol{\frac{21}{25}}.$$

On a : $p(\overline{R}) = 1 - p(R) = 1 - \frac{17}{25} = \frac{25}{25} - \frac{17}{25} = \boldsymbol{\frac{8}{25}}$.

> **Rappel**
> Dans un univers équiprobable, on a :
> $$p(A) = \frac{\text{nombre d'issues réalisant } A}{n}.$$

> **Conseil**
> Dans tous les cas, événements incompatibles ou non, on peut utiliser
> $p(A \cup B) =$
> $p(A) + p(B) - p(A \cap B)$.

À RETENIR

Les formules de probabilités permettent de :

- calculer la probabilité d'un événement dans un univers équiprobable ;
- calculer la probabilité d'un événement contraire ;
- calculer la probabilité d'une réunion de deux événements.

EXERCICES

1 4 min ★

On tire une carte au hasard dans un jeu de 52 cartes.

Parmi les événements suivants, lesquels sont des événements élémentaires ?

a) obtenir un trèfle ;

b) obtenir le valet de pique ;

c) obtenir une dame ;

d) obtenir une figure de trèfle.

→ Corrigé p. 248

2 10 min ★

Une expérience aléatoire consiste à tirer une carte au hasard dans un jeu de 32 cartes. Soit A et B les événements :

• A : « la carte tirée est un carreau » ;

• B : « la carte tirée est une dame ».

1. Écrire les ensembles des issues réalisant les événements A et B.

2. a) Décrire par une phrase l'événement $A \cap B$, puis écrire l'ensemble des issues réalisant $A \cap B$.

b) Procéder de même avec $A \cup B$.

3. a) Décrire par une phrase l'événement $\overline{A}$.

b) Combien d'issues réalisent l'événement $\overline{A}$?

→ Corrigé p. 248

3 10 min ★★

Déterminer l'ensemble des issues possibles associées à chacune des expériences aléatoires suivantes utilisant des dés cubiques, dont les 6 faces portent les nombres entiers de 1 à 6 :

1. on lance un dé à 6 faces et on note le nombre obtenu ;

2. on lance deux dés à 6 faces et on note le plus grand des nombres obtenus ;

3. on lance deux dés à 6 faces et on note la somme des deux nombres obtenus.

→ Corrigé p. 248

4 10 min ★★

À chaque lancer d'une pièce, le résultat est soit P (pile), soit F (face).
Une expérience consiste à lancer trois fois de suite une pièce : l'issue est un triplet.
Par exemple, PPF signifie obtenir pile au premier lancer, pile au deuxième lancer et face au troisième lancer.

1. Déterminer l'ensemble Ω des issues possibles à l'aide d'un arbre.

2. Écrire l'événement A, « pile est apparu plus souvent que face », sous forme d'un ensemble.

3. B est l'événement : « pile est apparu au second lancer ».
Écrire sous forme d'ensemble l'événement B, puis l'événement $A \cap B$.

→ Corrigé p. 249

5 10 min ★★

On lance successivement deux pièces de monnaie.

1. Dresser un arbre représentant la situation et les résultats possibles.

2. Dire si chacune des affirmations suivantes est juste ou fausse. Justifier chaque réponse.

a) L'ensemble de toutes les issues possibles est : $X = \{PP ; PF ; FF\}$.
b) L'événement A « obtenir deux faces différentes » est : $A = \{PF\}$.
c) L'événement B « obtenir des faces identiques » est $B = \{PP ; FF\}$.
d) L'événement C « obtenir au moins une fois face » est $C = \{PF ; FP\}$.

→ Corrigé p. 249

6 8 min ★★

On dispose de six cartes sur lesquelles sont écrites les lettres P, R, O, B, A et S.
Les cartes sont retournées sur une table.
Déterminer l'univers associé à chacune des expériences aléatoires suivantes :

a) on prend une carte ;
b) on prend successivement **avec remise** deux cartes ;
c) on prend successivement **sans remise** deux cartes ;
d) on prend simultanément deux cartes.

→ Corrigé p. 250

7 6 min ★★

Un médecin prescrit à un malade un sirop et un antalgique. Il a le choix entre deux sirops différents (S_1 et S_2) et trois antalgiques différents (A_1, A_2 et A_3).
En s'aidant d'un arbre, décrire l'ensemble des prescriptions possibles :

a) dans le cas où tous les médicaments sont compatibles entre eux ;
b) dans le cas où le sirop S_1 et l'antalgique A_2 ne sont pas compatibles, ainsi que le sirop S_2 et l'antalgique A_3.

→ Corrigé p. 250

8 8 min ★★

Une petite entreprise dispose de quatre places de parking numérotées 1, 2, 3 et 4. Les employés viennent au travail avec trois voitures A, B et C.
Combien y a-t-il de dispositions où les voitures A et B sont côte à côte ?

→ Corrigé p. 250

9 12 min ★★

Un sac contient 20 billes : 10 bleues, 7 rouges et 3 jaunes. Une bille jaune rapporte 5 points, une bille rouge rapporte 1 point, une bille bleue retire 1 point.

On tire successivement deux billes du sac. On note les couleurs des billes obtenues.

1. Représenter la situation à l'aide d'un arbre.

2. Écrire sous forme d'ensemble les événements :
a) A « les billes ont la même couleur » ;
b) B « aucune bille bleue n'a été tirée » ;
c) C « les billes rapportent au moins 4 points » ;
d) D « les billes rapportent au plus 3 points ».

→ *Corrigé p. 251*

10 12 min ★★

On dispose de quatre cartons sur lesquels on a noté les lettres A, B, C et D. On forme un « mot » de deux lettres en choisissant au hasard **successivement et sans remise** deux cartons. Ici, « mot » désigne tout assemblage ayant un sens ou non : par exemple, « AB ».

1. Déterminer l'ensemble de tous les mots possibles (on pourra s'aider d'un arbre).

2. Écrire sous forme d'ensembles les événements :
a) E_1 « le mot contient la lettre A » ; **b)** E_2 « le mot contient la lettre B ».

3. On considère l'événement « le mot contient la lettre A ou la lettre B ». Décrire cet événement à l'aide de E_1 et E_2, puis l'écrire sous la forme d'un ensemble.

4. Reprendre la question **3.** avec l'événement « le mot contient les lettres A et B ».

→ *Corrigé p. 252*

11 12 min ★★

On lance simultanément deux dés cubiques.
On note l'issue pq avec $p \leqslant q$, où p et q sont les numéros obtenus sur les deux faces.
On considère les événements :
- A « la somme $p + q$ est 7 » ;
- B « l'écart entre les deux numéros est 2 ».

1. Décrire par une phrase les événements $A \cap B$ et $A \cup B$.

2. Écrire sous forme d'ensembles A, B, $A \cap B$ et $A \cup B$.

→ *Corrigé p. 252*

12 15 min ★★

Dans une classe de 35 élèves de Seconde, 20 élèves jouent au foot, 15 font du judo. 3 pratiquent les deux sports. On interroge l'un de ces élèves.

On note F l'événement « l'élève interrogé joue au foot » et J l'événement « l'élève interrogé fait du judo ».

1. Décrire par une phrase les événements $F \cap J$, $F \cup J$, $\overline{F}$ et $\overline{F \cup J}$.

2. En s'aidant du diagramme ci-contre, indiquer combien d'issues réalisent chacun des événements précédents.

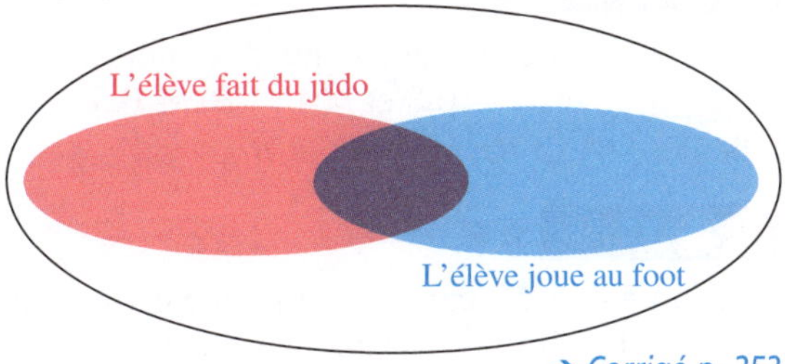

→ Corrigé p. 252

13 6 min ★

On dispose d'un dé cubique pipé.
La loi de probabilité correspondant au lancer de ce dé est donnée par le tableau ci-dessous, où p est un réel de l'intervalle [0 ; 1] :

1	2	3	4	5	6
p	p	$2p$	$3p$	p	$2p$

1. Déterminer p.

2. En déduire la probabilité d'obtenir un résultat impair en lançant ce dé.

→ Corrigé p. 253

14 6 min ★★

Une roue de loterie est formée de cinq secteurs.

Secteur	1	2	3	4	5
Probabilité	0,2	0,25	0,1	p_4	p_5

La loi de probabilité est donnée par le tableau ci-dessus.

1. Déterminer p_4 et p_5 en sachant que p_5 est le double de p_4.

2. On lance cette roue, puis on attend l'arrêt.

a) Quelle est la probabilité que la flèche indique un multiple de 2 ?

b) Quelle est la probabilité que la flèche indique un secteur avec un numéro inférieur ou égal à 3 ?

→ Corrigé p. 253

15 3 min ★★

Une pièce de monnaie truquée est telle que la probabilité d'obtenir pile est le double de la probabilité d'obtenir face.

Quelle est la probabilité d'obtenir pile ?

→ Corrigé p. 254

16 5 min ★★

Soient A et B deux événements d'un univers muni d'une probabilité p, tels que :
$p(A) = 0{,}6$, $p(B) = 0{,}8$ et $p(A \cap B) = 0{,}5$.
Calculer $p(A \cup B)$, $p(\overline{A})$ et $p(\overline{B})$.

→ Corrigé p. 254

17 12 min ★★

Dans un jeu de 52 cartes, on tire une carte au hasard.
On considère les deux événements suivants :

- A « la carte tirée est un pique » ;
- B « la carte tirée ne figure pas dans un jeu de 32 cartes ».

1. Définir l'événement $\overline{A}$. Calculer $p(\overline{A})$.

2. Définir l'événement $A \cap B$, puis calculer $p(A \cap B)$.

3. Définir l'événement $A \cup B$, puis calculer $p(A \cup B)$.

→ Corrigé p. 254

18 8 min ★★

Une association de jeunes dessinateurs a imprimé et vendu 240 exemplaires d'un livret de trois façons différentes :

- 72 exemplaires par l'intermédiaire du site Internet de l'association ;
- 60 exemplaires par l'intermédiaire d'un libraire ;
- 108 exemplaires par l'intermédiaire des membres de l'association.

On interroge au hasard un client qui a acheté un livret.
On note :

- L l'événement « le client a acheté le livret en librairie » ;
- M l'événement « le client a acheté le livret auprès d'un membre de l'association ».

1. Déterminer les probabilités $p(L)$ et $p(M)$.

2. a) Comment qualifie-t-on les événements L et M ?

b) En déduire la probabilité de l'événement $L \cup M$.

→ Corrigé p. 254

19 10 min ★★

Une expérience aléatoire consiste :
– à jeter un dé ordinaire à six faces parfaitement équilibré ;
– puis à jeter un jeton parfaitement équilibré dont les faces sont marquées 1 et 2.

Le résultat de l'expérience est la somme des nombres indiqués sur le dé et sur le jeton.

1. Dessiner un arbre dont le premier niveau représente les issues possibles pour le dé et le second niveau les issues pour les jetons. Au bout de chaque branche, indiquer le résultat de l'expérience.

2. Quelle est la probabilité d'avoir un résultat égal à 2 ? égal à 8 ?

3. Quelle est la probabilité d'avoir 5 comme résultat ?

→ Corrigé p. 255

20 10 min ★★

Trois personnes, Aline, Bernard et Claude, ont chacune un sac contenant des billes. Chacune tire au hasard une bille de son sac.

1. Le contenu des sacs est le suivant :

Sac d'Aline	Sac de Bernard	Sac de Claude
5 billes rouges	10 billes rouges et 30 billes noires	100 billes rouges et 3 billes noires

Laquelle de ces personnes a la probabilité la plus grande de tirer une bille rouge ?

2. On souhaite qu'Aline ait la même probabilité que Bernard de tirer une bille rouge. Avant le tirage, combien de billes noires faut-il ajouter pour cela dans le sac d'Aline ?

→ *Corrigé p. 255*

21 10 min ★★

Un touriste étranger a pris un menu à 12 € qui lui permet de prendre une entrée et un plat dans le menu ci-après :

Menu à 12 €

1 entrée au choix :
- Salade composée
- Saumon fumé

1 plat au choix :
- Truite meunière et riz
- Gigot d'agneau et haricots
- Veau Marengo et frites

Le client choisit au hasard l'entrée, puis le plat.

1. a) Quelle est la probabilité qu'il mange du poisson en entrée ?
b) Quelle est la probabilité qu'il mange du poisson en plat ?

2. On désigne par P l'événement « le client mange du poisson ».
a) Recopier et compléter l'ébauche d'arbre ci-contre.
b) Quelle est la probabilité que le client mange deux fois du poisson ?
c) Quelle est la probabilité que le client ne mange pas de poisson ?

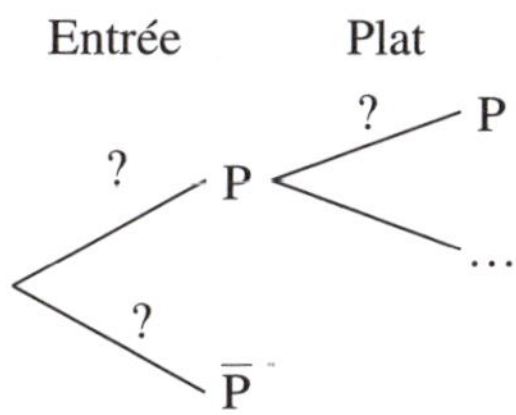

→ *Corrigé p. 256*

22 10 min ★★

Le tableau ci-dessous donne la répartition, selon la surface en m², des magasins d'un centre commercial. L'effectif total est de 67.

Surface d'un magasin en m^2	65	66	69	74	81
Effectif	13	22	17		6
Fréquence					

1. Recopier et compléter le tableau précédent.
On donnera les fréquences en pourcentage arrondi au dixième près.

2. Quel est le pourcentage de magasins dont la superficie est inférieure ou égale à 69 m^2 ?

3. Dans cette partie, les résultats seront donnés sous forme de fraction.
Un client se rend au hasard dans l'un de ces magasins.
a) Quelle est la probabilité que la surface du magasin soit de 81 mètres carrés ?
b) En déduire la probabilité que la surface du magasin soit inférieure à 81 mètres carrés.

→ Corrigé p. 256

23 15 min ★★

On lance deux dés tétraédriques bien équilibrés : **dé 1** et **dé 2**.

L'issue d'un lancer est la somme des nombres obtenus lors du lancer.

1. a) Recopier et compléter le tableau avec les sommes obtenues.
b) Déterminer la probabilité de chaque valeur possible de la somme.

dé 2 \ dé 1	1	2	3	4
1				
2				
3				
4				

2. En déduire les probabilités des événements suivants :
- A « la somme est 3 » ;
- B « la somme est strictement supérieure à 4 » ;
- C « la somme est paire ».

→ Corrigé p. 257

24 15 min ★★

On dispose de deux dés tétraédriques non truqués : l'un bleu et l'autre rouge.
On lance les deux dés en même temps.

1. Une première expérience aléatoire consiste à prendre comme résultat le couple (nombre amené par le dé bleu ; nombre amené par le dé rouge).
a) Dans un tableau à double entrée, écrire les 16 couples de résultats possibles.
b) Déterminer la probabilité de l'événement A « le nombre amené par le dé bleu est strictement supérieur au nombre amené par le dé rouge ».

2. Une seconde expérience consiste à prendre comme résultat l'écart entre les deux nombres.
a) Écrire l'univers associé à cette expérience sous forme d'ensemble, ainsi que l'événement B « l'écart est inférieur ou égal à 1 ».
b) À l'aide d'un tableau, déterminer la probabilité de B.

→ Corrigé p. 257

25 12 min ★★

Dans une classe de 25 élèves, 12 étudient l'allemand, 20 étudient l'anglais et 12 étudient l'espagnol. 10 élèves étudient l'anglais et l'allemand et, parmi eux, 1 élève étudie aussi l'espagnol.
Aucun élève n'étudie l'allemand et l'espagnol sans étudier l'anglais et seulement 3 élèves n'étudient que l'espagnol.

1. Représenter ces données par un diagramme.

2. On rencontre au hasard un élève de cette classe.
a) Quelle est la probabilité qu'il étudie l'allemand ?
b) Quelle est la probabilité qu'il étudie exactement deux langues vivantes ?

→ *Corrigé p. 258*

26 12 min ★★★

À chaque lancer d'une pièce, le résultat est soit P (pile), soit F (face).
Une expérience consiste à lancer trois fois de suite une pièce : l'issue est un triplet.
Par exemple, PPF signifie obtenir pile au premier lancer, pile au deuxième lancer et face au troisième lancer.

1. Déterminer l'ensemble Ω des issues possibles à l'aide d'un arbre.

2. On considère les événements :
• A « obtenir plus de fois le côté pile que le côté face » ;
• B « n'obtenir que le côté pile au deuxième lancer ».

Calculer les probabilités des événements A et B dans chacun des cas suivants :
a) la pièce est parfaitement équilibrée ;
b) la pièce présente un défaut et à chaque lancer la probabilité d'obtenir le côté pile est 0,4.

→ *Corrigé p. 258*

Le coin algorithmique

27 15 min ★★

On considère l'expérience suivante : on lâche une bille en haut de la planche ci-contre (entrée).
À chaque intersection, elle a autant de chances de tomber à droite qu'à gauche. On s'intéresse au numéro de sortie de la bille en bas de la planche.
On souhaite simuler l'expérience à l'aide d'une feuille de calcul pour estimer la probabilité de chaque numéro de sortie, puis comparer avec une étude théorique.

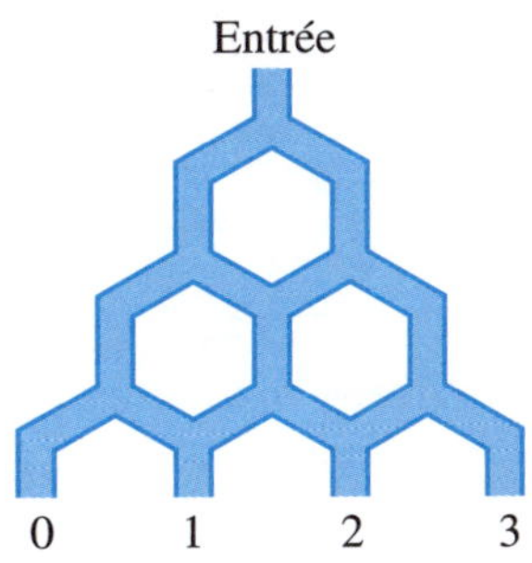

1. Si une bille arrive dans la sortie 2, combien de fois est-elle allée à droite ? Et pour la sortie 0 ?

2. On souhaite utiliser un tableur pour simuler l'expérience.
L'instruction =ENT(ALEA()*2) donne comme résultat les valeurs 0 et 1 avec la même probabilité. On considère qu'un résultat 0 correspond à un déplacement vers la gauche de la bille dans la planche et qu'un résultat 1 correspond à un déplacement vers la droite.
a) Pour l'expérience, à quoi correspond le résultat de l'instruction suivante :
=ENT(ALEA()*2)+ENT(ALEA()*2)+ENT(ALEA()*2) ?
b) Mettre en place la feuille de calcul ci-dessous.
Pour les cellules D2, E2, ..., on utilisera la fonction NB.SI.

	A	B	C	D	E	F	G
1	Numéro de sortie de la boule		**Numéro obtenu**	**0**	**1**	**2**	**3**
2	=ENT(ALEA()*2)+I		sur 100 simulations	13	38	34	15
3	0		sur 1 000 simulations	127	376	366	131
4	1						
5	2						
6	1						

c) Estimer la probabilité de chaque numéro de sortie possible.

3. a) Construire un arbre décrivant tous les parcours possibles de la bille, puis calculer la probabilité de chaque numéro de sortie de la bille.
b) Pour chaque issue de l'expérience de probabilité théorique p, vérifier si, la fréquence observée appartient à l'intervalle $\left[p - \frac{1}{\sqrt{N}} ; p + \frac{1}{\sqrt{N}}\right]$ avec les estimations obtenues à la question **2. c)** pour 100 simulations, puis pour 1 000 simulations.

→ *Corrigé p. 259*

INTERROGATION ÉCRITE

Exercice 1 15 min 10 points

Un sac contient 20 billes indiscernables au toucher : 10 bleues, 7 rouges et 3 jaunes. Une bille jaune rapporte 5 points, une bille rouge rapporte 1 point, une bille bleue retire 1 point.

1. On tire au hasard une bille du sac.
Quelle est la probabilité qu'elle soit bleue ? rouge ? jaune ?

2. On tire successivement avec remise deux billes du sac.
On note les couleurs des billes obtenues et le nombre de points obtenus.
a) Représenter la situation à l'aide d'un arbre pondéré.
b) Calculer la probabilité des événements suivants :
- A « les billes ont la même couleur » ;
- B « aucune bille bleue n'a été tirée » ;
- C « les billes rapportent au moins 4 points » ;
- D « les billes rapportent au plus 3 points ».

→ Corrigé p. 260

Exercice 2 15 min 10 points

Un examinateur doit interroger, dans un certain ordre, quatre candidats : Arthur, Bilal, Chloé et David.
Il doit donc établir une liste ordonnée de quatre noms.

1. À l'aide d'un arbre, déterminer le nombre de listes possibles.

2. On suppose que l'examinateur tire la liste ordonnée des quatre noms au hasard, chaque liste possible ayant la même probabilité.
Déterminer la probabilité de chacun des événements suivants :
- E « Bilal est interrogé en premier » ;
- F « Chloé est interrogée en dernier » ;
- G « David est interrogé avant Bilal ».

3. Décrire par une phrase l'événement $E \cap F$ et en donner la probabilité.

4. Décrire par une phrase l'événement $E \cup F$ et en donner la probabilité.

→ Corrigé p. 261

CORRIGÉS

1 → Énoncé p. 238

Remarque
Un événement élémentaire n'est réalisé que par une seule issue.

a) « Obtenir un trèfle » **n'est pas un événement élémentaire** car, dans un jeu de 52 cartes, 13 cartes, donc 13 issues, sont des trèfles.

b) « Obtenir le valet de pique » **est un événement élémentaire** car, dans un jeu de 52 cartes, il n'y a qu'un seul valet de pique.

c) « Obtenir une dame » **n'est pas un événement élémentaire** car, dans un jeu de 52 cartes, il y a 4 dames (trèfle, cœur, carreau et pique) donc 4 issues réalisant cet événement.

d) « Obtenir une figure de trèfle » **n'est pas un événement élémentaire** car il y a 3 figures de trèfle (valet, dame et roi).

2 → Énoncé p. 238

Rappel
Dans un jeu de 32 cartes, les hauteurs des cartes sont 7, 8, 9, 10, valet, dame, roi et as.

Notons T une carte de trèfle, C une carte de carreau, K une carte de cœur et P une carte de pique.

1. On a : A = **{7C, 8C, 9C, 10C, VC, DC, RC, AC}** et B = **{DT, DC, DK, DP}**.

2. a) Il y a toujours moins d'éléments dans $A \cap B$ que d'éléments dans A ou d'éléments dans B, et plus d'éléments dans $A \cup B$ que d'éléments dans A ou d'éléments dans B.
L'événement $A \cap B$ est « la carte tirée est un carreau et une dame » ou plus simplement « **la carte tirée est la dame de carreau** ». $A \cap B$ = **{DC}.**

b) L'événement $A \cup B$ est « **la carte tirée est un carreau ou une dame** ».
$A \cup B$ = **{7C, 8C, 9C, 10C, VC, DC, RC, AC, DT, DK, DP}.**

3. a) L'événement $\overline{A}$ est « **la carte tirée n'est pas un carreau** ».

b) Il y a 32 issues dans l'univers et 8 de ces issues réalisant A.
Comme $32 - 8 = 24$, il y a **24 issues** réalisant l'événement $\overline{A}$.

3 → Énoncé p. 238

1. En lançant un dé à 6 faces et en notant le nombre obtenu, on a :
$\mathbf{\Omega = \{1 ; 2 ; 3 ; 4 ; 5 ; 6\}}$.

2. En lançant deux dés à 6 faces et en notant le plus grand des nombres obtenus, on a $\mathbf{\Omega = \{1 ; 2 ; 3 ; 4 ; 5 ; 6\}}$ car on peut obtenir, par exemple, 1 et 1 sur les deux dés (maximum qui vaut 1) ou 1 sur un dé et 6 sur l'autre (maximum qui vaut 6) ;

3. En lançant deux dés à 6 faces et en notant la somme des deux nombres obtenus, on a au minimum 2 comme somme $(1 + 1)$ et au maximum 12 $(6 + 6)$.
On a donc $\mathbf{\Omega = \{2 ; 3 ; 4 ; 5 ; 6 ; 7 ; 8 ; 9 ; 10 ; 11 ; 12\}}$.

4 → *Énoncé p. 238*

> **Remarque**
> On utilise un arbre pour obtenir l'ensemble des issues possibles lors d'une succession d'épreuves.

1.

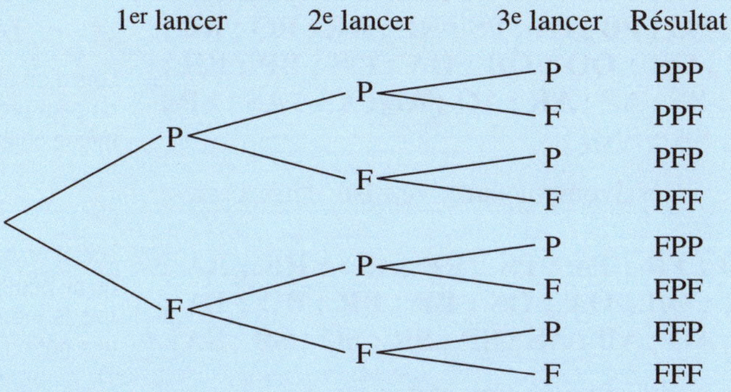

Ω = {PPP ; PPF ; PFP ; PFF ; FPP ; FPF ; FFP ; FFF}.

2. *A* est l'ensemble des issues comportant 2 ou 3 fois le côté Pile.
A = **{PPP ; PPF ; PFP ; FPP}.**

3. *B* = {PPP ; PPF ; FPP ; FPF} ;
A ∩ B = **{PPP ; PPF ; FPP}.**

5 → *Énoncé p. 239*

1.

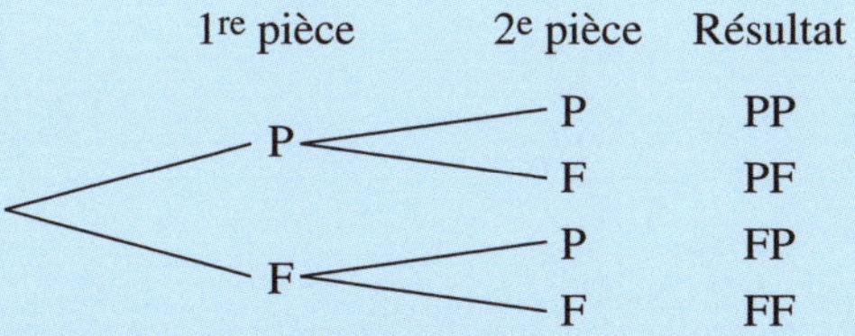

2. a) L'ensemble de toutes les issues possibles est :
X = {PP ; PF ; FF} est **une affirmation fausse**, car il y a ordre, donc les résultats PF et FP sont différents.
On a *X* = {PP ; PF ; FP ; FF}.

> **Remarque**
> Des lancers successifs induisent une notion d'ordre.

b) L'événement *A* « obtenir deux faces différentes » est : *A* = {PF} est **une affirmation fausse**, car *A* = {PF ; FP}.

c) L'événement *B* « obtenir des faces identiques » est *B* = {PP ; FF} est **une affirmation vraie**, car *X* ne contient que deux issues avec des faces identiques.

d) L'événement *C* « obtenir au moins une fois face » est *C* = {PF ; FP} est **une affirmation fausse**, car il y a aussi l'issue FF dans *C* : *C* ={PF ; FP ; FF}.

> **Remarque**
> « Au moins un » signifie « un ou plus de 1 ».

6 → *Énoncé p. 239*

a) En prenant une carte, on a : Ω = **{P : R ; O ; B ; A ; S}**.

b) En prenant successivement **avec remise** deux cartes, on a :
Ω = **{PP ; PR ; PO ; PB ; PA ; PS ; RP ; RR ; RO ; RB ; RA ; RS ; OP ; OR ; OO ; OB ; OA ; OS ; BP ; BR ; BO ; BB ; BA ; BS ; AP ; AR ; AO ; AB ; AA ; AS ; SP ; SR ; SO ; SB ; SA ; SS}.**

> **Remarque**
> Lors d'un tirage avec remise, on peut prendre deux fois le même objet.

c) En prenant successivement **sans remise** deux cartes, on a :
Ω = **{PR ; PO ; PB ; PA ; PS ; RP ; RO ; RB ; RA ; RS ; OP ; OR ; OB ; OA ; OS ; BP ; BR ; BO ; BA ; BS ; AP ; AR ; AO ; AB ; AS ; SP ; SR ; SO ; SB ; SA}.**

> **Remarque**
> Lors d'un tirage sans remise, on ne peut pas prendre deux fois le même objet et il y a une notion d'ordre.

d) En prenant simultanément deux cartes, on a :
Ω = **{PR ; PO ; PB ; PA ; PS ; RO ; RB ; RA ; RS ; OB ; OA ; OS ; BA ; BS ; AS}.**

> **Remarque**
> Dans ce dernier ensemble, on écrit indifféremment PR ou RP.

> **Remarque**
> Lors d'un tirage simultané, on ne peut pas prendre deux fois le même objet et il n'y a pas d'ordre.

7 → *Énoncé p. 239*

On a : Sirop Antalgique Prescription

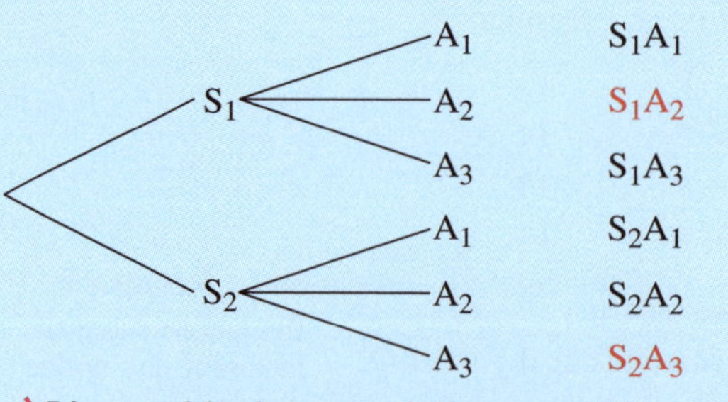

a) L'ensemble des prescriptions possibles est :
{S_1A_1 ; S_1A_2 ; S_1A_3 ; S_2A_1 ; S_2A_2 ; S_2A_3}.

b) En cas d'incompatibilité, les prescriptions précédentes en rouge sont impossibles et l'ensemble des prescriptions est **{S_1A_1 ; S_1A_3 ; S_2A_1 ; S_2A_2}**.

> **Remarque**
> Le même arbre permet de répondre à la question en supprimant simplement les résultats impossibles.

8 → *Énoncé p. 239*

> **Conseil**
> On imagine que les voitures se garent dans l'ordre *A*, puis *B* et enfin *C* et on utilise un arbre pour avoir tous les rangements possibles, deux voitures ne pouvant pas occuper la même place.

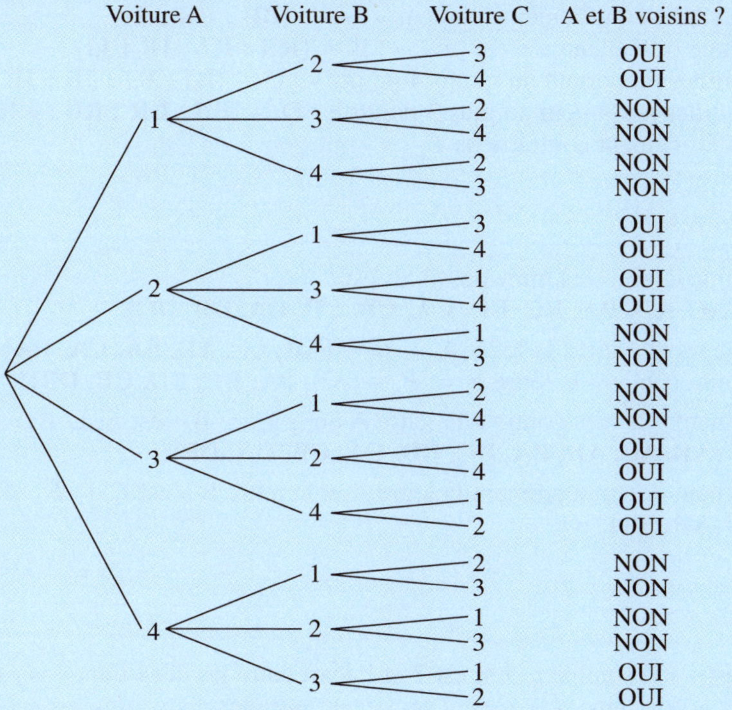

Il y a **12 dispositions** où les voitures *A* et *B* sont côte à côte.

9 → *Énoncé p. 240*

Rappel

N'ayant pas de probabilité à calculer, les effectifs n'ont pas besoin d'être portés dans l'arbre.

1.

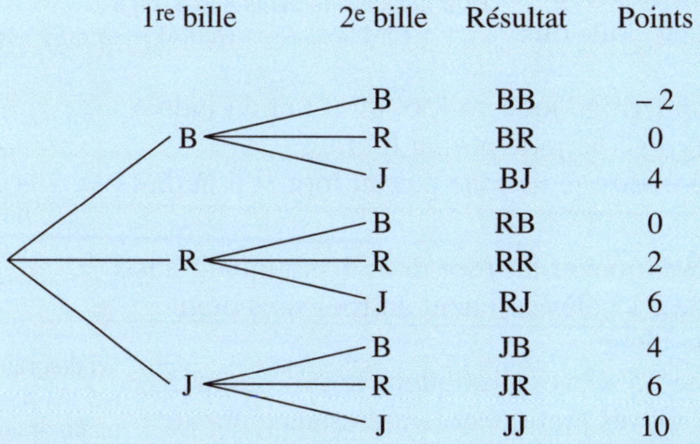

2. a) A « les billes ont la même couleur » : A = **{BB ; RR ; JJ}**.
b) B « aucune bille bleue n'a été tirée » : B = **{RR ; RJ ; JR ; JJ}**.
c) C « les billes rapportent au moins 4 points » : C = **{BJ ; RJ ; JB ; JR ; JJ}**.
d) D « les billes rapportent au plus 3 points » : D = **{BB ; BR ; RB ; RR}**.
Ici, D est l'événement contraire de C.

10 → *Énoncé p. 240*

1. L'ensemble de tous les mots possibles est :
Ω = {AB, AC, AD, BA, BC, BD, CA, CB, CD, DA, DB, DC}.

2. a) E_1 « le mot contient la lettre A » : E_1 =**{AB, AC, AD, BA, CA, DA}**.
b) E_2 « le mot contient la lettre B » : E_2 =**{AB, BA, BC, BD, CB, DB}**.

3. L'événement « le mot contient la lettre A ou la lettre B » est $\boldsymbol{E_1 \cup E_2}$.
$\boldsymbol{E_1 \cup E_2}$ =**{AB, AC, AD, BA, BC, BD, CA, CB, DA, DB}**.

4. L'événement « le mot contient la lettre A et la lettre B » est $\boldsymbol{E_1 \cap E_2}$.
$\boldsymbol{E_1 \cap E_2}$ =**{AB, BA}**.

11 → *Énoncé p. 240*

1. $A \cap B$ est : « la somme $p + q$ est 7 **et** l'écart entre les deux numéros est 2 ».
$A \cup B$ est : « la somme $p + q$ est 7 **ou** l'écart entre les deux numéros est 2 ».

2. $A = \{16 ; 25 ; 34\}$. $B = \{13 ; 24 ; 35 ; 46\}$.
$A \cap B = \varnothing$. $A \cup B = \{13 ; 16 ; 24 ; 25 ; 34 ; 35 ; 46\}$.

12 → *Énoncé p. 240*

Rappel

Le nombre d'issues réalisant un événement A est le cardinal de cet événement et on le note card(A).
Pour deux événements A et B, on a :
card $(A \cup B)$ = card(A) + card(B) − card$(A \cap B)$.

1. On a :
$F \cap J$: « l'élève interrogé joue au foot et il fait du judo » ;
$F \cup J$: « l'élève interrogé joue au foot ou il fait du judo » ;
$\overline{F}$: « l'élève interrogé ne joue pas au foot » ;
$\overline{F \cup J}$: « l'élève interrogé ne joue pas au foot et il ne fait pas du judo ».

Rappel

L'événement contraire d'un événement « A ou B » est l'événement « ni A ni B ».

2. Comme 20 élèves jouent au foot dont 3 pratiquent aussi le judo (zone violette), 17 élèves jouent au foot sans pratiquer le judo (zone bleue).
De même, comme 15 élèves pratiquent le judo dont 3 jouent au foot, 12 élèves pratiquent le judo sans jouer au foot (zone rose).

Remarque

Un diagramme comme celui-ci est dit diagramme en patate ou diagramme de Venn.

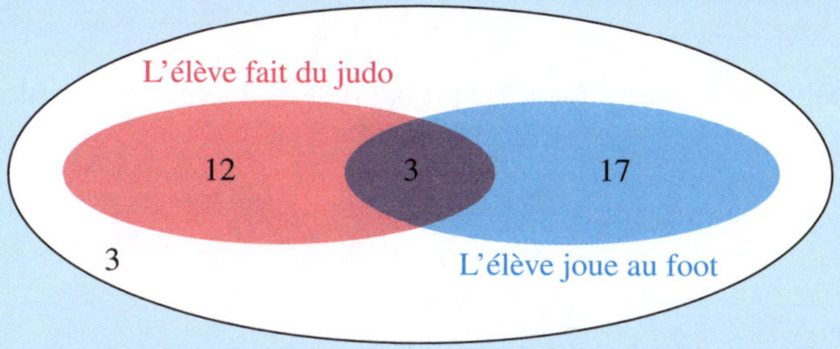

Le total d'élèves étant 35, le nombre d'élèves ne pratiquant aucun sport est : 35 − (3 + 17 + 12), soit 3 (zone blanche).

Il y a donc **3** issues réalisant l'événement $F \cap J$, 12 + 3 + 17, soit **32** issues réalisant l'événement $F \cup J$. Il y a 35 −20, soit **15** issues réalisant $\overline{F}$ et **3** issues réalisant $\overline{F \cup J}$.

13 → *Énoncé p. 241*

1. On a $p + p + 2p + 3p + p + 2p = 1 \Leftrightarrow 10p = 1$ $\Leftrightarrow$ $\boldsymbol{p = 0{,}1}$.

> **Rappel**
> Dans une loi de probabilité, la somme des probabilités de toutes les issues vaut 1.

2.

> **Remarque**
> La probabilité d'un événement est la somme des probabilités des issues réalisant cet événement.

On a $p(1) + p(3) + p(5) = p + 2p + p = 4p = 0{,}4$.

La probabilité d'obtenir un résultat impair en lançant ce dé est 0,4.

14 → *Énoncé p. 241*

1. Sachant que $p_5 = 2p_4$, on a :

$0{,}2 + 0{,}25 + 0{,}1 + p_4 + p_5 = 1$

$\Leftrightarrow 0{,}55 + 3p_4 = 1$

$\Leftrightarrow 3p_4 = 1 - 0{,}55$

$\Leftrightarrow p_4 = 0{,}45 \div 3.$

On a donc $\boldsymbol{p_4 = 0{,}15}$ **et** $\boldsymbol{p_5 = 0{,}30}$**.**

2. a) $p_2 + p_4 = 0{,}25 + 0{,}15 = 0{,}4$.

La probabilité que la flèche indique un multiple de 2 est 0,4.

b) $p_1 + p_2 + p_3 = 0{,}2 + 0{,}25 + 0{,}1 = 0{,}55$.

La probabilité que la flèche indique un secteur avec un numéro inférieur ou égal à 3 est 0,55.

> **Remarque**
> L'univers n'étant pas équiprobable, on ne peut pas calculer la probabilité en divisant le nombre d'issues favorables par le nombre total d'issues.

15 → Énoncé p. 241

Soit p la probabilité d'obtenir face. La probabilité d'obtenir pile est alors $2p$.

On a donc : $p + 2p = 1 \Leftrightarrow 3p = 1 \Leftrightarrow p = \frac{1}{3}$.

La probabilité d'obtenir pile est $\mathbf{\frac{2}{3}}$.

16 → Énoncé p. 242

$p(A \cup B) = p(A) + p(B) - p(A \cap B) = 0{,}6 + 0{,}8 - 0{,}5 = \mathbf{0{,}9}$.

$p(\overline{A}) = 1 - p(A) = 1 - 0{,}6 = \mathbf{0{,}4}$ et

$p(\overline{B}) = 1 - p(B) = 1 - 0{,}8 = \mathbf{0{,}2}$.

Rappel

Une probabilité est toujours un nombre compris entre 0 et 1.

17 → Énoncé p. 242

1. L'événement $\overline{A}$ est « **la carte tirée n'est pas un pique** ».

Il est constitué de 52 − 13 issues, soit 39. Comme on tire au hasard, il y a équiprobabilité.

$p(\overline{A}) = \frac{39}{52} = \mathbf{\frac{3}{4}}$.

Rappel

Dans un jeu de 52 cartes, il y a 13 cartes dans chacune des 4 couleurs et dans un jeu de 32 cartes, il y a 8 cartes dans chacune des couleurs.

2. L'événement $A \cap B$ est « **la carte tirée est un pique qui ne figure pas dans un jeu de 32 cartes** ».

Parmi les 13 piques d'un jeu de 52 cartes, 8 sont dans un jeu de 32 cartes, donc 5 n'y figurent pas.

$p(A \cap B) = \mathbf{\frac{5}{52}}$.

3. L'événement $A \cup B$ est « **la carte tirée est un pique ou elle ne figure pas dans un jeu de 32 cartes** ».

Pour calculer $p(A \cup B)$, on utilise $p(A \cup B) = p(A) + p(B) - p(A \cap B)$.

Comme il y a 13 piques, $p(A) = \frac{13}{52}$.

Comme 20 cartes du jeu de 52 cartes ne figurent pas dans un jeu de 32 cartes,

$p(B) = \frac{20}{52}$.

On a donc : $p(A \cup B) = \frac{13}{52} + \frac{20}{52} - \frac{5}{52} = \frac{28}{52} = \frac{4 \times 7}{4 \times 13} = \mathbf{\frac{7}{13}}$.

18 → Énoncé p. 242

1. On interroge au hasard un client, donc l'univers est équiprobable.

Parmi les 240 clients, 60 clients ont acheté leur livret en librairie.
$p(L) = 60 \div 240$ soit $p(L) = \mathbf{0{,}25}$.
Parmi les 240 clients, 108 clients ont acheté leur livret auprès d'un membre de l'association.
$p(M) = 108 \div 240$, soit $p(M) = \mathbf{0{,}45}$.

Remarque
Savoir qu'un univers est équiprobable permet de calculer une probabilité en divisant le nombre d'issues réalisant un événement par le nombre total d'issues.

2. a) Les événements L et M ne peuvent pas se réaliser en même temps.
Les événements L et M sont incompatibles.

b) On en déduit que : $p(L \cup M) = p(L) + p(M)$, **soit $p(L \cup M) = 0{,}7$.**

19 → Énoncé p. 242

1. Voir ci-contre.

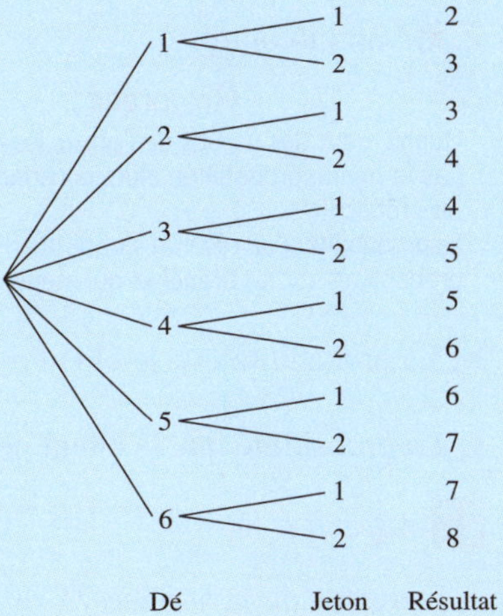

2. On a une situation d'équiprobabilité, car le dé et le jeton sont parfaitement équilibrés.
Pour avoir un résultat égal à 2, il faut avoir 1 sur le dé (1 chance sur 6) et 1 sur le jeton (1 chance sur 2).
La probabilité d'avoir un résultat égal à 2 est $\mathbf{\frac{1}{12}}$.
De même, la probabilité d'avoir un résultat égal à 8 est $\mathbf{\frac{1}{12}}$.

3. Pour obtenir un résultat égal à 5, on peut avoir 3 sur le dé et 2 sur le jeton ou 4 sur le dé et 1 sur le jeton. Ces deux manières sont incompatibles.
Chacune de ces deux manières a une probabilité de $\frac{1}{12}$.
La probabilité d'avoir 5 comme résultat est $\frac{1}{12} + \frac{1}{12}$, soit $\mathbf{\frac{1}{6}}$.

Remarque
On peut ajouter les probabilités d'événements incompatibles, ce qui est le cas pour les différentes branches d'un arbre.

20 → Énoncé p. 243

1. Les tirages se faisant au hasard, les univers sont équiprobables.
• Pour Aline, il y a 5 billes rouges parmi un total de 5 billes.
La probabilité de tirer une bille rouge est $5 \div 5$, soit 1.
• Pour Bernard, il y a 10 billes rouges parmi un total de 40 billes.
La probabilité de tirer une bille rouge est $10 \div 40$, soit 0,25.
• Pour Claude, il y a 100 billes rouges parmi un total de 103 billes.
La probabilité de tirer une bille rouge est $100 \div 103$, soit environ 0,97.
C'est Aline qui a la probabilité la plus grande de tirer une bille rouge.

2. Pour qu'Aline ait la même probabilité que Bernard de tirer une bille rouge, il faut que la fréquence des billes rouges dans le sac d'Aline soit 0,25. Le nombre total de billes doit être $5 \div 0,25$, soit 20.

Il faut ajouter 15 billes noires dans le sac d'Aline.

21 → Énoncé p. 243

1. a) Il y a une entrée avec du poisson parmi les deux et le client choisit au hasard.

La probabilité que le client mange du poisson en entrée est $\frac{1}{2}$.

b) Il y a un plat avec du poisson parmi les trois et le client choisit au hasard.

La probabilité que le client mange du poisson en plat principal est $\frac{1}{3}$.

2. a) Voir ci-contre.

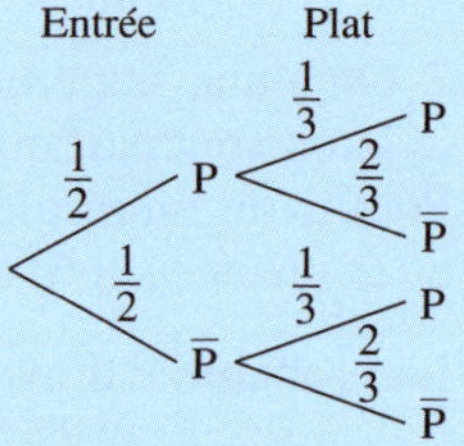

> **Remarque**
>
> Quand, pour des nœuds de l'arbre, les différents choix n'ont pas la même probabilité, alors on pondère les branches par les probabilités.
> La probabilité d'un résultat s'obtient en faisant le produit des probabilités sur les branches qui mènent à ce résultat.

b) La probabilité que le client mange deux fois du poisson est $\frac{1}{2} \times \frac{1}{3}$ soit $\mathbf{\frac{1}{6}}$.

c) La probabilité que le client ne mange pas de poisson est $\frac{1}{2} \times \frac{2}{3}$, soit $\mathbf{\frac{1}{3}}$.

22 → Énoncé p. 243

1. L'effectif de la surface 74 m² s'obtient en ôtant de l'effectif total 67 les effectifs des autres surfaces.

Surface d'un magasin en m²	65	66	69	74	81
Effectif	13	22	17	**9**	6
Fréquence en %	**19,4**	**32,8**	**25,4**	**13,4**	**9,0**

2. $13 + 22 + 17 = 52$: 52 magasins ont une superficie inférieure ou égale à 69 m².
On a : $52 \div 67 \times 100\ \% = 77,6\ \%$ à 0,1 près.

Environ 77,6 % des magasins ont une superficie inférieure ou égale à 69 m².

3. a) Il y a 6 magasins de 81 mètres carrés parmi les 67 magasins.
La probabilité qu'un client qui se rend au hasard dans l'un de ces magasins entre dans un magasin dont la surface est de 81 mètres carrés est de $\mathbf{\frac{6}{67}}$.

> **Remarque**
>
> Dans ce genre de situation, les probabilités obtenues en faisant une expérience au hasard sont égales aux fréquences observées.

b) La probabilité que la surface du magasin soit inférieure à 81 m² est : $1 - \frac{6}{67} = \mathbf{\frac{61}{67}}$.

23 → Énoncé p. 244

1. a) Voir tableau.

dé 2 \ dé 1	1	2	3	4
1	2	3	4	5
2	3	4	5	6
3	4	5	6	7
4	5	6	7	8

Remarque

L'univers $\Omega = \{2 ; 3 ; 4 ; 5 ; 6 ; 7 ; 8\}$ n'est pas équiprobable. La réalisation du tableau à double entrée donnant la somme entre les deux nombres permet de retrouver une situation d'équiprobabilité.

b) Il y a 16 cases équiprobables car les dés sont bien équilibrés. La somme 2 n'est présente que dans l'une de ces 16 cases.

$p(2) = \mathbf{\dfrac{1}{16}}$.

De même, on a :

• $p(3) = \dfrac{2}{16} = \mathbf{\dfrac{1}{8}}$; • $p(4) = \mathbf{\dfrac{3}{16}}$; • $p(5) = \dfrac{4}{16} = \mathbf{\dfrac{1}{4}}$;

• $p(6) = \mathbf{\dfrac{3}{16}}$; • $p(7) = \dfrac{2}{16} = \mathbf{\dfrac{1}{8}}$; • $p(8) = \mathbf{\dfrac{1}{16}}$.

2. On a donc :

• A « la somme est 3 » et $p(A) = \mathbf{\dfrac{1}{8}}$;

• B « la somme est strictement supérieure à 4 »

et $p(B) = p(5) + p(6) + p(7) + p(8) = \dfrac{4}{16} + \dfrac{3}{16} + \dfrac{2}{16} + \dfrac{1}{16} = \dfrac{10}{16} = \mathbf{\dfrac{5}{8}}$;

• C « la somme est paire » et :

$p(C) = p(2) + p(4) + p(6) + p(8) = \dfrac{1}{16} + \dfrac{3}{16} + \dfrac{3}{16} + \dfrac{1}{16} = \dfrac{8}{16} = \mathbf{\dfrac{1}{2}}$.

24 → Énoncé p. 244

1. a) Les couples possibles sont donnés ci-dessous.

dé \ dé	1	2	3	4
1	(1 ; 1)	(2 ; 1)	(3 ; 1)	(4 ; 1)
2	(1 ; 2)	(2 ; 2)	(3 ; 2)	(4 ; 2)
3	(1 ; 3)	(2 ; 3)	(3 ; 3)	(4 ; 3)
4	(1 ; 4)	(2 ; 4)	(3 ; 4)	(4 ; 4)

Remarque

Un tableau à double entrée permet d'obtenir un univers équiprobable quand les issues d'une expérience aléatoire sont obtenues à partir de deux résultats d'expériences aléatoires plus simples.

b) L'univers est composé de 16 issues équiprobables dont 6 réalisant l'événement A.

On a donc $p(A) = \dfrac{6}{16} = \dfrac{2 \times 3}{2 \times 8}$, soit $p(A) = \mathbf{\dfrac{3}{8}}$.

2. a) L'univers est $\boldsymbol{\Omega = \{0 ; 1 ; 2 ; 3\}}$ et on a $B = \{0 ; 1\}$.

b) Parmi les 16 issues équiprobables du tableau, 10 réalisent l'événement B.

dé \ dé	1	2	3	4
1	0	1	2	3
2	1	0	1	2
3	2	1	0	1
4	3	2	1	0

On a : $p(B) = \dfrac{10}{16}$, soit $p(B) = \mathbf{\dfrac{5}{8}}$.

25 → *Énoncé p. 245*

1. On représente chaque groupe de langue par un ensemble. On remplit les effectifs en commençant par les parties communes, 1 élève étudie les trois langues, aucun n'étudie que l'allemand et l'espagnol, etc.
On termine par les parties concernant une seule langue en déterminant leurs effectifs par différence (par exemple, en allemand seul, on a $12 - 9 - 0 - 1 = 2$).

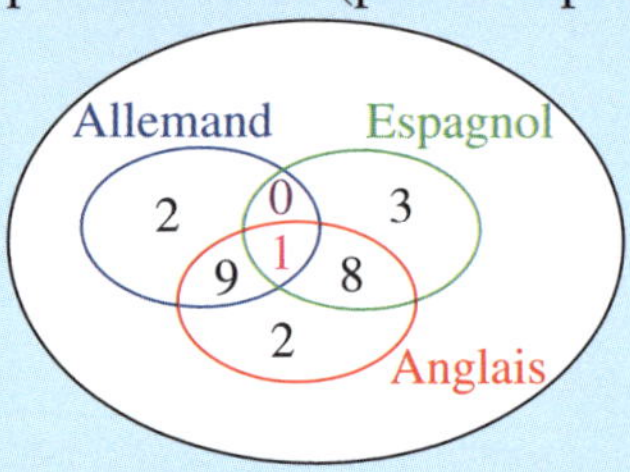

Remarque

Un tel diagramme en patates ou diagramme de Venn permet de représenter le partage d'une population en différents groupes avec des parties communes entre ces groupes.

2. La rencontre s'effectue au hasard ; donc il y a équiprobabilité.

a) 12 élèves étudient l'allemand ; donc la probabilité est $\dfrac{12}{25}$, soit **0,48**.

b) $9 + 8 + 0$ élèves étudient exactement deux langues vivantes, donc la probabilité est $\dfrac{17}{25}$, soit **0,68**.

26 → *Énoncé p. 245*

1.

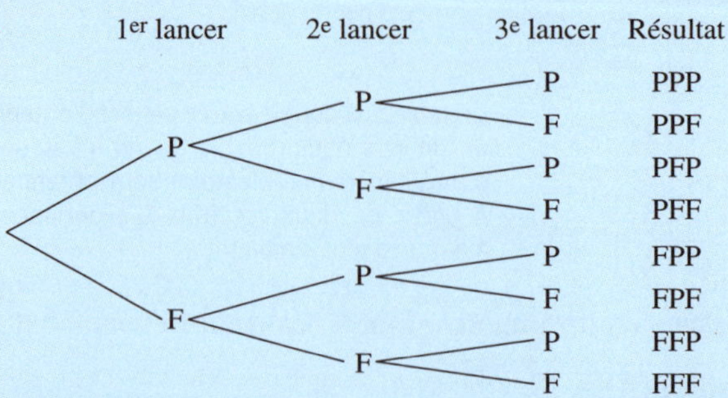

$\Omega = \{PPP ; PPF ; PFP ; PFF ; FPP ; FPF ; FFP ; FFF\}$.

2. On considère les événements :

- A « obtenir plus de fois le côté pile que le côté face », donc on a : $A = \{PPP\ ;\ PPF\ ;\ PFP\ ;\ FPP\}$.
- B « n'obtenir que le côté pile au deuxième lancer », donc on a : $B = \{PPP\ ;\ PPF\ ;\ FPP\ ;\ FPF\}$.

a) La pièce est parfaitement équilibrée, donc l'univers est équiprobable. Les événements A et B sont réalisés par 4 issues et ils ont la même probabilité $\frac{4}{8}$, soit **0,5**.

> **Remarque**
> Une pièce parfaitement équilibrée induit que l'univers Ω est équiprobable.

b)

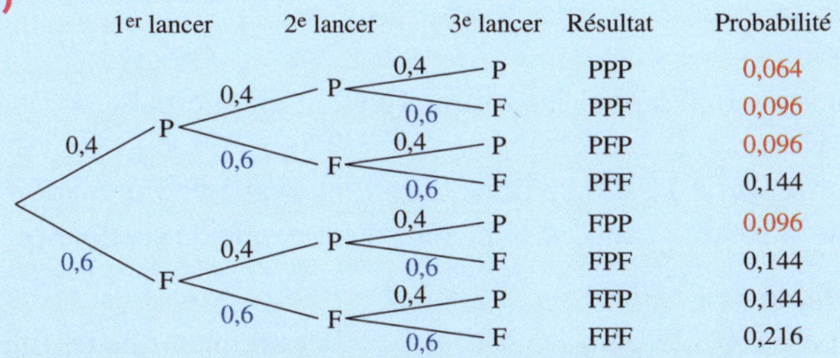

> **Remarque**
> La pièce ayant un défaut induit que l'univers Ω n'est pas équiprobable et on utilise un arbre pondéré. La probabilité d'une issue est le produit des probabilités des branches conduisant à cette issue.

On a : $p(A) = 0{,}064 + 0{,}096 + 0{,}096 + 0{,}096 = \mathbf{0{,}352}$.

On a : $p(B) = 0{,}064 + 0{,}096 + 0{,}096 + 0{,}144 = \mathbf{0{,}4}$.

27 → Énoncé p. 245

1. Si une bille arrive dans la sortie 2, elle est allée **2 fois à droite**.
Si elle arrive dans la sortie 0, **elle est allée 0 fois à droite**.

> **Information !**
> L'étude de cette expérience a été faite par le mathématicien Sir Francis Galton (1822 – 1911) dont le nom est maintenant attribué à la planche.

2. a) Pour l'expérience, l'instruction suivante :
=ENT(ALEA()*2)+ENT(ALEA()*2)+ENT(ALEA()*2)
donne le numéro de la porte de sortie de la boule.

c) On peut estimer avec $N = 1\ 000$ que l'on a $\mathbf{p(0) \approx p(3)}$ **et proches de 0,13.**
On peut estimer avec $N = 1\ 000$ que l'on a $\mathbf{p(1) \approx p(2)}$ **et proches de 0,37.**

> **Remarque**
> Les probabilités estimées sont en réalité des fréquences observées.

3. a)

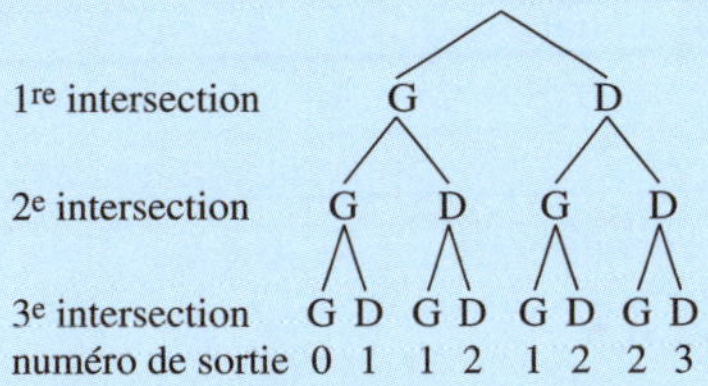

Comme la bille a autant de chances d'aller à gauche qu'à droite, les huit branches de l'arbre sont équiprobables.

$p(0) = \frac{1}{8} = \mathbf{0{,}125}$; $p(1) = \frac{3}{8} = \mathbf{0{,}375}$; $p(2) = \frac{3}{8} = \mathbf{0{,}375}$; $p(3) = \frac{1}{8} = \mathbf{0{,}125.}$

b) Pour $N = 100$, avec l'exemple de l'énoncé :

• De manière théorique, on a $p = 0{,}125$ pour les sorties 0 et 3 et un intervalle de fluctuation qui vaut $[0{,}025 ; 0{,}225]$.

La fréquence observée pour la sortie 0 est 0,13 donc dans l'intervalle de fluctuation.

La fréquence observée pour la sortie 3 est 0,15 donc dans l'intervalle de fluctuation.

> **Remarque**
>
> Pour une expérience aléatoire de probabilité théorique p, en simulant N fois l'expérience, l'intervalle $[p - \frac{1}{\sqrt{N}} ; p + \frac{1}{\sqrt{N}}]$ s'appelle intervalle de fluctuation au seuil des 95 %.

• De manière théorique, on a $p = 0{,}375$ pour les sorties 1 et 2 et un intervalle de fluctuation qui vaut $[0{,}275 ; 0{,}475]$.

La fréquence observée pour la sortie 1 est 0,38 donc dans l'intervalle de fluctuation.

La fréquence observée pour la sortie 2 est 0,34 donc dans l'intervalle de fluctuation.

Pour $N = 1\,000$, avec l'exemple de l'énoncé :

• De manière théorique, on a $p = 0{,}125$ pour les sorties 0 et 3 et un intervalle de fluctuation qui vaut $[0{,}093 ; 0{,}156]$.

La fréquence observée pour la sortie 0 est 0,127 donc dans l'intervalle de fluctuation.

La fréquence observée pour la sortie 3 est 0,131 donc dans l'intervalle de fluctuation.

• de manière théorique, on a $p = 0{,}375$ pour les sorties 1 et 2 et un intervalle de fluctuation qui vaut $[0{,}343 ; 0{,}406]$.

La fréquence observée pour la sortie 1 est 0,376 donc dans l'intervalle de fluctuation.

La fréquence observée pour la sortie 2 est 0,366 donc dans l'intervalle de fluctuation.

> **Remarque**
>
> Dans 95 % des cas, les fréquences observées appartiennent à l'intervalle de fluctuation. Ce que l'on constate ici. L'amplitude $\frac{2}{\sqrt{N}}$ de l'intervalle de fluctuation diminue quand N augmente, donc les fréquences observées tendent vers les probabilités théoriques.

INTERROGATION ÉCRITE

Exercice 1 → *Énoncé p. 247*

1. Il y a 10 billes bleues parmi 20 billes et on tire au hasard.

La probabilité de tirer une bille bleue est $\frac{10}{20}$, soit **0,5**.

De même, la probabilité de tirer une bille rouge est $\frac{7}{20}$, soit **0,35**.

Celle de tirer une bille jaune est $\frac{3}{20}$, soit **0,15**.

2. a)

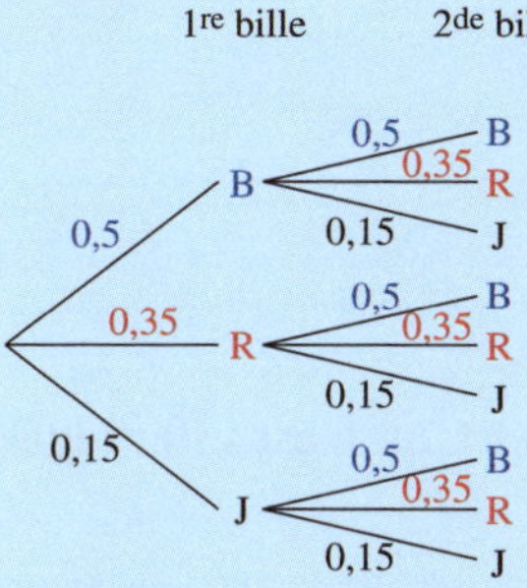

Résultat	Points	Probabilité
BB	– 2	0,25
BR	0	0,175
BJ	4	0,075
RB	0	0,175
RR	2	0,1225
RJ	6	0,0525
JB	4	0,075
JR	6	0,0525
JJ	10	0,0225

Remarque
Un arbre pondéré est un arbre où chaque branche est affectée d'une probabilité.

Remarque
Avec un arbre pondéré, la probabilité d'un résultat au bout d'une branche est le produit des probabilités situées sur les branches depuis la racine.

b) • *A* « les billes ont la même couleur » est l'événement {BB ; RR ; JJ}.
$p(A) = 0{,}25 + 0{,}1225 + 0{,}0225 = \mathbf{0{,}395}$.
• *B* « aucune bille bleue n'a été tirée » est l'événement {RR ; RJ ; JR ; JJ}.
$p(B) = 0{,}1225 + 0{,}0525 + 0{,}0525 + 0{,}0225 = \mathbf{0{,}25}$.
• *C* « les billes rapportent au moins 4 points » a pour probabilité :
$p(C) = 0{,}075 + 0{,}0525 + 0{,}075 + 0{,}0525 + 0{,}0225 = \mathbf{0{,}2775}$.
• *D* « les billes rapportent au plus 3 points » est l'événement contraire de *C*.
On a $p(D) = 1 - p(C) = 1 - 0{,}2775 = \mathbf{0{,}7225}$.

Rappel
On a $p(\overline{C}) = 1 - p(C)$.

Exercice 2 → Énoncé p. 247

1. Il y a **24** listes possibles.

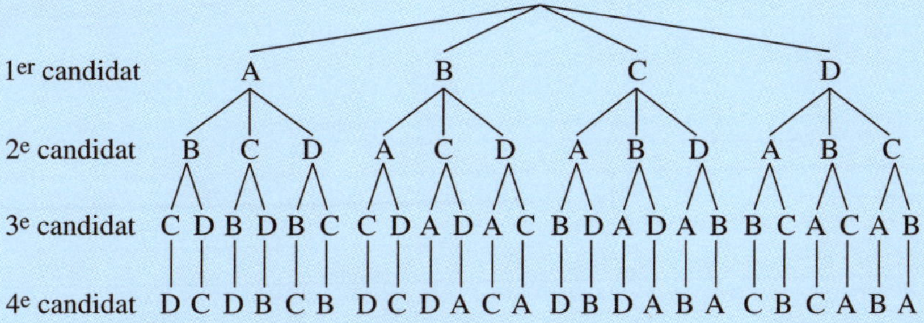

2. L'univers est équiprobable.

• Il a 6 listes parmi les 24 où Bilal est interrogé en premier.

$p(E) = \frac{6}{24} = \mathbf{0{,}25}$.

• Il a 6 listes parmi les 24 où Chloé est interrogée en dernier.

$p(F) = \frac{6}{24} = \mathbf{0{,}25}$.

• Il a 12 listes parmi les 24 où David est interrogé avant Bilal.

$p(G) = \frac{12}{24} = \mathbf{0{,}5}$.

3. L'événement $E \cap F$ est « **Bilal est interrogé en premier et Chloé est interrogée en dernier** ». Il est réalisé par 2 issues.

$p(E \cap F) = \frac{2}{24} = \mathbf{\frac{1}{12}}$.

4. L'événement $E \cup F$ est « **Bilal est interrogé en premier ou Chloé est interrogée en dernier** ».

$p(E \cup F) = p(E) + p(F) - p(E \cap F) = \frac{6}{24} + \frac{6}{24} - \frac{2}{24} = \frac{10}{24} = \mathbf{\frac{5}{12}}$.

Problèmes de géométrie

CHAPITRE 11

1 Triangles rectangles

A. Définition

Théorème de Pythagore

Si un triangle est rectangle, alors le carré de l'hypoténuse est égal à la somme des carrés des deux autres côtés.

Réciproque du théorème de Pythagore

Si dans un triangle le carré d'un côté est égal à la somme des carrés des deux autres côtés, alors ce triangle est rectangle au sommet opposé au plus grand côté.

Centre du cercle circonscrit à un triangle rectangle

Si un triangle est rectangle, alors le centre de son cercle circonscrit est le milieu de son hypoténuse.

Triangle inscrit dans un demi-cercle

Si un côté d'un triangle est un diamètre de son cercle circonscrit, alors ce triangle est rectangle au sommet opposé au côté diamètre.

Triangle rectangle et angles

Si un triangle est rectangle, alors ses angles aigus sont complémentaires.
Si un triangle possède deux angles complémentaires, alors ce triangle est rectangle.

Trigonométrie

Soit un triangle ABC rectangle en A :

$$\cos(\widehat{ABC}) = \frac{\text{côté adjacent à } \widehat{B}}{\text{hypoténuse}} = \frac{AB}{BC} ;$$

$$\sin(\widehat{ABC}) = \frac{\text{côté opposé à } \widehat{B}}{\text{hypoténuse}} = \frac{AC}{BC} ;$$

$$\tan(\widehat{ABC}) = \frac{\text{côté opposé à } \widehat{B}}{\text{côté adjacent à } \widehat{B}} = \frac{AC}{BC}.$$

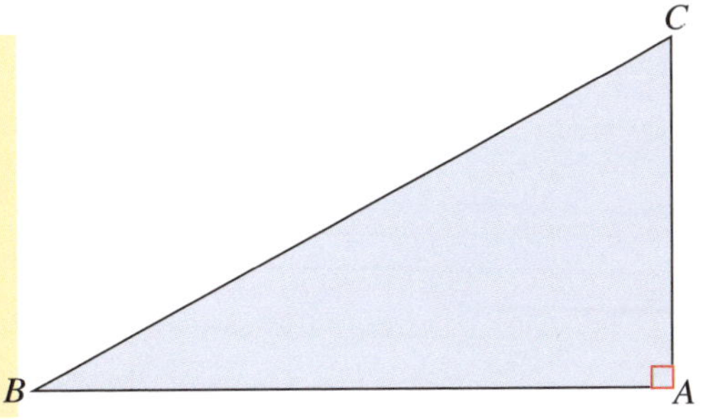

Pour tout angle aigu $\hat{a}$ d'un triangle rectangle, on a :

$$\cos^2(\hat{a}) + \sin^2(\hat{a}) = 1.$$

2 Droites

Projeté orthogonal

Le **projeté orthogonal** d'un point C sur une droite (AB) est le point H intersection de la droite perpendiculaire à (AB) passant par C.

Si H est le projeté orthogonal d'un point C sur une droite (AB), alors H est le point de (AB) le plus proche de C.

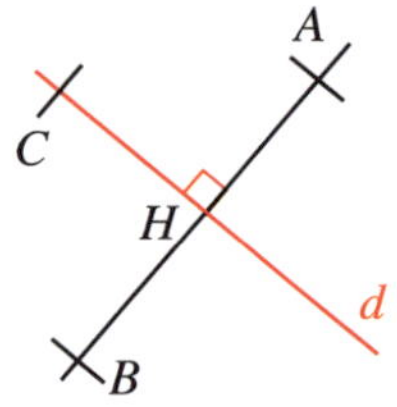

Hauteurs d'un triangle

Une **hauteur** d'un triangle est une droite passant par un sommet et perpendiculaire au côté opposé.

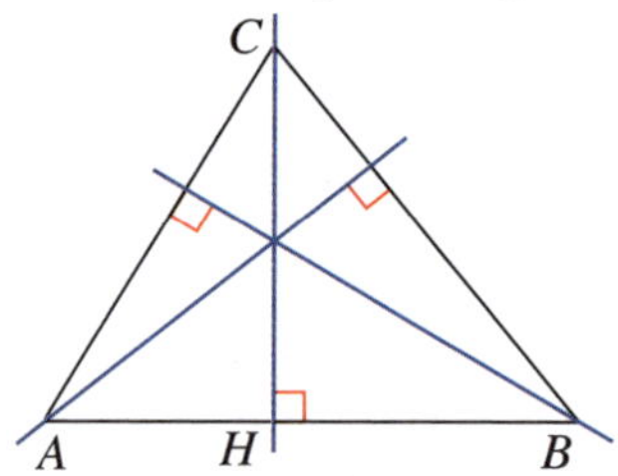

Dans un triangle, les hauteurs sont concourantes en un point appelé **orthocentre du triangle**.

Dans un triangle ABC, le **pied de la hauteur** issue de C est H le projeté orthogonal de C sur (AB).

Médiatrices d'un triangle

Une **médiatrice** d'un triangle est une droite passant par le milieu d'un côté et perpendiculaire à ce côté.

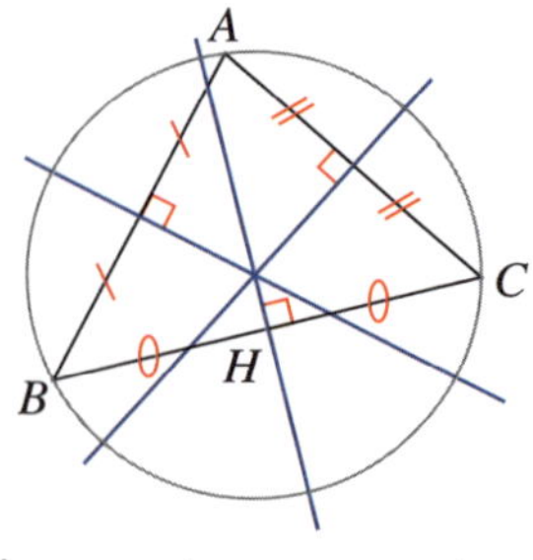

Dans un triangle, les médiatrices sont concourantes en un point appelé **centre du cercle circonscrit**.

Dans un triangle ABC, le milieu d'un côté est H le projeté orthogonal du centre du cercle circonscrit sur ce côté.

3 Aires

Triangle

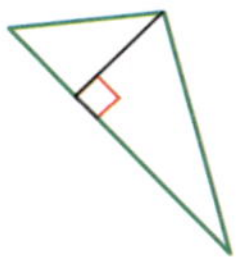

$$\mathscr{A} = \frac{base \times hauteur}{2}$$

Triangle rectangle en A

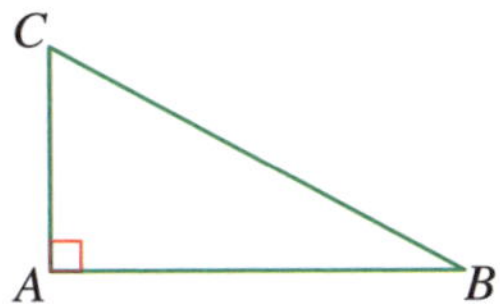

$$\mathscr{A} = \frac{AB \times AC}{2}$$

Rectangle

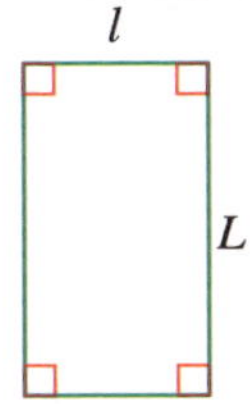

$$\mathscr{A} = l \times L$$

Losange

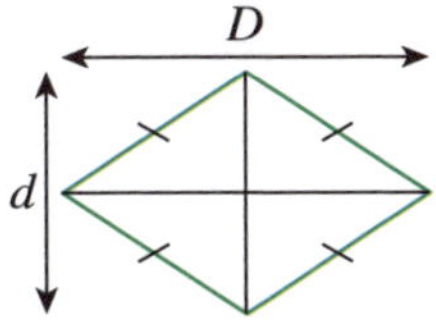

$$\mathscr{A} = \frac{d \times D}{2}$$

Carré

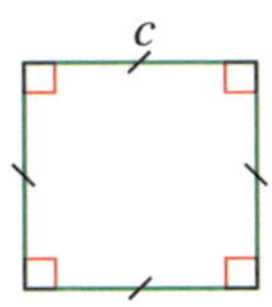

$$\mathscr{A} = c^2$$

Disque

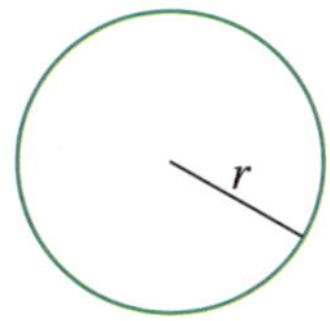

$$\mathscr{A} = \pi \times r^2$$

4 Volumes

Parallélépipède rectangle

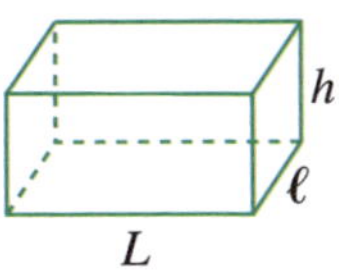

$$V = L \times \ell \times h$$

Cube

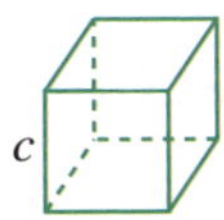

$$V = c^3$$

Prisme droit

$$V = \mathscr{A} \times h$$

Pyramide

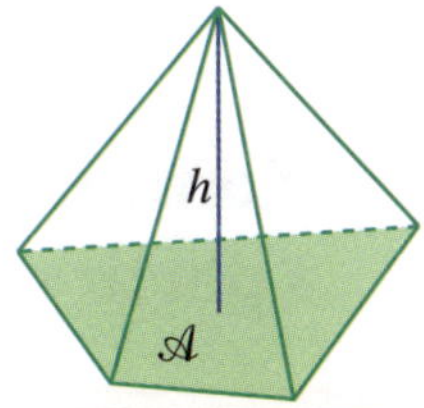

$$V = \frac{\mathscr{A} \times h}{3}$$

Cône

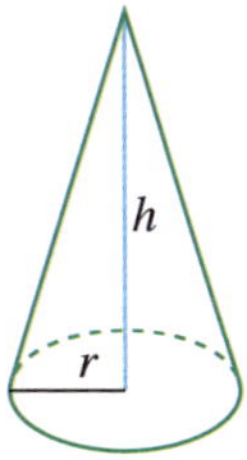

$$V = \frac{\pi \times r^2 \times h}{3}$$

Cylindre droit

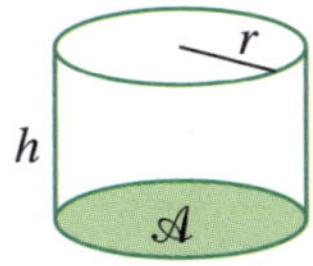

$$V = \mathscr{A} \times h = \pi r^2 \times h$$

Boule-Sphère

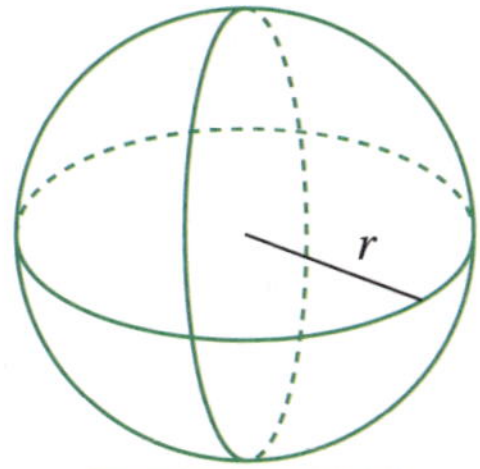

$$V = \frac{4\pi r^3}{3}$$

COMMENT FAIRE

1 Montrer qu'un triangle est rectangle à partir d'un cercle

EXERCICE TYPE

$[EF]$ est un diamètre d'un cercle C et H est un point de C.
Montrer que EFH est rectangle et dire en quel point.

CORRIGÉ COMMENTÉ

On écrit qu'un côté du triangle est un diamètre de son cercle circonscrit.
$[EF]$ est un diamètre du cercle circonscrit à EFH.
Si un côté d'un triangle est un diamètre de son cercle circonscrit, alors ce triangle est rectangle au sommet opposé au côté diamètre.
***EFH* est rectangle en *H*.**

À RETENIR

Pour montrer qu'un triangle est rectangle à l'aide du cercle circonscrit :
- on écrit qu'un côté du triangle est un diamètre de son cercle circonscrit ;
- on cite la propriété employée et on conclut.

2 Montrer qu'un triangle est rectangle à partir de longueurs

EXERCICE TYPE

Soit ABC un triangle tel que $AB = 5$, $BC = 4$ et $AC = 3$.
Montrer que ABC est rectangle et donner l'angle droit.

CORRIGÉ COMMENTÉ

On calcule séparément le carré du plus grand côté et la somme des carrés des 2 autres côtés et on compare les résultats.
Dans ABC, on a $AB^2 = 5^2 = 25$ et $AC^2 + BC^2 = 3^2 + 4^2 = 25$.
On constate que $AB^2 = AC^2 + BC^2$.
On emploie la réciproque du théorème de Pythagore pour conclure.
D'après la réciproque du théorème de Pythagore, ***ABC* est rectangle en *C*.**

À RETENIR

Pour montrer qu'un triangle est rectangle à partir de longueurs :
- on compare le carré du plus grand côté avec la somme des carrés des autres côtés ;
- on en conclut à l'aide de la réciproque de Pythagore.

3 Calculer une aire à l'aide de deux autres aires

EXERCICE TYPE

On considère la figure ci-dessous.

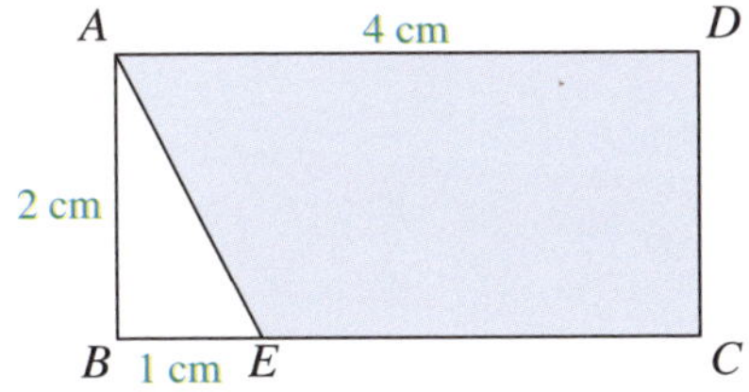

1. Calculer l'aire $\mathscr{A}$ du rectangle *ABCD*, puis celle de $\mathscr{A}'$ du triangle *ABE*.

2. En déduire l'aire $\mathscr{A}''$ du trapèze *AECD*.

CORRIGÉ COMMENTÉ

On calcule l'aire de *ABCD* et celle du triangle *ABE*.

1. *ABCD* est un rectangle.
On a : $\mathscr{A} = AD \times AB = 4 \times 2$,
soit $\mathscr{A}$ **= 8 cm²**.
ABE est un triangle rectangle en *B*.
On a : $\mathscr{A}' = \dfrac{BE \times AB}{2} = \dfrac{1\text{ cm} \times 2\text{ cm}}{2}$, soit $\mathscr{A}'$ **= 1 cm²**.

On calcule la différence.

2. L'aire du trapèze est la différence entre celle du rectangle et celle du triangle.
$\mathscr{A}'' = \mathscr{A} - \mathscr{A}' = \mathbf{8 - 1 = 7}$ **cm.**

> **Rappel**
> Aire d'un rectangle de dimensions l et L :
> $\mathscr{A} = l \times L$

> **Rappel**
> Aire d'un triangle de base b et de hauteur h :
> $\mathscr{A} = \dfrac{b \times h}{2}$

À RETENIR

Pour calculer l'aire d'une figure à partir d'autres aires :
- on calcule les aires de figures simples composant la figure ;
- par somme ou différence, on calcule l'aire de la figure.

EXERCICES

1 8 min ★

Soit un triangle *MNP* rectangle en *M*.

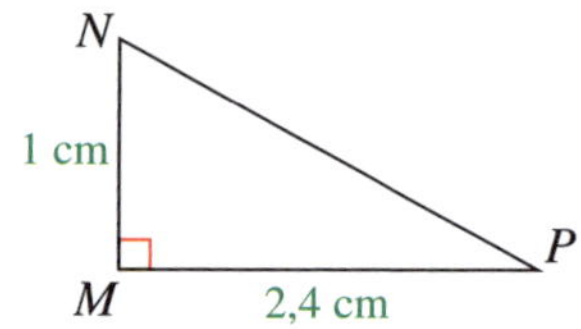

(le dessin n'est pas à l'échelle)

1. Quelle est la distance du point *N* à la droite (*MP*) ?

2. Calculer l'aire de *MNP*.

3. Calculer la longueur *NP*.

4. En déduire la distance du point M à la droite (NP).

→ Corrigé p. 275

2 5 min ★★

Un triangle *XYZ* a pour aire 15 cm². La distance de *X* à (*YZ*) est 3 cm.
Que vaut *YZ* ?

→ Corrigé p. 275

3 8 min ★★

Tracer une droite (*d*).
Placer un point *A* dont la distance à (*d*) est 2 cm.
Construire la droite (*d*') parallèle à (*d*) qui passe par *A*. Sur (*d*'), placer un point *B*.
Donner la distance de *B* à (*d*).

→ Corrigé p. 275

4 5 min ★★★

Dessiner un triangle quelconque *RST*.
Décrire et réaliser la construction du point *P* équidistant de *R* et de *S* et le plus proche de *T*.

→ Corrigé p. 275

5 8 min ★★

RST est un triangle rectangle en *R*.

1. Où se situe l'orthocentre de *RST* ? Justifier la réponse.

2. Quelle est la distance du point *S* à la droite (*RT*) ?

→ Corrigé p. 275

6 10 min ★★★

Soit *ABC* un triangle. Le cercle de diamètre [*BC*] recoupe (*AB*) en *R* et (*AC*) en *S*. (*CR*) et (*BS*) se coupent en *T*. Prouver que *T* est l'orthocentre de *ABC*.

→ Corrigé p. 276

7 10 min ★★

ABC est un triangle non rectangle.
Les médiatrices de [*AB*] et de [*BC*] se coupent en *K*.

1. Que représente *K* pour le triangle ?
2. *O* est le milieu de [*CB*]. Quel est le projeté orthogonal de *K* sur (*BC*) ?

→ Corrigé p. 276

8 10 min ★★

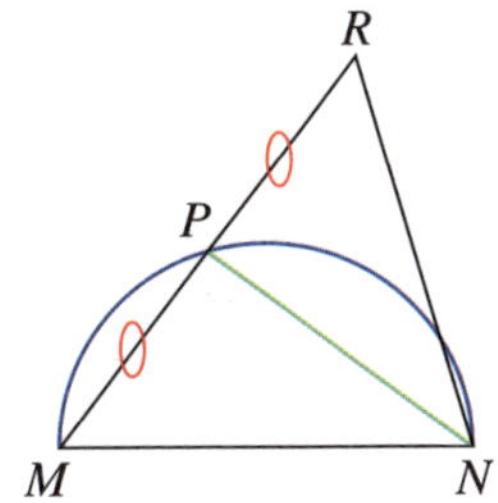

Soit [*MN*] un segment et *P* un point du cercle de diamètre [*MN*].

1. Justifier la nature de *MNP*.
2. Soit *R* le symétrique de *M* par rapport à *P*.
Que représente (*NP*) pour le triangle *MNR* ?
Justifier la réponse
3. Montrer que *MN* = *NR*.

→ Corrigé p. 276

9 10 min ★★

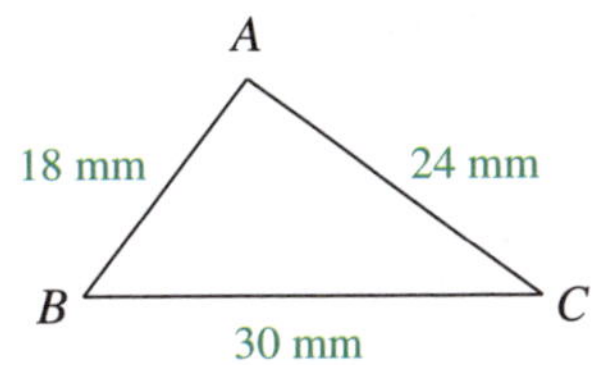

On considère le triangle ci-contre.

1. Montrer que *ABC* est un triangle rectangle en *A*
2. En déduire l'aire de *ABC*.
3. Soit *H* le projeté orthogonal de *A* sur (*BC*). Calculer la distance *AH*.

→ Corrigé p. 276

10 12 min ★★

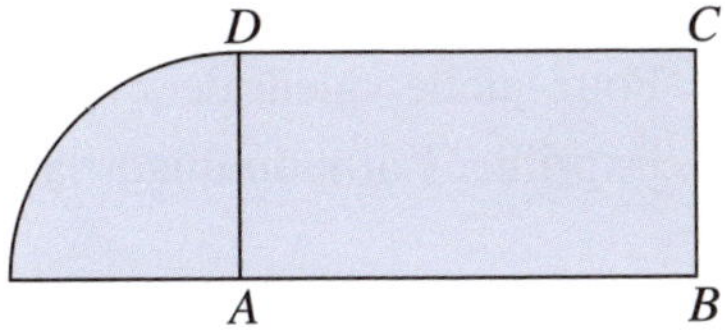

On considère la figure ci-contre.
On sait que : *AB* = 3 cm et *AD* = 1,5 cm.

1. Calculer l'aire du rectangle *ABCD*.
2. Calculer l'aire du quart de disque de centre *A*.
3. Déduire des questions précédentes l'aire de la figure.
On arrondira le résultat au centième de cm^2.

→ Corrigé p. 277

11 12 min ★★★

On considère un trapèze *ABCE* rectangle en *B* et en *C*.
On donne *AB* = 5 cm et *BC* = 6 cm.
La figure n'est pas réalisée en vraie grandeur.

Le point D se trouve sur le segment $[EC]$ de telle sorte que $ABCD$ soit un rectangle.
On note $ED = x$ (en cm).

1. Calculer l'aire du rectangle $ABCD$.

2. Exprimer en fonction de x l'aire du triangle ADE.

3. Montrer que l'aire du trapèze $ABCE$, en cm^2, peut s'écrire $3x + 30$.

4. Déterminer la valeur de x pour que l'aire de $ABCE$ soit égale à 36 cm^2.

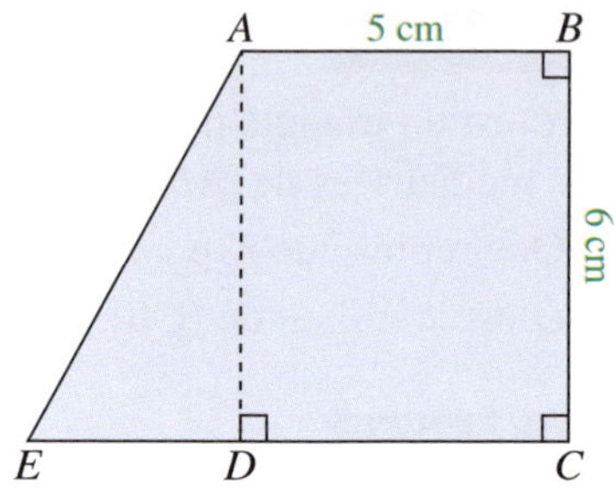

➔ Corrigé p. 277

12 8 min ★★

La mesure du côté du carré est $\sqrt{3} + 3$.
Les dimensions du rectangle sont : $\sqrt{72} + 3\sqrt{6}$ et $\sqrt{2}$.
Montrer que les deux figures ont la même aire.

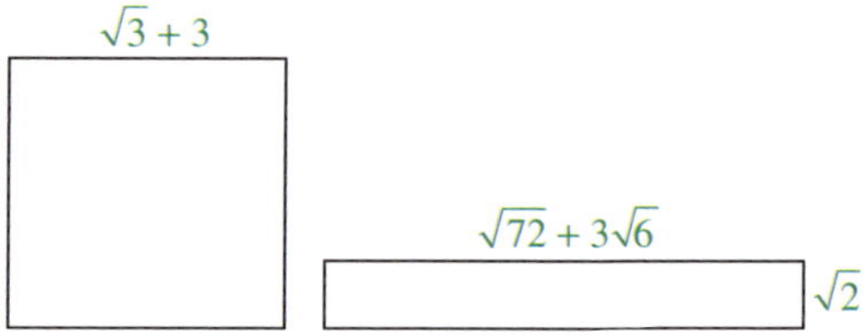

➔ Corrigé p. 277

13 15 min ★★

Sur un plan, un terrain rectangulaire est représenté par un rectangle $ABCD$ de largeur $AB = 9$ et de longueur $BC = 12$.
E est le point du segment $[AD]$ tel que $AE = 4$ et F est un point de $[CD]$. On pose $CF = x$.

1. Déterminer l'aire du triangle ACD.

2. Montrer que l'aire du triangle EFD est $36 - 4x$.

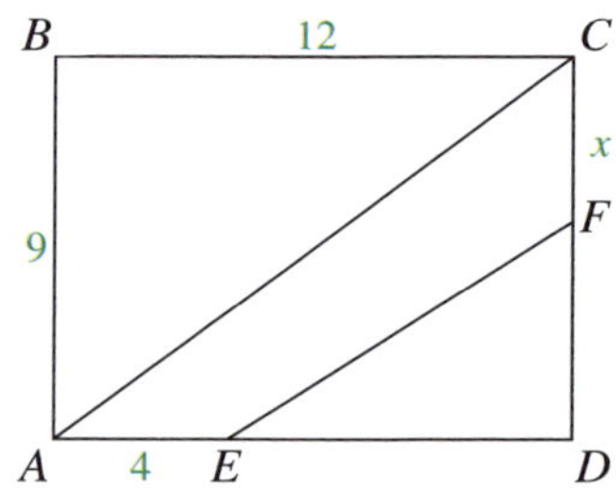

3. Pour quelle valeur de x l'aire du triangle EFD est-elle égale à 24 cm^2 ?

4. Exprimer l'aire du quadrilatère $ACFE$ en fonction de x.

➔ Corrigé p. 278

14 7 min ★★

ABC est un triangle rectangle en A tel que : $AC = 3$ et $BC = 6$.

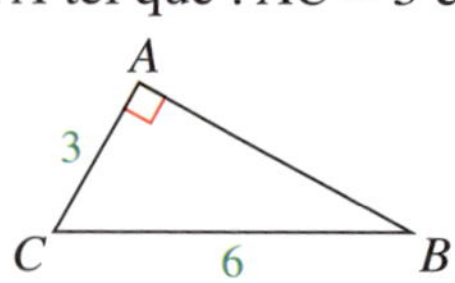

Déterminer la mesure en degrés de l'angle $\widehat{ABC}$.

➔ Corrigé p. 278

15 10 min ★★

Soit un triangle ADE tel que :
$AD = 6{,}6$ cm, $DE = 8{,}8$ cm et $AE = 11$ cm.
Sur la figure ci-contre les dimensions ne sont pas respectées.

1. Montrer que le triangle ADE est rectangle.

2. Calculer la valeur, arrondie au degré, de l'angle $\widehat{DEA}$.

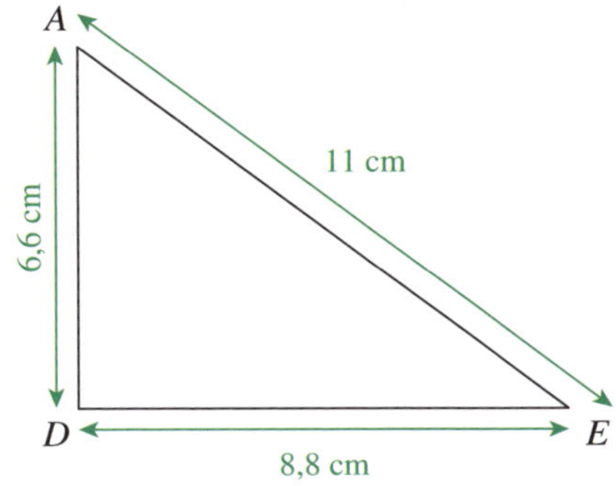

→ Corrigé p. 278

16 10 min ★★

Une barque traverse une rivière en partant d'un point A d'une rive pour arriver en un point B sur l'autre rive.

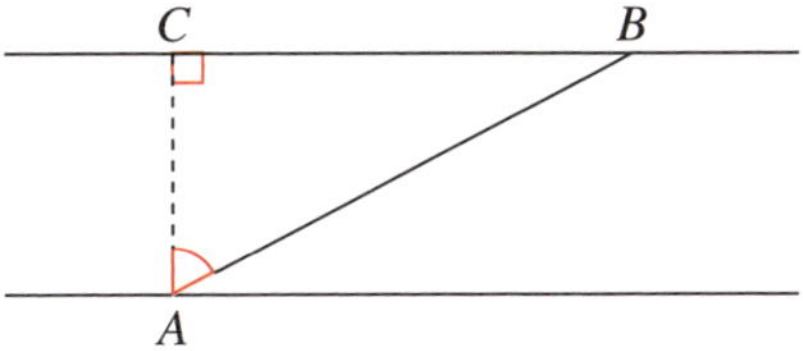

Données :

- ABC est rectangle en C ;
- $\widehat{BAC} = \alpha$.
- $d = v \times t$.

La traversée de A vers B s'effectue à la vitesse constante de 3 m/s et en 50 s.

1. Donner la distance AB.

2. Sachant que $\alpha = 60°$, calculer la largeur AC de la rivière.

→ Corrigé p. 278

17 12 min ★★

On dispose d'un séjour rectangulaire dans lequel on veut réaliser un petit cagibi triangulaire. Pour cela, on veut installer une cloison.
Voici ci-contre une représentation de la pièce.
La partie ② est le cagibi et la partie ① représente le séjour après la création du cagibi. La cloison a été dessinée en pointillés.

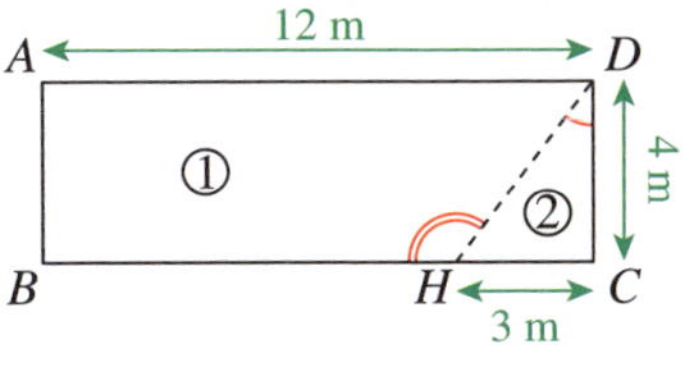

1. Quelle est la longueur de la cloison (en pointillés) ?

2. Calculer la valeur (à 1° près) de l'angle $\widehat{HDC}$.

3. Calculer la valeur (à 1° près) de l'angle $\widehat{DHB}$.

→ Corrigé p. 279

18 15 min ★★

1. Construire un triangle ABC rectangle en C tel que $AC = 5$ cm et $\widehat{BAC} = 40$ °.

2. Calculer la longueur BC. (On donnera une valeur arrondie au millimètre).

3. a) Où se trouve le centre O du cercle circonscrit au triangle ABC ?

b) Tracer ce cercle.

→ *Corrigé p. 279*

19 6 min ★

La figure ci-contre est un assemblage de pavés droits mesurant chacun 1 cm × 1 cm × 2 cm de côté.

Sachant que chaque pavé droit repose soit sur le sol soit sur un autre pavé droit, calculer le volume de l'assemblage.

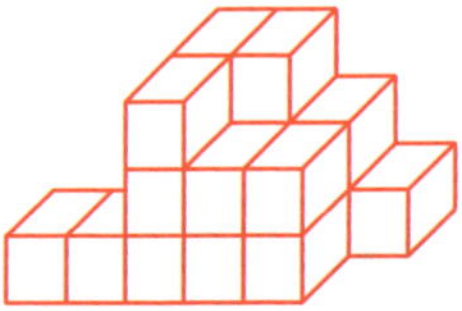

→ *Corrigé p. 279*

20 6 min ★★

Dans un mixeur cylindrique de diamètre 28 cm, il reste 4 cm de smoothie. Peut-on mettre ce reste dans un récipient de 19 cm de diamètre et de hauteur 9,5 cm ?

→ *Corrigé p. 280*

21 12 min ★★

On considère un cube d'arête a. Exprimer en fonction de a, la longueur d'une diagonale d'une face du cube, puis la longueur d'une diagonale intérieure au cube.

→ *Corrigé p. 280*

22 10 min ★★

Un prisme droit a une base qui est un triangle rectangle de 4 cm et 3 cm pour les côtés de l'angle droit. La hauteur de ce prisme est 6 cm.

Déterminer le volume V de ce prisme droit en cm^3, puis en cL.

→ *Corrigé p. 280*

23 6 min ★★

Une boule de rayon r est rangée dans une boîte cubique la plus petite possible.

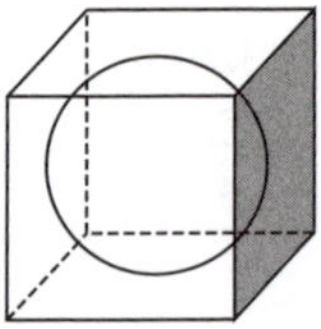

1. Quel est le volume de la boule ? celui du cube ?

2. Quel est le pourcentage de volume perdu dans cette boîte ?

→ *Corrigé p. 280*

24 8 min ★★★

Dans un parallélépipède rectangle, une face mesure 3 cm sur 4 cm et une diagonale à l'intérieur du parallélépipède mesure 13 cm.
Calculer son volume.

→ Corrigé p. 281

25 18 min ★★

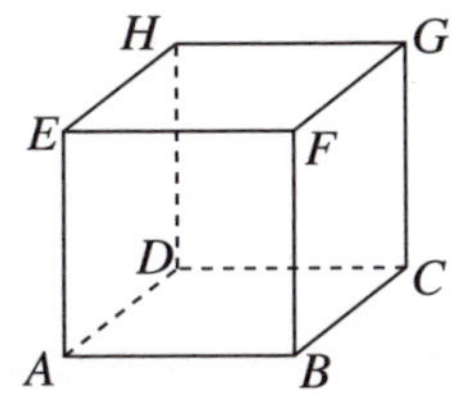

ABCDEFGH est un cube d'arête 3 cm.

1. a) Quelle est la nature du triangle *EGB* ?

b) Calculer son aire en valeur exacte.
On utilisera que l'aire d'un triangle équilatéral de côté a est $\dfrac{a^2\sqrt{3}}{2}$.

2. a) Calculer le volume de la pyramide *FEGB*.

b) En déduire la distance du point F au plan (EGB).

→ Corrigé p. 281

INTERROGATION ÉCRITE

Exercice 1 15 min 6 points

1. Tracer sur la copie un segment $[EF]$ de longueur 7 cm et de milieu O.
Tracer le cercle de diamètre $[EF]$ puis placer un point G sur le cercle tel que : $\widehat{FEG} = 26°$.
2. Démontrer que le triangle EFG est un triangle rectangle en G.
3. Calculer une valeur approchée de la longueur FG, arrondie au millimètre.

→ Corrigé p. 281

Exercice 2 10 min 4 points

On considère un cône de révolution semblable à celui qui est représenté ci-contre avec : $AO = 2$ cm et $BO = 3$ cm.

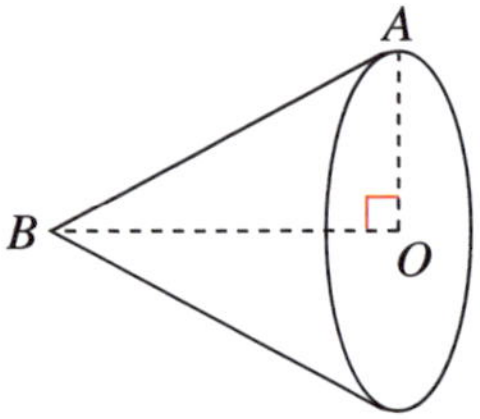

1. Calculer la longueur de la génératrice $[AB]$; donner en cm la valeur exacte puis la valeur arrondie au dixième.
2. Calculer le volume du cône ; donner en cm^3 la valeur exacte puis la valeur arrondie à l'unité.

→ Corrigé p. 282

Exercice 3 20 min 10 points

1. Tracer un triangle OBC rectangle en O tel que $OB = 3$ et $OC = 6$.
2. a) Construire le point D symétrique de B par rapport à O.
b) Construire le point A tel que $ABCD$ soit un parallélogramme.
3. Démontrer que O est le milieu de $[AC]$.
4. Démontrer que $ABCD$ est un losange.

→ Corrigé p. 282

CORRIGÉS

1 → Énoncé p. 268

1. La distance de N à (MP) est MN, soit **1 cm**.

2. Dans MNP, on peut prendre $[MP]$ pour base et $[MN]$ pour hauteur.

On a $\text{Aire}_{MNP} = \dfrac{MP \times MN}{2}$, soit $\mathbf{1{,}2\ cm^2}$.

> **Rappel**
> Aire du triangle : $\dfrac{\textit{base} \times \textit{hauteur}}{2}$

3. Dans MNP rectangle en M, d'après le théorème de Pythagore,
on a $NP^2 = NM^2 + MP^2 = 1^2 + 2{,}4^2$, soit $NP = \sqrt{6{,}76}$, soit $\mathbf{NP = 2{,}6\ cm}$.

4. La distance de M à (NP) est la hauteur MH de MNP.
On a $\text{Aire}_{MNP} = \dfrac{MH \times NP}{2}$, soit $1{,}2 = \dfrac{MH \times 2{,}6}{2}$. On fait $\dfrac{1{,}2 \times 2}{2{,}6} = MH$.

La distance de M à (NP) est $\mathbf{\dfrac{12}{13}}$ cm.

2 → Énoncé p. 268

On a $\text{Aire}_{XYZ} = \dfrac{\text{distance de } X \text{ à } (YZ) \times YZ}{2}$,
soit $15 = \dfrac{3 \times YZ}{2}$ ou encore $\dfrac{15 \times 2}{3} = YZ$.
On a $\mathbf{YZ = 10\ cm}$.

> **Rappel**
> Dans un triangle, la hauteur issue d'un sommet est la distance entre ce sommet et le côté opposé.

3 → Énoncé p. 268

On trace une droite d, puis une droite perpendiculaire à d.
On place A sur cette perpendiculaire à 2 cm du point d'intersection de la perpendiculaire avec d.
La distance de B à (d) est **2 cm**.
Quand deux droites sont parallèles, tous les points d'une des droites ont la même distance à l'autre droite.

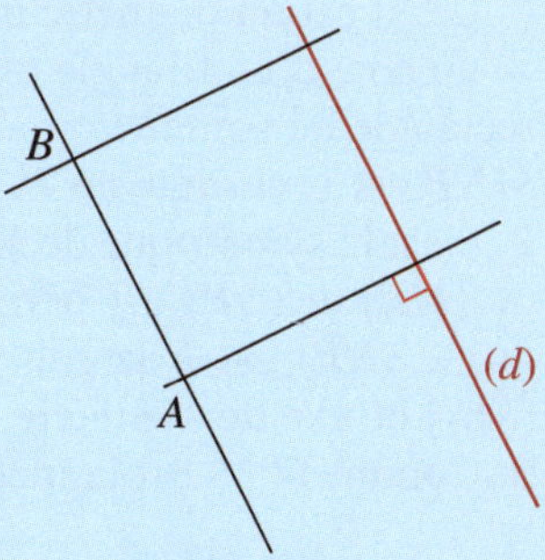

4 → Énoncé p. 268

Comme $RP = SP$, P est sur la médiatrice (d) de $[RS]$ qu'il faut construire.
La droite perpendiculaire à (d) passant par T coupe (d) en P.

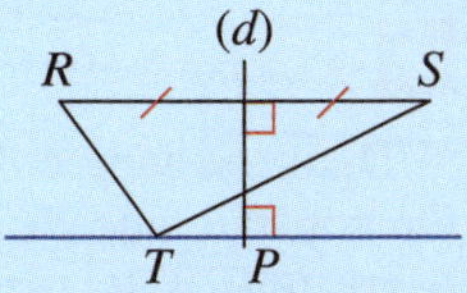

5 → Énoncé p. 268

1. RST est rectangle en R donc la hauteur issue de S est (RS) et la hauteur issue de T est (RT).

Si une figure est un triangle, alors les 3 hauteurs sont concourantes en l'orthocentre.
***R*, l'intersection de (*RT*) et (*RS*) est l'orthocentre de *RST*.**
2. *RST* étant rectangle en *R*, *R* est le projeté orthogonal de *S* sur (*RT*).
La distance de *S* à la droite (*RT*) est *SR*.

6 → Énoncé p. 268

[*BC*] est un diamètre du cercle circonscrit aux triangles *BCR* et *BCS*.
Si un côté d'un triangle est un diamètre de son cercle circonscrit, alors ce triangle est rectangle au sommet opposé au côté diamètre.
BCR et *BCS* sont rectangles en *R* et en *S*.
(*CR*) et (*BS*) sont deux hauteurs de *ABC*.
Leur point d'intersection *T* est, par théorème, l'orthocentre de *ABC*.

7 → Énoncé p. 269

1. *K* est l'intersection de deux médiatrices du triangle *ABC*.
Si une figure est un triangle, alors ses 3 médiatrices sont concourantes au centre du cercle circonscrit.
***K* est le centre du cercle circonscrit à *ABC*.**
2. D'après le théorème, la troisième médiatrice passe par *K* et par *O* le milieu de [*BC*] : c'est (*OK*). Par définition, (*OK*) est perpendiculaire à (*BC*).
***O* est le projeté orthogonal de *K* sur (*BC*).**

8 → Énoncé p. 269

1. [*MN*] est un diamètre du cercle circonscrit à *MNP*.
Si un côté d'un triangle est un diamètre de son cercle circonscrit, alors ce triangle est rectangle au sommet opposé au côté diamètre.
***MNP* est rectangle en *P*.**
2. *R* est le symétrique de *M* par rapport à *P* donc *P* est le milieu de [*MR*] et (*NP*) est perpendiculaire à (*MR*). Dans *MNR*, la droite (*NP*) est à la fois **hauteur, médiane, médiatrice de [*MR*] et axe de symétrie**.
3. Comme (*PN*) est la médiatrice de [*MR*], on a *MN* = *NR*.

> **Rappel**
> La médiatrice d'un segment est l'ensemble des points équidistants de ses extrémités.

9 → Énoncé p. 269

1. Dans le triangle *ABC*, on a : $BC^2 = 30^2 = 900$ et $BA^2 + AC^2 = 18^2 + 24^2 = 900$.
On constate que $BC^2 = BA^2 + AC^2$. D'après la réciproque du théorème de Pythagore, **le triangle *ABC* est rectangle en *A*.**
2. *ABC* est un triangle rectangle en *A*. On a : $\mathrm{A} = \dfrac{base \times hauteur}{2}$

On prend [AB] et [AC] les côtés de l'angle droit comme base et comme hauteur.

On a : $\mathscr{A} = \dfrac{18 \times 24}{2}$, soit $\mathscr{A} = 216$. **L'aire de ABC est de 216 mm².**

3. Soit H le projeté orthogonal de A sur (BC). (AH) est la hauteur de ABC issue de A.

On a $\mathscr{A} = \dfrac{BC \times AH}{2}$, soit $\dfrac{216 \times 2}{30} = AH$. On a **$AH$ = 14,4 mm.**

10 → Énoncé p. 269

1. $ABCD$ est un rectangle.

Son aire est : $\mathscr{A} = AD \times AB = 1{,}5 \text{ cm} \times 3 \text{ cm}$, soit **$\mathscr{A}$ = 4,5 cm².**

2. L'aire d'un disque de rayon r est $\pi \times r^2$.

L'aire du quart de disque de centre A est : $\mathscr{A}' = \dfrac{\pi \times 1{,}5^2}{4}$.

$\mathscr{A}'$ = 0,562 5 π cm².

> **Rappel**
> Aire d'un disque de rayon r
> $\mathscr{A} = \pi \times r^2$

3. L'aire de la figure est la somme de l'aire du rectangle et de celle du quart de disque.

On a $\mathscr{A}'' = 4{,}5 \text{ cm}^2 + 0{,}562\,5\,\pi \text{ cm}^2$.

L'aire de la figure est 6,27 cm², au centième de cm² près.

11 → Énoncé p. 269

1. L'aire du rectangle $ABCD$ est $AB \times BC = 5 \text{ cm} \times 6 \text{ cm}$.

L'aire du rectangle $ABCD$ est 30 cm².

2. ADE est un triangle rectangle en D. Son aire est : $\mathscr{A} = \dfrac{base \times hauteur}{2}$.

On prend [ED] et [AD] les côtés de l'angle droit comme base et comme hauteur.

On a : $\mathscr{A} = \dfrac{x \times 6}{2}$, soit $\mathscr{A} = 3x$.

L'aire du triangle rectangle ADE est $3x$ (en cm²).

3. L'aire du trapèze $ABCE$ est la somme de l'aire du rectangle $ABCD$ et de celle du triangle ADE.

L'aire du trapèze $ABCE$, en cm², est $3x + 30$.

4. On veut $3x + 30 = 36$, ce qui donne $3x = 36 - 30$; $x = \dfrac{6}{3}$; $x = 2$.

Pour $x = 2$, l'aire de $ABCE$ est égale à 36 cm².

12 → Énoncé p. 270

L'aire du carré est :

$\mathscr{A} = (\sqrt{3} + 3)^2 = \sqrt{3}^2 + 2\sqrt{3} \times 3 + 3^2$

$= 3 + 6\sqrt{3} + 9 = 12 + 6\sqrt{3}$.

> **Rappel**
> $(a + b)^2 = a^2 + 2ab + b^2$

L'aire du rectangle est :

$\mathscr{A}' = (\sqrt{72} + 3\sqrt{6})\sqrt{2} = \sqrt{144} + 3\sqrt{12} = 12 + 3\sqrt{2^2 \times 3} = 12 + 6\sqrt{3}$.

Les deux figures ont la même aire.

13 → *Énoncé p. 270*

1. Le terrain étant rectangulaire, le triangle ACD est rectangle en D.

On a : $\text{Aire}_{ACD} = \dfrac{\textit{base } AD \times \textit{hauteur } DC}{2} = \dfrac{12 \text{ cm} \times 9 \text{ cm}}{2}$

L'aire du triangle *ACD* est 54 cm².

2. E est sur $[AD]$ donc on a : $DE = AD - AE = 12 - 4 = 8$.

F est sur $[CD]$ donc on a : $DF = CD - CF = 9 - x$.

Le triangle EFD est rectangle en D.

On a : $\text{Aire}_{EFD} = \dfrac{\textit{base } ED \times \textit{hauteur } DF}{2} = \dfrac{8 \times (9 - x)}{2} = \dfrac{72 - 8x}{2}$.

L'aire du triangle *EFD* est 36 – 4*x*.

3. On veut $36 - 4x = 24$, soit $36 - 24 = 4x$ ou encore $12 \div 4 = x$.

Pour $x = 3$, l'aire du triangle *EFD* est égale à 24 cm².

4. On a : $\text{Aire}_{ACFE} = \text{Aire}_{ACD} - \text{Aire}_{EFD} = 54 - (36 - 4x) = 54 - 36 + 4x$.

L'aire du quadrilatère *ACFE* est 18 + 4*x*.

14 → *Énoncé p. 270*

Dans ABC rectangle en A, on a $\cos(\widehat{ACB}) = \dfrac{\text{côté adjacent à } \widehat{C}}{\text{hypoténuse}} = \dfrac{AC}{BC}$

soit, $\cos(\widehat{ACB}) = \dfrac{3}{6}$. On fait $\widehat{ACB} = \cos^{-1}(0,5)$, soit $\widehat{ACB}$ **= 60°.**

15 → *Énoncé p. 271*

1. Dans ADE, on a $AD^2 + DE^2 = 6,6^2 + 8,8^2 = 121$ et $AE^2 = 11^2 = 121$.

On constate que $AD^2 + DE^2 = AE^2$.

D'après la réciproque du théorème de Pythagore, **le triangle *ADE* est rectangle en *D*.**

2. Dans ADE rectangle en D, on a $\tan(\widehat{DEA}) = \dfrac{\text{côté opposé à } \widehat{E}}{\text{côté adjacent à } \widehat{E}} = \dfrac{AD}{DE} = \dfrac{6,6}{8,8}$.

On fait $\widehat{DEA} = \tan^{-1}\left(\dfrac{6,6}{8,8}\right)$.

On a $\widehat{DEA}$ = 37° arrondi au degré près.

16 → *Énoncé p. 271*

1. En utilisant la formule $d = v \times t$ avec $v = 3$ m/s et $t = 50$ s, on a $d = 3 \times 50 = 150$.

La distance parcourue *AB* est de 150 mètres.

2. Le triangle ABC est rectangle en C.

On a $\cos(\widehat{BAC}) = \dfrac{\text{côté adjacent à } \widehat{A}}{\text{hypoténuse}} = \dfrac{AC}{AB}$ soit $\cos(60°) = \dfrac{AC}{150}$.

On fait $150 \times \cos(60°) = AC$ donc $75 = AC$.

La largeur *AC* de la rivière est de 75 mètres.

17 → Énoncé p. 271

1. Dans HCD rectangle en C, d'après le théorème de Pythagore, on a :
$HD^2 = HC^2 + CD^2$ soit $HD^2 = 3^2 + 4^2$.

On fait $HD = \sqrt{25}$ car c'est une longueur. **La longueur de la cloison est 5 m.**

2. Dans HCD rectangle en C, on a :

$$\tan(\widehat{HDC}) = \frac{\text{côté opposé à } \widehat{D}}{\text{côté adjacent à } \widehat{D}} = \frac{HC}{DC} = \frac{3}{4} = 0{,}75.$$

On a $\widehat{HDC} = \tan^{-1}(0{,}75)$ soit $\widehat{HDC}$ **= 37° à 1° près.**

Conseil

On peut aussi utiliser le cosinus ou le sinus, mais il est préférable d'utiliser la tangente car cela ne fait pas intervenir le résultat de la question **1**.

3. Dans le triangle DHC, la somme des trois angles vaut 180°.

On a $\widehat{DHC} = 180° - \widehat{HCD} - \widehat{HDC} = 180° - 90° - 37° = 53°$.

H est sur $[BC]$ donc les angles $\widehat{DHB}$ et $\widehat{DHC}$ sont supplémentaires.

$\widehat{DHB} = 180° - \widehat{DHC} = 180° - 53° = 127°$. **On a $\widehat{DHB} = 127°$ (à 1° près).**

18 → Énoncé p. 272

1. • Tracer un segment $[AC]$ de longueur 5 cm.

• Construire un angle $\widehat{xAC}$ de 40°.

• Tracer une demi-droite $[Cy)$ perpendiculaire à (AC) qui coupe (Ax) en B.

2. ABC est un triangle rectangle en C.

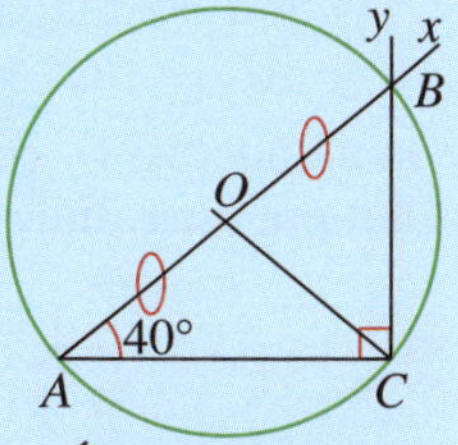

Échelle réduite

On a $\tan(\widehat{BAC}) = \frac{\text{côté opposé à } \widehat{A}}{\text{côté adjacent à } \widehat{A}} = \frac{BC}{AC}$, soit $\tan(40°) = \frac{BC}{5}$.

On fait $\tan(40°) \times 5 = BC$.

On a BC = 4,2 cm au millimètre près.

3. a) ABC est un triangle rectangle en C donc d'hypoténuse $[AB]$ et O est le centre de son cercle circonscrit.

Si un triangle est rectangle, alors le centre de son cercle circonscrit est le milieu de son hypoténuse.

***O* est le milieu de [*AB*].**

b) Voir graphique.

19 → Énoncé p. 272

Chaque pavé droit a un volume de 1 cm × 1 cm × 2 cm, soit 2 cm³.

L'assemblage est constitué de 3 piles de 3 pavés de haut, de 3 piles de 2 pavés de haut et de 3 piles de 1 pavé de haut. Le nombre de pavés constituant l'assemblage est $3 \times 3 + 3 \times 2 + 3 \times 1$, soit 18.

Le volume de l'assemblage est 18×2 cm³, soit **36 cm³**.

20 → *Énoncé p. 272*

Le volume de smoothie restant est celui d'un cylindre de rayon 14 cm, et de hauteur 4 cm, soit $\pi \times 14^2 \times 4$ cm³, ou encore 784π cm³.

> **Rappel**
> Le volume d'un cylindre de hauteur h et de rayon r est : $\pi r^2 h$.

Le volume pouvant être mis dans le récipient est celui d'un cylindre de rayon de 9,5 cm et de hauteur 9,5 cm, soit $\pi \times 9{,}5^2 \times 9{,}5$ cm³, ou encore $857{,}375\pi$ cm³.
Le reste de smoothie peut être mis dans le récipient.

21 → *Énoncé p. 272*

Soit $ABCDEFGH$ un cube.
Chaque face d'un cube est un carré.
Dans ABC rectangle en B, d'après le théorème de Pythagore,
on a $AC^2 = AB^2 + BC^2 = a^2 + a^2 = 2a^2$.

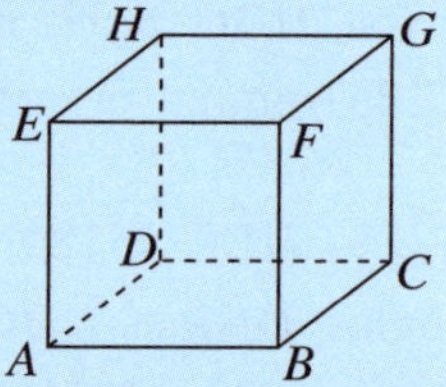

> **Rappel**
> Dans un cube, toutes les faces ont la même longueur ainsi que leurs diagonales ou les diagonales intérieures.

On a donc $AC = \sqrt{2a^2}$ car AC est une longueur.
Chaque diagonale d'une face du cube mesure $a\sqrt{2}$.
L'arête (GC) est perpendiculaire au plan (ABC) et donc à toute droite de (ABC) passant pas C, en particulier à (AC).
Dans AGC rectangle en C, d'après le théorème de Pythagore, on a :
$AG^2 = AC^2 + CG^2 = 2a^2 + a^2 = 3a^2$.
On a donc $AG = \sqrt{3a^2}$ car AC est une longueur.
Chaque diagonale intérieure du cube mesure $a\sqrt{3}$.

22 → *Énoncé p. 272*

On a : $V = \textit{aire de la base triangulaire} \times \textit{hauteur} = \dfrac{3 \times 4}{2} \times 6 = 36$.

> **Rappel**
> 1 cm³ = 0,1 cL.

Le volume V de ce prisme droit est **36 cm³**, soit **3,6 cL.**

23 → *Énoncé p. 272*

1. Le volume de la boule est $\mathbf{\dfrac{4}{3}\pi r^3}$.

La boîte cubique devant être la plus petite possible et contenir la boule, ses arêtes mesurent donc $2r$. Son volume est $(2r)^3$, soit $\mathbf{8r^3}$.

2. La part de volume occupé par la boule est $\dfrac{\frac{4}{3}\pi r^3}{8r^3} = \dfrac{4}{3} \times \dfrac{\pi}{8} = \dfrac{\pi}{6}$.

La part de volume non occupé est $1 - \dfrac{\pi}{6}$, soit environ 0,476.

47,6 % du volume de la boîte sont perdus.

24 → Énoncé p. 273

Soit h la hauteur du parallélépipède rectangle.
On a : $13^2 = 3^2 + 4^2 + h^2 \Leftrightarrow 169 = 25 + h^2$
$\Leftrightarrow 144 = h^2 \Leftrightarrow 12 = h$ car $h > 0$.
Le volume du parallélépipède rectangle est :
3 cm × 4 cm × 12 cm, soit **144 cm³**.

Information !
Dans un parallélépipède rectangle de dimensions a, b et c et dont la diagonale intérieure mesure d, on a :
$d^2 = a^2 + b^2 + c^2$.

25 → Énoncé p. 273

1. a) $[EG]$, $[GB]$ et $[BE]$ sont des diagonales des faces du cube. Or toutes les faces sont des carrés de même dimension, donc on a $EG = GB = BE$.
Le triangle EGB est équilatéral.
b) D'après le théorème de Pythagore, on a :
$GE^2 = HE^2 + HG^2 = 3^2 + 3^2 = 18$, donc $GE = \sqrt{18}$.
L'aire de EGB est $\dfrac{18\sqrt{3}}{4}$ cm², soit $\mathbf{4{,}5\sqrt{3}}$ **cm²**.

2. a) $V = \dfrac{\text{aire base } GEF \times \text{hauteur } FB}{3} = \dfrac{\dfrac{FE \times FG}{2} \times FB}{3} = \dfrac{\dfrac{3 \times 3}{2} \times 3}{3}$.

Le volume de la pyramide *FEGB* est 4,5 cm³.

b) Soit d la distance du point F au plan (EGB). On a :
$V = \dfrac{\text{aire de la base } BGE \times \text{hauteur } d}{3}$
$\Leftrightarrow 4{,}5 = \dfrac{4{,}5\sqrt{3}d}{3} \Leftrightarrow 3 = \sqrt{3}\,d \Leftrightarrow \sqrt{3} = d$

La distance du point *F* au plan (*EGB*) est $\sqrt{3}$ cm.

Rappel
Dans un tétraèdre, la distance d'un sommet au plan opposé est la hauteur de la pyramide.

INTERROGATION ÉCRITE

Exercice 1 → Énoncé p. 274

1. Échelle : 1/2

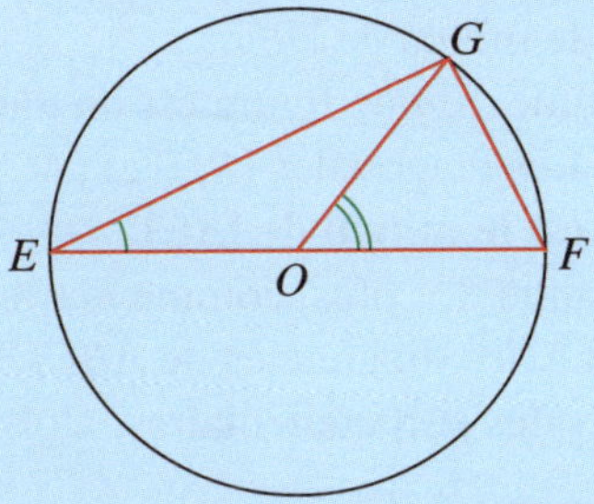

2. $[EF]$ est un diamètre du cercle circonscrit à EFG.
Si un côté d'un triangle est un diamètre de son cercle circonscrit, alors ce triangle est rectangle au sommet opposé au diamètre. **Le triangle EFG est rectangle en G.**
3. Dans EFG rectangle en G, on a :

$$\sin(\widehat{FEG}) = \frac{\text{côté opposé à } \widehat{E}}{\text{hypoténuse}} = \frac{FG}{EF}, \text{ soit } \sin(26°) = \frac{FG}{7}.$$

On a donc $7 \times \sin(26°) = FG$.
Une valeur approchée de la longueur FG, arrondie au millimètre, est **3,1 cm**.

Exercice 2 → Énoncé p. 274

1. Le triangle ABO est rectangle en O.
D'après le théorème de Pythagore, on a $AB^2 = OA^2 + BO^2$ soit $AB^2 = 2^2 + 3^2$.
On fait $AB = \sqrt{13}$ car c'est une longueur. La longueur de la génératrice est $\boldsymbol{AB = \sqrt{13}}$ **cm** (valeur exacte) soit $\boldsymbol{AB}$ **= 3,6 cm** (valeur arrondie au dixième).
2. Le volume V du cône est donné par :

$$V = \frac{\textit{aire de base} \times \textit{hauteur}}{3} = \frac{\pi \times 3^2 \times 2}{3}$$

Le volume du cône est 6π cm³, soit 19 cm³ arrondi à l'unité.

Exercice 3 → Énoncé p. 274

1. *Le dessin n'est pas à l'échelle.*

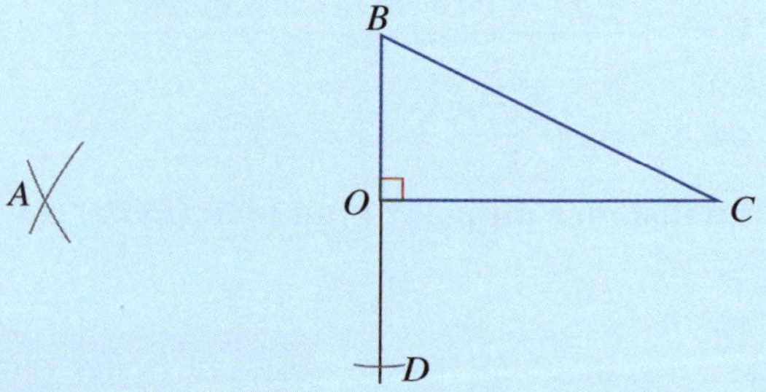

2. a) Pour construire le point D symétrique de B par rapport à O, on peut tracer un arc de cercle de centre O et de rayon OB qui coupe (BO) en un point autre que B.
b) Pour construire le point A tel que $ABCD$ soit un parallélogramme, on peut tracer un arc de cercle de centre D et de rayon BC et un arc de centre B et de rayon CD qui se coupent en A.
3. • Le point D est le symétrique de B par rapport à O.
Par définition, le point O est le milieu de $[BD]$.
• $ABCD$ est un parallélogramme. Si une figure est un parallélogramme, alors ses diagonales ont le même milieu. Les diagonales $[BD]$ et $[AC]$ ont le même milieu.
• On conclut que **le point O est le milieu de $[AC]$.**
4. $ABCD$ est un parallélogramme. De plus, comme le triangle BOC est rectangle en O avec D sur (OB) et A sur (OC), les diagonales de $ABCD$ sont perpendiculaires. Si un parallélogramme a ses diagonales perpendiculaires, alors c'est un losange.
***ABCD* est un losange.**

Algorithmique et programmation

CHAPITRE 12

1 Algorithme

■ **Un algorithme** est un ensemble d'instructions qui s'enchaînent dans un ordre déterminé pour obtenir un résultat.

Un algorithme peut s'écrire :
– en langage naturel ;
– en langage spécifique à une machine.

Un algorithme peut être composé :
• d'instructions d'entrée de données ;
• d'instructions de traitement ;
• d'instructions de sortie.

2 Variables informatiques

■ Une variable informatique est un emplacement mémoire qui contient une information.

■ Cette information peut être un nombre. C'est alors une **variable numérique**.

Sur les calculatrices usuelles, les variables numériques sont désignées par des lettres A, B, C… Z.

■ Une variable peut aussi contenir une expression algébrique telle que celle d'une fonction. On la désignera comme **variable fonction**.

Sur les calculatrices usuelles, ces variables fonctions sont désignées sous la forme Y_1, Y_2,… Ces variables fonctions utilisent pour la plupart la variable numérique X pour désigner la variable au sens mathématique, celle qui change de valeur dans un tableau de valeurs par exemple.

■ Chacune de ces variables contient une information et une seule. Tant que cette information n'est pas modifiée manuellement ou par un programme, l'information est conservée. Dès qu'elle est modifiée, l'ancienne information est perdue car remplacée par la nouvelle.

En langage naturel, pour qu'une instruction modifie le contenu d'une variable Y, on écrira par exemple :
$Y \leftarrow 13$ pour mettre dans Y la valeur 13 ;
$Y \leftarrow 2Y + 3$ pour remplacer l'ancienne valeur de Y par son double augmenté de 3.
Sur une calculatrice, ces instructions s'écriront respectivement :
$13 \rightarrow Y$ et $2Y + 3 \rightarrow Y$.
En Python, on écrira Y=13 et Y=2*Y+3.

3 Instructions d'entrée-sortie

■ Les **entrées** sont les valeurs que doit saisir l'utilisateur.
Saisir la valeur de *A* permet à l'utilisateur d'entrer au clavier une valeur qui sera affectée dans la variable A.

Sur une TI, on écrira Input A. Sur une Casio, on écrira $? \rightarrow A$. En Python, on écrira A=float(input("message")) si A réel ou A=int(input("message")) si A entier.

■ Les **sorties** sont les affichages fournis lors de l'exécution de l'algorithme.
Afficher *A* indique à l'utilisateur la valeur contenue dans la variable A.

Sur une TI, on écrira Disp A. Sur une Casio, on écrira A◢. En Python, on écrira print(A).

4 Instruction conditionnelle

■ Dans un algorithme, il est parfois nécessaire de différencier les calculs à effectuer selon les conditions rencontrées. On utilise l'**instruction conditionnelle** :

Si *condition* alors *instructions_1* sinon *instructions_2*.

■ Si la condition est vraie, alors les *instructions_1* sont exécutées, sinon ce sont les *instructions_2* qui sont exécutées.

■ La partie « sinon *instructions_2* » est facultative : si elle est omise et que la condition est fausse, alors aucune instruction n'est exécutée.

En programmation, on aura comme structure :

TI	Casio	Python

If *condition*
Then
Instructions_1
Else
Instructions_2
End
	If *condition*
	Then
	Instructions_1
	Else
	Instructions_2
	IfEnd
		if *condition* :
		    Instructions_1
		else :
		    Instructions_2

Sur une calculatrice, un bloc commence par une instruction et se termine par une fin d'instructions. Par exemple, un bloc peut commencer par « IF » et finir par « END ». *En Python*, il n'y a pas de fin de bloc. C'est l'indentation (décalage par rapport à la gauche du texte) qui indique le début et la fin du bloc.

5 Boucle bornée

Dans un algorithme, il est possible de répéter une instruction un nombre donné de fois.
On utilise pour cela une **boucle bornée** :

Pour I variant de k jusqu'à n faire instructions

I prend toutes les valeurs entières comprises entre k (inclus) et n (inclus) et, pour chacune de ces valeurs, les instructions sont exécutées.

En programmation, on aura comme structure (**attention au n+1 en Python**) :

TI	Casio	Python
For(I, k, n) *Instructions* End	For $k \to I$ To n *Instructions* Next	For i in range(k,n+1) : *Instructions*

6 Boucle non bornée

- Dans un algorithme, on peut répéter des instructions tant qu'une condition est vraie. On utilise pour cela une **boucle non bornée** :

Tant que *la condition* est vraie faire *instructions*

- Si la condition est vraie, alors les instructions sont exécutées et répétées jusqu'à ce que la condition devienne fausse.

- **Attention !** Il est nécessaire, pour que l'algorithme s'arrête, que les instructions modifient une (ou plusieurs) variable(s) qui intervien(nen)t dans la condition.

En programmation, on aura comme structure :

TI	Casio	Python
While *condition* *Instructions* End	While *condition* *Instructions* WEnd	While *condition* : *Instructions*

7 Fonction

Une **fonction** est un bloc d'instructions qui exécute un traitement puis rend la main : on peut la considérer comme un « sous-algorithme ».
La plupart du temps, elle reçoit des données à traiter : les **arguments** ; effectue des actions avec et enfin, éventuellement, renvoie un résultat : appelé sortie ou valeur retournée (instruction **return**).

Ex. :

```
def aire(a, b, f) :
    if f == 1 :        # 1 indique qu'il s'agit d'un rectangle
        return(a*b)
    if f == 2 :        # 2 indique qu'il s'agit d'un triangle
        return(a*b/2)
```

C'est une fonction qui reçoit comme arguments *a* et *b* les deux dimensions d'un objet, ainsi que *f* qui indique la forme de l'objet (1 pour un rectangle, 2 pour un triangle) et qui calcule et renvoie l'aire de la figure correspondante.

COMMENT FAIRE

1 Appliquer manuellement un algorithme

EXERCICE TYPE

On considère l'algorithme ci-contre.
En utilisant un tableau, donner les différentes valeurs affichées par l'algorithme.

$U \leftarrow 0$
Pour I variant de 1 à 6
    $U \leftarrow U + I$
    Afficher U
Fin_Pour

CORRIGÉ COMMENTÉ

On identifie les différentes variables de l'algorithme.
On fait un tableau avec une colonne par variable.
On exécute les instructions de la boucle pour chacune des valeurs entières de *I* entre 1 et 6.

Remarque
Un tableau donnant les différentes valeurs prises par des variables lors de l'exécution d'un algorithme est un tableau d'avancement.

U	I
0	✕
1	1
3	2
6	3
10	4
15	5
21	6

***I* n'a pas de valeur définie au début du traitement.**

Pour chacune des valeurs entières et successives de *I* entre 1 et 6, on remplace *U* par la somme de la valeur *U* de la ligne précédente et de la valeur *I* sur la ligne en cours.
On calcule 0 + 1 et on met la somme 1 dans *U* ; 1 + 2 et on met la somme 3 dans *U* ; 3 + 3 et on met la somme 6 dans *U*…

Cet algorithme affiche les nombres :
1 – 3 – 6 – 10 – 15 – 21.

À RETENIR

Pour appliquer manuellement un algorithme :
- on peut utiliser un tableau dit tableau d'avancement ;
- chaque variable possède sa colonne pour y mettre les valeurs successives prises par cette variable (à chaque instant, la valeur d'une variable est celle inscrite en dernier dans le tableau).

2 Utiliser une instruction conditionnelle

EXERCICE TYPE

Dans un parking, le tarif est fonction de la durée d'occupation.
Si la durée est inférieure à 3 heures, on paie 5 euros par heure.
Si la durée est supérieure ou égale à 3 heures, on paie 15 euros plus 2 euros par heure supplémentaire.

1. Exprimer en fonction de x le prix à payer selon que $0 \leqslant x < 3$ ou que $x \geqslant 3$.
2. Écrire en langage naturel un algorithme qui demande la durée d'occupation et qui renvoie le prix à payer.

CORRIGÉ COMMENTÉ

1. Si $0 \leqslant x < 3$, alors le prix à payer est $\mathbf{5x}$.
Si $x \geqslant 3$, le prix à payer est $15 + 2(x - 3) = \mathbf{2x + 9}$.

2. **Comme le prix dépend de la durée x, on écrit une instruction conditionnelle avec la variable x.**

Conseil
Avoir déterminé le prix en fonction de x selon les valeurs de x permet d'écrire les instructions dans l'algorithme selon les valeurs de x.

Un algorithme peut être :

```
Afficher « Entrer la durée d'occupation »
Saisir x
    Si 0 ⩽ x < 3 alors
        p ← 5x
    sinon
        p ← 2x + 9
    Fin_Si
Afficher « le prix à payer en euros est de : », p
```

À RETENIR

Pour utiliser une instruction conditionnelle :

- identifier clairement la condition qui distingue les cas ;
- déterminer ce qu'il faut faire si la condition est réalisée et si la condition n'est pas réalisée.

3 Utiliser une boucle non bornée

EXERCICE TYPE

On donne l'algorithme ci-contre.

```
I ← 0
S ← 3
Tant que S < N
    I ← I + 1
    S ← S × 2
Fin_Tant que
Afficher I
```

1. Sans faire de calcul, que peut-on dire sur S quand l'algorithme s'arrête ?

2. a) Que vaut S si l'affichage est 1 ? si l'affichage est 2 ?

b) Quel affichage obtient-on si l'on saisit 18 comme valeur de N ?

CORRIGÉ COMMENTÉ

1. Tant que la condition $S < N$ est vraie, l'algorithme effectue les instructions de la boucle. Il s'arrête quand la condition $S < N$ est fausse, c'est-à-dire quand la condition contraire $\boldsymbol{S \geqslant N}$ est vraie.

2. a) **La variable *I* détermine le nombre de passages dans la boucle non bornée, car elle commence avec la valeur 0 et augmente de 1 à chaque passage.**

Si l'affichage est 1, c'est que la valeur de I a été modifiée une fois, donc la valeur de S a aussi été modifiée une fois et elle est devenue 3×2, soit **6**.

Si l'affichage est 2, c'est que la valeur de I a été modifiée deux fois, donc la valeur de S a aussi été modifiée deux fois et elle est devenue 3×2, soit 6, puis 6×2, soit **12**.

b) Si l'on saisit 18 comme valeur de N, on a le tableau d'avancement :

N	I	S	$S < N$
18	0	3	vrai
	1	6	vrai
	2	12	vrai
	3	24	faux

L'affichage est **3**.

À RETENIR

Pour utiliser une boucle non bornée :

- la condition dans l'algorithme doit être le contraire de celle qui déclenche l'arrêt ;
- une instruction de la boucle doit pouvoir modifier la condition, sinon l'algorithme ne s'arrête pas ;
- si l'on veut connaître le nombre de passages dans la boucle, il faut utiliser une variable comme compteur que l'on initialise à 0 et que l'on incrémente de 1 à chaque passage dans la boucle.

EXERCICES

1 10 min ★

On considère l'algorithme ci-dessous :

```
Afficher "Saisir x :"
Saisir x
    a ← x + 1
    b ← a²
    y ← – b + 16
Afficher y
```

1. Déterminer l'affichage correspondant à la saisie $x = 0$, puis celui correspondant à la saisie $x = 1$.

2. a) Déterminer en fonction de x l'expression de y obtenue.

b) Quelles valeurs de x peut-on saisir pour obtenir 0 en sortie ? → Corrigé p. 297

2 10 min ★

Alice doit calculer $S_n = 1 + 2 + \ldots + n$, la somme des n premiers entiers naturels.

1. a) Écrire un algorithme qui demande n et qui renvoie la somme S_n.

b) Le programmer sur une calculatrice ou en langage Python.

2. a) Quel résultat obtient-elle si $n = 50$? si $n = 1\,000$?

b) Une de ses camarades affirme que $S_n = \dfrac{n(n+1)}{2}$.

Cette formule est-elle vraie si $n = 50$? si $n = 1\,000$? → Corrigé p. 297

3 15 min ★★

Matt possède un livret bancaire où l'argent est rémunéré au taux de 2 % par an, c'est-à-dire que la somme augmente de 2 % le 1er janvier de chaque année.

Matt a placé 1 000 € le 1er janvier 2016.

1. De quelle somme dispose-t-il le 1er janvier 2017 ? le 1er janvier 2018 ?

2. Il souhaite connaître la somme disponible le 1er janvier de l'année $2016 + n$.

a) Écrire un algorithme qui demande n et qui renvoie la somme disponible le 1er janvier $2016 + n$.

b) Le programmer sur une calculatrice ou en langage Python et déterminer la somme disponible le 1er janvier 2030.

→ Corrigé p. 298

4 15 min ★★

On considère, pour tout entier naturel n non nul, la somme $S_n = 1 + 2^2 + 3^2 + \ldots + n^2$.

1. Écrire un algorithme qui demande un nombre T et qui affiche le plus petit entier n tel que S_n soit égal ou supérieur à T.

2. a) Le programmer sur une calculatrice ou en langage Python.

b) Quel résultat obtient-on si $T = 100$? $T = 2\,018$? $T = 10\,000$?

→ Corrigé p. 298

5 15 min ★★

Pour noter les fractions représentant des nombres compris entre 0 et 1 autres que $\frac{2}{3}$, les Égyptiens les écrivaient sous la forme de somme d'inverses d'entiers distincts, c'est-à-dire comme somme de fractions de numérateur 1.

Ainsi, pour $\frac{11}{28}$, ils écrivaient $\frac{1}{4} + \frac{1}{7}$ et pour $\frac{3}{5}$, ils écrivaient $\frac{1}{3} + \frac{1}{5} + \frac{1}{15}$.

Pour obtenir les différents inverses dont la somme vaut une fraction A comprise entre 0 et 1, on peut appliquer l'algorithme ci-dessous.

```
Saisir A
Tant que A n'est pas de la forme 1/N,
    Calculer M le plus petit entier supérieur à 1/A
    Afficher 1/M
    Remplacer A par A − 1/M
Fin de tant que
```

1. Appliquer l'algorithme au nombre $\frac{3}{4}$ et écrire $\frac{3}{4}$ comme la somme des inverses de deux entiers.

2. En appliquant l'algorithme, écrire le nombre $\frac{17}{18}$ comme la somme des inverses de trois entiers.

3. Soit A une fraction comprise entre 0 et 1. On souhaite savoir si la décomposition de A en somme d'inverses d'entiers distincts est unique.

a) Appliquer l'algorithme au nombre $\frac{3}{5}$.

b) Conclure.

→ Corrigé p. 299

6 15 min ★★

L'organisateur d'un jeu offre une montre en cadeau si le nombre affiché par l'algorithme ci-après est égal au plus petit des 2 nombres de départ.

```
Entrer la valeur de A
Entrer la valeur de B
Tant que A ≠ B
   Si A > B Alors
      A ← A − B
   Sinon
      B ← B − A
   Fin Si
Fin_Tant que
Afficher A
```

1. En complétant le tableau de suivi ci-dessous, donner la valeur affichée par l'algorithme.

Étape	Valeur prise par A	Valeur prise par B	Condition $A \neq B$
affectation	12	30	vraie
premier tour			
2ᵉ tour			
3ᵉ tour			
affichage			

2. a) Comment peut-on faire pour être sûr de gagner ?

b) Donner 2 nombres entiers distincts supérieurs à 10 à entrer pour A et B qui permettent de gagner une montre.

→ Corrigé p. 300

7 5 min ★★

L'organisateur du jeu précédent dispose de 2 modèles de montre M_1 et M_2.
Il utilise l'algorithme suivant :

```
M ← PartieEntière(NombreAléatoire × 2 + 1)
Afficher M
```

N.B. **:** NombreAléatoire donne un nombre réel de [0 ; 1[.

1. Quelles valeurs peut prendre la variable M ?

2. À quoi sert-elle pour le jeu ?

→ Corrigé p. 300

8 10 min ★★

On considère l'algorithme ci-dessous :

```
x et y sont des réels
x ← 0
Tant que x est inférieur ou égal à 1
    y ← – x² + 5x – 6
Afficher y
x ← x + 0,2
Fin_Tant que
```

1. Reproduire et compléter le tableau d'avancement ci-dessous.

	x	y
Étape 1	0	– 6
Étape 2		
Étape 3		
….	…	….

2. Que calcule cet algorithme ?

→ Corrigé p. 300

9 15 min ★★★

On souhaite déterminer un encadrement d'amplitude inférieure à p de la solution d'une équation du type $f(x) = 0$ qui est comprise entre deux valeurs A et B.

On utilise les programmes suivants :

TI	Casio
Input *A*	?→A
Input *B*	?→B
Input *P*	?→P
While B–A⩾P	While B–A⩾P
If Y₁((B+A)/2)*Y₁(A)>0	If Y₁((B+A)/2)*Y₁(A)>0
Then	Then
(B+A)/2→A	(B+A)/2→A
Else	Else
(B+A)/2→B	(B+A)/2→B
End	IfEnd
End	WEnd
Disp A	A◢
Disp B	B◢

1. a) Mettre dans la variable Y_1 de la calculatrice l'expression $X^2–X–1$ et programmer la calculatrice.

b) Déterminer un encadrement d'amplitude inférieure à 0,001 de la solution de l'équation $x^2 - x - 1 = 0$ comprise entre 1 et 2.

2. Déterminer un encadrement d'amplitude inférieure à 10^{-5} de la solution de l'équation $x^3 - 2\,018 = 0$ comprise entre 10 et 22.

→ *Corrigé p. 301*

10 5 min ★★★

On considère l'algorithme suivant :

```
x et y sont des réels
i, k, n sont des entiers
k ← 0
Saisir n
Pour i variant de 1 à n
   x ← valeur aléatoire entre 0 et 1
   y ← valeur aléatoire entre 0 et 1
   Si x² + y² ⩽ 1 alors
      k ← k + 1
   Fin_Si
Fin_Pour
Afficher 4k/n
```

1. Pour chaque valeur de i, x et y calculés sont les coordonnées d'un point M.

a) Dans quelle figure se situe le point M ? Quelle est son aire ?

b) Caractériser les points M qui sont comptés par la variable k.

Calculer l'aire du domaine des points M qui sont comptés par k.

2. On a fait tourner un logiciel avec cet algorithme pour diverses valeurs de n.

On a obtenu les résultats suivants.

Valeur de n	100	200	400	700	1 000
Affichage	3,2	3,08	3,17	3,11	3,15

À quoi peut servir cet algorithme ? Argumenter la réponse.

→ *Corrigé p. 301*

INTERROGATION ÉCRITE

Exercice 1 — 25 min — 10 points

Nombres triangulaires

On considère la fonction python ci-dessous.

```
def t(n) :
    s=0
    for i in range (1,n+1) :
        s=s+i
    return(s)
```

1. On exécute cette fonction pour $n = 4$. Compléter le tableau d'avancement ci-dessous :

s	0				
i	X	1	2		

Que vaut $t(4)$? $t(3)$? $t(2)$? $t(1)$?

2. Les nombres $t(n)$ s'appellent nombres triangulaires.

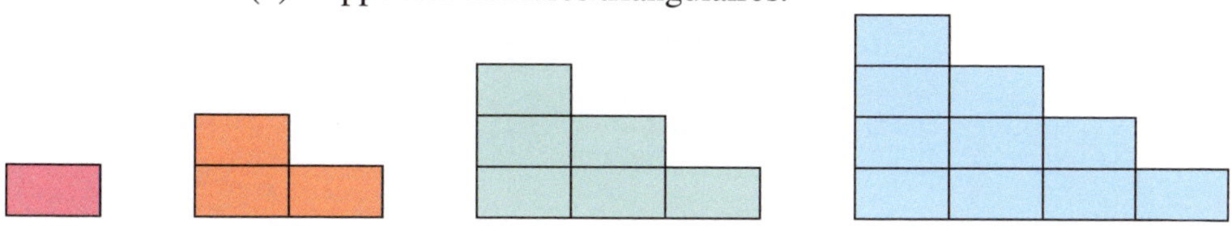

t(1) = 1 — t(2) = 1 + 2 — t(3) = 1 + 2 + 3 — t(4) = 1 + 2 + 3 + 4

Soit p un entier naturel.

On appelle racine triangulaire de p le plus grand entier naturel n tel que $t(n) \leqslant p$.

a) À l'aide des résultats précédents, déterminer la racine triangulaire de 4 et celle de 9.

b) Prouver que la racine triangulaire de 16 est 5.

c) Écrire un programme Python qui, en utilisant la fonction $t(n)$, demande un nombre entier p et renvoie la racine triangulaire de p.

3. Pour tout entier naturel n, on a $t(n) = 1 + 2 + 3 + \ldots + n$.

a) Exprimer $t(n+1)$ en fonction de $t(n)$ et de n.

b) Un élève prétend que pour tout entier naturel n non nul, $t(n) = \dfrac{n(n+1)}{2}$ (1).

Vérifier que cette formule est vraie pour $n = 1$, $n = 2$ et $n = 4$.

c) Montrer que s'il existe un entier naturel n tel que $t(n) = \dfrac{n(n+1)}{2}$, alors on a :

$$t(n+1) = \frac{(n+1)(n+2)}{2}.$$

→ Corrigé p. 302

Exercice 2 — 25 min — 10 points

Problème de distance

Dans un plan muni d'un repère orthonormé, on a $A(0\ ;6)$, $B(10\ ;8)$ et $C(10\ ;0)$.

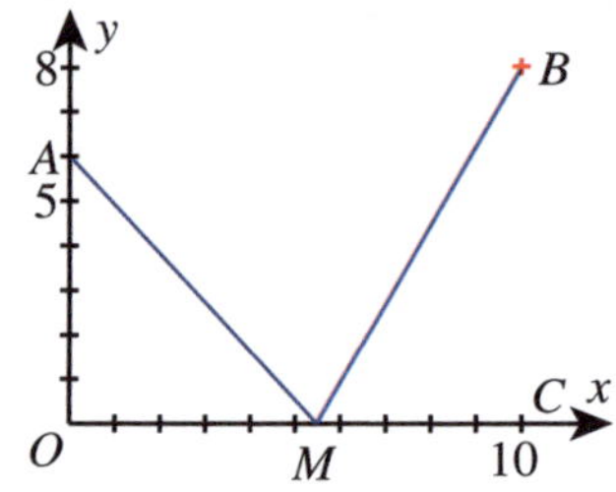

On cherche à déterminer s'il existe un point M du segment $[OC]$ équidistant de A et de B.

On note x l'abscisse de M et on cherche x.

1. a) À quel intervalle x appartient-il ?

b) Exprimer AM et BM en fonction de x.

2. Hugo décide d'étudier le problème à l'aide d'un algorithme en cherchant les solutions entières. Il écrit l'algorithme ci-dessous.

```
Pour x allant de … à …
  AM = …
  BM = …
  Si … = … alors
    Afficher (x, …)
  Sinon
    Afficher (x, …)
  Finsi
Finpour
```

Reproduire et compléter l'algorithme pour qu'il affiche pour chaque valeur de x si le nombre x est solution ou non du problème.

3. Manon cherche une solution de la forme $x = \dfrac{a}{10}$ avec a entier.

Elle décide de tester les valeurs possibles de x dans l'ordre croissant jusqu'à obtenir la solution. Elle utilise le programme Python suivant :

```
x = 0
while AM(x)! = BM(x) :
    x = x + 0,1
print("M est équidistant de A et de B pour x =", x)
```

où AM(x) et BM(x) sont deux fonctions donnant respectivement les distances AM et BM en fonction de x. Écrire ces fonctions AM et BM en Python.

4. Un troisième lycéen décide de résoudre l'équation $AM^2 = BM^2$. Résoudre cette équation.

Que peut-on en déduire pour les algorithmes de Hugo et de Manon ?

→ *Corrigé p. 303*

CORRIGÉS

1 → Énoncé p. 290

1. Pour une saisie $x = 0$, on a a qui vaut $0 + 1$, soit 1 ; b qui vaut 1^2, soit 1 et y qui vaut $-1 + 16$, soit 15. On obtient **15 en sortie**.
Pour une saisie $x = 1$, on a a qui vaut $1 + 1$, soit 2 ; b qui vaut 2^2, soit 4 et y qui vaut $-4 + 16$, soit 12. On obtient **12 en sortie**.

2. a) Dans l'algorithme, a prend la valeur $x + 1$, b prend la valeur a^2, soit $(x + 1)^2$ et y prend la valeur $-b + 16$, soit $-(x + 1)^2 + 16$. En sortie, on a $y = \mathbf{-(x + 1)^2 + 16}$.
b) On veut $y = 0 \Leftrightarrow -(x + 1)^2 + 16 = 0 \Leftrightarrow 16 = (x + 1)^2 \Leftrightarrow 4 = x + 1$ ou $-4 = x + 1$ $\Leftrightarrow 3 = x$ ou $-5 = x$.
Il faut saisir **3 ou – 5** en entrée pour obtenir 0 en sortie.

2 → Énoncé p. 290

1. a) Un algorithme possible est :

```
Sn ← 0
Saisir n
Pour I variant de 1 à n
    Sn ← Sn + I
Fin_Pour
Afficher Sn
```

Remarque

Dans un programme effectuant une boucle bornée, il faut utiliser une variable comme compteur qui doit être différente de celles rencontrées dans l'énoncé du problème mathématique.

b) Sur une calculatrice, on a :

TI	Casio	Python
Input N	?→N	N=int(input("Saisir entier ="))
0→S	0→S	S=0
For(I, 1, N)	For 1→I To N	for I in range(1,N+1) :
S+I→S	S+I→S	S=S+I
End	Next	print(S)
Disp S	S◢	

2. a) Si $n = 50$, on obtient $S = 1\,275$.
Si $n = 1\,000$, on obtient $S = 500\,500$.

b) Pour $n = 50$, $\dfrac{n(n + 1)}{2} = \dfrac{50 \times 51}{2} = 1\,275$.

Pour $n = 1\,000$, $\dfrac{n(n + 1)}{2} = \dfrac{1\,000 \times 1\,001}{2} = 500\,500$.

Cette formule est vraie pour $n = 50$ et $n = 1\,000$.

Rappel

Les nombres entiers n de la forme $\dfrac{n(n+1)}{2}$ sont dits *nombres triangulaires*. Ils interviennent dans des problèmes de géométrie.

3 → Énoncé p. 290

1. Chaque année la somme augmente de 2 % : elle est donc multipliée par $\left(1+\frac{2}{100}\right)$, soit par 1,02.

1 000 × 1,02 = 1 020.

Le 1er janvier 2017, Matt dispose de **1 020 €**.

1 020 × 1,02 = 1 040,4.

Le 1er janvier 2018, Matt dispose de **1 040,40 €**.

2. a) Un algorithme peut être :

```
S ← 1 000
Saisir n
Pour I variant de 1 à n
    S ← S × 1,02
Fin_Pour
Afficher S
```

b) Sur une calculatrice, on a :

TI	Casio	Python
Input N	?→N	N=int(input("Saisir nombre d'années ="))
1000→S	1000→S	S=1000
For(I, 1, N)	For 1→I To N	for i in range(1,N+1) :
S×1,02→S	S×1,02→S	S=S*1,02
End	Next	print(S)
Disp S	S◢	

On a 2030 = 2016 + 14.

En entrant 14, on obtient 1 319,478…

La somme disponible le 1er janvier 2030 sera de **1 319,48 euros**.

4 → Énoncé p. 291

1. On a :

```
Sₙ ← 0
n ← 0
Saisir T
Tant que Sₙ < T
    n ← n + 1
    Sₙ ← Sₙ + n²
Fin _Tant que
Afficher n
```

Remarque

Dans un algorithme de calcul de somme, il faut initialiser la somme à 0.

2. a)

TI	Casio	Python

0→S
0→N
Input T
While S<T
N+1→N
S+N²→S
End
Disp N
	0→S
	0→N
	?→T
	While S<T
	N+1→N
	S+N²→S
	WEnd
	N◢
		S=0
		N=0
		T=float(input("Saisir seuil ="))
		while S<T :
		    N=N+1
		    S=S+N*N
		print(N)

b) Pour $T = 100$, on obtient $\boldsymbol{n = 7}$.
Pour $T = 2\,018$, on obtient $\boldsymbol{n = 18}$.
Pour $T = 10\,000$, on obtient $\boldsymbol{n = 31}$.

5 → *Énoncé p. 291*

1.

A	$\frac{1}{A}$	M	$A - \frac{1}{M}$
$\frac{3}{4}$	$\frac{4}{3} \approx 1{,}66\ldots$	2	$\frac{1}{4}$

On obtient : $\frac{3}{4} = \mathbf{\frac{1}{2}} + \mathbf{\frac{1}{4}}$.

2.

A	$\frac{1}{A}$	M	$A - \frac{1}{M}$
$\frac{17}{18}$	$\frac{18}{17} \approx 1{,}05\ldots$	2	$\frac{4}{9}$
$\frac{4}{9}$	$\frac{9}{4} = 2{,}25$	3	$\frac{1}{9}$

On a : $\frac{17}{18} = \frac{1}{2} + \frac{4}{9}$.

On obtient : $\frac{17}{18} = \mathbf{\frac{1}{2}} + \mathbf{\frac{1}{3}} + \mathbf{\frac{1}{9}}$.

3. a)

A	$\frac{1}{A}$	M	$A - \frac{1}{M}$
$\frac{3}{5}$	$\frac{5}{3} \approx 1{,}66\ldots$	2	$\frac{1}{10}$

On obtient : $\frac{3}{5} = \mathbf{\frac{1}{2}} + \mathbf{\frac{1}{10}}$.

b) La décomposition en somme d'inverses d'entiers distincts **n'est pas unique**, car on a aussi $\frac{3}{5} = \frac{1}{3} + \frac{1}{5} + \frac{1}{15}$.

6 → *Énoncé p. 292*

1.

Étape	Valeur prise par A	Valeur prise par B	Condition $A \neq B$
affectation	12	30	vraie
premier tour	**12**	**18**	**vraie**
2e tour	**12**	**6**	**vraie**
3e tour	**6**	**6**	**fausse**
affichage	**6**		

La valeur affichée par l'algorithme est 6.

2. a) Si on entre 2 nombres A et B égaux, alors la condition $A \neq B$ est fausse et il n'y a aucune modification des variables A et B. La valeur affichée est la valeur de A initiale, **donc le joueur gagne.**

b) En entrant 11 pour A et 22 pour B, on aura :

Étape	Valeur prise par A	Valeur prise par B	Condition $A \neq B$
affectation	11	22	vraie
premier tour	11	11	fausse
affichage	11		

Le nombre affiché sera la valeur initiale de A, donc le joueur gagnera une montre. L'algorithme est celui du PGCD par la méthode des soustractions. Pour gagner, il faut et il suffit que l'un des nombres A ou B soit le PGCD de A et de B.

7 → *Énoncé p. 292*

1. On a $0 \leqslant \text{NombreAléatoire} < 1 \Leftrightarrow 0 \leqslant \text{NombreAléatoire} \times 2 < 2$
$\Leftrightarrow 1 \leqslant \text{NombreAléatoire} \times 2 + 1 < 3$.
Comme M prend la partie entière de NombreAléatoire × 2 + 1,
M peut prendre les valeurs 1 ou 2.

2. M peut désigner le type M_1 ou M_2 de montre offerte par l'organisateur.

8 → *Énoncé p. 293*

1.

	x	y
Étape 1	0	– 6
Étape 2	0,2	– 5,04
Étape 3	0,4	– 4,16
Étape 4	0,6	– 3,36
Étape 5	0,8	– 2,64
Étape 6	1	– 2

2. Cet algorithme calcule **les images par $f : x \mapsto -x^2 + 5x - 6$ des nombres compris entre 0 et 1 avec un pas de 0,2.**

9 → *Énoncé p. 293*

1. a) Programmation de la calculatrice.
b) Le programme donne 1,6171… et 1,6181… comme résultats.
La solution a de $x^2 - x - 1 = 0$ comprise entre 1 et 2 vérifie $\mathbf{1{,}617\,1 < a < 1{,}618\,2}$.

2. On utilise le même programme avec X^3–2018 comme fonction dans Y_1.
Le programme donne 12,636890… et 12,63896… comme résultats.
La solution b de $x^3 - 2\,018 = 0$ vérifie $\mathbf{12{,}636\,8 < b < 12{,}636\,90}$.

Information

Cet algorithme s'appelle *algorithme de dichotomie*. Il permet d'avoir un encadrement d'une solution d'une équation de la forme $f(x) = 0$ avec f la fonction mise dans Y_1 si l'on connaît deux valeurs A et B telles que $f(A)$ et $f(B)$ soient de signes contraires.

10 → *Énoncé p. 294*

1. a) Pour chaque point M, on a $0 \leqslant x \leqslant 1$ et $0 \leqslant y \leqslant 1$, donc M se situe dans **un carré de côté 1** dont deux sommets opposés sont $O(0~;~0)$ et $A(1~;~1)$.
Son aire est 1×1, soit **1**.
b) Pour chaque point compté par la variable k, M est dans le carré précédent et on a $x^2 + y^2 \leqslant 1$, soit $OM^2 \leqslant 1$, donc $OM \leqslant 1$. M appartient au quart de disque de centre O et de rayon 1 inclus dans le carré.
L'aire de ce quart de disque est $\frac{1}{4} \times r^2 \times \pi = \boldsymbol{\frac{\pi}{4}}$.

2. Cet algorithme permet, pour des n très grands, de **calculer une valeur approchée de π.**
k étant le nombre de points dans le quart de disque d'aire $\frac{\pi}{4}$ et n le nombre de points dans le carré d'aire 1, le quotient $\frac{k}{n}$ est proche du quotient des aires, soit proche de $\frac{\pi}{4}$.
En multipliant par 4, le résultat est proche de π.

Information

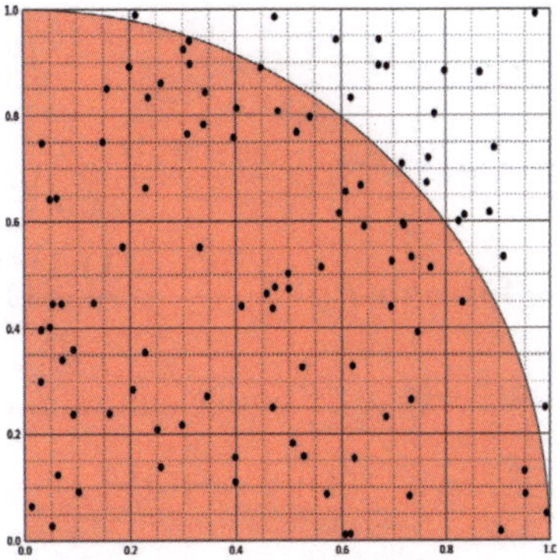

Cette méthode d'approximation de π est connue sous le nom de *méthode de Monte Carlo*.

INTERROGATION ÉCRITE

Exercice 1 → *Énoncé p. 295*

1.

s	0	1	3	6	10
i		1	2	3	4

Le tableau d'avancement donne : $\boldsymbol{t(4) = 10}$.
Il donne aussi dans les colonnes précédentes : $\boldsymbol{t(3) = 6, t(2) = 3, t(1) = 1}$.

2. a) On a $t(2) < 4 < t(3)$, donc **la racine triangulaire de 4 est 2**.
On a $t(3) < 9 < t(4)$, donc **la racine triangulaire de 9 est 3**.

b) On a $t(5) = 1 + 2 + 3 + 4 + 5 = 15$ et $t(6) = 1 + 2 + 3 + 4 + 5 + 6 = 21$.
On a $t(5) < 16 < \mathrm{t}(6)$, donc **la racine triangulaire de 16 est 5**.

> **Remarque**
> La racine triangulaire d'un entier est supérieure ou égale à sa racine carrée.

c) On peut écrire :

```
def t(n) :
    s=0
    for i in range (1,n+1) :
        s=s+i
    return(s)
    p=int(input(«p=»)
    n=1
    while t(n)<=p :
        n=n+1
    print("La racine triangulaire est", n–1)
```

3. a) On a $t(n+1) = 1 + 2 + 3 + \ldots + n + (n+1) = \boldsymbol{t(n) + (n + 1)}$.

b) On a $t(1) = 1$ et $\dfrac{1(1+1)}{2} = 1$. On a $t(2) = 3$ et $\dfrac{2(2+1)}{2} = 3$.

On a $t(4) = 10$ et $\dfrac{4(4+1)}{2} = 10$.

La formule $\boldsymbol{t(n) = \dfrac{n(n+1)}{2}}$ (1) **est vraie pour** $\boldsymbol{n = 1, n = 2}$ **et** $\boldsymbol{n = 4}$.

c) S'il existe un entier naturel n tel que $t(n) = \dfrac{n(n+1)}{2}$,

alors on a : $t(n + 1) = t(n) + (n + 1)$

$= \dfrac{n(n+1)}{2} + (n+1)$

$= \dfrac{n(n+1)}{2} + \dfrac{2(n+1)}{2} = \dfrac{(n+1)(n+2)}{2}$.

> **Information !**
> La propriété étant vraie pour $n = 1$, et héréditaire (si elle est vraie pour un entier n, alors elle est vraie pour l'entier $n + 1$), elle est donc démontrée selon un principe dit de récurrence.

Exercice 2 → Énoncé p. 296

1. x appartient à l'intervalle **[0 ; 10]**.

2. On a $AM = \sqrt{(x_M - x_A)^2 + (y_M - y_A)^2} = \boldsymbol{\sqrt{x^2 + 36}}$.

$BM = \sqrt{(x_M - x_B)^2 + (y_M - y_B)^2} = \sqrt{(x - 10)^2 + 8^2} = \boldsymbol{\sqrt{x^2 - 20x + 164}}$.

2. a) L'algorithme peut être :

```
Pour x allant de 0 à 10
    AM = √(x² + 36)
    BM = √(x² − 20x + 164)
    Si AM = BM alors
        Afficher (x, « est solution du problème »)
    sinon
        Afficher (x, « n'est pas solution du problème »)
    finsi
finpour
```

3. On a :

def AM(x):
    return(x**2+36)**0,5
	def BM(x):
	    return(x**2-20*x
	    +164)**0,5

Rappel

La racine carrée d'un nombre a est aussi $a^{0,5}$.

4. $AM^2 = BM^2 \Leftrightarrow x^2 + 36 = x^2 - 20\,x + 164$

$\Leftrightarrow 20x = 164 - 36$

$\Leftrightarrow x = 128 \div 20$

$\Leftrightarrow x = 6,4$.

La solution est 6,4.

Comme la solution est 6,4, l'algorithme de Hugo ne trouve pas de solution tandis que celui de Manon trouvera 6,4 comme solution.

Achevé d'imprimer en Slovaquie par Polygraf
Dépôt légal : Juin 2019 - Édition : 01
18/0396/8